国家自然科学基金资助项目（51578437）
陕西省重点科技创新团队计划项目（2014KCT–31）
陕西省硕士研究生教育综合改革试点项目
西安建筑科技大学研究生教材建设项目、研究生课程建设试点项目

联合资助

图解景观生态规划设计原理

岳邦瑞 等著

中国建筑工业出版社

图书在版编目（CIP）数据

图解景观生态规划设计原理 / 岳邦瑞等著 .-- 北京：
中国建筑工业出版社，2017.10
ISBN 978-7-112-21127-2

Ⅰ.①图… Ⅱ.①岳… Ⅲ.①景观生态环境—生态规
划 Ⅳ.① X32

中国版本图书馆 CIP 数据核字（2017）第 207162 号

本书主旨重在探讨如何将生态学原理中的"生态语言"转化为景观生态规划设计的"空间语言"，通过对个体、种群、群落、生态系统、景观、区域及全球七大层次生态学原理的全面梳理，遴选出 24 个可直接被空间化应用的知识单元，将之进行逐一解析和空间转化形成景观生态规划设计的原理体系。其写作结构突出"小专题＋TPC＋图解化"，专题结构多采用"TPC"模式，即 Theory（原理解说）、Pattern（空间格局）和 Case（案例解析）模式。其语言形式采用"小品文＋科普化"，在风格上追求学术小品文的短小且隽永，在文字上追求浅显易懂。

本书可供高等院校风景园林学、城乡规划学、环境艺术设计等专业的师生和技术人员参考使用。

责任编辑：张建 张明
责任校对：王宇枢 李美娜

图解景观生态规划设计原理
岳邦瑞 等著

*

中国建筑工业出版社出版、发行（北京海淀三里河路9号）
各地新华书店、建筑书店经销
北京方嘉彩色印刷有限责任公司印刷

*

开本：889×1194 毫米 1/20 印张：18 字数：588 千字
2017年10月第一版 2017年10月第一次印刷
定价：168.00 元
ISBN 978-7-112-21127-2
（30780）

起初，上帝创造天地

后来，你们羊苦自然

献给亲爱的

90後 00後读者们

岳昕鸿

二〇一〇年六月

作 者 简 介

　　岳邦瑞，1973年生，陕西西安人，西安建筑科技大学教授，博士生导师，风景园林学科带头人，西北脆弱景观生态规划研究团队负责人。1995年毕业于西安建筑科技大学建筑系并留校任教。2003年以来，一直关注西北脆弱生态区景观生态规划理论与方法、西部乡土景观生态智慧、大秦岭生态保护等研究领域，同时专注于探索生态学原理空间化应用途径等生态规划基础理论研究。

　　迄今子项负责国家重点基础研究发展计划（973计划）项目1项，主持国家自然科学基金2项，参与科技支撑计划等国家重大课题10项，发表文章50余篇，出版《绿洲建筑论——地域资源约束下的新疆绿洲聚落营造模式》、《大秦岭绿道网络规划与建设》、《图解景观生态规划设计原理》等著作。主讲《景观生态规划理论与实践》、《景观生态学基础》、《乡土景观研究》等课程。倡导"彰天赋、追天命"的教育理念，践行"生态打底、人文造境"的设计思想。

序　一

改革开放以来，中国人居建设在取得空前成就的同时，也滋生出各种"城市病"与"乡村病"，环境污染、生态破坏、资源浪费等各种环境问题丛生。在国家层面，生态文明、生态安全、生态红线及生态基础设施建设等政策热词频频出现；在民间层面，人们对生态环境充满了美好的夙求，希望天蓝、日丽、花红、风和、水清。在这种背景下风景园林成为一级学科，地景规划与生态修复作为这门学科中最前沿的领域之一，肩负着从土地与空间维度缓解人居矛盾，协调人与自然关系的角色。如何引导每一个学生从专业的角度呵护环境，善待我们生存的家园，使我们生活的世界回归到真正自然和谐的境界，是值得每一位教师和学者关注的问题。

岳邦瑞教授是我校风景园林学科带头人，也是我国景观生态规划学界的新秀。自2003年以来，他投身于景观规划教学中，一直期望能为学生和公众编写一本浅显易懂、活泼生动的生态规划原理方面的教科书。他的团队秉承面向"90后"、"零基础"、"用户体验"的写作宗旨，经过5年多的艰苦工作，完成了以图解方式将生态学原理转化为空间设计原理的尝试。在我看来，追求学子的"用户体验"正是该书最大的特色，集中体现在"图解化"方式中，经过对一系列生态规划设计原理进行直观、趣味与到位的阐释，让读者充满了阅读的喜悦，给他们带来诸多鲜活的知识。如果我们认同兴趣是最好的老师，那么图解方式则是唤起专业兴趣的有效工具。书中的这些图解成果，不仅应该出现在各种专业读物中，还应该出现在教室的黑板上，更应该鲜活地被印刻在学子们的思想中，让图解成为引导和推动学生自愿前行的催化剂。

我与邦瑞教授在西安建筑科技大学建筑学院共事20余年，目睹了一位年轻学者走向成熟的艰辛历程。近年来，他主要针对生态学原理的空间化应用途径问题，结合西北地区脆弱景观生态规划方向开展了一系列研究与实践探索，主持完成了多项国家自然科学基金课题和教学实践项目。该书既是他从事生态规划十余年的教学成果，也是他多年学术耕耘的科研成果，因而具备了好教材所应有的各种特点，如严谨的学术梳理、生动的案例分析、多彩的思想碰撞及活泼的表达形式等。总之，该书是风景园林学科的一本优质教材，它将引导莘莘学子关注中国人居建设中各种环境问题的改善途径，也将对地景规划与生态修复研究与实践起到有益的作用。

我为《图解景观生态规划设计原理》的出版感到由衷的喜悦！

中国工程院院士
西安建筑科技大学建筑学院院长
2016 年 12 月 11 日

序　二

我们知道，生态性、文化性和艺术性是风景园林学的三大特性，生态性已成为风景园林规划设计绕不开的议题，也是融入国家发展及生态文明建设的重要基础。长期以来，风景园林学借用地理学、景观生态学、植物生态学等学科的概念、理论与方法，但简单的借用不仅混淆了风景园林学与其他学科的差异，而且无法回答长期困扰风景园林关于生态内涵的问题。每个学科都有着自己独特的学科领域、所要解决的核心问题以及研究方法，这就是学科的差异。从风景园林学科的发展来看，图示、图解、图式、模式和模型等都是生态研究中常用的方式和方法，方法的应用旨在有效揭示和描述科学问题及基本规律。

2001 年，我从中国科学院地理科学与资源研究所获得博士学位后进入同济大学建筑学博士后流动站，开始了探究服务于风景园林等工程学科的生态规划设计理论与方法的学术之路。起初致力于解决如何将生态学的基本原理应用到规划设计之中，并逐步建立起面向规划设计学科的景观生态规划设计原理体系，出版了《景观生态规划原理》（第一版，2007；第二版，2013，并获得普通高等教育国家级"十二五"规划教材、上海市普通高校优秀教材的称号），奠定了立足工程应用的景观生态规划知识体系框架。在实现生态学基本理论工程化应用的同时，如何揭示风景园林空间的生态本质及其机理，成为风景园林生态研究探索的新趋势。2009 年后我开始致力研究"图式语言"，正是这一探索的成果，成为认识、刻画、塑造风景园林空间生态的重要路径之一。在这条探索的道路上，很多人都在不断努力，不断分享自己的智慧，推动景观生态规划设计的发展。

西安建筑科技大学岳邦瑞教授正是这样一位不断奋斗的人。2016 年 7 月，岳邦瑞教授将其新著《图解景观生态规划设计原理》展示于我，这是他逾五年之光阴，举多方之辛劳，驭时代之视野，持之以恒，精益求精地完成的，这部著作涵盖 32 个专题讲解，100 余张专业表格，300 余张专业插图，可谓是一件庞大且周密的工程。该书有三个独特之处：一是"时代之视野"，以"90 后"群体的阅读体验为立足点，语言一反往日专业著作的严肃与晦涩，章节划分清晰且明确，各讲写作精致且隽永，是一本兼具科普性、实用性、引导性和深入性的专业教材，完全打消了入门者"不敢读""不想读""读不懂"的忧虑。二是"图解之趣味"，该书以图解为特色，平均每讲的有效图解图片均在 10 幅以上，且绝大多数为自绘或改绘，可见作者团队对该书品质的极高追求。另外，团队成员的多样性，使得图解在整体统一的基础上又各具特点。三是"学术之积淀"，这一点不仅仅停留在对各类相关原理的说明与讲解的层面上，而是将多年从事景观生态规划设计研究形成的理念贯穿于整本书中，如"TPC"清晰且独特的章节模式，"多尺度混合审视"的设计整合途径以及"生态打底，人文造境"极富内涵的思想等，都为该书提供了深厚的学术理论积淀，形成了自己的特色。

景观生态规划设计作为一门以空间为基本手段来协调人与地理环境关系的学科，在人居环境科学领域内扮演起愈发重要的角色。景观生态规划设计理论与方法的研究之路还很长，其理论学说也呈现出多元化的特色，而生态理论学说的多元化正是未来风景园林生态规划设计体系形成的前奏。岳邦瑞教授出版本书，旨在抛砖引玉，与各位同仁分享。吾辈也自当勉力事善，期待能看到更多优秀研究成果！

同济大学建筑城规学院景观学系教授

2016 年 12 月 8 日

前　　言

一切始于 2003 年！

那一年，SARS 病毒横行神州大地。

那一年，风景园林还不是一级学科，甚至还没有正式的大名，而被冠以小名如"景观学"。而我，则刚刚从城市规划领域转身到景观设计，开始参与筹办西安建筑科技大学景观学专业。我第一次听说了"斑块、廊道、基质"，觉察到任何规划类项目，仿佛只要有这几个词，就立刻变身"高大上"，这让我无比好奇！

那一年，我购买了第一本景观生态学原理及规划应用方面的教材。面对晦涩、芜杂的内容、大量公式和数字，收获的是读不下去的绝望！多年后，我仍然认为景观生态学及相关生态规划设计教材有两个明显缺点："庞大的体系"和"艰涩的内容"，这会使大多数读者望而却步！

时间来到 2011 年！

这一年，日本 9.0 级大地震造成巨大核泄漏，导致超过 1.5 万人死亡和持久的核污染。

这一年，"风景园林学"成为与建筑学、城乡规划学并列的一级学科，西安建筑科技大学不但有了景观学本科生，还有了风景园林的硕士点、博士点。我被赋予"地景规划与生态修复"二级学科学术带头人的角色，并开设了面向本科生的"景观生态学基础"，以及面向研究生的"景观生态学原理及规划应用"等课程。

这一年，授课主要对象是"90 后"群体，我和他们开始反复研讨一个问题，即如何让课程内容变得简明易懂。我们意识到：景观生态规划设计的真正困难之处，是如何将生态学原理中的"生态学语言"，转化为规划设计的"空间化语言"，即如何将生态学原理"空间化、图示化、形象化、应用化"。当我们的目光聚焦于"四化建设"这一核心问题后，我们期望有一本重视"90 后"、"零基础"、"用户体验"的教材出现。

今年是 2016 年！

今年，"生态"终于成为占据国家和地方"十三五"规划纲要的政策热词。"海绵城市建设"、"国家生态安全"、"生态基础设施"、"河流生态修复"、"生物多样性维护"、"生态产品供给"、"生态红线划定"等生态规划设计词汇漫天飞舞。

今年，我们的书终于新鲜出炉了。她涵盖了：24 条经典原理，31 个应用案例，32 个专题讲解，32 条设计咒语，近 100 张专业表格，240 个专业术语，300 多张专业图解。

她的核心宗旨：90 后用户体验。我们把 90 后的用户体验放在至高无上的地位，想象他们在枕上、厕上、马上饕餮这本书，我们刻意贴近他们的阅读习惯、内容偏好、语言风格，舍弃了传统教材的完整系统与严肃表情。

她的内容体系：小专题 + TPC + 图解化。我们采用"扁平化"的系列小专题写作方式，希望 30 个课时左右能够完成授课，每个专题大约需要 30 分钟左右阅读完。每个专题在 8 ~ 10 页，文字与解析性图示的篇幅比例约为 1:1。大部分原理性专题的写作结构采用 TPC 格式，即 Theory（原理解说）、Pattern（空间格局）和 Case（案例解析）。

她的语言风格：小品文＋科普化。整部著作不搞复杂的篇—章—节体系，而采用"学术小品文"的形式，将著作化为32篇独立的学术小品文。我们的小品文，在风格上追求易读且隽永、简约却深邃，字里行间流淌着景观之美，寻常时日散发出学术之味。语言文字强调准确性与科普性，使人非常容易读懂。

　　她的装帧插图：小而精＋手册化＋景观味。好携带的手册化形式、内容易于检索，插图精美、有趣但又不失专业性的逻辑与表达，装帧突出景观味……

2016年之后还会发生什么？

也许老人会告诉孩子们：未来是黑的！也许老师会告诉学生们：未来在你的努力中！

我想说的是：你的未来是一扇扇门，门的背后是充满神奇的魔幻世界，但不是每个人都能够轻松打开这些门的！

现在，请随我一起念咒语："芝麻开门"……让我带你步入魔幻世界！

2016年4月27日于古城西安

目　录

第一部分　基 础 知 识

第二部分　个体、种群、群落及生态系统生态学的基本原理

第三部分　景观生态学的基本原理

第一部分
基础知识

生态学原理

景观生态规划 设计的基础

01 讲

设计，没有什么比生态更重要
设计师，没有什么比不懂生态更悲哀

河西走廊原本是一片充满生机的沃土，这里星罗棋布的绿洲孕育了中原连接西域的丝路物语。新中国成立前，受气候与自然环境恶化的影响，荒漠化开始危害这条孕育生命的绿带。从 1950 年起，当地政府组织农民在绿洲边缘大规模开展压沙治沙活动，采取的方法是开采水源和植树造林。然而，当地干旱的自然环境无法为这些树木提供足够的水源。随着树木的扩种，地下水不断减少，这造成了树林的大面积枯死，最终形成了"年年种树不见树，岁岁造林不成林"的恶性循环，使该地区成为全球荒漠化最为严重的人类聚居地之一。

河西走廊防风治沙的失败表明：一切不得法的改造自然，都将反噬于人类自身。只有遵循生态学原理的景观生态规划设计才是人与自然的共生之"法"。

景观生态规划设计的概念

■ 景观生态规划设计是一个复合概念

笔者认为，景观生态规划设计（landscape ecological planning & design）是一个复合概念，由景观生态规划(landscape ecological planning)与景观生态设计(landscape ecological design)两个概念复合而成。但是，景观生态规划设计绝不是两个概念的简单相加，其作为一个整体，远大于部分之和。

景观生态规划的定义：应用景观生态学原理，通过研究格局与过程，以及人类活动与景观的相互作用，在景观生态分析、综合及评价的基础上，提出景观最优利用方案、对策及建议（傅伯杰等，2011）。

景观生态设计的定义：基于生态学原理，以景观生态规划为基础，利用生物工艺和物理工艺及其他工艺，针对某一尺度的景观进行设计的过程（傅伯杰等，2011）。两者的区别与联系如表 1.1 所示。

表 1.1 景观生态规划与景观生态设计的区别与联系

区别与联系		景观生态规划	景观生态设计
区别	知识基础	主要依据景观生态学原理	主要依据经典生态学原理
	对象尺度	大尺度，通常在数平方公里以上	中小尺度，通常在数平方公里以内
	目标设定	区域景观生态系统功能与结构的整体优化	区域内部某一特定生态单元或生态功能区的优化
	内容侧重	提供框架性策略，强调对区域土地利用的整体配置和区域景观格局的整体优化	提供细节性方案，强调对特定功能区域的具体工程设计和生态技术配置
	成果形式	小比例尺的功能区划图、景观格局图等	大比例尺的设计方案图、工程施工图等
联系	1. 从知识基础看，两者都立足于生态学原理 2. 从相互关系看，规划为设计提供对象和目标，设计为规划提供具体的落地方法和技术手段，两者紧密衔接 3. 从项目实践看，两者常互相包含，并没有截然区分，因此很难明确边界		

笔者将景观生态规划设计定义为：景观生态规划设计是基于广义生态学原理，以协调人与自然关系为目标的各种尺度空间规划与设计的总称。这里所说的"广义生态学原理"不仅包括个体、种群、群落及生态系统生态学的基本原理，也包括景观生态学的基本原理，并涉及区域及全球生态学的基本原理。

■ 景观生态规划设计是时代的诉求

19 世纪中叶，景观规划设计开始萌芽。1863 年，美国景观之父弗雷德里克·劳·奥姆斯特德（Frederick Law Olmsted）提出了"景观设计学"（landscape architecture）这一概念，并设计了纽约中央公园，试图将自然引入城市。这一设计标志着景观设计师们开始抛弃沿用十几个世纪的"唯美论"造园思想，园林不再是贵族独有的奢侈品，其建造目标也不再仅仅是追求享乐和艺术审美，而是转向营造更美好的生活环境，追求大众休闲和全新的美学形式。

20 世纪中后期，由工业化带来的生态问题，使景观设计师逐渐意识到生态学的重要性。环境污染与生态破坏促使人类不得不关注其赖以生存的土地，景观规划设计也随之开启了新的篇章，即协调人与自然的关系。1939 年，德国地理学家卡尔·特罗尔（Carl Troll）提出"景观生态学"（landscape ecology)的概念，将地理学中的"水平—结构"与生态学中的"垂直—功能"结合在了一起（邬建国，2007）。20世纪 50 年代，一些景观设计师提出设计应首要考虑它们的生态效应，并且提出了景观规划设计中的科学化问题。这一时期是景观生态学建立与发展的阶段，为景观生态规划设计概念的形成奠定了理论基础（图 1.1）。但是，如何将景观生态学的原理应用到景观规划设计的实践中来，仍然困扰着当时的诸多学者。

▶ 图 1.1　景观生态规划设计概念形成过程

直到 1969 年，伊恩·伦诺克斯·麦克哈格（Ian Lennox McHarg）出版了《设计结合自然》（Design with nature）这一具有里程碑意义的著作，才明确提出将生态学原理应用到景观规划中来。他反对以往土地和城市规划中功能分区的做法，强调景观规划应当遵从自然固有的价值和过程，并首次提出了"地域生态规划"（regional ecological planning）的理念，使景观生态规划设计的发展向前迈进了一大步。这一设计思想对不同尺度的景观规划设计产生了深远影响，"生态指导景观"不再只是口号，而是进一步演变为可落地的景观设计范式。之后，随着时代诉求的不断革新与递进，"景观生态规划设计"的概念正式登上历史舞台，成为协调生态系统，营造可持续人居环境的最优选择。

麦克哈格

1981 年

规划的过程就是帮助居住在自然系统中，或利用系统中的资源的人们找到一种最适宜的途径，让自然告诉人们该做什么

福尔曼

1995 年

景观生态规划强调景观空间格局对过程的控制和影响

傅伯杰

2001 年

景观生态规划是通过分析景观特性以及对其判释、综合和评价，提出的最优利用方案

肖笃宁

2003 年

景观生态规划是运用景观生态学原理的空间结构和模式

俞孔坚

2005 年

景观生态规划分为广义和狭义两种：广义是景观规划的生态学途径基础，狭义是基于景观生态学的规划

傅伯杰

2011 年

景观生态规划是应用景观生态学原理及其他相关学科的知识，提出景观最优利用方案和对策及建议的过程

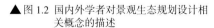

▲ 图 1.2 国内外学者对景观生态规划设计相关概念的描述

■ 景观生态规划设计是基于生态学原理的

20 世纪后期，景观生态规划设计体系趋于完善，在观念上与传统规划设计有着显著差异。传统规划设计强调人的需求，而景观生态规划设计则以生态为重，追求人与自然和谐相处（表 1.2）。

表 1.2　景观生态规划设计与传统规划设计的差异

区别		景观生态规划设计	传统规划设计
价值与基础	环境伦理观	生态中心主义，承认大自然的内在价值，把人与自然视为一个密不可分的整体	人类中心主义，主张在人与自然的相互作用中将人类的利益置于首要的地位
	学科基础	主要基于生态学原理，融合风景园林学、地理学、空间规划设计和其他自然与人文科学	主要基于城乡空间发展理论
方法技术方面	研究对象范围划定	以谋求区域生态系统的整体优化功能为目标，研究对象是包含城市在内的区域，将城市作为区域生态系统中的一个生态单元	通常出于城市建设和发展需要进行划定，包括城市建成区范围和城市发展需要实施规划控制的区域
	规划设计过程中的工作内容	对生态空间的优先识别，对不可建设用地的优先控制	对建设空间的优先识别，对建设用地的优先供给
	成果评价准则	维护生态系统的内在价值与生态平衡基础上的生态效益	经济或社会效益第一，兼顾生态效益

景观设计在经历了古典主义的唯美论、工业时代的人本论之后，在后工业时代迎来了景观设计的多元理论（成玉宁，2010）。景观生态规划设计正是在这一背景之下逐渐形成和发展起来的。较之传统规划设计，景观生态规划设计更具有时代优越性和应用科学性，更能有效地维护生态平衡，促进人类社会的长足发展。这一概念从产生到现在不过几十载，国内外学者对此众说纷纭，但共识是：景观生态规划设计是深深扎根于生态学原理的（图 1.2）。

景观生态规划设计是隶属于风景园林学科的全新设计体系，但这并不是对传统设计思想的全盘否定，而是以生态学作为基础，并汲取传统设计思想之精华，其最终使命是同传统规划设计联手去建立一个更好的世界，一个人与自然高度和谐的世界。景观生态规划设计的提出正是为了解决当下日益恶化的环境生态问题，并促使景观设计走上科学化的道路，让科学成为评价设计好与坏的重要标尺；而生态学原理，是实现景观生态规划设计最为重要的工具和手段。

空间尺度下的生态学七层次

  景观生态规划设计是基于广义生态学原理所进行的各种尺度的空间规划与设计，生态学原理是景观生态规划设计所涉及的众多基础学科中的一个重要部分。人类合理利用自然、改造自然，必须遵从自然界的客观规律。若要正确认识景观生态规划设计，必须先了解什么是生态学。

■ 生态学的发展历程

  1866 年，德国生物学家赫克尔（Ernst Haeckel）提出"生态学（ecology）"这一名词，并将其定义为"研究有机体及其周围环境的科学"（尚玉昌，2003）。20世纪 30 年代末，生态学已发展成为一门具有特定研究对象、研究方法及理论体系的独立学科（高吉喜，2013）。1935 年，坦斯利（A.G.Tansley）首次提出"生态系统"的概念。至 1960 年前后，生态系统逐渐成为生态学的研究前沿，现代生态学也应运而生。

  生态学目前主要被划分为经典生态学和现代生态学两大类。经典生态学是研究生物及环境间相互关系的科学，偏重于对动物或植物与其生存环境间关系的研究。现代生态学则将人类纳入生态系统中，研究人和生物圈之间的相互作用，系统理论在此得到广泛应用（欧阳志远，1996   廖飞勇，2010）。

  生态学的发展方向呈现综合化、交叉化的趋势，它的研究对象也从自然生态向人工生态转变，研究尺度从中尺度向宏观与微观两个方向扩展（贾宝全等，1999）。分子生态学、景观生态学、区域生态学、全球生态学等分支学科进入全面发展时期，并逐渐成为生态学研究的前沿和热点（图 1.3）。

■ 生态学的七大层次

  生态学按照研究对象的组织层次可划分为七层，即个体生态学、种群生态学、群落生态学、生态系统生态学、景观生态学、区域生态学和全球生态学（图 1.4）。

  生态学七大层次间的关系可概括为：

  第一，高组织层次的研究都以下一层次的对象为基本要素。例如，在群落生态学、种群生态学、个体生态学、生态系统生态学 4 个层次中，种群重点研究个体之间的关系，群落重点研究种群间关系，生态系统则重点研究生物群落和非生物环境的复合体等（图 1.5）。

  第二，随着研究组织层次的提升，研究的空间尺度趋于增加，而单位空间的可

生态学·前世

1866 年

提出"生态学"（ecology）的概念

赫克尔

1935 年

提出"生态系统"（ecosystem）的概念

坦斯利

生态学·今生

1996 年

生态学目前被划分为经典生态学与现代生态学两大类

欧阳志远

生态学·发展趋势

1999 年

生态学呈综合化、交叉化的发展趋势，即研究对象由自然生态向人工生态转变，研究尺度由中尺度向微观、宏观两个方面扩展

贾宝全等

▲ 图 1.3 生态学进程简介

空间分辨率趋于上升

个体生态学（autecology）：个体生态学以生物个体及其居住环境为研究对象，探讨环境对生物个体的影响，以及生物个体对环境的适应

种群生态学（population ecology）：种群是指一定时间、一定区域内同种个体的组合。种群生态学以生物种群为研究对象，研究种群密度、出生率、死亡率、存活率等基本特征的动态规律及其调节等

群落生态学（community ecology）：群落是栖息在同一地域中的动物、植物和微生物组成的复合体。群落生态学以生物群落为研究对象，研究群落与环境间的相互关系，揭示群落中各个种群的关系，群落的组成、结构、分布等

生态系统生态学（ecosystem ecology）：生态系统是一定空间中生物群落和非生物环境的复合体。生态系统生态学以生态系统为研究对象，研究其结构、功能、平衡、稳定及其调节机制等

景观生态学（landscape ecology）：景观是不同类型的生态系统组成的异质性地理单元空间，研究范围在几平方公里至数百平方公里。景观生态学是生态学和地理学的交叉学科，以景观为研究对象，研究景观单元的类型组成、空间配置及其与生态学过程的相互作用

区域生态学（regional ecology）：区域是大范围的地理区，有一致的大气候。区域生态学是研究区域生态结构、过程、功能，以及区域间生态要素耦合和相互作用机理的生态学子学科

全球生态学（global ecology）：全球生态学研究的是地球上最高层次和最大的生态系统，是关于人类栖居的地球的基本性质、过程和人类可持续发展的最高层次的研究

空间尺度趋于增加

▲ 图 1.4　七大层次的生态学研究内容

辨析程度则趋于下降（图 1.6）。例如，最高层次的全球生态学研究尺度，已扩展至整个大气圈、水圈、生物圈和岩石圈，而景观生态学的空间范围通常在几平方公里至数百平方公里，因此其单位空间的可辨析程度要大于全球生态学（图 1.7）。

第三，除了生物和环境的关系外，结构—功能—动态是所有层次的研究共同关注的三大核心内容。例如，群落生态学研究的群落与环境、各个种群间的相互作用关系是功能的研究，群落的组成、结构以及分布是结构的研究，而动态演替及群落的自我调节则是群落的动态研究。同样，景观结构、景观功能、景观动态是景观生态学研究中的核心内容（图 1.8）。

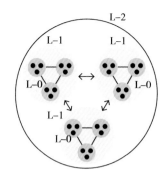

注：L 代表 level(系统的层次)，L–0、L–1、L–2 分别代表系统的不同组织层次，数字越小层次越低

▲ 图 1.5　低组织层次与高组织层次间的关系

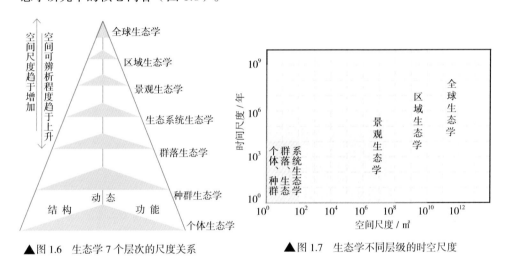

▲ 图 1.6　生态学 7 个层次的尺度关系　　▲ 图 1.7　生态学不同层级的时空尺度

▲ 图 1.8　结构、功能和动态是景观生态学研究的核心内容

景观生态规划设计的 24 条基础性生态学原理

■ 基础性生态学原理的提取原则

生态学作为一个学科，拥有庞大的学科知识体系，原理众多。景观生态规划设计是基于生态学原理的规划设计，但从风景园林专业的角度看，生态学原理并不能直接在规划设计中被应用。由此看来，对景观生态规划设计的指导，不必要先涉猎所有的生态学知识再来做规划设计，而应根据实际需求来筛选适当的原理作为理论依据，即只提取"规划设计的基础性原理"。

1986 年，福尔曼等学者率先提出 7 条景观生态学所依托的基础性生态学原理，其后在 1995 年将其拓展为 12 条原理。此外，里泽（Risser）等学者根据空间与格局的概念提出了相关原理，其后又有更多的理论被研究者提出（图 1.9）。基于对景观生态规划设计的指导意义与公认性原则，我们能够梳理出诸多生态学原理。

Forman，1986	7. 景观抗性	2. 结构和功能
1. 景观结构和功能	8. 粒度大小	3. 稳定性和变化
2. 生物多样性	9. 景观变化	4. 养分再分布
3. 物种流	10. 镶嵌系列	5. 等级理论
4. 养分再分布	11. 外部结合	
5. 能量流	12. 必要格局	Farina，1998
6. 景观变化		1. 格局和过程的时空变化
7. 景观稳定性	Risser，1984	2. 系统的等级组织
	1. 空间格局与生态过程	3. 土地分类
Forman，1995	2. 空间与时间尺度	4. 干扰过程
1. 景观与区域	3. 格局变化	5. 土地镶嵌体的异质性
2. 斑块—廊道—基质	4. 自然资源管理框架	6. 景观碎裂化
3. 大型自然植被斑块	5. 异质性对流和干扰的作用	7. 生态交错带（边缘效应）
4. 斑块形状		8. 中性模型
5. 生态系统间的相互作用	Risser，1987	9. 景观动态与演进
6. 复合种群动态	1. 异质性和干扰	

▲图 1.9　不同学者提出的景观生态学的一般原理

景观生态规划设计的核心是建立在空间化的基础之上的，本书先前对生态学体系的研究梳理出了 7 个层级，这 7 个层级基本上是建立在空间序列之上的，从微观的个体到宏观的全球，涵盖了景观生态规划设计中研究的全部尺度范围。在梳理原理的过程中，我们针对这 7 个层级对生态学原理进行了总结，并从人类生产生活应用的角度，以人的尺度将之划分为宏观、中观、微观三大类。

本书摘录出这些公认对景观生态规划设计具有指导意义的生态学原理，依据以下原则对原理进行了筛选：

第一，来源的公认性。该原理应来自经典生态学、生态系统生态学、景观生态学、区域生态学及全球生态学领域，并且是教科书中收录的普遍性理论或原理。

第二，可被空间化应用。这些原理能够被"空间化"、"图示化"为景观格局或设计要素组织模式。

第三，有实践案例支撑。这些原理已经在相关规划设计案例中得到应用，并且有明确的文献依据，能够为本原理提供实践论证。

■ 24 条基础性生态学原理

根据上述原则，本书在三大尺度及七个层次下，遴选出对景观生态规划设计具有指导意义的 24 条基础性生态学原理（表 1.3），这些原理将会在下文分类逐一进行介绍。

表 1.3 对景观生态规划设计具有指导意义的 24 条基础性生态学原理

尺度	生态学层级	生态学相关原理
微观	个体生态学	1. 耐受性原理
	种群生态学	2. 复合种群原理
		3. 生态位原理
		4. 边缘效应原理
		5. 干扰原理
	群落生态学	6. 种间竞争与互惠原理
		7. 群落演替原理
	生态系统生态学	8. 物质循环再生原理
		9. 生物多样性原理
中观	景观生态学	10. 格局与过程耦合原理
		11. 景观异质性原理
		12. 景观连通性原理
		13. 自然过程连续性原理
		14. 斑块、廊道、基质原理
		15. 生态网络原理
		16. 源—汇模型原理
		17. 景观稳定性原理
		18. 尺度效应原理
宏观	区域生态学	19. 岛屿生物地理学原理
		20. 地域分异原理
		21. 生态区位原理
	全球生态学	22. 生物群区与生命带原理
		23. 生物地球化学原理
		24. 整体人类生态系统原理

■ 参考文献

成玉宁 . 2010 . 现代景观设计理论与方法 [M]. 南京：东南大学出版社：1–27.

傅伯杰，陈利顶，马克明，等 . 2011 . 景观生态学原理及应用 [M].2 版 . 北京：科学出版社：233–234.

贾保全，杨洁泉 . 1999 . 景观生态学的起源与发展 [J]. 干旱区研究，16（3）：12–18.

高吉喜 . 2013 . 区域生态学基本理论探索 [J]. 中国环境科学，33（7）：1252–1262.

廖飞勇 . 2010 . 风景园林生态学 [M]. 北京：中国林业出版社：7–9.

欧阳志远 . 1996 . 关于生态学的学科体系问题 [J]. 自然辩证法研究，（4）：10–13，34.

尚玉昌 . 2003 . 生态学概论 [M]. 北京：北京大学出版社：1–2.

邬建国 . 2007 . 景观生态学 —— 格局、过程、尺度与等级 [M]. 北京：高等教育出版社 .

■ 拓展阅读

黄秋洪 . 2005 . 河西走廊 —— 一个水资源危机的范本 [J]. 经济，（6）：104–107.

王倩 . 2015 .《人民日报》对民勤环境新闻报道的研究 [D]. 兰州：兰州大学硕士学位论文 .

肖笃宁，李秀珍，高峻，等 . 2010 . 景观生态学 [M].2 版 . 北京：科学出版社：212–214.

■ 思想碰撞

　　有学者认为本书所倡导的"景观生态规划设计"一词不妥，建议采用"景观规划与设计"的称谓。理由如下：景观生态规划是一个同义反复的、不严谨的说法，因为景观是生态系统复合体（生态系统群），是生态系统上一个尺度的土地系统。使用景观生态规划概念的学者主要是地理学背景的，仅仅将景观视为地理单元而已。生态规划和生态设计这两个词也不宜用，因为生态规划和生态设计在这个时代已经没有特别含义，规划设计本来就应该是生态的。景观设计学领域有两个分支：一个是景观设计，另一个是景观规划，它们的概念都是清晰明确的。同学，你怎么看呢？进行一场国际景观大学生辩论赛如何？

■ 专题编者

| 岳邦瑞 | 兰泽青 | 王敬儒 | 畅茹茜 | 段婷婷 | 冯梦珊 | 王蓓 |
| 郭镁洁 | 王国今 | 王龙 | 徐梅 | 杨菲 | 张进明 |

生态介入空间

景观生态规划设计
的发展历程 □□ 02 讲

没有生态学指引的空间设计是盲目的，
没有空间设计落实的生态学是空洞的！

当蚌的外套膜受到异物侵入的刺激后，受刺激处的表皮细胞以异物为核，陷入外套膜的结缔组织中去。陷入的部分外套膜表皮细胞自行分裂形成一种物质囊，该囊细胞分泌一种物质，层复一层地把核包裹起来，这便是珍珠这种珍奇的有机宝石的形成过程。如果说生态规划设计是一只蚌的话，那么生态学原理就是侵入其体内的一个异物，最终蚌与异物融合进化，形成了景观生态规划设计。

多标准景观生态规划设计阶段划分方法

在景观生态规划设计发展的整个历程中，诸多事件在时间轴上不断演进并遵循着一定的学科发展规律。然而，对于景观生态规划设计发展阶段的划分，理论上存在着无数种可能，一千个读者就有一千个哈姆雷特，国内外诸多学者都有自己的见解，并据此划分出特定的发展阶段（表2.1），究竟哪一种划分方法更好？繁杂表象下的划分共性又是什么？

表2.1 各位学者对景观生态规划设计发展阶段的划分

学者	划分阶段	阶段特征	表层标准	深层标准
俞孔坚（2003）	前麦克哈格时代的景观系统规划（1865~1960年）	以自然系统思想为指导的无生态学的生态规划	核心代表人物	生态学原理发展对于规划的影响过程
	麦克哈克时代的生态规划（1960~1980年）	生物生态学适应性原理主导的人类生态规划		
	后麦克哈格时代的景观生态规划（1980年至今）	以景观生态学的过程与格局关系研究为主要基础的规划方法		
王云才（2013）	风景园林生态规划方法基本价值与理念形成（1850~1910年）	该时期尚未建立经严格论证的生态规划原则	主导生态因素	生态思想融入景观规划方法的过程
	以自然生态影响为主导的规划方法（1920~1960年）	将自然生态因素和规律纳入规划技术体系中，重点探讨基于自然环境保护的规划方法		
	重视人文因素影响的生态规划方法（1960~1990年）	逐渐重视人文生态因素的影响，改变了以自然生态因素为主体的景观规划方法和体系		
	自然、人文生态共同融入人文生态规划方法（1990年至今）	以生态整体性、系统性和历史过程的完整性为切入点，共同融入规划方法		
傅伯杰（2011）	反自然规划理念向保护自然理念转变（1863~1915年）	景观规划多集中在农业和城市景观规划	理念、尺度、功能、目标等	生态问题及生态思想介入规划设计的过程
	小尺度规划设计向中尺度规划设计转变(1915~1969年)	生态学全面发展，景观生态学介入		
	单一功能到多功能组合的规划设计(1969~1995年)	环境问题加剧，新技术和手段发展		
	注重格局与过程，逐步走向人地和谐（1995年至今）	多学科发展，注重规划的人文因素		
恩杜比斯（2013）	觉醒时期（1850~1910年）	众多学者的理论观点百花齐放	生态规划范式	生态思想及原理与专业化技术方法结合的程度
	形成时期（1910~1930年）	在众多大型项目中巩固和完善信仰体系		
	巩固时期（1930~1950年）	生态理念持续发展，生态规划技术逐步完善		
	认同时期（1960~1970年）	以麦克哈格的适宜性方法为范式共识		
	多样时期（1970年至今）	开始集中讨论人类对景观利用的多元方法		

基于生态介入空间的阶段划分方法

不同学者的阶段划分背后的共性表现在：（1）景观生态规划设计的起点是1857 年奥姆斯特德完成纽约中央公园；（2）生态学思想及原理的发展是影响景观生态规划设计不断发展的核心因素。因此，本书基于生态学的发展历程及其介入景观空间规划设计的程度，将景观生态规划设计划分为 4 个阶段（表 2.2），各阶段的代表性事件及代表性人物如图 2.2、图 2.3 所示。

表 2.2 生态介入空间的 4 阶段划分

阶段名称	代表性事件与人物	生态介入空间的代表性思想与原理	生态介入空间的代表性途径	主要贡献及不足
没有生态学介入的景观规划设计（1850~1910 年）	1. 1857 年，奥姆斯特德，纽约中央公园 2. 1864 年，乔治·马什，《人与自然》，生态意识觉醒 3. 1866 年，赫克尔，提出"生态学"的概念 4. 1893 年，埃利奥特，大波士顿地区公园系统规划 5. 1895 年，芒福德，《城市发展史》，生态城市构想	以自然系统思想为指导的、设计师主观意识的生态思想	简易叠图法	①开创性地使用分析、评价的方法； ②单因子垂直叠加，没有使用生态学原理
生物生态学介入的生态规划设计（1910~1980 年）	6. 1912 年，沃伦·曼宁，贝尔里卡镇规划 7. 1915 年，格迪斯，《进化中的城市》 8. 1922 年，巴罗斯，《伊利诺斯州中部地理》 9. 1939 年，卡尔·特洛尔，提出"景观生态学" 10. 1962 年，蕾切尔·卡逊，《寂静的春天》 11. 1962 年，菲利普·列维斯，威斯康辛州廊道研究 12. 1966 年，乔治·希尔，加拿大安大略省规划 13. 1969 年，麦克哈格，《设计结合自然》	环境决定论思想及生物生态学适应性原理	系统叠图法（垂直方向）	①完善叠图法，科学的生态学理论出现； ②强调垂直生态过程，水平方向联系缺失
景观生态学介入的景观生态规划设计（1980~1990 年）	14. 1985 年，约翰·莱尔，《人类生态系统设计》 15. 1986 年，福尔曼，《景观生态学》 16. 1988 年，乔治·哈格里夫斯，拜斯比公园 17. 1990 年，斯坦纳，综合性景观生态规划方法 18. 1990 年，鲁兹卡 & 米克鲁斯，景观生态规划方法体系 19. 1990 年，斯坦尼兹，多解生态规划方法六步骤	景观生态学的空间格局与生态过程耦合原理	"斑块—廊道—基质"模式 + 叠图法（水平+垂直）	①综合垂直与水平过程分析； ②缺乏整体性、人文性的考虑
整体人类生态系统介入的景观生态规划设计（1990 年至今）	20. 1994 年，约翰·莱尔，《可持续发展的再生设计》 21. 1994 年，西蒙·瑞恩，《生态设计》 22. 1994 年，泽夫·奈维，整体人类生态系统 23. 1997 年，瓦尔德海姆，《景观都市主义》 24. 2005 年，俞孔坚，《"反规划"途径》 25. 2008 年，莫森·莫斯塔法维，《生态都市主义》	以全球尺度、整体论、跨学科为特点的整体人类生态系统思想	GIS 技术 + 生态效应综合评价（垂直+水平+人文）	—

1850 到 1910 年，景观规划设计与生态学独立发展，两个学科之间还未融合。1856 年奥姆斯特德与沃克斯（Vox）合作设计纽约中央公园（Central Park），开启了真正意义上的景观规划设计。奥姆斯特德于 1863 年正式提出"景观规划设计（landscape architecture）"一词，而赫克尔（Haeckel）于 1866 年正式提出"生态学（ecology）"的概念（研究生物体与其周围环境相互关系的科学）。这个时期的景观规划设计并没有应用生态学的相关原理，只是遵循设计师主观意识中的生态思想。1893 年查尔斯·埃利奥特（Charles Eliot）开始将叠图法应用到景观规划中，才使得生态学与景观规划的融合开始萌芽。

1910 到 1980 年，两个学科开始交融，使景观规划开始进入基于生态学途径的景观规划时代，这一时期生物生态学是影响景观生态规划设计发展的主要原因。1912年沃伦·曼宁（Warren Manning）将埃利奥特的叠图法进一步发展，1969年麦克哈格将生物生态学适应性原理与景观规划结合。本书对于生物生态学如何通过叠图法介入空间解释为：将生态学中生物所需的生态因子进行复合，然后转化为空间化的生境因子，将生态学语言转化为可被实践应用的空间因子（图2.1）。

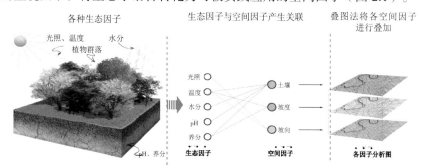

▶图2.1 生态因子空间化途径

1980到1990年，生态学分支学科"景观生态学（landscape ecology）"与景观规划设计的结合，使景观规划设计进入基于景观生态学的时代。1986年福尔曼（Forman）和戈德罗恩（Godron）完善了对景观生态学的定义："研究景观的结构、功能和变化的学科"。景观生态学的建立与发展为景观规划设计注入了新的活力，使景观生态规划设计的理论及方法更加完善。

1990年至今，景观生态学融入整体论和人文论的思想，使得景观生态规划设计进入了"整体人类生态系统"的阶段。整体论与人文论思想与注重自然空间的理论和方法相结合，对"人（生物）——地（环境）关系"的认识更加深刻。而奈维（Naveh）提出的"整体人类生态系统（total human eco-system）"（1994）一词是对其两者的更好总结，本书在此基础上将整体人类生态系统定义为：整体人类生态系统是在全球尺度上（全），将人类与自然环境结合为一个地理—生物—人类的整体生态系统（整），实现地圈—生物圈—技术圈的协同进化目标（跨）。

通过以上梳理，学科的推进往往需要外部社会环境、其他学科融入及内部演进需求等因素的影响。生态学作为核心影响因子，也是经过了外部社会环境的影响以及生态学在自身发展中壮大的过程，最终介入空间规划设计中，表现在如下两方面。在理论层面，生态学原理是景观生态规划设计的理论基础，其介入从主观意识的生态思想转入经过空间化的生物生态学适应性原理，然后在空间化与生态原理的相互影响中逐步向景观生态格局与过程原理的探求，最终将景观生态规划设计提升到了整体人类生态系统的层次。在方法层面，综合性景观生态规划方法、多解生态规划方法"六步骤"等的提出，推动了景观生态规划设计的应用和实践发展。

景观生态规划设计各阶段的代表性事件

没有生态学介入的景观规划设计阶段 (1850~1910 年)

生物生态学介入的生态规划设计阶段 (1910~1980 年)

时代背景

1. 工业革命导致人口激增，无节制地开采资源，生态环境遭到严重破坏；
2. 城市过度膨胀，迫使城市远离自然环境，人们转而追寻城市中的"自然"；
3. 人与自然关系的变化使设计师的自然观发生转变

1. 工业革命后平衡技术与文明之间的关系，城市活力得以恢复；
2. 相关学科之间不断渗透，景观的范畴愈加广泛

1857 年（美国）

事件：纽约中央公园建成

代表人物：奥姆斯特德（Olmsted）

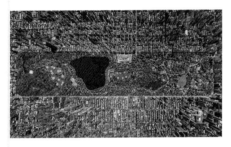

纽约中央公园的建成标志着西方景观规划设计开始萌生生态的思想

1893 年（美国）

事件：大波士顿地区公园系统规划

代表人物：查尔斯·埃利奥特（Eliotch Charies）

率先使用科学的规划方法保护自然景观，实现了自然与都市的融合

1912 年（美国）

事件：贝尔里卡镇规划

代表人物：沃伦·曼宁（Warren Manning）

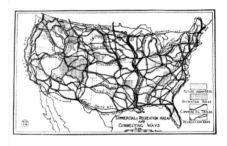

首次使用透射板进行地图叠加以获得新的综合信息

1864 年（美国）

事件：《人与自然》出版

代表人物：乔治·马什（George Marsh）

Man and Nature
Or, Physical Geography as Modified by Human Action
by George Perkins Marsh
Edited by David Lowenthal

MAN AND NATURE OR, PHYSICAL GEOGRAPHY AS MODIFIED BY HUMAN ACTION
GEORGE PERKINS MARSH

①首次提出合理规划人类行为，使之与自然协调，并呼吁设计结合自然；
②唤醒人们的生态意识

1895 年（美国）

事件：《城市发展史》出版

代表人物：刘易斯·芒福德（Lewis Mumford）

THE CITY IN HISTORY
ITS ORIGINS,
ITS TRANSFORMATIONS,
AND ITS PROSPECTS
THE CLASSIC STUDY BY

①对科学技术的生态反思；
②为麦克哈格等人的生态规划理论及方法的提出构建了理论框架

1915 年（英国）

事件：《进化中的城市》出版

代表人物：帕特里克·格迪斯（Patrick Geddes）

CITIES IN EVOLUTION:
AN INTRODUCTION TO
THE TOWN PLANNING
MOVEMENT AND TO
THE STUDY OF CIVICS

SIR PATRICK GEDDES

①提出城市规划应该与人文地理学有机结合；
②首创区域规划的综合研究

▲ 图 2.2 景观生态规划设计各阶段的代表性事件17

生物生态学介入景观规划设计
(1910~1980 年)

时代背景

1. 两次世界大战爆发，生态及景观规划设计的研究处于停滞状态；
2. 战后城市化发展迅速，社会对环保的关注减弱

1. 民众环保呼声日益高涨，环境保护运动发展至高潮阶段；
2. 从生态学和美学的割裂、设计脱离自然，到景观规划设计与生态学的结合；生态规划方法形成、拓展并逐步完善

1922 年（美国）

事件：《伊利诺伊州中部地理》出版

代表人物：巴罗斯
（ Harlan Barrows ）

①拓展了生态学内涵；
②运用地理学和生态学知识，认识人与自然环境之间的相互作用

1962 年（美国）

事件：《寂静的春天》出版

代表人物：蕾切尔·卡逊
（ Rachel Carson ）

提出人类与自然环境要相互融合，唤起了人类绿色生态意识在 20 世纪的觉醒

1966 年（加拿大）

事件：加拿大安大略省规划

代表人物：乔治·希尔
（ George Hill ）

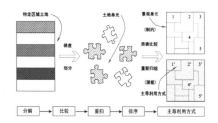

提出分解—比较—重归—排序的自然地理单元法，构成了生态因子叠加和土地适宜性评价方法的雏形

1939 年（德国）

事件：提出"景观生态学"

代表人物：卡尔·特洛尔
（ Carl Troll ）

将景观概念引入生态学，使其与地理学及景观规划设计分析方法相结合

1962 年（美国）

事件：威斯康星州廊道研究

代表人物：菲利普·列维斯
（ Philip Lewis ）

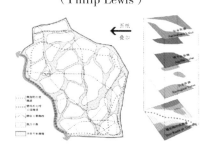

①提出自己特有的环境资源研究方法；
②完善叠图法并提出环境走廊建议，对景观生态规划策略的研究影响深远

1969 年（美国）

事件：《设计结合自然》

代表人物：伊恩·麦克哈格
（ Lan McHarg ）

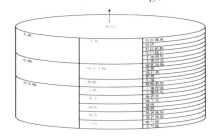

提出了"千层饼"叠图模式（即土地适宜性分析方法），标志着景观生态规划方法的产生

景观生态学介入的景观生态规划设计阶段
(1980~1990 年)

时代背景

1. 传统工业衰退，人们的生态意识增强，环境保护运动高涨，生物技术提高，废弃地改造项目增多；
2. 生态主义思想在景观生态规划领域的表达与实践均逐渐臻于完善并达到鼎盛，生态文明时代到来；
3. 地理信息技术飞速发展

1985 年（美国）

事件：《人类生态系统设计》出版

代表人物：约翰·莱尔
（John Lyle）

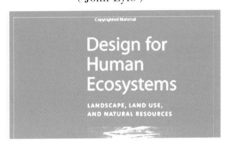

提出人类生态系统设计和再生设计原理

1986 年（美国）

事件：《景观生态学》出版

代表人物：理查德·福尔曼
（Richard T. T. Forman）

将景观规划设计与景观生态学结合，提出"斑块—廊道—基质"模式

1988 年（美国）

事件：拜斯比公园建成

代表人物：哈格里夫斯
（Hargreaves）

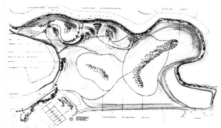

①将生态与艺术相结合；
②从理性的视角看待景观内部的生态结构和功能

1990 年（美国）

事件：提出综合性景观生态规划方法

代表人物：弗雷德里克·斯坦纳
（Fredrick Steiner）

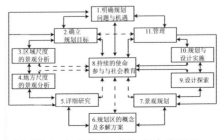

①摆脱麦克哈格的"生态决定论"，综合垂直和水平生态过程；
②强调生态适宜性分析

1990 年（捷克）

事件：提出景观生态规划方法体系

代表人物：鲁兹卡
（Ruzicka M）

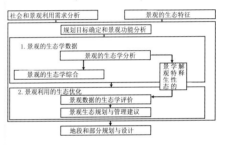

①强调景观元素的尺度和空间结构；
②使景观生态规划的理论和方法发生拓展与流变

1990 年（美国）

事件：提出多解生态规划方法六步骤

代表人物：卡尔·斯坦尼兹
（Carl Steinitz）

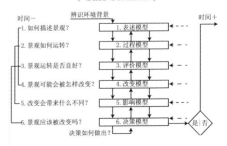

①通过反复循环模式得出多解方案；
②系统分析技术为生态规划方面的研究奠定了基础

▲ 图 2.2 景观生态规划设计各阶段的代表性事件（续）19

整体人类系统生态学（区域生态学、全球生态学）介入景观规划设计
(1990 年至今)

1. 人类活动对生态环境的影响受到密切关注；
2. 决策者、设计师和公众对"生态设计"概念的理解日趋客观

1. 后现代主义思潮渗透到文学、哲学、建筑、城市规划和景观规划设计等各个领域；
2. 景观都市主义尚不成熟，弊端日渐暴露

1994 年（美国）

事件：《可持续发展的再生设计》出版

代表人物：约翰·莱尔
（John Tillman Lyle）

①推动了再生性景观的发展与实践
②改变了规划设计的认识论，促进了再生设计技术的发展和传播

1994 年（以色列）

事件：提出整体人类生态系统

代表人物：泽夫·奈维
（Zev Naveh）

提出了景观与恢复生态学，指出当前人类社会正向即将发生重大变革的"分支点"靠近

2005 年（中国）

事件：《"反规划"途径》出版

代表人物：俞孔坚

提出基于人地和谐思想的全新城市规划模式；提出景观安全格局概念

1994 年（美国）

事件：《生态设计》出版

代表人物：西蒙·瑞恩
（Sim V D Ryn）

其思想成为生态城市建设的重要内容，并深刻地影响了其后的城市设计思想

1997 年（加拿大）

事件：《景观都市主义》出版

代表人物：瓦尔德海姆
（Charles Waldheim）

标志着一场新的设计革命时代的开启，并将景观规划设计引向可持续发展的途径

2008 年（美国）

事件：《生态都市主义》出版

代表人物：莫森·莫斯塔法维
（Mohsen Mostafavi）

生态都市主义颠覆了传统的设计思潮，是一种可持续发展理念

▲ 图 2.2 景观生态规划设计各阶段的代表性事件（续）

景观生态规划设计的代表性人物

19 世纪中叶

弗雷德里克·奥姆斯特德

参与设计纽约中央公园

公园系统这一概念的提出成为生态主义思想在景观规划领域中诞生的前奏

19 世纪 60 年代

乔治·马什

《人与自然》

其理论引发了旧有自然观念的转变，激发了对人与自然关系的理解和再认识

19 世纪末

查尔斯·埃利奥特

参与规划
波士顿地区公园体系

使用科学的规划方法保护自然景观，实现了自然与都市的融合；被称为美国都市公园系统之父

19 世纪末

刘易斯·芒福德

推广更符合人性原则和生态原则的技术

对科学技术的生态反思为生态主义思想的产生奠定了坚实的基础

20 世纪初

沃伦·曼宁

首创了叠图分析

曼宁构想的生态学方法并未得到广泛的认可，也未能得到推广和应用

20 世纪初

帕特里克·格迪斯

提出了"调查—分析—规划"的现代城市规划法

揭示城市在空间和时间发展中所存在的生物学和社会学方面的复杂关系

20 世纪初

哈伦·巴罗斯

《伊利诺斯州中部地理》

运用地理学和生态学的知识来理解和认识人与自然环境之间相互作用的关系

20 世纪初

卡尔·特洛尔

提出了"景观生态学"概念

探讨景观组成单元的多样性及空间格局，强调景观空间结构与生态过程的相互作用关系

▲ 图 2.3 景观生态规划设计的代表性人物及思想　21

20世纪中期	20世纪60年代	20世纪60年代	20世纪60年代

蕾切尔·卡逊	菲利普·列维斯	乔治·希尔	伊恩·麦克哈格
《寂静的春天》	将叠图技法应用到威斯康星州廊道研究中	提出"分解—比较—重归—排序"的土地利用及景观格局分析方法	《设计结合自然》
使人们对待自然的态度发生了显著转变，并开始意识到自然景观的巨大价值，成为生态主义思想产生的助推力	列维斯以自己特有的方式展现了叠图方法的可行性，提出了"环境走廊"的建议	提出的基于对区域土地气候及地文特征的调查与分析，是生态因子叠加和土地适宜性评价方法的雏形	倡导的生态因子调查与评价方法，对风景园林领域的生态学工作方法的科学量化过程影响深远

20世纪80年代	20世纪80年代	20世纪末	20世纪末

约翰·莱尔	理查德·福尔曼	乔治·哈格里夫斯	弗雷德里克·斯坦纳
《人类生态系统设计》	《景观生态学》	设计拜斯比公园	提出综合性景观生态规划方法
揭示了生态系统的转化、分布、筛选、同化、存储、人类思辨等功能的再生潜力；促进再生设计技术与方法的发展和传播	提出"斑—廊—基"模式，为生态学与景观规划的结合打下理论基础	对自然动态过程的科学表述实现了艺术与科学的完美结合	完善并发展了生态规划理论，并进一步探讨其中蕴含的核心思想

▲图2.3 景观生态规划设计的代表性人物及思想（续）

20 世纪 90 年代	20 世纪 90 年代	20 世纪 90 年代	20 世纪末

鲁兹卡

提出景观生态规划理论和方法体系 (LANDEP)

形成了比较成熟的立足于适宜性评价，同时又兼具系统分析、模拟与空间格局优化的研究途径

卡尔·斯坦尼兹

提出多解生态规划方法"自上而下"和"自下而上"

将公众的感性认识和设计师的主动性融入规划过程

约翰·莱尔

《可持续发展的再生设计》

以自然资源保护为根本，融合了生态设计的原则，囊括了可持续发展的理论与实践

西蒙·瑞恩

《生态设计》

提出了普适的生态设计的原则，为风景园林领域生态设计范式与原则的确立奠定了理论基础

20 世纪末	20 世纪末	21 世纪初	21 世纪初

泽夫·奈维

提出整体人类生态系统的概念

将景观整体论及人文论思想发扬光大，并加以系统化

查尔斯·瓦尔德海姆

主编《景观都市主义》

在工业化的社会背景下，重新思考与探索合理利用自然资源、实现人地和谐的新途径

俞孔坚

《"反规划"途径》

以全面发展观及建设和谐人地关系为总体思想，系统地讨论了城市与区域发展的"反规划"途径

莫森·莫斯塔法维

《生态都市主义》

生态都市主义并不局限于保护自然，而是更加注重人在生态系统中的媒介作用

▲图 2.3 景观生态规划设计的代表性人物及思想（续）23

■ 参考文献

贾宝全，杨洁泉 .2000. 景观生态规划：概念、内容、原则与模型 [J]. 干旱区研究，（2）：70~77.

林坚 .2013. 生态哲学智慧探析 [J]. 学术界，（5）：152~162.

王军，傅伯杰，陈利顶 .1999. 景观生态规划的原理和方法 [J]. 资源科学，（2）：73~78.

王云才 .2013. 风景园林生态规划方法的发展历程与趋势 [J]. 中国园林，（11）：46~51.

于冰沁，田舒，车生泉 .2013. 从麦克哈格到斯坦尼兹——基于景观生态学的风景园林规划理论与方法的嬗变 [J]. 中国园林，（4）：67~72.

朱利叶斯·G·法布士，S·兰莘，付晓渝，刘晓明 .2005. 美国马萨诸塞大学风景园林及绿脉规划的成就（1970—）[J]. 中国园林，（6）：1~7.

俞孔坚，李迪华 .2003. 景观生态规划发展历程——纪念麦克哈格先生逝世两周年 [J]. 中国园林，（1）:1~24.

俞孔坚，李迪华 .2004.《景观设计：专业、科学与教育》导读 [J]. 中国园林，（5）:7~8.

杨锐 .2017. 风景园林学科建设中的 9 个关键问题 [J]. 中国园林，（1）33.

■ 拓展阅读

于冰沁，田舒，车生泉 .2013. 生态主义思想的理论与实践 [M]. 北京：中国文史出版社：38~169.

俞孔坚 .1997. 从世界园林专业发展的三个阶段看中国园林专业所面临的挑战和机遇 [J]. 中国园林，（1）：17~21.

■ 思想碰撞

　　空间是风景园林规划设计的语言，原理是生态学大厦的基础。当生态介入空间，会通过两者的相互作用形成景观生态规划设计——一个新的学科领域与知识体系，如同电子围绕原子核高速旋转形成原子。因此，有学者提出风景园林学科"硬核"要越来越强化，学科"边界"要越来越模糊，学科间的交融越多则产生新领域新知识越多（杨锐，2017）。你认同上述观点吗？景观生态规划设计的"硬核"到底是什么？除了生态学，还有哪些学科介入了景观生态规划设计？

■ 专题编者

岳邦瑞　　兰泽青　　王敬儒　　冯若文　　张聪　　冯梦珊　　段婷婷

郭镆洁　　王国今　　王龙　　徐梅　　杨菲　　张进明　　畅茹茜

景观 03讲

景观生态规划设计的研究对象

一千个读者有一千个哈姆雷特

地理学家 = 地域综合体

生态学家 = 生态系统镶嵌体

建筑师 = 配景

景观是什么？

艺术家 = 风景

　　每个学术领域都有自己的研究对象。例如政治学的研究对象是"国家"，经济学的研究对象是"商品"，社会学的研究对象是"社会现象"，地理学的研究对象是"地域系统"，现代生态学的研究对象是"生态系统"，建筑学的研究对象是"建筑物及其环境"，城乡规划学的研究对象是"城市空间系统"，风景园林学的研究对象是"户外空间"等。那么，景观生态规划设计的"研究对象"是什么？

景观生态规划设计的研究对象

任何一个学术领域，要真正独立并为其发展奠定基础的话，首要的任务是明确自己的研究对象（study object）。从根本上讲，这个对象应该独一无二地属于自己。因此，通常将某个学术领域所特别关注的现象（问题或矛盾）称为该学科的研究对象。研究领域的区分依据是每个领域的研究对象所具有的特殊矛盾性，再进一步对某一领域中某种现象所特有的矛盾进行研究和揭示，就构成了这个研究领域的学术成果。

关于生态规划设计的研究对象，作者曾经请教过很多学者，答案是：麦克哈格关注"土地适宜性"（land suitability），福尔曼关注"土地镶嵌体"（land mosaics），凯文·林奇关注"土地利用"（land-use），芒福德关注"地区（域）文化"（local culture），俞孔坚说要回到"土地"（land），傅伯杰强调"景观生态"（landscape ecology）（高吉喜，2013），王云才倡导"整体人文生态系统"（total human ecosystem），曹礼昆认为是"地表覆被"（land cover），还有人说是"人地关系"（man-land relationship）（图 3.1）。

在上述五花八门的答案中，有一个词汇可以概括这多样的内容，那就是"景观"（landscape）。

▶图 3.1　景观生态规划设计的研究对象

"景观"的三张面孔

景观，是个太难说清楚的概念。"景观"一词从出现，到被大众媒体及各路研究者频频提及的今天，大致经历了两次华丽的转身，形成了三张具有代表性的面孔。

■ 视觉美学角度：景观 = 风景

从视觉美学的角度或从直观的角度来看待大地表面，景观特指景色优美的地区。在希伯来文的《圣经》中，景观用来描绘包含所罗门王国教堂、城堡和宫殿的耶路撒冷城的美景。在 15 世纪中叶，就西欧艺术家的风景油画而言，景观指透视中所见的地球表面的景色。在德语中，"景观"（landschaft）通常被用来描述美丽的乡村自然风光。英语中的"景观"（landscape）源于德语，被理解为形象而又富于艺术性的风景概念。中国自东晋以来，山水风景画成为景观的代名词。从这种角度讲，景观是人对所处环境感知后形成的视觉印象。总之，"风景"（scene）含义的景观内涵，是从视觉美学层面理解的地球表面，是人类对地球表面的直观视觉体验（图 3.2）。

◀ 图 3.2　作为"风景"的景观

■ 地理学角度：景观 = 地域综合体

在地理学中，长期对景观存在着不同理解，但主要源于亚历山大·冯·洪堡（Alexander von Humboldt）和道库恰耶夫（Dokuchaev）的"地理综合体"思想。19 世纪初，洪堡将景观引入地理学并作为科学的地理学术语提出，认为景观是由气候、水文、土壤、植被等自然要素以及文化现象组成的地域综合体（图 3.3）。

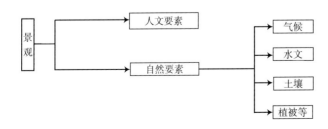

◀ 图 3.3　洪堡引入地理学的"景观"

随后，道库恰耶夫鲜明地阐述了这一思想："地表的一切自然成分——地形、地表岩石、气候、水、土壤、动植物群落——都是紧密联系着、相互制约着，作为复杂的物质体系的一部分而不断发展着"。自然地域综合体思想的实质是："地表是由各种客观存在的地域单位所构成的，这些单位之中的每一个都是自然界的对象和对象的有规律组合，这种地域单位被称为景观"（图 3.4）。综合地理学家、植物学家和景观地球化学家等观点，可得出如下结论：景观是由各个在生态上和发生上共轭的、有规律地结合在一起的、最简单的地域单元所组成的复杂地域系统，并且是各要素相互作用的自然地理过程总体，这种相互作用决定了景观动态。总之，"地域综合体"含义的景观，其内涵是从地理学层面理解的土地表面，是人类对地球表面地理要素及其关系的整体性、系统性认识（傅伯杰等，2011）。

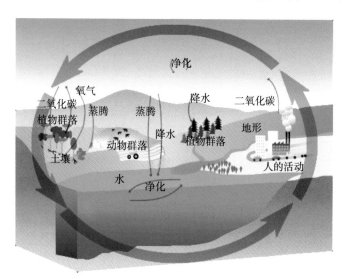

▶图 3.4　道库恰耶夫阐述的地域综合体思想

■ 生态学角度：景观 = 生态系统镶嵌体

1939 年德国生物学家特罗尔提出"景观生态学"（landscape ecology）一词，景观的概念被引入生态学并形成景观生态学。"景观生态"是一个革命性的概念，它把地理学研究自然现象空间关系的"横向"方法，同生态学研究生态系统内部功能的"纵向"方法相结合，开始关注景观的结构、功能和变化。福尔曼和戈德罗恩从景观与生态系统的关系角度进行了更为本质的定义："景观是由相互作用的生态系统镶嵌体（ecosystem mosaic）组成，并以类似形式重复出现，具有高度空间异质性的区域"(1986)；"景观是空间上镶嵌出现和紧密联系的生态系统组合，在更大尺度的区域中，景观是互不重叠且对比性强的基本结构单元"（1995）。最终将其总结为"景观是相互作用的生态系统的异质性镶嵌体"（Moss，1999）（图3.5）。总之，"生态系统镶嵌体"含义的景观，其内涵是从生态系统层面理解的土地表面，是人类对生态系统与生态系统之间关系的一种探讨（殷秀琴等，2014）。

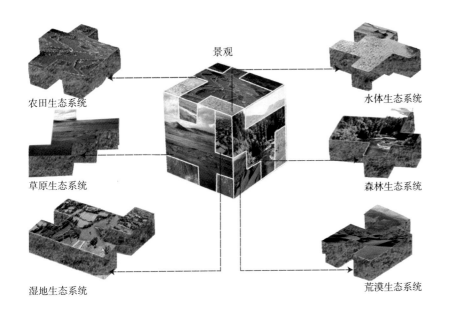

作为生态规划设计对象的"景观"

■作为主体认知对象的"景观"具有无限多义

俞孔坚（2002）探讨了景观的4个层面含义：①景观作为视觉审美对象，在空间上与人物我分离，表达人与自然的关系，人对土地、对城市的态度，也反映人的理想和欲望；②景观作为生活其中的栖息地，是体验空间，人在空间中的定位和对场所的认同，使景观与人物我一体；③景观作为系统，物我彻底分离，使景观成为客观的解读对象；④景观作为符号，是人类历史与理想，人与自然、人与人相互作用与相互关系在大地上的烙印。Moss（1999）总结了对于景观的6种认识：①景观是相互作用的生态系统的异质性镶嵌；②景观是地貌、植被、土地利用和人类居住格局的特别结构；③景观是生态系统向上延伸的组织层次；④景观是综合人类活动与土地的区域整体系统；⑤景观是一种风景，其美学价值由文化决定；⑥景观是遥感图像中的像元排列。

有一千个读者就有一千个哈姆雷特，有多少学科就会有多少个角度的景观定义，这是"景观"这头"大象"的复杂性和丰富性所决定的。所以，我们不难理解会出现 Meinig 所说的"同一景象的十个版本"(ten versions of the same scene)："景观是人所向往的自然，景观是人类的栖居地，景观是人造的工艺品，景观是需要科学分析方能被理解的物质系统，景观是有待解决的问题，景观是可以带来财富的资源，景观是反映社会伦理、道德和价值观念的意识形态，景观是历史，景观是地域性，景观是美"（D.W.Meinig,1979）。

■ 作为客体存在的"景观"就是地球表面

无论有多少种关于"景观"的研究视角以及由此产生的定义，作为人们研究的"客体"存在的对象性的"景观"只有一个，那就是"土地"，更确切地说是"地球表面（地表）"。回顾众多生态学、地理学及生态规划学者所关注的研究对象，并结合景观所有被列举的定义，那个被大家共同关注的东西就是"地球表面"。

景观所指的"地球表面"具有多种空间尺度。在最大的尺度上，景观可以等同于"生物圈"，其空间范围覆盖了整个地球表面的陆地和海洋，总面积约 5.1 亿平方公里。在较小的尺度上，景观就是"一片或一块土地"，甚至可以小至 1 平方米以内。

"地球表面"景观还具有不同的厚度。作为生物圈的景观，外延范围包括海平面以上约 1 万米至海平面以下 1 万米处（图 3.6），核心范围包括大气圈底部，岩石圈的表面，水圈的大部分（距离海平面 150 米内的水层）。所以景观的最大厚度只有 2 万米，如果把地球看作一个足球大小，那么生物圈景观其实比一张纸还要薄，就是这层"薄纸"为生物的生存提供了基本条件：营养物质、阳光、空气、水、适宜的温度和一定的生存空间。但是，大部分生物都集中在地表以上 100 米到水下 100 米的大气圈、水圈、岩石圈、土壤圈等圈层的交界处，这里就是景观的核心地带。景观的厚度还可以进一步缩小到一棵树，乃至一棵草的高度，这就取决于需要关注的景观现象本身的特点了（图 3.7）。

■ 作为生态规划设计对象的"景观"可阐述为空间格局

从生态规划设计的角度看，其研究对象是以土地使用为主要内容的地表空间系统，用一个更专业的词汇就是"空间格局"（spatial pattern）。其定义为空间要素的空间分布与组合所形成的地表空间系统。空间格局表现为各种物质实体要素（即景观要素）在空间上的排布及各种自然过程与人类活动在空间的投影。我们将以这种角度理解的"景观"作为研究对象的生态规划设计称作景观生态规划设计，并将

▲ 图 3.6　作为生物圈的景观

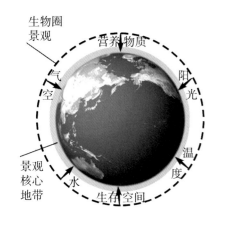

▲ 图 3.7　景观的核心地带

"空间格局"作为景观生态规划设计领域的研究对象。具体阐述如下：

首先，景观生态规划设计是一种"物质实体空间"类型的规划设计，从而区别于社会经济规划等非空间性规划。这种"物质实体空间"规划设计，其核心是"如何安排土地及土地上的物体和空间"（俞孔坚，1999），其实质是为人类与自然和谐做出一系列以土地使用为基础的空间布局。因此，景观生态规划设计研究及操控的对象只能是地表空间系统，即空间格局；离开空间格局的景观生态规划设计是无法进行的。

其次，从空间格局的形成与作用来看，土地是承载各种物质实体要素的容器，土地也是各种自然过程和人文活动的舞台，土地同时还是人与自然相互作用的界面。所有的这些物质要素、各类活动与相互作用会交叉叠合，并最终投影与刻画到土地使用上形成"印记"，对这些"印记"通过专业的、空间的方式予以呈现得到空间格局。反过来，人类的景观规划设计师，正是通过在土地使用与空间布局上对上述这些物质要素及各种活动进行安排，来实现人类与自然的和谐相处。

总之，所谓"景观"生态规划设计的实质就是对"空间格局"的规划设计，作为生态规划设计对象的"景观"就是"空间格局"（图3.8）。

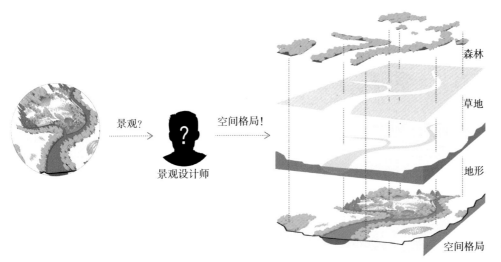

图3.8 "景观"是"空间格局"

■ 参考文献

D.W.Meinig.1979.The Beholding Eye:Ten versions of the same scene//The Interpretation of Ordinary Landscapes:Geographical Essays.New York:Oxford University Press.

Moss M R.1999.Environmental Stability//Environmental Geology. Springer Netherlands, 227–229.

傅伯杰，陈利顶，马克明，等 .2011. 景观生态学原理及应用 [M]. 2 版 . 北京：科学出版社：288–289.

高吉喜 .2013. 区域生态学基本理论探索 [J]. 中国环境科学，（7）：1252–1262.

殷秀琴，侯威岭，李贞 .2014. 生物地理学 [M]. 2 版 . 北京：高等教育出版社：237–245.

俞孔坚 .1999. 生物保护的景观生态安全格局 [J]. 生态学报，19（1）：8–15.

俞孔坚 .2002. 景观的含义 [J]. 时代建筑（1）：15–17.

俞孔坚，黄刚，李迪华 .2005. 景观网络的构建与组织 —— 石花洞风景名胜区景观生态规划探讨 [J]. 城市规划学刊，（3）：76–81.

■ 拓展阅读

傅伯杰，陈利顶，马克明，等 .2007. 景观生态学原理及应用 [M]. 2 版 . 北京：科学出版社：1–6.

王云才 .2014. 景观生态规划原理 [M]. 北京：中国建筑工业出版社：1–7.

俞孔坚 .2003. 景观设计：专业学科与教育 [M]. 北京：中国建筑工业出版社：12–24.

周志翔 .2007. 景观生态学基础 [M]. 北京：中国农业出版社：2–5.

R·福尔曼，M·戈德罗恩 .1990. 景观生态学 [M]. 北京：科学出版社：9–13.

■ 思想碰撞

英语中的 Landscape Architecture（LA）在我国被翻译成各种各样的称谓：有的称之"造园学"、"园林学"、"风景园林学"，有的叫作"景观建筑学"、"景观规划与营建"、"景观设计学"，也有的译为"地景学"、"地景建筑学"、"大地及风景园林规划设计学"。造成上述情况的原因，首先是因为大家对 LA 学科中"Landscape"的内涵与外延理解不同。结合本讲的内容，你认为应如何理解"Landscape"的含义？如何翻译 LA 更好？为什么？

■ 专题编者

岳邦瑞　　　　刘硕　　　　郭锁洁　　　　冯梦姗　　　　王国今

空间格局 04 讲

生态学语言转化为规划设计语言的关键途径

空间语言是景观师脚下的滑板，滑板下的山坡
是这个世界，你只能用空间语言这个滑板测度
世界的坡度、起伏，避开障碍、陷阱与深渊。

　　"如何开展生态设计成为长期以来困扰设计发展的核心瓶颈，使生态设计多处于说得多做得少的困境中"（王云才，2011）。其关键问题是：缺少将生态学原理的"生态学语言"，转换为规划设计的"空间化语言"的有效方法。

空间格局的概念

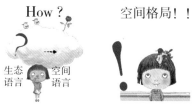

▲图 4.1　从生态学到规划设计的关键途径

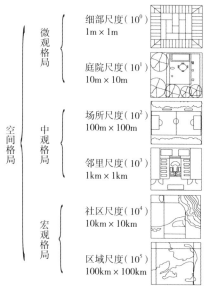

一直以来，从生态学原理到规划设计应用之间，似乎横亘着一道无法逾越的鸿沟。景观生态规划设计必须基于生态学的原理，但即使认真搞懂了生态学原理，很多时候我们仍然不知道如何应用这些原理。幸运的是，“空间格局”正是破解该问题的关键途径，从生态学原理到规划应用之间的鸿沟，完全能够依靠“空间格局”来填补（图 4.1）。

■定义

空间格局（spatial pattern）：即空间要素的分布与组合所形成的地表空间系统。它是异质性的生态要素或地理单元在空间上的排列与组合，是大小、形状、数量、位置、类型等差异化的空间单元组合所呈现的空间关系特征。

需要强调的是：本书中的“空间格局”，包括从数万平方公里的区域尺度到一平方米的细部尺度的六种尺度上的生态或地理等要素的排列与组合（图 4.2）。

▲图 4.2　多种尺度的空间格局

■空间格局

空间格局在本质上是一个空间系统。从系统论的角度看，是由各种要素及其空间关系组成的集合，可表述为空间格局 ={ 空间要素，空间关系 }。在空间格局这个系统中，要同时描述两样东西，一是“空间要素”的特征，二是“要素之间的空间关系”特征（图 4.3）。

空间格局
- 空间要素
  - 生态要素
  - 地理要素
  - 视觉要素
  - 设计要素
- 空间关系
  - 均匀类模式
  - 聚集类模式
  - 随机类模式
  - 组合类模式

▲图 4.3　空间格局的组成

将空间格局看作一个空间系统时，空间要素是构成空间系统的主要组成部分。空间要素可以从各种研究角度进行分类描述，如生态要素（动物、植物、微生物、土地、矿物、海洋、河流等要素），地理要素（地貌、水系、植被、居民地、道路网、行政区等），视觉要素 [斑块（点）、廊道（线）、基质（面）]，设计要素（地形、水体、植被、铺装、道路）等（图 4.4）。在景观生态规划设计中，最为关心的是具有“几何意义”的空间要素，通常可以从如下方面描述其特征：①类型，②数量，③大小，④位置，⑤形状；对要素通常考虑定性（类型）、定量（数量与大小）、定位（位置）、定形（形状）的布局安排。也就是说，对要素进行某类定性（类型）、定量（数量与大小）、定位（位置）、定形（形状）的布局安排，能够形成一定的空间格局（图 4.5）。

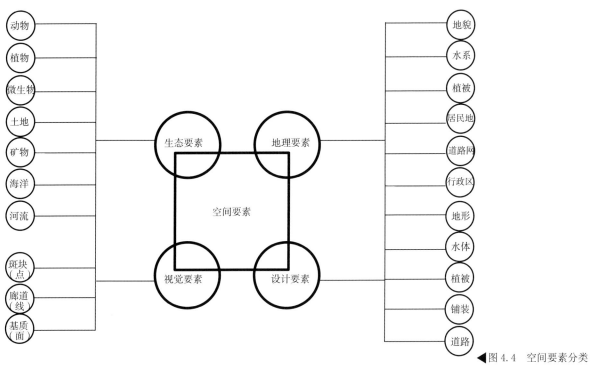

▲图 4.4 空间要素分类

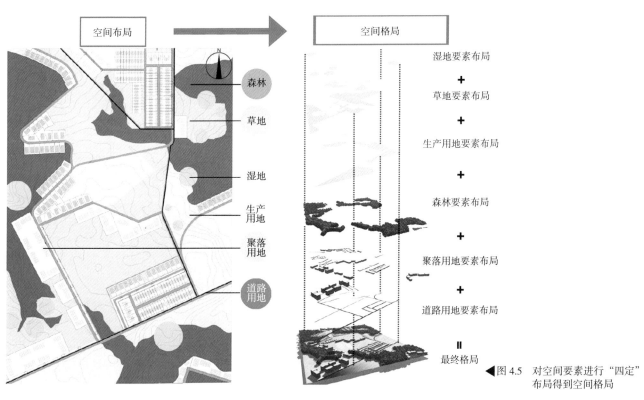

▲图 4.5 对空间要素进行"四定"
布局得到空间格局

35

■ 空间关系

空间关系是空间系统的结构，是要素与要素之间、要素与整体之间的空间联系与排布方式。为了能够重点探究要素的空间关系，通常会简化或忽略掉空间要素内部的特征，将要素视为一个"内部均质化"的空间单元，并将要素抽象成点、线、面等仅具有几何特征的空间单元。

当我们仅仅从这些抽象的几何化、图案化、模式化角度来描述空间关系时，发现存在如下四大类20种模式（表4.1），包括：①均匀类模式；②聚集类模式；③随机类模式；④组合类模式。这些模式不但适用于景观尺度的空间关系，也适用于其他尺度的空间关系的描述，但每一类模式的生态学意义有待进一步揭示。

表 4.1　四大类空间关系模式

类别	空间关系模式图						
均匀类模式	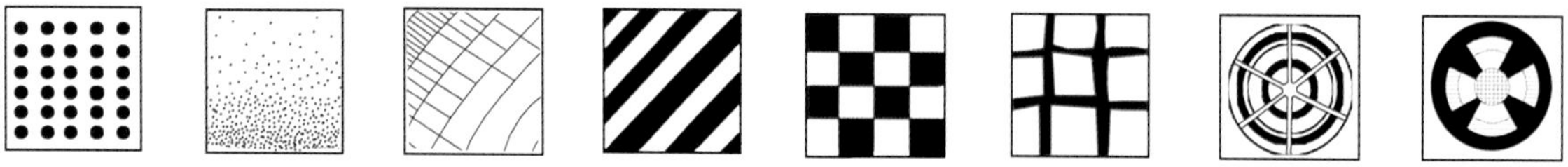 点阵	渐变	带状	交替	棋盘	网状	环状 / 楔状
聚集类模式	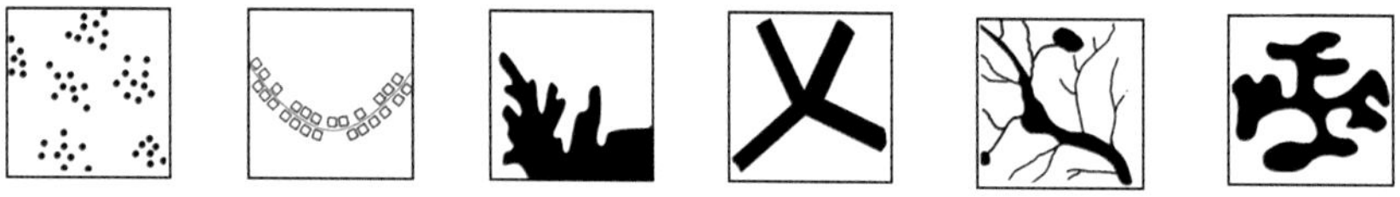 群集	线状	交错	放射	水系	指状	
随机类模式	 散点	散斑	镶嵌				
组合类模式	 同心圆	扇形	多边形				

空间格局与生态过程的关系

空间格局是生态过程（ecological process）在地表的空间投影。空间格局的形成取决于多种因素的共同作用，往往是由"地貌、地形和气候条件、干扰体系以及生物过程相互作用的产物"（Hobbs，1992）（详见第14讲）。景观生态规划中的"空间格局"类似于城乡规划学的"空间形态"概念：作为一种外显的、形态化的因素，它是在自然力和人类力的共同作用下形成的，表现为各种复杂的自然活动过程和人类活动过程在土地及空间上的投影。简言之，空间格局乃自然与人类过程在土地上的空间投影。

在景观生态规划设计中，通常将"空间格局"等同于"空间结构"（spatial structure），而将"生态过程"等同于"生态功能"（ecological functions）。我们可以借助系统论对"结构—功能"关系的原理性描述，来探讨"格局—过程"的关系，从而发现空间格局具有如下三大作用。

■ 格局(结构)是实现过程(功能)的手段——景观生态规划设计必须通过"操作"空间格局来实现生态过程的优化

景观生态规划设计的本质，是通过对空间要素的配置来优化其生态功能的过程。景观生态规划设计的核心目标，是对某个尺度的区域整体或区域内部的某一特定生态单元（或功能区）的功能优化；简言之，生态功能优化是规划设计的核心目标。但是，景观生态规划无法对生态过程进行"直接操作"，因为功能从来都是无法"直接触及"的。我们必须返回规划设计擅长的对象——"土地"和"空间"；更具体地说，景观规划设计能够操作的对象是那些生态或地理的空间化要素。因此，景观生态规划设计的基本途径只能是：通过对空间格局（结构）的优化来实现生态过程（功能）的优化（图4.6）。总之，在规划设计中，如果说生态过程的优化是规划目的，那么空间格局的优化就是手段，即"过程（功能）是目的，格局（结构）是手段"。

■ 特定空间格局决定特定生态过程——景观生态规划设计能够通过对空间格局的控制来完成对于生态过程的影响

景观格局（landscape pattern）作为一种特定的空间格局，以其为例来说明格局（结构）与过程（功能）的关系较为清晰。不同的景观格局决定景观的不同过程，特殊的景观格局会控制或影响景观内部的特殊生态过程。

注: 类似于足球中的排阵，改变要素的空间位置，就能改变景观的功能。

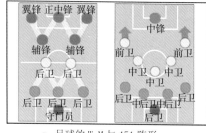

▶图 4.6　足球阵法 VS 空间格局

a. 足球的 W-M 与 451 阵形　　　　b. 交叉景观模式　　　　c. 网络景观模式

具体可归纳为四种类型：其一，景观格局能够影响区域空气流动、地表温度、养分丰缺或其他物质（如污染物）在景观中的分布状况；其二，景观格局能够影响景观中生物迁移、种子、果肉等扩散，物质和能量（如水、水溶物质、有机或无机固体颗粒）在景观中的流动；其三，景观格局能够影响由非地貌因子引起的干扰在空间上的分布、扩散与发生频率，如火、风和放牧等；其四，景观格局能够改变各种生态过程的演变及其在空间上的分布规律。总之，通过景观格局的研究，可以更科学、更深刻地反映包括干扰、相互作用在内的各种生态学过程在不同尺度上作用的结果（傅伯杰，2011）（表 4.2）。

表 4.2　空间格局对某河道生态过程的影响

	改造前	改造后
空间格局		
对生态系统养分循环及河流水质的影响		
河溪森林植被及坡向		

■ 空间格局是转化生态学原理的桥梁——空间格局能够将生态过程空间化及可视化，能够将抽象的"生态学原理"转换为具体的"空间语言"（spatial-language）

空间格局是各类生态过程在土地上的投影，因此空间格局与多种生态或非生态过程之间存在相互映射关系。对于这种映射关系的分析研究与深刻揭示，能够加深对各类生态过程与空间格局之间机制性关系的理解。一方面，对于各种生态过程或非生态过程，必须能够赋予其空间化的映射关系，才能够被景观生态规划设计人员所理解与应用；另一方面，更为重要的是，在景观生态规划设计实践中，只有理解了空间要素的生态学意义、空间关系的生态学意义，我们才有可能正确应用空间格局手段来优化生态过程。在这里，空间格局能够将抽象的生态过程进行空间化处理，即将各种生态过程转化为模式化的空间语言（如斑块—廊道—基质模式），为以空间为工具的景观规划设计找到方法。同时，可将抽象的、复杂的景观过程，转化为可见的、具象的格局研究，实现对生态功能（过程）研究的可视化，把"不可见的空间过程"（傅伯杰等，2011）可视化（表 4.3）。

表 4.3 空间格局能将生态过程空间化

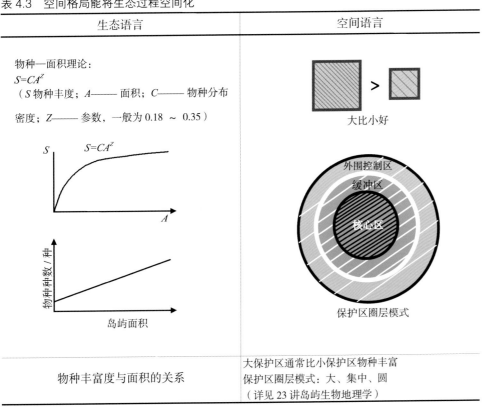

生态语言	空间语言
物种—面积理论： $S=CA^Z$ （S 物种丰度；A—— 面积；C—— 物种分布密度；Z—— 参数，一般为 0.18 ~ 0.35） $S=CA^Z$	大比小好
物种丰富度与面积的关系	大保护区通常比小保护区物种丰富 保护区圈层模式：大、集中、圆 （详见 23 讲岛屿生物地理学）

从生态学原理中提炼空间格局的方法

探讨将生态学原理的"生态学语言"转化为规划设计的"空间化语言",是本书的核心目标,对生态学原理的空间格局化呈现是其中最关键的步骤。本书将采用如下 5 步骤方法予以解决(表 4.4)。

■ 步骤一,生态学原理的选择与机制解析

生态学的相关原理包含数量和类型众多,选择哪些原理的主要标准是看其能否"直接空间化"应用。只有那些与空间因素明确相关,且有实践案例支撑的原理,才能格局化。从此原则出发,共选择出 24 条基本原理(见第 1 讲)。在原理选定后,要对原理要点进行逐条解析和归纳,包括基本概念、理论机制、变量关系、典型应用情景等方面。

■ 步骤二,建立生态变量与空间变量的关系模型 $E=f(P)$

依据对于原理机制的解析,列出原理揭示的"生态学现象"及其变量关系:$E=f(X)$(E 为 ecological characteristics,即生态学特性,X 为影响 E 的各种因素)。寻找 $E=f(X)$ 中蕴含的生态过程及其空间格局映射关系,找出其中蕴含的生态或地理要素及其空间关系特征 [即 P(Pattern)],尝试改变 P 的特征(如要素的大小、数量、形状、位置、类型及其组合关系),识别 P 对于 E 的具体影响,尝试建立 P 与 E 之间的映射关系,得到 $E=f(P)$。

■ 步骤三,情境化 $E=f(P)$,提出典型或最优格局图解

通过对原理的应用案例研究,找到原理应用的典型情境,通过图示讨论集合 P 中每个变量对 E 的影响情况,列出多组设计原则及模式图,将多个原则的模式图进行叠加整合,尝试提出某种特殊情景下的最优格局图示,并带入案例中进行分析。

■ 步骤四,空间格局与生态过程的对应分析

从原理出发分析典型(最优)格局所呈现的要素内部与要素之间的生态过程,包括如下 4 种:从自然过程、生态过程与人文过程分析,或从水平过程与垂直过程分析,或从物质流、能量流、物种流的动态过程分析,或从地表水热平衡、化学原色迁移、生物地理群落等分析,探讨达到满意生态过程的空间格局要点。

■ 步骤五，格局的案例修正与最终确定

　　根据步骤四的分析结果，带入若干典型案例，将理论推导的格局进行修正，重组空间要素，形成最终格局图示并命名描述。

表 4.4　从生态学原理中提炼空间格局的方法举例

对应 TPC	步骤	举例（以 23 讲岛屿生物地理学为例）
THEORY	步骤一，生态学原理的选择与机制解析	原理选择：岛屿生物地理学 机制解析：岛屿生物地理学的核心问题，是寻找影响孤立自然群落中物种丰度的各种因素
THEORY	步骤二，建立生态变量与空间变量的关系模型 $E=f(P)$	物种—面积理论： $S=CA^Z$（S——物种丰度；A——面积；C——物种分布密度；Z——参数，一般为 $0.18 \sim 0.35$） 均衡理论： $S=f$（+生境多样性，+/–干扰，+面积，+年龄，+基质异质性，–隔离，–边界不连续性） ↓ $S=f$（+面积，–隔离，+/–形状，其他）
PATTERN	步骤三，情境化 $E=f(P)$，提出典型或最优格局图解	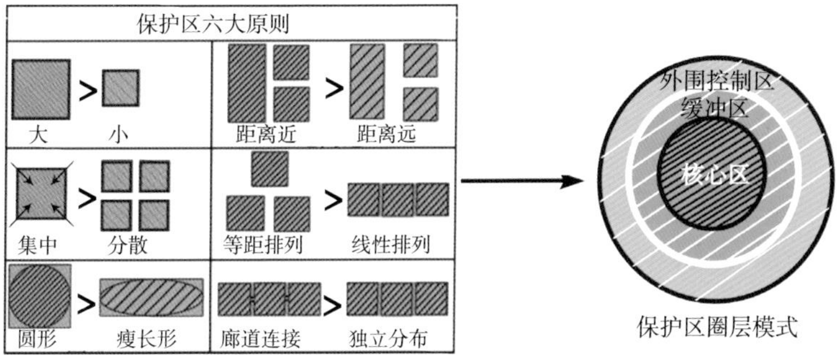 保护区圈层模式
PATTERN	步骤四，空间格局与生态过程的对应分析	我们会发现，动物扩散不会完全按照保护区圈层模式，它们可能会从一个保护区圈层跑到另一个 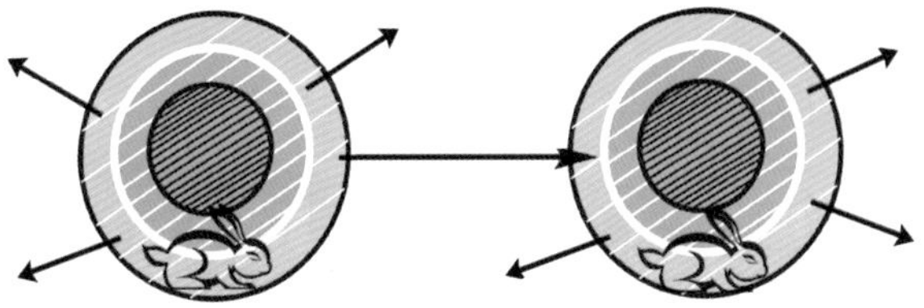
CASE	步骤五，格局的案例修正与最终确定	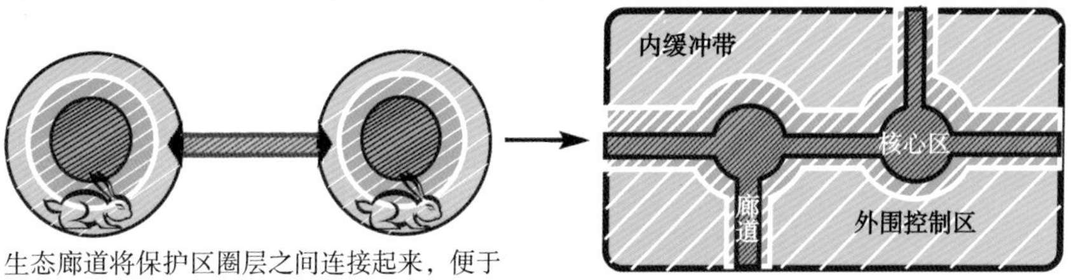 生态廊道将保护区圈层之间连接起来，便于物种迁移与能量流动　　保护区网模式

注：本书中生态变量与空间变量的关系模型中"+"表示正相关，"–"表示负相关。"+/–"表示正负都相关。

■ 参考文献

傅伯杰，陈利顶，马克明，等 .2011. 景观生态学原理及应用 [M]. 2 版 . 北京：科学出版社：46，121.

Hobbs R J, Huenneke L F.1992. Disturbance , diversity , and invasion：implications for conservation[J]. Conservation　Biology , 6(3)：324–327.

王云才 .2011. 景观生态化设计与生态设计语言的初步探讨 [J]. 中国园林，(9)：52–55.

周志翔 .2007. 景观生态学基础 [M]. 北京：中国农业出版社：87–91.

■ 拓展阅读

王云才 .2014. 景观生态规划原理 [M]. 2 版 . 北京：中国建筑工业出版社：264.

邬建国 .2007. 景观生态学——格局、过程、尺度与等级 [M]. 2 版 . 北京：高等教育出版社：17.

周志翔 . 2007. 景观生态学基础 [M]. 北京：中国农业出版社：87–95.

■ 思想碰撞

　　在处理人类与不同尺度生态关系的过程中，学界对景观生态规划设计借助 pattern 描述空间关系的设计方式褒贬不一。有学者认为，景观生态学造成一些受过 pattern 训练的规划工作者以为搞出了所谓的"格局"（不过仍然是 pattern）就解决了生态问题，却未料到些许偏差可能引起一系列严重的生态破坏与危机，要坚决摒弃这种设计理念！另一些学者则认为通过抽象的几何化、图案化、模式化角度来描述空间关系归纳的模式，不但适用于景观尺度的空间关系，也适用于其他尺度的各种空间关系的描述，加之有大量成功案例支撑，pattern 存在的价值毋庸置疑！面对规划设计依赖 pattern 易流于形式化等种种质疑，风景园林师究竟该如何看待 pattern 与景观生态规划设计的关系？利用 pattern 描述空间关系的设计方式又将何去何从？请结合相关文献资料及案例谈谈你的看法。

■ 专题编者

岳邦瑞　　　王菁　　　段婷婷　　　徐梅　　　张进明

第二部分

个体、种群、群落及生态系统生态学的基本原理

耐受性定律
决定物种生理状态的
"上帝之手" ☐ 05 讲

知了树上高声唱，蜜蜂花间采蜜忙
螳螂挥刀除害虫，蚂蚱绿叶吃得香
麻雀枝头喳喳叫，鱼儿水中游得欢

众所周知，环境的变化决定了生物的分布与丰度，生物的生存又影响了地理环境。生物与环境不断交换物质和能量，共同构成了丰富多彩的生物圈。地球诞生与演化经历了 46 亿年，生命出现并参与到这史诗般的进程在 30 多亿年前。生物圈的出现深刻影响了地表物质环境，并最终演化成如今差异复杂的生态系统。尽管如此，生物在地表的分布还是受到各种各样的因素制约。这些被叫作生态因子的因素有如"上帝之手"暗自操控着物种在空间中的分布。伴随着生态学迅速发展，科学家正逐步向我们揭示出这种生命特征的秘密。

生物物种在地表具有特定的生存空间，那么，为什么会产生这样的现象呢？研究发现，具有耐受性使得物种可以生存在处于不断变化的生存环境中，同时生物耐受环境变化具有一定的耐受限度，生物主动选择或适应不同地理单元；而地表各地理单元具有明显差异且相对稳定的环境条件。耐受限度内的地理单元供给生物繁衍，而耐受限度外的地理单元淘汰不适物种，这两个过程产生了一种综合的景象——生物在一定进化历史时期分布在特定的生存空间。

■ 耐受性定律概念

1913年，美国生态学家谢尔福德（V. E. Shelford）基于对以上机制的研究，总结出耐受性定律（law of tolerance）：任何一个生态因子（ecological factor）在数量或质量上的不足或过多，即当其接近或达到某种生物的耐受限度时会使该种生物衰退或不能生存（孙儒泳，1993）。上述生态因子是指环境中对生物的生长发育、生殖、行为和分布有直接或间接影响的环境因素，按有无生命特征分为生物因子和非生物因子两大类。本书重点关注非生物因子，包括温度、光照、水分、养分等（图5.1）。

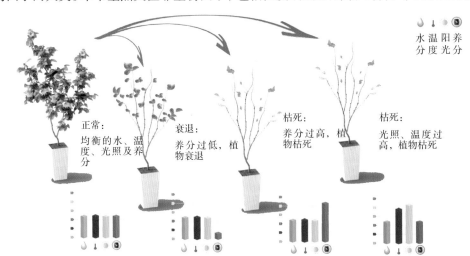

▶ 图5.1　耐受性定律

■ 生态幅概念

生物对环境的耐受限度既能成为一个表征物种耐受性的变量，又能成为环境变化的参照标准。便于建模定量研究，用一定区间的环境梯度 (environmental gradient) 定量表达这个耐受限度，将其定义为生态幅 (ecological amplitude)。定量表达生态幅和物种生长与生殖关系的数学模型为生态幅曲线（图5.2），耐受性的特征均可以用此曲线进行表达，生态幅的范围大小可表示为生态幅曲线的宽窄；生态幅曲线与坐标系构建区域分为高适宜区域与低适宜区域（图5.3），高适宜区域中心位置的生物生理状态最佳，沿曲线两侧生物生理状态逐渐下降。

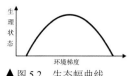
▲ 图5.2　生态幅曲线

低适宜区域　　　　高适宜区域　　　　低适宜区域
▲ 图5.3　高适宜区域与低适宜区域

■ 耐受性的五个特征

物种耐受性具有如下特征：

差异特征：每个物种对不同生态因子的耐受性存在差异，对有些生态因子的生态幅曲线宽，有些曲线窄（图5.4）。

年龄特征：生物在整个个体发育过程中，对某一生态因子的生态幅曲线宽窄不同（图5.5）。

种差特征：不同生物种，对同一生态因子的生态幅曲线宽窄不同（图5.6）。

相关特征：某一生态因子特征量接近某一物种生态幅曲线极限点时，这一物种对其他生态因子的生态幅曲线变窄（图5.7）。

适应特征：通过自然驯化或人为驯化可使生物对生态因子的生态幅曲线发生移动，表明物种适应新的环境（图5.8）。

■ 生态最适区与生理最适区

对物种产生影响的各种生态因子会相互影响，并综合作用于此物种。某种生态因子生态幅曲线受其他生态因子影响，产生形状差异。其中，非生物生态因子综合在一起形成物种地理分布的阻限。据此可以划定出物种的生理分布区。而生理分布区中满足生态幅曲线最适生存区范围的空间区域可认定为最适生理分布区。物种实际分布的空间范围除受到各种非生物因子形成的阻限，还受到生物因子的作用。这种作用一般表现为竞争和捕食。在两类生态因子的综合作用下，物种实际分布的区

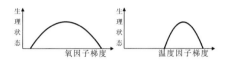
▲ 图5.4　蓝藻氧因子与温度因子生态幅曲线宽窄对比

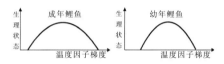
▲ 图5.5　生物不同发育阶段温度因子生态幅曲线宽窄对比

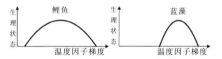
▲ 图5.6　不同生物种温度因子生态幅曲线宽窄对比

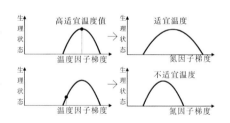
▲ 图5.7　蓝藻在不同温度下氮因子生态幅曲线对比图

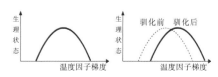
▲ 图5.8　鲤鱼驯化前后温度因子生态幅曲线变化对比图

域与理想的生理最适分布区并不重合，我们将这一实际分布的空间定义为生态分布区。如果该物种在竞争中成为优势物种，则可能分布在生理最适分布区与生态分布区的重合区域，该区域可定义为生态最适分布区（图 5.9）。

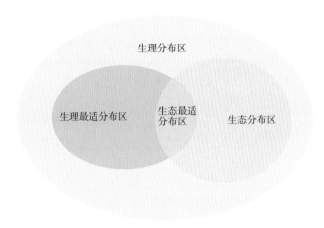

▶图 5.9　生态最适分布区与生理最适分布区

■ 限制因子定律

在影响物种分布的各种生态因子中是否存在特定的决定因素？物种在自然界中的分布区处于不断变化中，该分布区的任何极端或突发性改变都可能威胁物种生存和繁衍。1840 年 Liebig 在研究农作物营养物限制中发现了最小因子定律（law of the minimum）：低于某种生物需要的最小量的任何特定因子，是决定该物种生存与分布的根本因素。1905 年 Blackman 提出生态因子最大状态也具有限制性影响。在特定环境中使一个物种生活、生长或者繁殖比较困难的因素叫作该物种在此环境中的限制因子（limiting factor）。这样，最小因子定律发展为更具广泛适应性的限制因子定律（图 5.10）：低于或高于某种生物需要量的任何特定因子，是决定该物种生存与分布的根本因素（孙儒泳等，1993）。

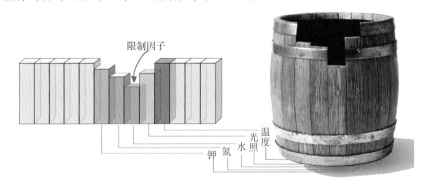

▶图 5.10　限制因子定律

限制因子定律为人们利用耐受性定律提供了更易操作的途径。人们只需要关注限制因子的极端波动来评估生境的适宜度。以耐受性定律认识为基础，通过对限制因子的分析判定可以为农业生产和生态建设的许多领域提供实践指导，如生态修复与保护、动植物驯化等。

PATTERN
生态装置控制法则

■ 人工干预生境改善的基本步骤

在某个尺度等级的生态系统中，各种生物之间通过种间及种内竞争自然形成了对生态资源摄取的秩序。改变这种秩序，需要人工干预影响不同生物摄取量，同时对生境产生反馈调节，生态系统中物种耐受性定律为人工干预生境改变提供了基本前提，限制因子定律为进一步应用耐受性定律提供操作便利，在总结相关实践案例的基础上，笔者提出了人工干预生境改善的基本步骤（表 5.1）。

表 5.1 人工干预生境改善的基本步骤

步骤	内容
1. 确定目标物种	在某一生境中，可能存在侵占性很强的物种，通过与生境改善的目标匹配，找到需要影响的目标物种，例如侵害性物种
2. 识别集中影响区域	在现有生境中，判别目标物种的分布区域，如侵害物种集中的区域
3. 分析可控制的主要限制因子	对于目标物种进行环境影响因子的耐受性分析，确定本次生境改善任务需要影响的限制因子，从而实现改善目标
4. 生态装置引入	设计生态装置改变主要限制因子，从而改变目标物种的生境条件，最终完成生境改善的目标

■ 小型人造河流中生态浮岛对蓝藻的控制应用

以小型人造河流生态系统为例，系统自身并非处于平衡状态，同时外部环境会对其产生干扰，因此河流往往"重病缠身"，为了保持河流生态系统健康发展，可采用生态装置进行人工干预，对生境进行改善（表 5.2）。

表 5.2 小型人造河流中生境改善的具体应用（陈立婧等，2008；黄央央等，2010）

步骤	内容
1. 确定目标物种为蓝藻	蓝藻温度、养分的生态幅较窄但处于此生态幅的高适宜区域时生理状态极佳，具有爆发生长的特点，因此在特定环境下很易转变为具有侵害性的物种
2. 识别集中影响区域为水体上层	在蓝藻的生理最适区域与生态适宜区域都位于水体上层，因此水体上层为蓝藻的生态最适区，此区域蓝藻最为集中，生理状态最佳
3. 分析可控制的主要限制因子为温度、光照、水体流通度、养分	影响蓝藻生长的主要限制因子有温度、光照、水体流通度、养分、pH 值、CO_2 浓度、O_2 浓度等，选出其中与空间有关的可控制因子为温度、光照、水体流通度、养分
4. 采用生态浮岛装置	生态浮岛可综合调控温度、光照、水体流通度与养分因子，能有效完成生境改善目标

■ 生态浮岛控制位置的四大法则

在小型人造河流的生态浮岛装置应用中，温度、光照、水体流通度与养分成为可控制的主要限制因子，其函数关系为 y（蓝藻衰败程度）= f（– 温度，– 光照，+ 水体流通度，– 养分），根据此函数关系可推出生态浮岛控制位置的四大法则（表5.3）。

表 5.3 生态浮岛控制位置的 4 大法则

法则	图解	原理说明
法则 1：大控制面积优于小控制面积		控制面积越大对水体温度控制越大，水体温度降低，蓝藻衰败度提升
法则 2：水面控制优于水底控制		水面控制能更好地控制对水体的光照，对水体光照减弱，水体中的蓝藻的衰败度提升
法则 3：带状控制优于块状控制		带状控制有利于保持河道水体流通，水体流通增加，蓝藻衰败度提升
法则 4：近污染源控制优于远污染源控制		近污染源控制能更优先地控制污染物带来的养分，流入水体的养分减少，水体中蓝藻的衰败度提升

注：▨ 生态浮岛　　▨ 水体　　■ 养分

CASE
上海后滩湿地公园

上海后滩湿地公园位于黄浦江东岸与浦明路之间的带状地块（图5.11），该地块曾是上海工业时代遗留下来的污染纵横、毫无生机的棕地，现通过景观改造，生态得到了恢复，如后滩湿地公园通过滨江芦荻带、内河净化湿地带、梯地禾田带共3类带状景观，有效阻隔了来自城市面源污染，使后滩公园沿岸的水质达到了Ⅲ类，优于黄浦江的劣Ⅴ类水质。但在进行区域生态修复的同时，其自身的小生境产生了一些问题，如限于基地现状条件，在过滤城市方向来的面源污染的过程中，内河净化湿地带水体温度易迅速升高，有机污染物含量过高，极易导致蓝藻暴发。为防止内河净化湿地带水体中的蓝藻暴发，公园沿着城市方向岸边布置带状生态浮岛（图5.12、图5.13），覆盖部分水面，对水体温度、光照、水体流通度、养分进行调控，改善河道小生境。

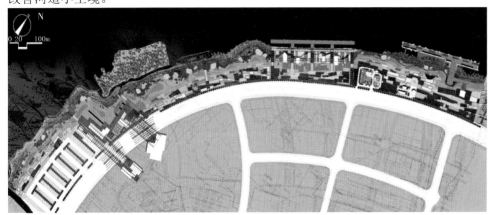

▲图5.11 后滩湿地公园内河净化湿地带总平面

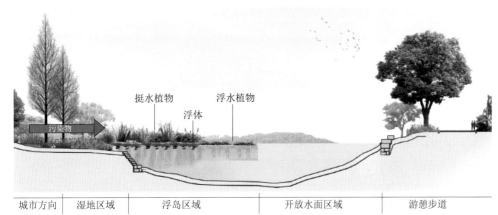

| 城市方向 | 湿地区域 | 浮岛区域 | 开放水面区域 | 游憩步道 |

▲ 图5.12 生态浮岛立面

注：生态浮岛除了对限制因子进行调控从而控制蓝藻，也通过其承载植物对水体养分的吸收与吸附，降解与过滤水中有机物，改善水质，形成鱼类、螺类等的适宜栖息区域，能够进一步加强生物竞争，从而控制藻类生长。
▲图5.13 生态浮岛实景

■ 参考文献

孙儒泳，李博，诸葛阳 .1993. 普通生态学 [M]. 北京：高等教育出版社 .

陈立婧 , 顾静 , 张饮江 , 等 .2008. 从浮游藻类的变化分析人工浮岛在治理上海白莲泾中的作用 [J]. 水产科技情报 , 35(3):135–137.

黄央央 , 江敏 , 张饮江 , 等 . 人工浮岛在上海白莲泾河道水质治理中的作用 [J]. 环境科学与技术 , 2010, 33(8):114–119.

■ 拓展阅读

张雪萍 .2011. 生态学原理 [M]. 北京：科学出版社：8–15.

■ 思想碰撞

通过控制限制因子，我们可以调控生物的生理状态，从而调控生境和谐发展。在后滩案例中，通过生态浮岛装置控制蓝藻的温度、光照等因子来抑制蓝藻生长，但在控制这些因子后，河流底部生长的有益藻类植物开始大量死亡且逐渐变质腐败，最终导致河水水质进一步恶化，水质等级下降，实际修复效果与初衷相背，可以看到对单一因子的控制在复杂环境中可能会引发一系列蝴蝶效应，导致最终结果难以控制，那么通过控制限制因子来调控生物生理状态，进而实现生境调控，在现实的复杂环境中是否有效呢？

■ 专题编者

许建超

复合种群理论

06讲

护区网模式的建立

当一盏灯破碎了
它的光亮就灭于灰尘
当天空的云散了
彩虹的辉煌随即消隐

——雪莱

　　英国《皇家学会学报》的研究表明：人类已经毁灭了世界上四分之一的森林以及一半的草原。面对日益严峻的环境与生态破坏，富勒博士提出对于保护方法的观点："由于规模问题，在单个生境环境异常时采取应激式的局部种群保护手段，通常并不能如愿生效。我们需要实施更大范围的举措，可以防范对野生环境的初始破坏，因为那些初始的破坏活动能够迅速发展成为破坏自然状态的大规模清除行动。"（文献来源：人民网）

■ 复合种群的出现

由于人类活动干扰等原因导致生物种群栖息地的破碎化，使得一个较大的生物种群被分割成许多小的局部种群，这些局部种群的栖息地形成了一个个在空间上存在一定距离的生境斑块（habitat patch）（图6.1）。生境斑块的定义主要强调两点：（1）有生物居住；（2）是与周围环境有所不同的非线形地表区域。

▶图6.1 栖息地破碎化示意

以蝴蝶为例，由于一些非自然因素的影响，导致蝴蝶原有完整栖息地的支离破碎，继而引发蝴蝶局部种群的灭绝；当其栖息地被高度割裂，生存依赖于此栖息地的蝴蝶种群，就会被割裂为许多分散的小种群，这些小种群为了满足自己的生存，不得不寻找与之前较为相似的生活环境，于是这些种群开始在一系列栖息地上进行交流，重新定居而再生形成新的种群，这样的种群被称为复合种群（图6.2）。鳞翅目（蝶类和蛾类）、啮齿目（鼠类）都属于复合种群（图6.3）。

▶图6.2 蝴蝶局部灭绝与再定居过程

鳞翅目（蝶类）

鳞翅目（蛾类）

啮齿目（鼠类）

▲图6.3 几种类型的复合种群

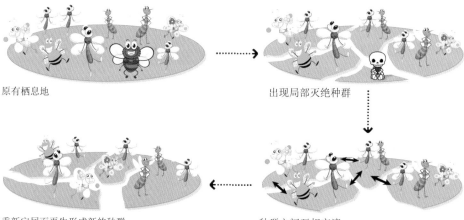

原有栖息地

出现局部灭绝种群

重新定居而再生形成新的种群

种群之间互相交流

■ 复合种群理论的提出

表 6.1 复合种群概念演变

时间	名称	定义内容
1970 年之前	传统种群理论	传统的种群理论是以"均质种群"为对象，即假定种群生境的空间连续性和质量均质性，而且所有个体呈随机或均匀分布，个体之间有同样的相互作用的机会（刘会玉，2006）
1970 年	经典复合种群理论	美国生态学家 Levins 提出了"复合种群"（metapopulation）一词，表示"由经常局部性绝灭，但又重新定居而再生的种群所组成的种群"（邬建国，2000）
1970 年之后	广义的复合种群	即所有占据空间上非连续生境的种群集合体，只要斑块之间存在个体（对动物而言）或繁殖体（对植物而言）交流，不管是否存在局部种群周转现象，都可称为复合种群（郭纪光，2009）

表 6.2 均质种群与复合种群区别

名称	研究对象	空间关系	质量	个体分布	相互作用
传统种群理论	均质种群	连续性	均质性	个体呈随机或均匀分布	个体之间有相互作用的机会均等
复合种群理论	复合种群	非连续性	由高质量和低质量两种生境缀块组成	所有个体呈随机分布	个体之间相互作用的机会不均等

■ 复合种群的特征

复合种群必须满足以下两个条件（图 6.4）：

（1）频繁的亚种群（或生境斑块）水平的局部性绝灭；

（2）亚种群（或生境斑块）间具有生物繁殖体或个体的交流（迁移或再定居过程）（邬建国，2000）。

复合种群动态往往涉及两个空间尺度：

（1）亚种群尺度或斑块尺度（subpopulation or patch scale）——在这一尺度上，生物个体通过日常采食和繁殖活动发生非常频繁的相互作用，从而形成局部范围内的亚种群单元（图 6.5）（邬建国，2007）；

（2）复合种群尺度或景观尺度（metapopulation or landscape scale）——在这一尺度上，不同亚种群之间通过植物种子和其他繁殖体传播或动物运动发生较频繁的交换作用（邬建国，2007）（图 6.6）。

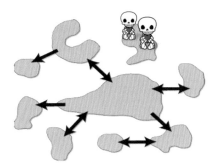

▲ 图 6.4　复合种群满足条件示意

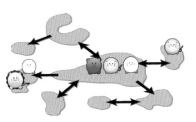

◀ 图 6.5　亚种群尺度情景示意（左）

◀ 图 6.6　复合种群尺度情景示意（右）

■复合种群的物种类型

基于复合种群的广义的概念，Harrison 和 Taylor（1997）将复合种群分为 5 种类型，称为复合种群结构类型（表 6.3）。

表 6.3 复合种群的 5 种结构类型（Harrison et al., 1997）

类型	图示	说明
经典复合种群 (classic or Levins metapopulation)		由许多大小和生态特征相似的生境斑块组成。主要特点是每个亚种群具有同样的灭绝概率，而整个系统的稳定性必须来自斑块间的生物个体或繁殖体交流，并且随生境斑块的数量变大而增加
大陆—岛屿型复合种群 (mainland-island metapopulation)		由少数大的和许多小的生境斑块所组成。大的斑块起到"大陆库"的作用，基本不经历局部灭绝现象。虽然小斑块中种群频繁消失，来自大斑块的个体繁殖体不断再定居，使得其持续。此外由少数质量好的和许多质量差的生境斑块组成的复合体，虽然没有大斑块，但是斑块大小变异程度很大的生境系统，都可以表现出与此相似的动态特征
斑块性种群 (patchy population)		由许多相互之间有频繁个体或繁殖体交流的生境斑块组成的种群系统。在此情形中，虽然存在一个空间上非连续性的生境斑块系统，但斑块间的生物个体或繁殖交流发生在同一生命周期中，在功能上形成一体。因此，局部种群绝灭现象在这类系统中十分罕见。显然，把斑块性种群作为复合种群十分牵强
非平衡态复合种群 （nonequilibrium metapopulation）		这类种群虽然在生境的空间结构上可能与经典复合种群或斑块性种群相似，但由于再定居过程不明显或完全没有，从而使系统处于不稳定状态。例如，许多由人类活动而破碎化的种群片段所组成的集合体，在斑块间生物个体或繁殖体的交换甚少或没有，而整个复合种群表现出单调下降的现象。Harrison 和 Taylor 称之为非平衡态下降复合种群
中间型复合种群 （intermediate type metapopulation）		中间型复合种群又称混合型。在不同空间范围内，这些复合种群表现出不同的结构特征。在许多种群系统中，处于中心部分的斑块相互作用密切，而靠外围的斑块之间的交流则渐渐减弱，以至于局部种群绝灭率增高。如果说其他类型的复合种群具有两个等级层次（即斑块尺度和景观尺度），那么这类复合种群则具有 3 个或更多的等级层次

注：● 被种群占据的生境斑块　⬭ 亚种群的边界　◯ 未被物种占据的生境斑块　→ 种群扩散方向

56

■ 经典复合种群概念模型

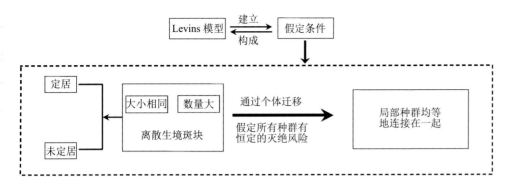

◀图 6.7 Levins 经典复合种群概念模型图解

种群建立的概率与斑块有种群定居的比例，及当前未被定居斑块比例（$1-P$）成正比。P——定居斑块比例；dt——时间变化量；dP——相应时间内 P 的变化量；

按上述假定，P 的变化率为：

$$dP/dt = mP(1-P) - eP \tag{6.1}$$

式中 m——侵占参数；e——灭绝参数；

P 的平衡值为：$P = 1 - e/m \tag{6.2}$

从经典复合种群概念模型中可以得出，在平衡状态时被定居的生境斑块比例将随 e/m 的比值上升而下降。只要 $e/m < 1$，复合种群将能持续生存下去（$P > 0$）。该模型预言：物种在某一生境定居的比例（P）会随生境斑块平均大小及密度的下降而下降。如果斑块太小或相距太远，复合种群都会灭绝（$P=0$）。

■ 复合种群理论影响因素的案例提取

案例 1：图 6.8 中圆圈代表生境斑块，而线段表示斑块间的动物个体迁移（或迁移廊道）。计算机模拟表明，在 100 年后，景观连接度（或斑块间相互作用程度）低的生境斑块中的亚种群几乎全部灭绝（空心圆圈），而连接度高的生境斑块组合中的亚种群却大多能持续存在（实心圆圈）。通过案例 1 可知，生境斑块的景观连接度越高，种群的生存状态越好。

案例 2：蓝色斑块代表猫头鹰的适生栖息地，个体数量如图 6.9 所示，数量各不相同。某些斑块有时空出，有时再次被占据，这是经典的复合种群。

案例 3：要构建入住空出概率，需要考虑两大因素。一是斑块大小，有多少个体能够入住。二是同最近斑块之间的距离。同其他斑块临近的大斑块，更有可能被个体占据。小斑块及较远的斑块，被占据的概率很小（图 6.10）。

根据表 6.4 和图 6.11，可以总结得出：1972 年鼠兔种群大多是斑块被入住，我

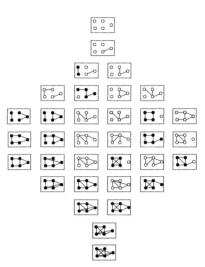

▲图 6.8 生境斑块的空间特征对某种动物种群动态的影响（Lefkovitch et al.，1985）

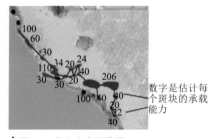

▲图 6.9 猫头鹰个体数量

数字是估计每个斑块的承载能力

物种密度

低　　高

▲图 6.10 猫头鹰种群密度

表 6.4 鼠兔种群迁移发展调查

年份	斑块大小（个）	斑块间距（米）	入住可能性 /%	入住百分比 /%
1972	90	100	78	60
1977	80	130	75	55
1990	70	180	72	45
1991	60	200	70	43

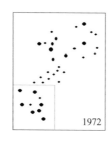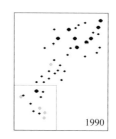

►图 6.11　生境斑块对鼠兔的影响

们重点关注左下角的部分。1972 年到 1977 年，绿色斑块变多表示更多空斑块的出现，然后 1990 年空斑块更多，1991 年空斑块最多。我们发现这正是理论所预测的：斑块的平均大小在减少，随着斑块减小，入住可能性也在减小，斑块减小的原因是区域开发。另外，斑块间距越来越大，几乎是原来的两倍，距离变大，斑块被入住的概率就会减小，斑块入住百分比从 60% 降为 43%，这些都是和经典复合种群概念模型相吻合的。通过案例 2 和案例 3 可知，斑块越大，同临近斑块之间的距离越小，种群的生存状态越好。

PATTERN
建设复合种群保护区的五大空间法则

随着复合种群在生态学中的不断研究发展，经典复合种群理论也逐步从理论运用到实际中，指导保护区建立的实践。从景观生态学的角度看经典复合种群理论，自然保护区也是一种陆地景观斑块，但在某些情况下，不同种群有不同的特点，很难制定标准化的指导方案，因此应具体问题具体分析。物种的种群空间与斑块物种丰富程度的函数关系如下：M（种群生态）$=f$（$+/-$ 距离，$-$ 同步，$+$ 面积，$+$ 斑块数量，$-$ 干扰，$+$ 连接度，$+$ 建立缓冲区）。这里我们仅提炼上述函数中与空间有关的内容，则可以得到保护区的种群生态和空间关系的函数关系如下：

M（种群生态）$=f$（$+$ 斑块数量，$+/-$ 距离，$+$ 面积，$+$ 连接度，$+$ 建立缓冲区）（表 6.5）

表 6.5　建设复合种群保护区五大空间法则

法则	图示	原理说明
法则 1：斑块数量 适宜的生境以离散斑块形式存在	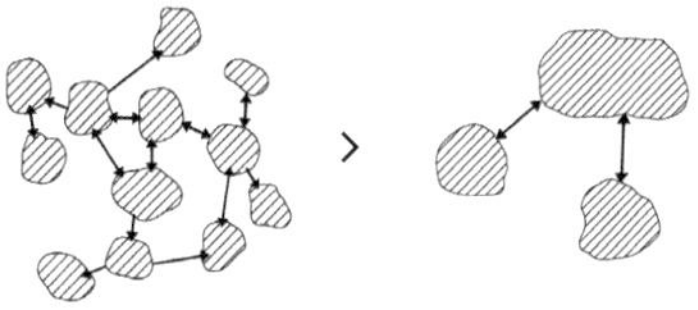	一个成功的由小生境片断组成的网络应当至少包括 10 ~ 15 个联结良好的斑块。如果斑块过少，许多种群同步灭绝，这个物种将无法存活，会彻底灭绝
法则 2：距离 生境斑块不可过于隔离而阻碍局域种群的重新建立	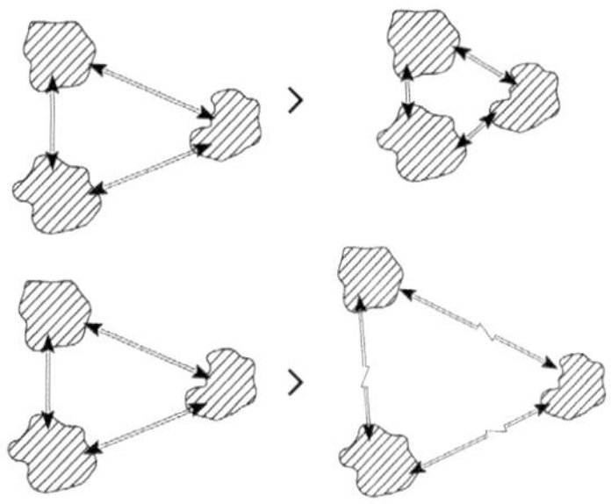	如果斑块间隔过远则因为斑块之间的种群迁移交流受到限制，各局域种群相对独立，失去了复合种群作为一个有机整体所具备的个体交流功能，但如果生境片断之间的距离太近，则可能导致局域动态的空间同步性上升，这对复合种群的长期续存是有反作用的
法则 3：面积 面积大比面积小要好	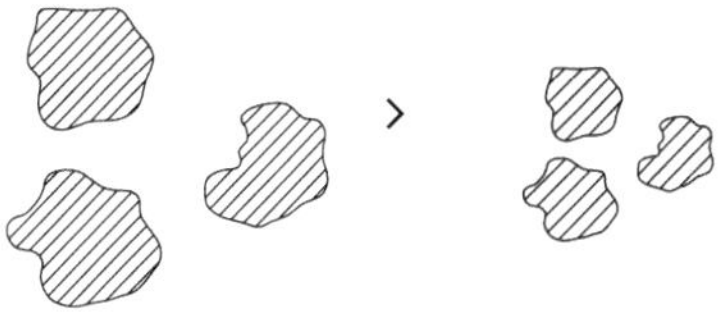	同其他斑块临近的大斑块，更有可能被个体占据，小斑块及较远斑块被占据概率较低，斑块过小会导致灭绝
法则 4：连接度 一系列良好连接的生境片断比紧密的斑块簇更有利于物种的长期续存	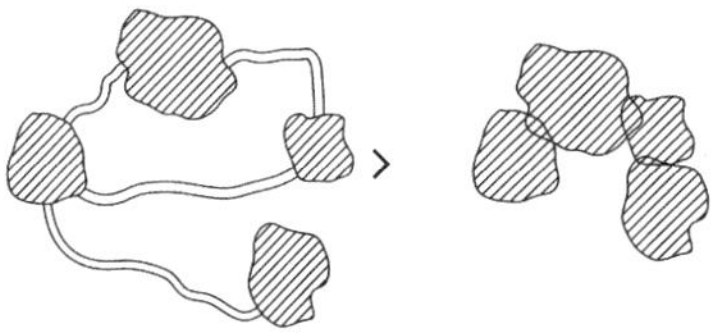	连接良好的迁徙廊道有利于生境重建和增加物种多样性，对复合种群的长期续存是有益的
法则 5：建立缓冲区 在种群生境斑块外建立缓冲区有利于斑块的稳定发展	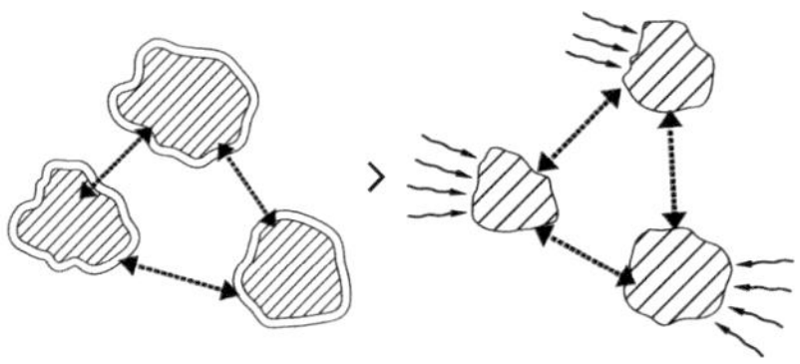	受人类活动的影响，生境斑块短时间内变化太快，以至于生活于其中的复合种群远未达到平衡状态。有些斑块网络因过于破碎而无法支撑复合种群。在种群生境斑块外建立缓冲区有利斑块的稳定发展

■复合种群理论最优格局

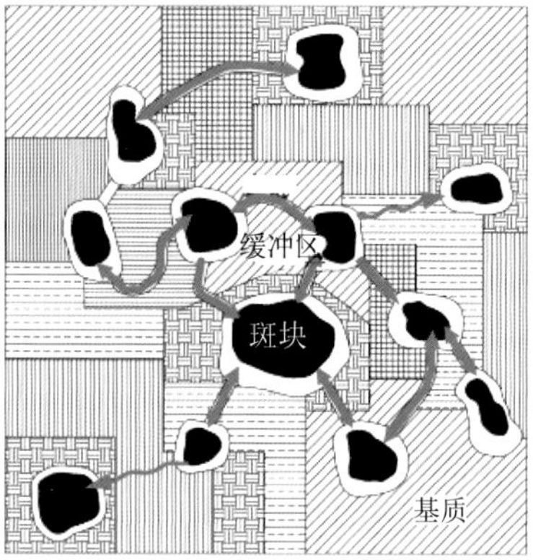

复合种群理论是从物种的生境质量及其空间动态的角度探索物种灭绝和重建的机制，因此，成功地运用复合种群理论，可以从生物多样性演化的生态与进化过程中找到保护珍稀濒危物种的规律。同时，在各类保护区的应用案例中，也可以运用复合种群理论来指导自然保护区的规划设计。在此基础上，我们推出复合种群理论保护区规划的最优格局（图6.12）。最优格局通常具备5点：①斑块数量为10～15个；②临近斑块面积较为相近；③具有干扰缓冲区；④物种可迁移且距离适中；⑤斑块之间有廊道连接。

通过最优格局我们可以得到具有普适化意义的最优模式（图6.13），而这里得出的最优模式和保护区网模式（图6.14）是吻合的，由此可见保护区网模式在实际案例应用中的重要性和指导意义。

▲图6.12 最优格局

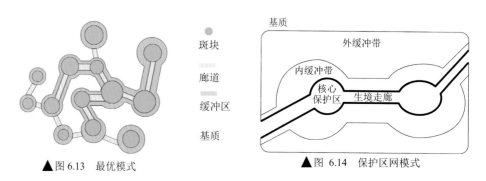

▲图6.13 最优模式

▲图6.14 保护区网模式

CASE
石花洞风景名胜区

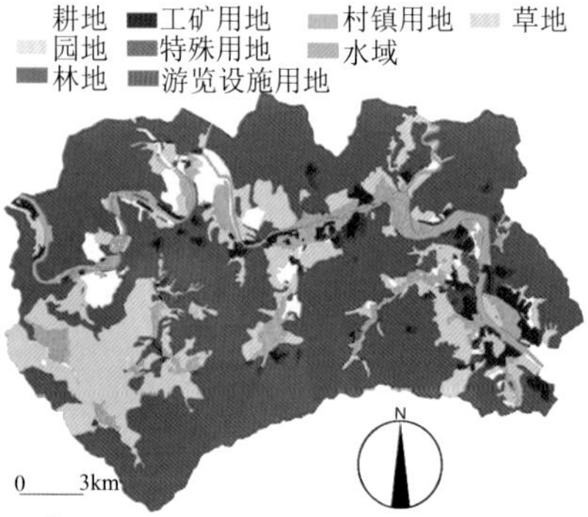

石花洞风景名胜区（图6.15，以下简称石花洞风景区）位于北京市房山区境内，距离北京市区50km，总面积84.66km²，是北京市现有的两处国家重点风景名胜区之一。目前风景区每年接待游人接近2.5万人次，沿着大石河两岸及两侧沟谷分布有28个村，居民约2.5万人。

大量人口居住和大规模生产活动的胁迫导致：大石河河流廊道的生态功能严重退化，游憩价值降低；地表植被和山体破坏严重，生态功能整体退化，风景美学价值严重降低；动物的活动与迁徙通道被居民点、工矿点、公路和铁路切断，景观破碎化特别是生境破碎化加剧，生物多样性显著下降（图6.15）。

针对这些问题，规划设计师提出建设大石河休闲廊道以及野生动物生境网络的

耕地　工矿用地　村镇用地　草地
园地　特殊用地　水域
林地　游览设施用地

0　3km

▲图6.15 2005年石花洞风景区土地利用

修复策略（表6.6）。开发大石河，建设大石河休闲廊道，将各个景区和景点串联起来，实现风景资源的整合；建设野生动物生境网络，减小景观破碎化的影响，逐渐恢复野生动物的物种多样性（俞孔坚等，2005）。

表 6.6　石花洞风景区修复策略

规划因子	具体策略	规划图示
斑块数量	对原有和潜在的栖息地进行保护，建立野生动物生境网络，将大石河河流廊道和面积比较大的针叶林以及落叶阔叶林斑块作为野生动物的核心栖息地。根据野生动物的活动路径来综合规划核心栖息地的斑块数量为 14 个	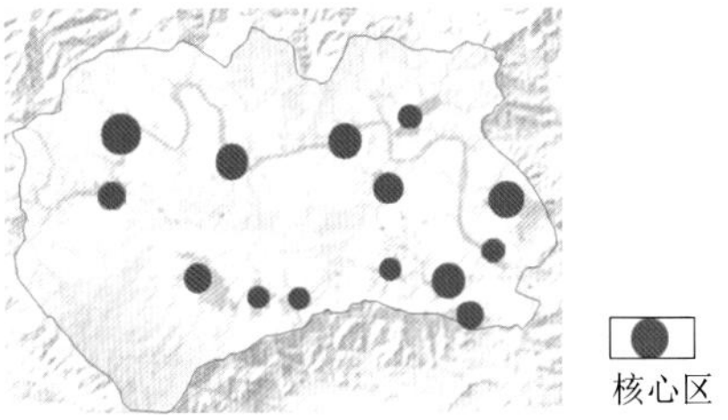 　核心区
斑块距离	由于各个景点之间距离比较远，过境交通紧张以及地表游赏环境差，很难组织贯穿整个风景区的旅游路线，故需要整合斑块之间的距离，在斑块的适宜距离内设置临近斑块，最大限度地满足野生动物的生存与交流	
廊道	将栖息地通过安全的生态廊道连接，生态廊道将重点保护的栖息地（包括大石河、大的针叶林和落叶阔叶林斑块）连接起来形成生境网络，可以削弱景观破碎化的影响，起到改善野生动物生存环境的作用；河流廊道重要的生态功能包括传送物资、净化污染物以及作为动植物迁移、传播的通道和水生、陆生动植物的栖息地（王薇等，2005）	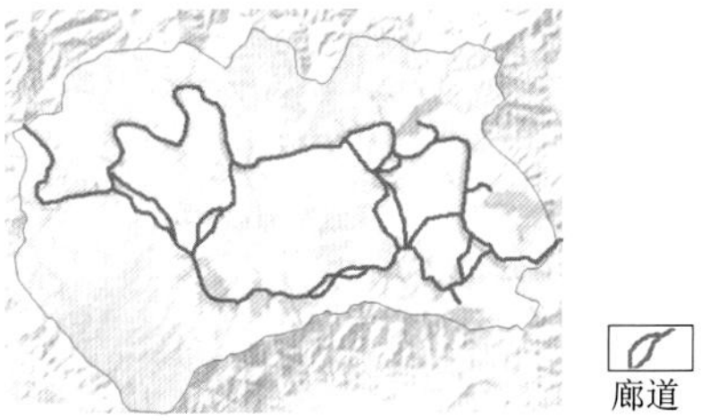 　廊道
缓冲区	为防止周边人类活动对核心栖息地的胁迫和影响，根据土地覆盖类型、地形坡度和水分条件等因素在栖息地与外围控制区之间设置适当的缓冲区，减小人类活动对野生动物生存的干扰	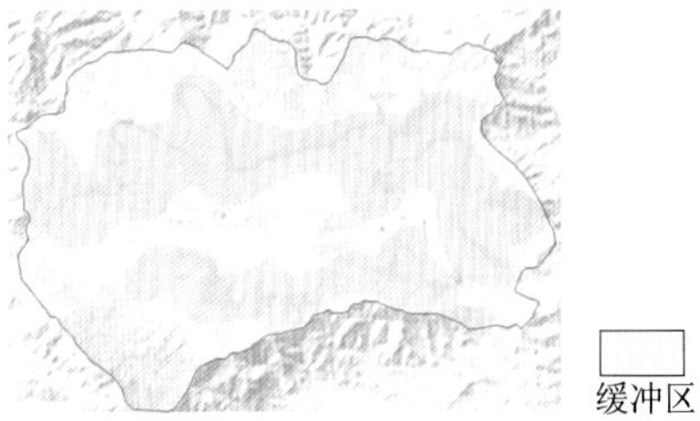 　缓冲区
野生动物保护规划的整体布局	野生动物生境网络由栖息地或核心区、廊道以及缓冲区构成，极大程度为保护野生动物的生存交流和丰富物种多样性提供了安全保障	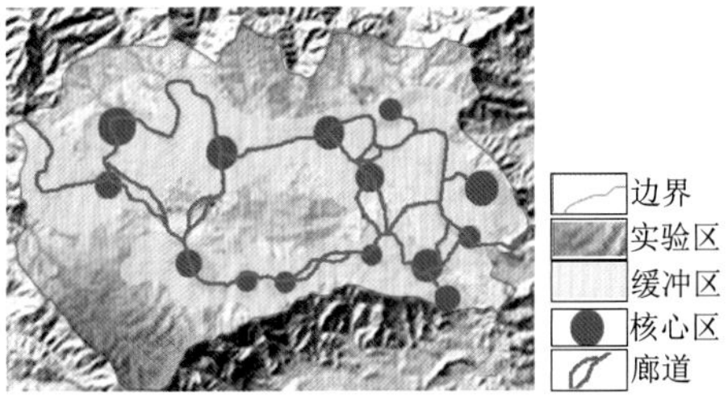 　边界　实验区　缓冲区　核心区　廊道

■ 参考文献

Harrison,S.&A.D.Taylor.1997.Empirical evidence for metapopulation dynamcis.In:Hanski,I.A.&M.E. Gilpin eds. Metapopulation biology: ecology, genetics, and evolution. SanDiego: Academic Press. 27-42.

Lefkovitch L P, Fahrig L. Spatial characteristics of habitat patches and population survival[J]. Ecological Modelling, 1985, 30(3–4):297-308.

郭纪光 .2009. 生态网络规划方法及实证研究——以崇明岛为例 [D]. 上海：华东师范大学博士学位论文：110-111.

黄世能，王伯荪 .2001. 复合种群动态研究进展 [J]. 广西植物，21（1）：21-31.

刘会玉 .2006. 物种多样性对栖息地毁坏时空异质性的响应机制研究 [D]. 南京：南京师范大学博士学位论文：43-46.

邬建国 .2000.Metapopulation（复合种群）究竟是什么 [J]. 植物生态学报，（1）：123-126.

邬建国 .2007. 景观生态学——格局、过程、尺度与等级 [M]. 2 版 . 北京：高等教育出版社：49-53.

郑莉 .2009. 在消耗和非消耗影响下的食饵集合种群动力学行为 [D]. 长春：东北师范大学硕士学位论文：21-22.

常旭旻 . 2009. 自然环境破坏将像疾病一样传播 [EB/OL]. [2009-12-08].http://news.sohu.com/20091208/n268780382.shtml.

■ 拓展阅读

傅伯杰，陈利顶，马克明，等 .2011. 景观生态学原理及应用 [M]. 2 版 . 北京：科学出版社：39-42.

邬建国 .2007. 景观生态学——格局、过程、尺度与等级 [M]. 2 版 . 北京：高等教育出版社：49-60.

肖笃宁，李秀珍，高峻，等 .2010. 景观生态学 [M]. 2 版 . 北京：科学出版社：24-25.

张玉梅，郑贤达 .2008. 陆域生物多样性保护区群网体系框架研究 [J]. 亚热带资源与环境学报，3（2）：1-10.

朱丽，卢剑波，余林 .2010. 复合种群中扩散的研究进展 [J]. 生态学杂志，29（5）：1008-1013.

■ 思想碰撞

　　蝶类中对人类有益的昆虫数量较少，蛾类中的茶毒蛾、衰蛾、茶刺蛾等是农林植物的重要害虫，在农林种植中通常会采取措施消灭它们。那么，我们若将这些对人类有害的复合种群作为规划保护的对象，真的有这种必要么？此外，保护区网模式是否可用于其他非复合种群？

■ 专题编者

张凯悦

郭翔宇

生态位

植物群落设计不再难

人的一生只有一种命运

——唐·柯里昂

薇甘菊原产于南美洲，后被引进入亚洲地区，成为今天热带、亚热带地区危害最严重的杂草之一。我国南方地区也曾受该植物的侵害，它们茂密的藤蔓缠绕或覆盖住周围植物，夺走本应属于当地植物的阳光和养料，使当地植被受到严重破坏。适宜的生长环境、没有天敌的制约，造成了薇甘菊大量繁殖，剥夺原生植物的生存空间，进而造成原生植物逐步走向衰亡。薇甘菊入侵的事例告诉我们，只有合理利用植物的生态位进行植物配置，才可以让植物更有效地利用自然资源，"健康"成长。

■ 生态位的概念及发展

生态位（ecological niche）是衡量物种在群落中的时空位置及功能关系的重要依据，对于如何进行景观生态规划中的植物配置具有指导意义。自从 1910 年"生态位"一词首次在生态学中出现，生态位概念的定义经过了多次演变（表 7.1）。Odum 提出的生态位概念其实偏向于多维超体积生态位，但是学界公认的多维的概念是 1957 年 Hutchinson 提出的，因此表 7.1 中对 Odum 的概念没有具体归类。

表 7.1　生态位概念的演变

时间	提出者	概念	解读
1917 年	Grinnell	恰好被 1 个种或 1 个亚种所占据的最后分布单位（R.M. 梅，1980）	侧重从生物空间分布的角度进行栖息地的再划分，其实质是空间生态位（spatial niche）的角度
1927 年	Elton	物种在生物群落中的地位和角色（赵惠勋，1990）	强调生物在群落中的功能作用及与其他物种间的营养关系。其实质是功能生态位（functional niche）
1934 年	Gause	特定物种在生物群落中所占据的位置，即其生境、食物和生活方式等（Gause，1934）	对 Elton 生态位概念的延续；提出了 2 个种在利用同一资源出现相似性时，会出现竞争和排斥。其实质是功能生态位（functional niche）的角度
1957 年	Hutchinson	有机体与它的环境（生物和非生物）所有关系的总和（Hutchinson，1957） 基础生态位：生物群落中能够为某一物种所栖息或利用的最大空间 (Hutchinson，1957） 实际生态位：由于竞争者的存在，物种实际占有的生态位（Hutchinson，1957）	引入数学的点集理论，认为生物受多个资源因子的供应和限制，不同的因子有不同的合适度阈值，在所有阈值限定的环境资源组合状态上，能够让某物种生存的点的集合，即该物种的生态位。其实质是多维超体积生态位（n-dimensional hyper-volume niche）的角度
1959 年	Odum	物种在群落和生态系统中的位置和状态，决定了该生物的形态适应、生理反应和特有行为（Odum，1983）	Odum 将栖息地比作生物的"住址"，将生态位比作生物的"职业"，强调生物本身在群落中所起的作用

除了这些主要论述外，历史上还有多位学者曾试图对生态位的概念加以定义；但是基于研究的出发点和角度的不同，并未形成统一的定义。现代生态位理论是以 Hutchinson 的多维超体积概念为基础的，他认为，每种生物在特定环境中会受到若干环境因子（温度、湿度、营养等）的影响，每一个因子都会对应一个适合的阈值来保证生物可在此范围内生存。因此 Hutchinson 通过数学的抽象方式，将所有的阈值包含的区域进行组合，所有的这些组合点，就是该生物在此环境中的多维超体

积生态位。多维超体积生态位为现代生态位理论研究奠定了基础，并对生态位的定量研究起着重要的推进作用。但是 Hutchinson 的生态位理论在实际应用上也有一定困难和局限。首先，环境变量可以有很多，而在实际测定上就十分困难了；其次，并非一切环境变量都是可以线性排列和测定的，因此资源轴上刻度就难以确定；第三，这仅仅反映了生态位的静态状况，尚不能反映竞争过程中生态位变化的动态状况。

综合各项概念表述，笔者对生态位的定义为：它是物种在群落环境中的位置。对这个表述进行理解时，应注意以下要点：一是当群落环境的时间或空间尺度发生变化时，同一物种的生态位也会发生变化；二是"位置"包含了群落环境中每一种物种与其他物种的相互关系，即此物种的状态，包括与其他物种的竞争、捕食—被食、寄生—寄主、共生互惠等关系；三是"位置"除了包含种间关系外，也包含了物种在自然界长期进化中形成的自身固有的属性，包括形态、生长周期、对水热条件的适应范围等。

■ 生态位分类

表 7.2 是对于多维超体积生态位的维度的细化。因为在实际应用中很难将影响生态位的所有因子统计出来，所以在实践当中一般只会研究某几维，比如时间维度、空间维度、功能关系维度等。根据对生态位研究的切入角度和研究对象来看，生态位大致可以从时空生态位和功能生态位两个角度进行分类。

表 7.2　生态位的分类

角度	分类	说明
时空生态位	空间生态位	空间生态位是对生物在空间上的分布情况进行研究，如在某一鹭类自然保护区，利用空间生态位，可以对白鹭的水平分布和垂直分布（筑巢高度）进行研究
	时间生态位	时间生态位则描述了在特定的群落环境中，随着时间的改变，物种的生态位发生变化的情况。利用时间生态位，可以对不同月份中鹭的繁殖、栖息区域进行观测等
功能生态位	种群生态位	种群生态位主要针对特定群落中某种物种进行研究，例如此物种与其他物种的种间关系等
	群落生态位	群落生态位则是建立在对组成群落的各物种的生态位的研究上，以此研究群落结构组成、群落演替（succession）等问题

需要说明的是，根据多维超体积生态位理论，影响生态位的各类因素是综合存在的，因此在实际应用中，以上分类的各种生态位并不是单独指导实践，时间与空间的变化都会对物种的生态位产生影响，对种群生态位的研究是研究群落生态位的必要条件。上述分类只是为理论学习提供思路，在实践应用中不可区别对待。

■生态位测度

生态位的概念非常抽象，因此在对生态位进行描述时，通常通过一些指标进行刻画。其中最常用的两个指标是生态位宽度（niche breadth）和生态位重叠（niche overlap）。

1. 生态位宽度

生态位宽度又称生态位广度、生态位大小，各生态学家对生态位含义的认识不同，对生态位宽度的内涵也有不同界定，如：在资源有限的多维空间中资源被一物种所利用的比例，种类生境多样性权重的平均值等。

一般我们可以把生态位的宽度理解为物种适应环境和利用资源的实际程度或潜在能力。生态位宽度特性如表 7.3。

表 7.3　生态位宽度特性

特性	图示
生态位宽度越大，物种能适应的环境梯度（environmental gradient，环境变化范围）越大，利用资源的能力越强，分布范围越广。相反，生态位宽度越小，物种能适应的环境梯度越小，利用资源的能力越弱，分布范围越小	
一般情况下草本物种的生态位较宽，处于优势地位，适应性较强，对环境资源的利用范围较大，成为先锋物种（pioneer population，某一新的环境条件下最初出现的物种）	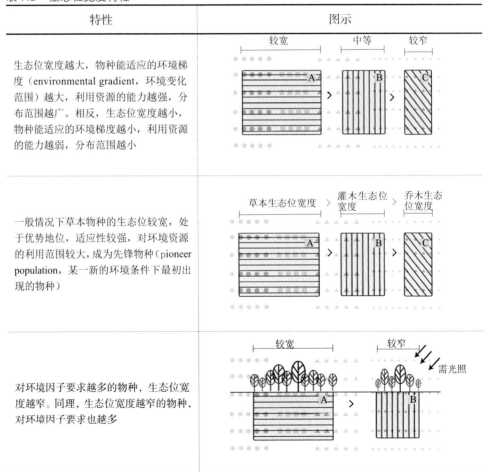
对环境因子要求越多的物种，生态位宽度越窄。同理，生态位宽度越窄的物种，对环境因子要求也越多	

注：不同底纹表示不同的环境梯度；A、B、C、D 分别代表不同物种在某环境的生态位特征

2. 生态位重叠

生态位重叠是生态位计量过程中的一个重要指标，一般将生态位重叠定义为多个物种的生态位宽度所表现出的共同性和相似性。

生态位重叠是若干物种生活于同一空间时分享或竞争共同资源的现象，重叠值越大，物种间对资源的竞争就越厉害；重叠值越小，对资源的竞争就越小。若干物种的生态位出现重叠时，生态位重叠越多表明这两个物种在适应环境和利用资源方面所表现出的共同性或相似性越大。物种生态位重叠度大时，如果环境资源有限，种间会发生竞争，直到达到平衡，有时甚至会导致一个物种的消失。生态位重叠特征见表 7.4。

表 7.4　生态位重叠特性

特性	图示
若干物种的生态位出现重叠时，生态位重叠越多表明这两个物种在适应环境和利用资源方面所表现出的共同性或相似性越大	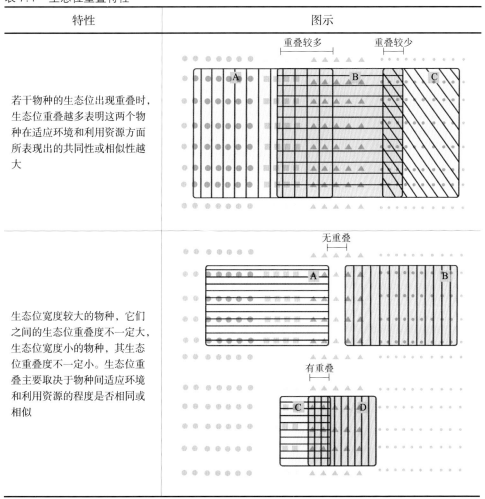
生态位宽度较大的物种，它们之间的生态位重叠度不一定大，生态位宽度小的物种，其生态位重叠度不一定小。生态位重叠主要取决于物种间适应环境和利用资源的程度是否相同或相似	

注：不同底纹表示不同的环境梯度；A、B、C、D 分别代表不同物种在某环境的生态位特征

PATTERN
植物群落配置法则

■ 植物群落配置与优势种、伴生种的生态位关系

在运用生态位理论进行植物群落配置的过程中，关键是要考虑植物群落中对群落环境影响较大的优势种和对群落环境影响较小的伴生种的生态位宽度和重叠情况。要建立一个稳定的植物群落，其影响因素关系如下：

A（植物群落配置）=f（场地环境要求、植物种类、植物生态效益、植物生态位）

其中，植物的生态位可作为空间化的因素进行提取；而植物群落的基本构成是优势种与伴生种。其中优势种（dominant species）占据着最主要的生态位，它对群落的结构和功能起决定性的作用，应保证具有最宽的生态位；通过合理把握优势种之间以及优势种和伴生种（companion species）的生态位重叠情况，避免种间的无序竞争，才能构建群落物种多样、结构稳定、景观优美的植物群落，据此，我们得出如下影响关系及植物群落配置的三大法则（表7.5）。

A（植物群落配置）=f（优势种生态位宽度、优势种与优势种生态位重叠、优势种与伴生种生态位重叠）

表7.5 应用生态位理论进行植物群落配置的三大法则

法则	图解		原理说明
法则1：优势种生态位宽度法则 生态位宽度越宽，能够适应的环境梯度越广	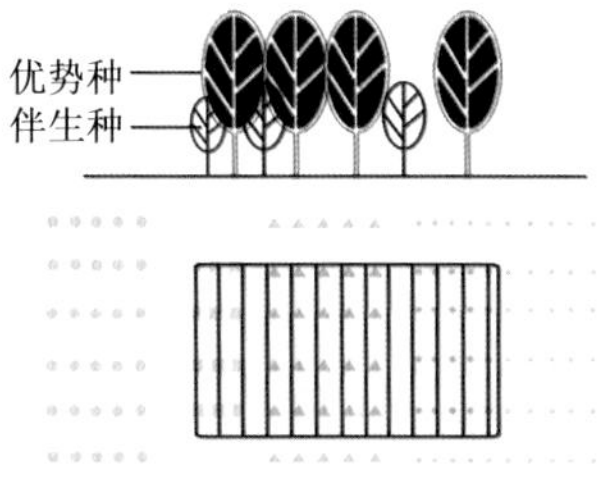 优势种 伴生种 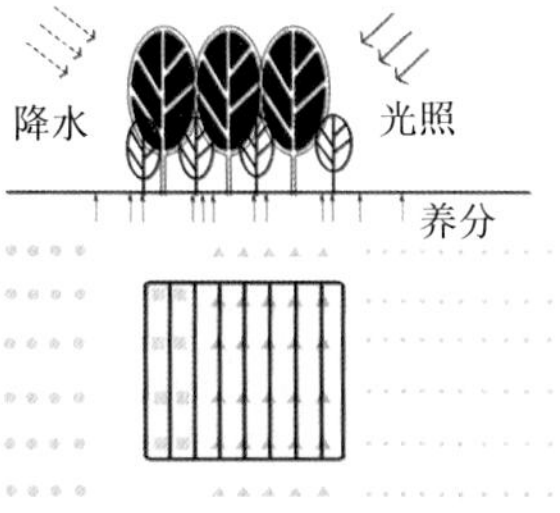	降水　光照 养分	优势种生态位宽，对环境因子要求低，适应性强，分布范围广
法则2：优势种生态位重叠法则 生态位重叠越小越好	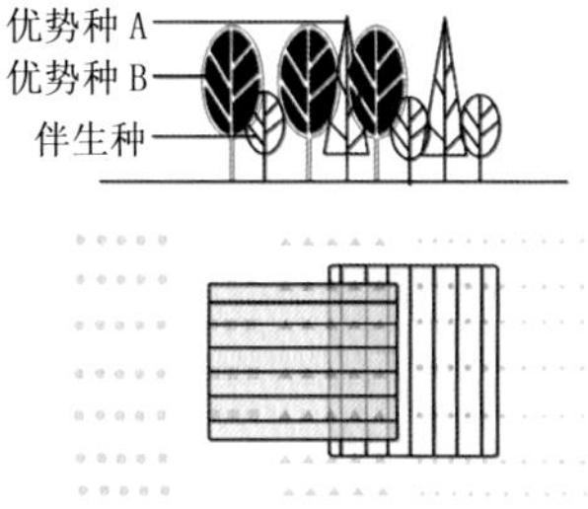 优势种A 优势种B 伴生种 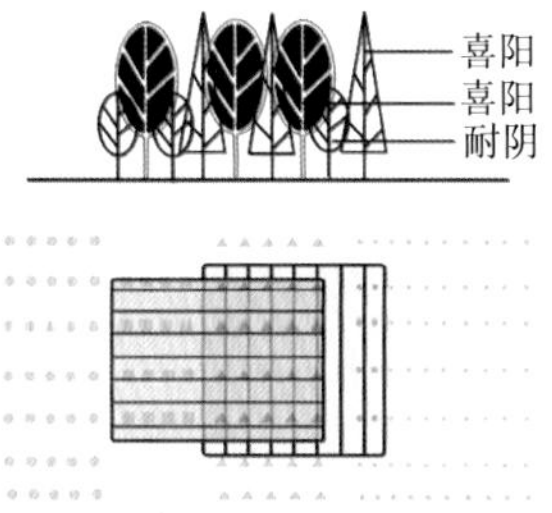	喜阳 喜阳 耐阴	当环境资源有限，环境梯度近似且存在两种以上优势种时，生态位重叠小，可以减少种间竞争，利于构建物种多样的植物群落

注：不同底纹表示不同的环境梯度

68

法则	图解	原理说明
法则 3：优势种与伴生种生态位重叠法则 优势种与伴生种生态位重叠越小越好	优势种 伴生种 > 降水 光照 养分	优势种与伴生种生态位重叠越小越好，伴生种生态位以能够占据空闲生态位为宜，利于构建结构稳定的植物群落

注：不同底纹表示不同的环境梯度

CASE
大连黑石山石灰石矿生态治理工程项目

大连黑石山石灰石矿生态治理工程项目位于辽宁省大连市旅顺口区，项目矿山周围的土地利用类型为道路、农田、疏林和工矿用地等。矿山及周边土地沙砾化严重，另一方面山体也有发生滑塌的危险，给当地群众的生产和生活带来诸多不便。黑石山采石场植被恢复的难点在于高陡的采石坡面的护坡和植物品种的选择。在植物配置方面确立了以乔、灌、草结合为基础模式，在大幅度增加林草面积的基础上营造适宜、稳定的生物群落（图 7.1）。

▶ 图 7.1 大连黑石山石矿（周京，2012）

■ 生境划分及植物选择（法则 1 应用）

根据垂直层面上矿山环境条件的变化，矿山生境大致由 3 部分组成，分别为坡顶、坡面和坡底生境。根据法则 1—— 优势种生态位宽度法则，首先列出不同环境中具有较宽生态位的植物所需要的特性，继而筛选合适的植物（表 7.6）。

表 7.6 运用生态位理论对三种不同生境进行植物选择

	植物类别	坡顶生境	坡面生境	坡底生境
条件分析	优势乔木	易生长、喜光、耐旱、可固氮、根系浅而发达	因覆土稀少，水分易流失，坡面倾斜，无法进行乔木种植	易生长、耐阴、耐污染
	优势灌木	易生长、耐阴、耐旱、可固氮、浅根性	易生长、喜光、耐旱、耐贫瘠、可固氮、浅根性	易生长、耐阴、耐污染
	优势草本	易生长、喜阳、耐阴、耐旱	易生长、易攀爬、喜阳耐阴、耐旱	易生长、耐阴、耐污染
植物选择	优势种	刺槐、连翘、五叶地锦	连翘、紫穗槐、五叶地锦	侧柏、连翘
	伴生种	黑松	丁香、榆叶梅	臭椿、野牛草

■植物组合方式

1. 优势种 & 优势种（法则 2 应用）

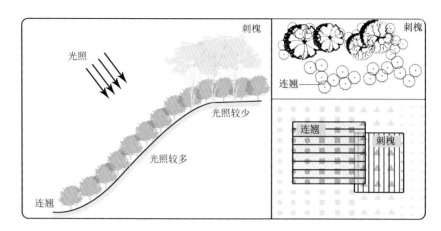

▶图 7.2　法则 2 应用分析

　　连翘生态位较宽，喜阳耐阴，既可栽植在坡面上接受阳光照射，又可栽植在坡顶刺槐林荫下；虽然同为优势种，但是生态习性的差异导致两者的生态位在一定程度上避免了重叠。

2. 优势种 & 伴生种（法则 3 应用）

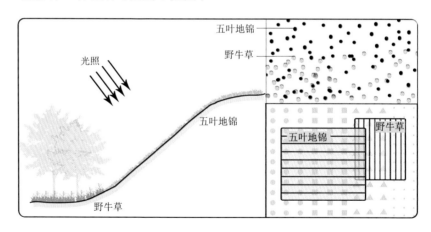

▶图 7.3　法则 3 应用分析

　　五叶地锦喜阳，易生根，易攀爬，对于坡地的整体适应性优于野牛草，因此生态位宽于野牛草，为优势草本；野牛草比五叶地锦耐阴，在坡底可作为伴生种，占据矿山生境空闲生态位。

■最优矿山植物配置格局

确定了矿山修复植物的优势种和伴生种以及配置中应当遵循的生态位原理后，根据矿山坡顶、坡面、坡底生境的变化情况，我们提出了适合此案例的最优矿山植物配置格局（图 7.4）。

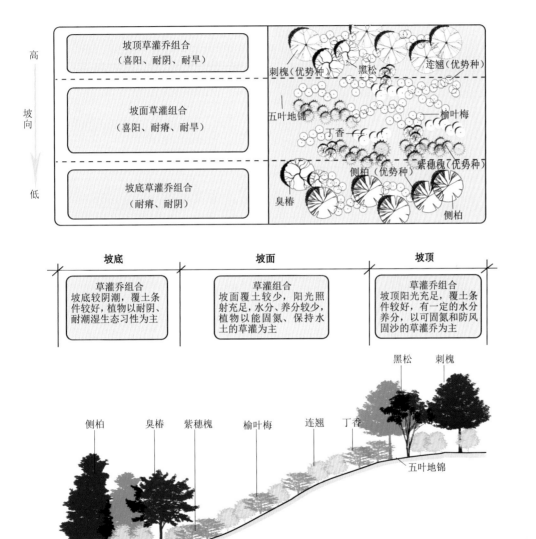

◀图 7.4　最优矿山植物配置格局

■ 参考文献

GAUSE G F . 1934. The struggle for existence[M].Baltimore:Williams & Wilkins:19–20.

HUTCHINSON G E .1957. Concluding remarks[J].Cold Spring Harbor Symp Quant Biol,(22):415–427.

ODUM E P .1983. Basic ecology[M].New York: CBS College Publishing.

（美）R.M. 梅 .1980. 理论生态学 [M]. 北京：科学出版社 .

赵惠勋 .1990. 群体生态学 [M]. 哈尔滨：东北林业大学出版社：13–28.

周京 .2012. 大连石灰石矿矿坑边坡生态修复效果评价 [D]. 大连：辽宁师范大学 .

■ 拓展阅读

李雪梅，程小琴 .2007. 生态位理论的发展及其在生态学各领域中的应用 [J]. 北京林业大学学报，（S2）：294–298.

李鑫 .2008. 生态位理论研究进展 [J]. 重庆工商大学学报（自然科学版），25（3）：307–309.

李契，朱金兆，朱清科 .2003. 生态位理论及其测度研究进展 [J]. 北京林业大学学报，2（1）：100–107.

林开敏，郭玉硕 .2001. 生态位理论及其应用研究进展 [J]. 福建林业学院学报，21（3）：283–287.

张雪萍 .2011. 生态学原理 [M]. 北京：科学出版社：62–64.

■ 思想碰撞

　　生态位重叠是评测生态位的主要指标之一，一般认为生态位重叠的物种存在种间竞争关系，但是也有学者通过实践指出，在将一些指标用于量化生态位重叠时，其结果很少能够提供有关竞争的信息。因此有些学者认为生态位重叠与竞争有关，有些认为生态位重叠与竞争无关。例如，在矿山修复的实际过程中，从生物多样性和经济适用性的角度往往会选用多种植物搭配栽植，以乔木为例，除了书中提到的刺槐，还会种植臭椿、白榆等水土保持类乔木，尽管它们的生态位发生重叠，但一段时间后进行调查统计，并未出现某一树种减少或消失等竞争结果。你认为生态位重叠和竞争真的无关吗？即使有关，物种也真的不能共存吗？

■ 专题编者

张智博

向欣

边缘效应

湿地泡的秘密 □08 讲

我们驻守在水的边缘
我们被叫作地球之肾

德国心理学家德克·德·琼治研究了荷兰社区及咖啡馆中人们休息的行为，进而总结出人们寻找坐憩选位行为特征。他发现无论是在餐馆、公交车还是休息室、教室等地方，人们通常喜欢选择靠窗的位置；在宽大的广场里，人们喜欢挑选广场四周的花圃坐下或者是周边建筑物的墙根。他认为人们喜爱逗留在区域的边缘，而区域开放的中间地带是最后的选择。看来空间的边缘地带对人们确有一种持久的吸引力。类比生态系统镶嵌体中，在水陆边缘区会发生怎样的现象呢？

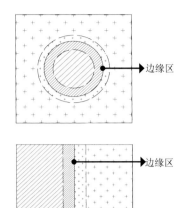

生态系统一　　生态系统二

注：填充图案越密，代表物种丰度越高

▲图 8.1 边缘效应存在的两种状态

生态学家对样地进行统计分析的过程中发现，在两个或多个不同性质的生态系统交界处，由于某些生态因子（可能是物质、能量、信息或地域）或系统属性的差异和协合作用而引起系统某些组分及行为（如种群密度、生产力、物种多样性等）产生较大变化（王如松等，1985），该现象被称为边缘效应（edge effect，图 8.1）。

边缘效应的机制在于边缘地带会有包括内部环境、外部环境、边缘环境的复合环境，导致一种特殊的气候（如光照、风、湿度等）、土壤等生态条件的出现，它们为生物提供更多的栖息地和食物来源，允许特殊需求的物种散布和定居，从而有利于异质种群的生存，有更高的生物多样性（图 8.2）。例如，在长白山二白河流域的物种丰度定量测定中发现，河岸带物种丰度普遍高于远离河岸带的森林生态系统（代力民，2002）。

▶图 8.2 边缘效应机制图

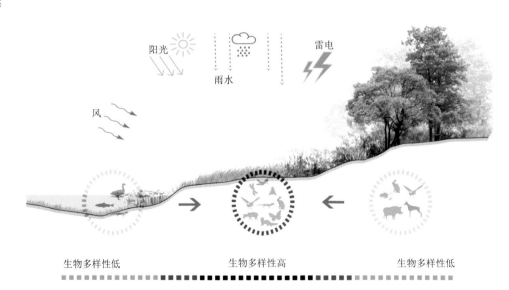

实际上，在相邻的生态系统边缘地带往往会形成一个外观上并不明显的过渡区，这个过渡区在生态系统交界处由各自边缘地带构成。基于大量的研究整合，周婷等认为边缘效应可以根据空间尺度的不同以及边缘效应形成和维持因素，分为 3 个尺度等级（表 8.1）。

表 8.1 边缘地带尺度等级表（周婷等，2008）

尺度等级	图解	说明
大尺度：生物群区交错带	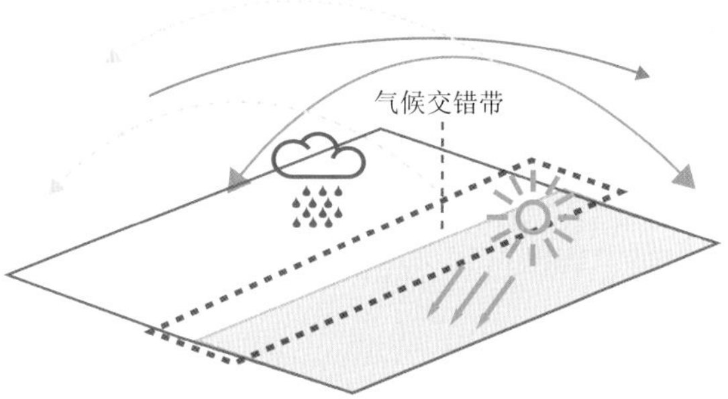 气候交错带	大尺度主要是以植被气候带为标志的生物群区间的边缘效应，这种地带性的交错区主要受大气条件的影响。该尺度上的地区可达到数百公里，如秦岭地区为亚热带与暖温带的分界线，表现出独特的气候带特征
中尺度：生态交错带	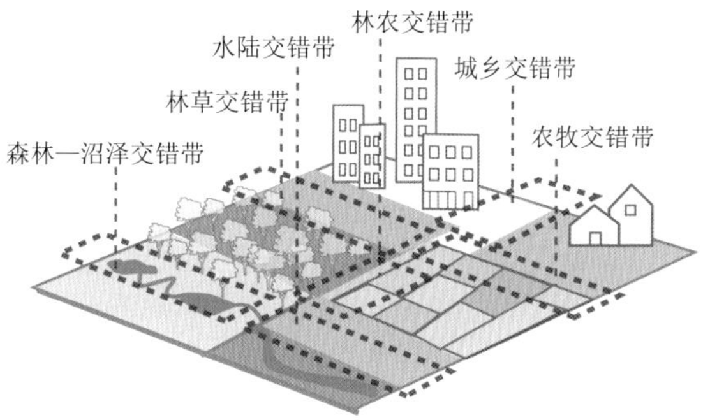 水陆交错带 林农交错带 城乡交错带 林草交错带 农牧交错带 森林—沼泽交错带	中尺度类型主要包括城乡交错带、林草交错带、农牧交错带等类型，是不同生态系统要素的空间交接地带，宽度从几公里到几十公里范围，在物质能量等相互流动的作用下变得更为复杂。这些类型都可概括为生态交错区，是生态系统要素间的过渡带，具有过滤膜作用。在这里两个相对均质的生态系统相互过渡耦合而构成有别于两种生态系统。过渡带也反映出某些物种的独特生境，会导致种群遗传型的统一或特化，林边人们常可见到鸟类聚集，即属于一种边际特化现象
小尺度：群落交错带	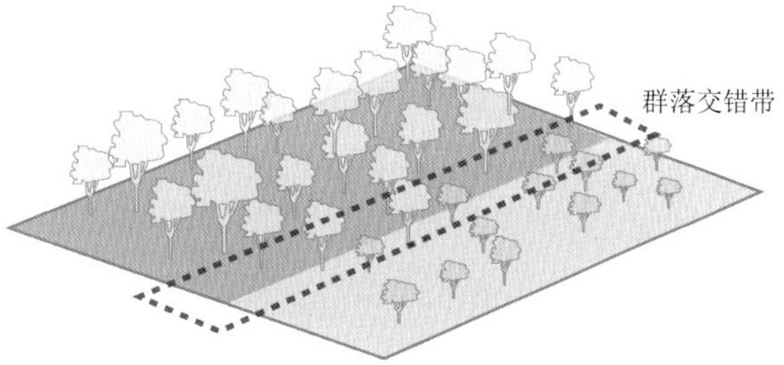 群落交错带	小尺度水平上是指斑块之间的交错所形成的边缘效应，受小地形等微环境条件及生物非生物等因子的制约，研究主要集中在群落边缘、林窗边缘和林线交错带等方面。群落边缘带宽度从十几米到一公里不等。这里是群落与外界交流的主要场地，尤其是种类渗透、物质流动以及其他信息交流

■边缘效应的影响因素及其函数关系

在水陆交界处的小尺度群落交错区，可以发现边缘效应表现为：

（1）更高的生物多样性：水生态系统与陆地生态系统共同作用，边缘群落会有更多的物种数目和种类，更高的物种密度。

（2）更明显的过滤效果：边缘区会起到对物质流（主要为水流）的过滤作用。过滤过滤从陆地生态系统进入水生态系统的物质。边缘效应越显著，过滤效果越好。

差异化的边缘区的形态引发不同强度的边缘效应，具体关系对应如下：

（1）边缘结构，边缘植被水平、垂直结构的多样性；（2）边缘宽度，边缘植被的宽度；（3）边缘长度，边缘植被的周长；（4）边缘形状，边缘植被围合的形状。

因此，可以得出水陆交错带的边缘效应（E）与其影响因素（X）的函数关系：E(1.生物多样性, 2.过滤效果)=f(＋边缘结构, ＋边缘宽度, ＋边缘长度, ＋边缘形状, －边缘突变性)。

■湿地泡净水机制

为增强湿地净水效率，利用边缘效应原理可将湿地规划为若干小型湿地泡镶嵌而成的湿地格局，从而大大提升湿地蓄滞、过滤雨水及地表径流的功能（图8.3）。

 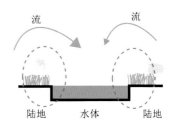

▶图8.3 小型湿地泡镶嵌而成的湿地格局及净水机制

■人工净水湿地格局设计法则及其优选过程

将边缘效应机制与湿地泡净水机制进行结合并空间化，使上文 E（边缘效应）中的 $E1$（生物多样性）转化成 $e1$（湿地稳定性），$E2$(过滤效果)转化成 $e2$（污水处理效果），并使 X（影响因素）空间化，本书提出如下四种最优人工净水湿地格局的设计法则（表8.2）。

表 8.2 最优净水格局设计法则

	法则	图解	原理说明
e1: 湿地稳定性	法则一：近自然形湿地泡的形状越接近自然形状，其湿地群落稳定性越高		凹凸不平的边缘提供了更广的生境多样性，近自然形状的湿地有更多凹凸不平的边缘，具有更高的物种多样性，群落稳定性高，需要人工管理的程度低
	法则二：并联或串联并联结构的湿地稳定性更高，串联结构的湿地建设成本更低	or	一旦一个湿地出现问题，并联的结构可以保证污水处理正常运行，但在湿地数量较少时，串联结构也同样可以使用并且成本更低
e2: 污水处理效果	法则三：多边界湿地的边界越多，其处理污水的效果相对越好	>	处理同样面积的污水，边界越多，污水与植物接触越多，净水效果越好
	法则四：宽入口宽的湿地入口要比窄的湿地入口处理污水能力强	>	边缘起到过滤层的作用，湿地的污水入口处边缘植物越宽，对浓度较大的污水以及杂物的过滤效果越好

上述法则的推导过程如下。如图 8.4a 所示，三个等面积的湿地泡相比，一个曲折由小型湿地泡构成的湿地泡能比笔直斑块净水效果更强；边缘曲折的湿地泡比平滑的斑块净水效果更强；湿地泡形状越复杂，接触面越大，净水效果更强。这样，自然形的湿地泡具有最强的净水效果。如图 8.4b 所示，相等面积湿地泡，周长增加会导致净水效果增强。因此多边界湿地泡净水效果更强。图 8.4c 显示了边缘宽度及边缘生物量会增强净水效力，使得宽入水口湿地泡有更强的净水效果。

▼图 8.4 湿地泡形态优选过程

a. 法则一推导过程
通过三类形状分析，自然形最有效

b. 法则三推导过程
通过面积—周长比分析，多边界最有效

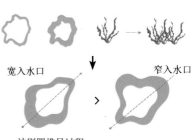

c. 法则四推导过程
通过植物多样性比较，宽入口最有效

将上述四种法则叠加，得出最优人工净水湿地格局（图8.5）。

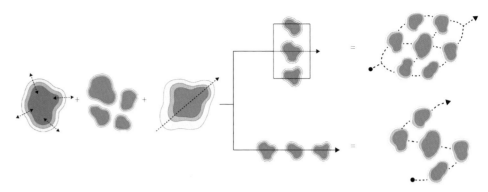

▶图8.5 两种最优人工净水湿地格局

CASE
最优人工净水湿地格局应用

■芝加哥市北格兰特公园案例

▲图8.6 芝加哥北格兰特公园平面图

伊利诺伊州芝加哥市的北格兰特公园原是一片普通的空旷区域，而芝加哥市政府希望将这片与密歇底湖相邻的土地改造得更加富有特色和生机，该项目希望将场地改造为一片艺术之田（图8.6）。在整个项目中，设计者力求将场地东端的湿地改造成一个活跃且具有吸引力的场所，因此，方案将场地周围收集的各类雨水通过整个公园的渠道系统导入位于场地东侧的九个湿地池塘之中，这些池塘被设计成了一整个水过滤的生态系统，并在南侧与水渠和瀑布相连。渠道系统让雨水可用于灌溉，同时在夏季提供游览休憩的亲水小径，在冬季提供线性溜冰道（桑德斯，2013）（图8.7）。

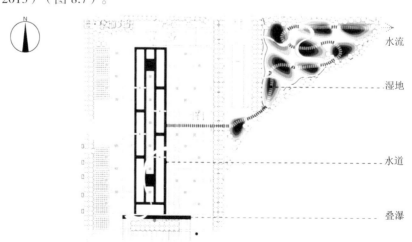

水流

湿地

水道

叠瀑

▶图8.7 芝加哥北格兰特公园湿地系统图

将案例中的湿地泡模式对应最优人工净水湿地格局的四大法则，解读如下（图 8.8）。

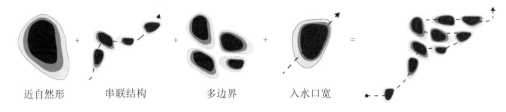

近自然形　　　串联结构　　　多边界　　　入水口宽

◀图 8.8　湿地系统格局解读

■ 天津桥园案例

在景观设计师规划后，该场地由一个垃圾遍地、污水横流的废弃打靶场，转变成了一个低维护成本的城市公园。桥园湿地建成高低差异的洼地镶嵌格局，可以增大湿地尤其是交错边缘区与雨水和地表径流的接触面，起到了蓄滞作用。从整体水流过程看，通过地形设计，形成了 21 个半径 10~30m，深浅不等的坑塘洼地。其中一些分布于高台地上而形成旱地洼地（图 8.9），另一些分布于地势较低处形成水生洼地（图 8.10）。地表的变化形成了由旱生洼地—浅水湿地泡—深水湿地泡的潜流路径，即前文所述的并联格局（图 8.11）。利用湿地泡的边缘大大提升了湿地在蓄滞时间内的过滤效果。这样便在城市基质中形成了一个自然生态的异质性斑块。公园为城市提供丰富的生态系统服务，包括滞留和净化雨水、改善土质、提供环境教育机会和创造愉悦的审美体验。

▲ 图 8.9　旱生洼地

▲ 图 8.10　湿生洼地

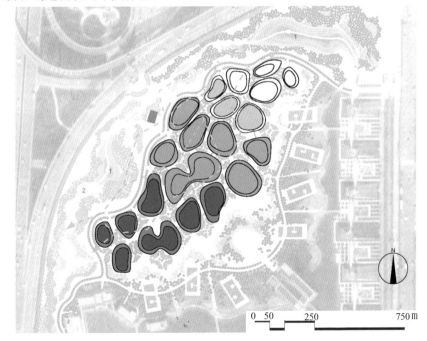

0　50　　　250　　　　750 m

◀图 8.11　天津桥园湿地泡并联格局

■ 参考文献

陈利顶，徐建英，傅伯杰，等.2004.斑块边缘效应的定量评价及其生态学意义 [J]. 生态学报，24（9）：1827-1828.

代力民，王青春，邓红兵，等.2002.二道白河河岸带植物群落最小面积与物种丰富度 [J]. 应用生态学报，13（6）：641-645.

王如松，马世骏.1985.边缘效应及其在经济生态学中的应用 [J]. 生态学杂志，（2）：38-42.

威廉·S. 桑德斯.2013.设计生态学：俞孔坚的景观 [M]. 北京：中国建筑工业出版社：55-57.

周婷，彭少麟.2008.边缘效应的空间尺度与测度 [J]. 生态学报，28（7）：3322-3333.

张蔚.2010.修复富营养化水体的植物筛选与人工湿地基质净化性能比较 [D]. 哈尔滨：东北师范大学.

■ 拓展阅读

德拉姆施塔德.2010.景观设计学和土地利用规划中的景观生态学原理 [M]. 北京：中国建筑工业出版社：27-31.

傅伯杰，陈利顶，马克明.2011.景观生态学原理及应用 [M]. 北京：科学出版社：65-66.

姚芳.2005.人工湿地候选植物对污水的净化作用及其机理研究 [D]. 杭州：浙江大学.

■ 思想碰撞

　　利用水生植物修复技术去除污染物质是水体富营养化治理的生物方法之一。有学者指出，采用生物方法取得净水效果的关键，在于不同植物与基质（基质是植物生长的载体，是湿地内所有生物和非生物的依托，常见基质有片石、鹅卵石、陶粒、页岩石、石榴石、磁铁矿等）的选择与组合方式（张蔚，2010），而对于湿地泡空间格局净水效果的定量研究尚未报道。请你查阅相关文献，思考湿地泡格局在净水效果中究竟能够起到多大作用。

■ 专题编者

崔胜菊

刘硕

干扰 09讲

生态健康那些事儿

天空的蔚蓝
爱上了大地的碧绿
他们之间的微风叹了声
唉

　　卡巴森林是美国最美丽的森林之一，印第安人捕猎黑尾鹿，森林中的美洲狮、狼等也靠捕鹿充饥。1906 年这个森林被列为国家禁猎区，严禁在林区内捕杀黑尾鹿，但允许猎人捕杀以黑尾鹿为食的美洲狮等。随后森林中的肉食动物被大量捕杀了，没有了天敌黑尾鹿以惊人的速度繁殖。可是不久后鹿群面临着一个新的威胁。森林几乎被鹿吃光，严冬和饥饿给鹿群带来毁灭性的灾难。1925 年后，森林中鹿群的数量不再增加，并持续减少；而且大都身体瘦小，体质衰弱。如今，森林已面目全非，鹿群喜欢吃的柳树、悬钩子等全部被破坏，取而代之的是鹿群不喜欢吃的野草和灌木，原有的生态系统已经被破坏（文献来源：百度文库）（图 9.1）。卡巴森林的事实告诉我们，人类不顾生态学原理的任意干扰活动可能将会造成生态系统的崩溃。

THEORY
干扰与中度干扰理论

■ 干扰的定义

干扰（disturbance）一词在《辞海》中被定义为"干预并扰乱"。这一定义其指出了干扰最基本的两个特征：一为外来干预，说明干扰不是"体系"本身所具有的事物；二为扰乱，说明干扰对它所介入的体系有某种程度的破坏（王玉朝等，2003）。传统的生态学将干扰作为影响群落结构和演替的重要因素来研究，不同学者对其有不同的定义（表9.1）。

表 9.1　国外学者对干扰的定义

学者	干扰的定义
Turner (1993)	破坏生态系统、群落结构或种群结构，并改变资源、基质的可利用性，或物理环境在时间上发生的相对不连续的事件（王玉朝等，2003）
Bazzaz (1985)	与其性质和原因无关，能够立即引起种群反应的敏感变化，并在景观水平上突然改变资源量的因素（Bazzaz, 1985）
Pickett (1985)	是一个偶然发生的不可预知的事件，是在不同空间和时间尺度上发生的自然现象（王树功等，2005）

一些国内学者也指出，干扰是能够改变景观组分或生态系统结构、功能的重要生态因素，并且是促进种群、群落、生态系统及整个景观动态变化的驱动力。可以看出，对干扰这一明显的生态过程的定义至今尚没有形成统一的认识，有的侧重于干扰的作用，有的侧重于干扰的尺度，但它们都强调干扰的动态变化以及对干扰对象在结构上的改变。

笔者将干扰定义为：干扰是改变体系特征的外来事件。要点一：干扰是外来的。对于某一体系来说，可以认为在某一时刻是处于动态平衡的，它受自身发展和干扰两种对立作用力的影响，其自身演化与发展的"力"来自体系内，区别于外来的会改变体系特征的干扰。要点二：被干扰的体系是具有层次的。在生态学中，常用的体系层次是个体、种群、群落、生态系统、景观、区域和全球，干扰在不同层次体系上的机制、功能和效果是不一样的。由此也可以看出，干扰受尺度制约，如掠食动物的一次成功捕食在种群水平上是干扰，但在生态系统上可能没有影响（王玉朝等，2003）。要点三：干扰会改变体系的特征。这些特征包括体系的要素组分、结构和功能等，会使干扰对象产生动态变化，而不能改变体系特征的作用只能称之为正常的扰动（perturbation）。扰动一般指系统在正常范围内的波动，这种波动只会

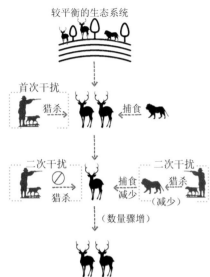

较平衡的生态系统

首次干扰

猎杀　捕食

（数量骤增）

二次干扰　　　　二次干扰

猎杀　捕食减少　猎杀
　　　　　（减少）

（数量骤增）

大量消耗

资源不足　严寒

（1925）

变的瘦小　体质衰弱

生态系统遭到破坏

▲ 图 9.1　人类的肆意干扰造成了卡巴森林的破坏

暂时改变景观的面貌，但不会从根本上改变景观的特征（White,1979）。因生态系统处于动态平衡中，其生态因子会产生正常的变动且不会带来破坏性影响，而其正常变动称为扰动。

笔者对于干扰的定义与以往学者所下的定义相比有几点不同。Turner 的定义说明了干扰的"相对不连续"，但就很多人为干扰来说，不应强调这是一个连续或不连续的事件，如耕种活动是连续的人为干扰；在 Bazzaz 的定义中，被干扰的研究对象是种群，但被干扰的对象或体系是有层次的，干扰是具有明显的尺度性的。如对种群来说是严重的干扰，但对于整个群落的生态特征不产生影响；Pickett 等认为，干扰是一个"偶然发生、不可预知的"事件，但有些被认为是干扰的事件是有目的的行为，是可预知的，如人工建设、生产活动等，所以也不应强调其是否是偶然发生、不可预知的。以上定义更强调自然因素的作用，而目前的干扰可能更多的是受到人为因素的影响，因此我们要更全面、深刻地认识干扰，避免其所带来的负效应，更有效地利用其正效应。

■干扰的分类

干扰事件普遍存在且种类繁多，可根据不同的方法和原则对各种干扰进行分类（图 9.2）。我们只有认识不同种类的干扰才能正确地应用干扰原理，有意识地避免消极干扰而利用积极干扰，最终让人的活动和自然过程协调统一。

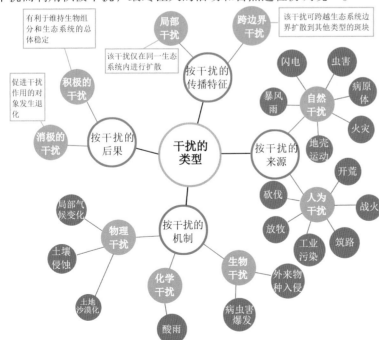

▲图 9.2 干扰的分类

■ 干扰的功能和影响

干扰在生态学中有着重要功能和作用。功能一：干扰是自然生态系统演替过程中一个重要的组成部分，适度的干扰不仅对生态系统无害，而且可以促进生态系统的演化和更新，有利于生态系统的持续发展（陈利顶等，2004）。功能二：干扰在物种多样性形成和保护中起着重要作用，适度的干扰会带来更高的物种多样性。合理地运用干扰为人类的生存和发展提供可持续利用的资源，可在自然保护、农业、林业、野生动物管理以及生态系统经营等方面发挥重要作用。

就干扰的影响而言，干扰对物种的影响是复杂的。干扰在物种多样性形成和保护中起着重要作用，也就是说，合理的干扰会带来更高的物种多样性。强烈的干扰会对生态系统造成巨大的破坏，导致景观的均质化，减少物种丰富度，使物种多样性降低。而适度（包括中度或较小程度）的干扰则可以增加景观的异质性，导致景观结构的破碎化，促进物种多样性的增加，如小规模森林火灾可以促进森林的更新和演化。Connell 提出中度干扰假说，指出物种多样性在中度干扰（intermediate disturbance）时最大（图 9.3）（Connell，1978）。

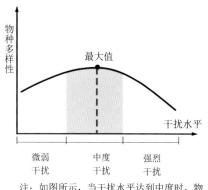

注：如图所示，当干扰水平达到中度时，物种多样性达到顶峰

▲ 图 9.3　干扰水平与物种多样性关系

PATTERN
基于干扰理论的农田空间模式探讨

中度干扰理论的机制是：①在强烈干扰发生时，由于高竞争能力物种不能忍受而使丰富度降低，甚至在局部区域灭绝；②如果干扰强度太小，则由于高竞争能力物种占据资源而排除低竞争能力物种使丰富度也随之降低（刘艳红等，2000）；③当条件同时有利于高竞争能力物种和低竞争能力物种的中度干扰发生时，物种丰富度才能达到最高（图 9.4）。

景观改变法则提出："中度干扰通常在景观中建立较多的斑块和廊道"（此时异质性增大），"干扰斑块在时空上分布须是离散的"（Forman，1986）。中度干扰在空间上的表现是异质性高、破碎化、生境多样，局部干扰空间上的分布是离散的。中度干扰是通过在一定程度上抑制高竞争力物种并保护低竞争能力物种而达到保护物种多样性的目的。因此可以根据中度干扰理论并结合影响干扰的因素提出假设，如表 9.2。

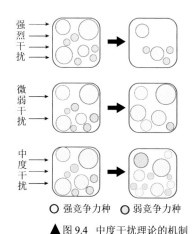

○ 强竞争力种　○ 弱竞争力种

▲ 图 9.4　中度干扰理论的机制

表9.2 物种多样性 s 与干扰影响因素 x 之间的关系

理论依据	干扰机制（s）	干扰影响因素（x）	与空间有关的因素
中度干扰理论	物种多样性	干扰类型 干扰频率 干扰周期 干扰面积 干扰位置/分布 干扰斑块数量	干扰面积 干扰位置/分布 干扰斑块数量

以典型的人为干扰活动农田耕种为例，怎样利用中度干扰理论进行合理的农田布置，从而在追求经济利益的同时保持生态健康呢？在某一农业景观中，农田斑块作为干扰斑块，若仅提炼出干扰因素中与空间有关的内容，可以得到物种多样性和干扰空间特征的函数关系：$S=f$（干扰面积，位置，分布，斑块数量）（表9.3）。

表9.3 基于中度干扰理论的农田布局四大法则

法则	图解	原理说明
法则1：多 干扰总面积一定时，干扰斑块的数量较多好，但斑块面积有最小值		较多的斑块有更大概率增加异质性，创造不同的生境，更有利于低竞争力物种迁移定居，带来更大物种丰富度
法则2：面积适中 干扰面积达到一半时最好		在某一生境中，随干扰面积的增加，异质性也逐渐增大，当该生境的干扰面积达50%时，干扰的继续则会使异质性下降而趋于同质。此时的最大异质性可表示干扰处于中度水平。但对于农田来说，每个农田斑块是有最小面积的
法则3：分散 干扰的分布位置处于离散状态时更好		当干扰集中于某一处时，此处所受到的干扰过于强烈，而其他区域则处于轻微干扰甚至不受干扰。当干扰斑块散布于空间的各个区域时，对生态系统不会造成毁灭性破坏，此时可以看作是中度干扰
法则4：邻水 干扰位置在水边更好		湖泊、溪流、河道旁都是检验中度干扰的地方。一方面水位变化如洪水可看做干扰，一般河流湖泊对周围生境中都造成了中度干扰；另一方面对于农田来说，水旁有利于灌溉

根据上述探究总结影响物种多样性的因素及干扰空间法则，由此可推导出农田干扰最优格局（图9.5）。其包含要点：①干扰斑块数量尽可能地多，且每个干扰斑块不能小于最小面积；②总干扰面积要接近于总面积的一半；③干扰斑块的空间分布须是离散的；④干扰应发生于水边。

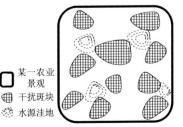

□ 某一农业景观
⊞ 干扰斑块
⊗ 水源注地

▲图9.5 基于中度干扰理论的农田干扰最优格局

干扰视角下哈尼梯田山地农业景观格局分析

▲图 9.6 元阳县哈尼族梯田景观

农业生态系统是人类按照需要并利用各种资源对当地自然环境进行人工干扰,调节农业生物种群及其环境间的相互作用,通过合理的能量转化和物质循环,进行物质生产的综合体。在云南南部红河山区,生活着 125 万哈尼族人。经过长期的生产生活实践,哈尼族利用当地的自然条件进行生产建设活动,创造的梯田生态系统印证了干扰理论的内容并形成一个人地和谐共处的地理景观（图 9.6）。

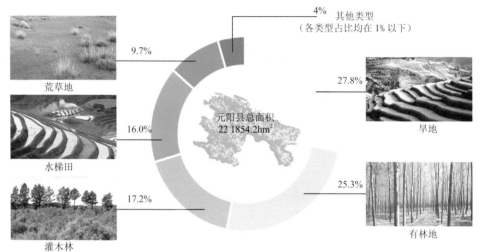

▶图 9.7 元阳县土地利用情况（角媛梅等,2006）

以红河州元阳县哈尼族梯田景观空间的土地利用情况为例（图 9.7）。依据角媛梅等的研究，从大类来看,水梯田和旱地两者占总面积的 43.8%,有林地和灌木林两者占 42.5%。从斑块数目特征来看,居民地的斑块数目超过了景观斑块总数（1989个）的 1/4,居第一位,其斑块密度也最大。林地、旱地、灌木林和水梯田的斑块数目都在 250 个以上,斑块密度都大于 10 个 /hm²,这几个类型比较破碎。从形状特征来看,旱地的边界密度最大,形状最复杂,有林地、灌木林和水梯田,形状也比较复杂。平均斑块面积指数显示,旱地、有林地和水梯田三个类型的平均斑块面积都比较大,最小的是居民地（角媛梅等,2006）。

哈尼梯田在进行农业干扰时保持了经济效益和生态效益。从元阳县梯田土地利用可以看出其合理的干扰：①干扰斑块数量（图 9.8）。从空间上来看,林地斑块数目为 629 个,耕地斑块数目为 564 个,干扰斑块比较破碎化,斑块数量较多。②干扰总面积。耕地和林地在面积上占优势且分布比例均衡,其农田总面积占 43.8%,对于整个景观来说干扰面积接近一半,为中度干扰。③干扰斑块是否离散（图

9.9）。运用样方法（quadrat method），每个样方大小为 4km×4km，在整个景观中每隔 8km 的距离选取一个样方。可以看出，每个被标记的样方中存在耕地斑块和林地斑块，农田干扰斑块在空间中离散分布，此时认为干扰为中度干扰。④农田与水源分布（图 9.10）。在哈尼梯田生态中，森林蓄积了大量的水资源，形成条条溪流，在人工开挖的水渠引导下，汇入层层梯田。森林涵养的水源在山区随处出露，形成众多的泉眼，于是当地人在靠近水源的林地中采伐森林造梯田。

由于人类有意识的活动和干扰造成当地景观格局表现出这些特征，而这样的空间格局符合中度干扰理论，在满足人们生产生活的同时，也维护了健康的、生态的、和美的景观。

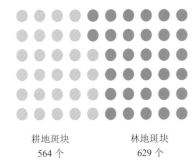

耕地斑块　　　　林地斑块
564 个　　　　　629 个

▲图 9.8　林、耕地斑块数量比例

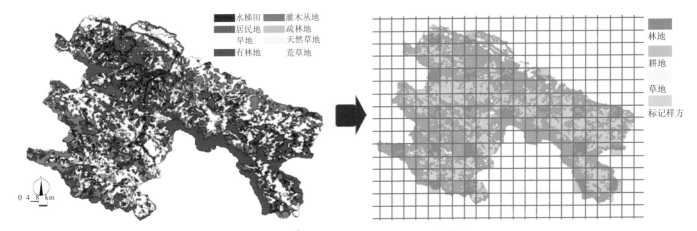

水梯田　　灌木丛地
居民地　　疏林地
旱地　　　天然草地
有林地　　荒草地

0 4 8 km

林地

耕地

草地

标记样方

▲图 9.9　样方法分析农田斑块离散程度

干扰现象随处可见且干扰理论被广泛关注，而本讲主要研究目的是将干扰原理及机制加以解析，并尝试提出干扰的最优空间模式。本讲只是对干扰理论空间化、图解化及格局化在农业应用上的一次尝试，而干扰理论作为景观生态学的基础原理需要更多的深入探究。

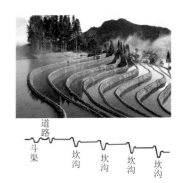

▲图 9.10　森林涵养水源灌溉农田

■ 参考文献

Bazzaz, F. A. 1985. Effect of elevated atmospheric co/sub 2/ on plant communities. annual report, 1984–1985.

Connell J H.1978. Diversity in tropical rain forests and coral reefs.[J]. Science, 199(4335):1302.

Forman R T T, Godron M. 1986.Landscape Ecology[J]. Journal of Applied Ecology, 41(3):179.

Koalas J , Pickett S T A.1991.Ecological Heterogeneity[M].Berlin:Springer–Verlag:256–267.

WHITE P S.1979.Pattren , process , and natural disturbance in vegetation [J].Botanical Review , 45(3): 229–299.

陈利顶，傅伯杰 .2004. 干扰的类型、特征及其生态学意义 [J]. 生态学报，20（4）：581–586.

角媛梅，杨有洁．胡文英，等，2006.哈尼梯田景观空间格局与美学特征分析 [J]. 地理研究，25（4）：624–632.

刘艳红，赵惠勋 .2000. 干扰与物种多样性维持理论研究进展 [J]. 北京林业大学学报，22（4）：101–105.

王树功，周永章，黎夏，等 .2005. 干扰对河口湿地生态系统的影响分析 [J]. 中山大学学报（自然科学版），44（1）：107–111.

王玉朝，赵成义 .2003. 景观生态学中的干扰问题小议 [J]. 干旱区资源与环境，17（2）：89–93.

魏乐 , 宋乃平 , 方楷 . 2011. 放牧对荒漠草原群落多样性的影响 [J]. 江汉大学学报 (自然科学版), 39(4):87–91.

佚名 . 2014. 凯巴森林的故事 [EB/OL]. [2014–12–09].https://wenku.baidu.com/view/39774f07af1ffc4ffe47acb9.html.

■ 拓展阅读

傅伯杰，陈利顶，马克明 .2001. 景观生态学原理及应用 [M]. 北京：科学出版社：73–79.

李政海，田桂泉，鲍雅静 .1997. 生态学中的干扰理论及其相关概念 [J]. 内蒙古大学学报（自然科学版），（1）：130–134

文陇英，李仲芳 .2006. 干扰与生物多样性维持机制的影响 [J]. 西北师范大学学报（自然科学版），42（4）：87–91

魏斌，张霞 .1996. 生态学中的干扰理论与应用实例 [J]. 生态学杂志，（6）：50–54.

■ 思想碰撞

　　本讲在中度干扰假说的基础上对其进行了原理和机制上的解析，并尝试提出了干扰的最优空间模式。近年来，虽然一些研究工作也曾得出中度干扰假说有效的类似结论，如在中、重度放牧利用情况下，草原群落的物种多样性最高（魏乐等，2011），但是，这类描述也受到了一些质疑。例如，其在机制上有很多没有澄清的地方，中度干扰会影响养分的保持和生产力等因素吗？另外，中度干扰中的"中度"是基于最大干扰水平的，那么，对于干扰的最大值及其合理性我们该如何进行精确地描述呢？面对这些问题，你对本讲叙述的有效性上又有何看法？

■ 专题编者

李响

费凡

竞争与互惠 10 讲

种间关系 空间化

脚下的土壤再肥沃
头顶的阳光再充足
也抵不过身旁潜伏的敌人

　　一个植物群落往往由多个植物种群构成，在一个时空范围内生活的植物种群之间存在着多种多样的联系，而这些联系对植物的空间布局会产生什么影响呢？怎样才能实现有限空间内不同物种的共存呢？让我们一起来探讨吧！

THEORY
种内与种间关系，竞争与互惠关系

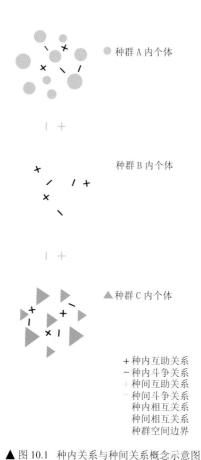

种群 A 内个体

| +

种群 B 内个体

| +

▲ 种群 C 内个体

+ 种内互助关系
− 种内斗争关系
+ 种间互助关系
− 种间斗争关系
　种内相互关系
　种间相互关系
　种群空间边界

▲ 图 10.1　种内关系与种间关系概念示意图
▶ 图 10.2　种内关系与种间关系分类图

■ 种内关系与种间关系

　　种群内的个体之间的相互关系称为种内关系（intraspecific relationship）。种内关系包括种内互助和种内斗争两种。

　　异种种群之间的相互关系称为种间关系（interspecific relationship）。种间关系包括种间互助与种间斗争两种（图 10.1）。

　　种内关系和种间关系又可以进行以下详细分类（图 10.2）。

　　本讲主要研究目的是探讨可以在同一空间共存的植物种间竞争与互惠关系对植物空间布局的影响，提出对植物空间分布调整的方法。

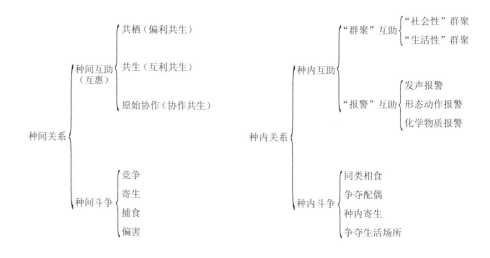

　　植物的种间关系依据对个体的影响可以大致分为负相互作用和正相互作用。

　　大多数植物为自养生物，且生活在同一有限空间的植物都会对光、水分、营养和空间等资源产生竞争，因此本讲提取竞争关系作为种间负相互作用的研究重点。

　　植物的生活习性不同，植物种间的正相互作用有 3 种形式，需要根据植物个体自身的特点及种间搭配类型判断，因此本讲将此 3 种形式统称为互惠关系进行研究。

■竞争关系

负相互作用是指在两个个体的相互作用中，至少对两者的一方会产生不利影响的相互作用。竞争（competition）是生活在有限空间中的植物普遍存在的一种现象，是植物为满足自身的生活而对周边植物的生长发育产生抑制作用的现象。

传统的竞争排斥原理认为，如果不出现生态位的分化，完全相同的两个竞争物种不能稳定共存于同一生境（侯继华，2002）。但是，自然界中并不存在两个完全相同的竞争物种，在大多数情况下，即使两物种间存在强烈的竞争，如果物种具有相似的竞争能力或竞争被某些外部因素削弱，互相竞争的物种也可以共存（侯继华，2002）。竞争可以分为两种：一物种被另一物种取代，两物种平衡共存（图10.3）。

■互惠关系

正相互作用又称互惠（mutualism），是指在两个个体的相互作用中，对两者中的任何一方均不产生不利影响的相互作用（包括中性作用）。

如果一个有机体能够提高另一个有机体的个体生长率、生物量、存活率、环境适合度、种群的分布范围等，那么这两个有机体之间就有正相互作用发生。

植物的互惠作用与植物自身的生态习性有关，因此互惠关系的表现形式也十分多样。植物种间的互惠关系包括互利共生（mutualism，对两方都有利）、偏利共生（commensalism，仅对一方有利）、原始协作（protocooperation，两者共存时双方获利，分开仍能独立生存）（图10.4）。

■竞争与互惠对物种共存的影响

研究竞争与互惠的目的是从种间关系的角度对植物的空间进行合理分配，保护生物多样性，实现物种的共存。物种共存是指某一时间，在某一地区，不同物种能够共同生活。群落中物种如何共存是群落生态学研究的重要问题之一。Zobel（1992）强调物种共存是由进化、历史及生态尺度上的过程决定的。在大尺度上，物种形成过程和物种迁移特性决定一个地区潜在共存的物种数量，但这些物种是否出现还取决于小尺度水平上群落内过程的作用（侯继华，2002）。植物种间的竞争与互惠关系即在小尺度群落水平上对共存产生影响。

综上所述，得出物种共存与生态学影响因素的函数关系如下：

S（物种共存）=f（+/- 同种物种密度，+/- 异种物种距离，+/- 物种覆盖率，+ 植物生活习性，+ 空间尺度）。

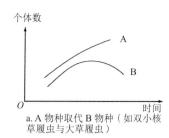

a. A 物种取代 B 物种（如双小核草履虫与大草履虫）

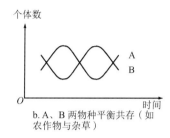

b. A、B 两物种平衡共存（如农作物与杂草）

▲ 图 10.3 竞争关系曲线图

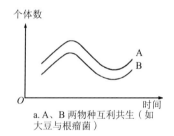

a. A、B 两物种互利共生（如大豆与根瘤菌）

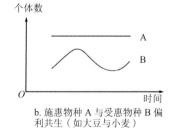

b. 施惠物种 A 与受惠物种 B 偏利共生（如大豆与小麦）

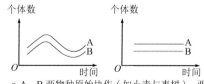

c. A、B 两物种原始协作（如小麦与枣树），两者共存时双方获利（左图），分开仍能独立生存（右图）

▲ 图 10.4 互惠关系曲线图

种间竞争与互惠在植物种植中的应用

■物种共存与其生态学影响因素的函数关系

提取物种共存与生态学影响因素的函数关系中可空间化的因素，得出以下函数关系：

S（物种共存）=f（＋同种物种密度,+/- 异种物种距离,+/- 物种个体体积,+/- 物种生态习性）

实现几个植物种在一个有限空间内共存，可以从减弱种间竞争和加强种间互惠两个角度进行调控。对以上可空间化的影响因素进行提取，提出实现物种共存的方法（表 10.1）。

表 10.1 实现植物物种共存的六大空间法则

改变种间关系	法则	图解	原理说明
减弱种间竞争（针对存在主要竞争关系的两物种而言）	法则 1：增加同种物种密度		物种 A 密度⬆，物种 A 种内竞争强度⬆，个体数量⬇，物种可获得资源⬆，个体数量⬆，以此交替往复，动态平衡，两物种共存
	法则 2：增加两物种的距离		物种 A 与物种 B 之间距离⬆，两物种之间资源竞争⬇，两物种共存
	法则 3：减小相邻物种个体体积		物种 A 个体体积⬇，占用资源⬇，对相邻物种 B 影响⬇，两物种共存
	法则 4：不同生态习性的物种组合		不同生态习性的两物种对同种资源的竞争力小于相同生态习性的两物种。不同生态习性的物种组合，两物种共存。物种 A 与物种 B 之间的竞争力小于物种 A 与物种 C 之间的竞争力。物种 A 与物种 B 共存
加强种间互惠（针对存在主要互惠关系的两物种而言）	法则 5：减小两物种的距离		施惠物种 D 与受惠物种 A 距离⬇，施惠物种 D 对受惠物种 A 影响⬆，两物种共存
	法则 6：增加施惠物种个体体积		施惠物种 D 物种个体体积⬆，施惠物种 D 对受惠物种 A 影响⬆，两物种共存

注：● 物种 A □ 物种 B ⬟ 物种 C ▲ 物种 D ⬆ 表示增加 ⬇表示减少

CASE
两种农业种植模式

植物的竞争与互惠理论可用于被破坏土地的修复、沙漠的整治以及农业生产当中。在农业生产中，利用植物之间的竞争与互惠关系对空间布局进行调整，使几种作物在一个有限空间中得以共存，既可避免化学和农药污染，又能增加农作物产量，提高经济效益。本讲重点探讨植物的竞争与互惠理论在农业生产中的应用，并利用以上方法提出两种农业种植模式。

■ 水稻间作模式

水稻、茭白、大豆是常见作物。水稻、茭白单一种植时，易受病虫害影响；大豆根系具有固氮作用，可以提供土壤氮元素。在水稻种植中将三者搭配种植，可以在减少农药化肥污染的同时，提高水稻产量。此模式的主要目的是增加水稻的产量，因此主要讨论水稻与茭白及大豆的竞争与互惠关系（表 10.2）。

表 10.2 水稻—茭白—大豆间作模式方法应用

	水稻—茭白		水稻—大豆	
竞争	水稻和茭白均为水生植物。两者生态位相似，对阳光、水分和营养等资源存在明显的竞争关系；但也存在一定的互惠关系	水分 阳光 营养	水稻为水生植物，大豆为旱生植物，两者生态位差异较大，存在明显的互惠关系；但对阳光、水分和营养等资源也存在一定的竞争关系	水分 阳光 营养
互惠	水稻和茭白间隔种植，可以打破水体中大面积连续种植单一品种的状况；水稻和茭白间隔种植，可以控制或减缓病虫害的侵害		水稻和大豆间隔种植，可以补充土壤并供给水稻氮元素	
Pattern 对应法则	法则 2： 适当增加水稻与茭白的种植间距 法则 3： 茭白植株个体体积不宜过大	∨	法则 5： 适当减小水稻与大豆的种植间距 法则 6： 大豆植株个体体积不宜过小	∨

注：● 病虫害　○ N 元素　水稻　茭白　大豆

■林粮种植模式

　　小麦是重要的粮食作物,单一种植时易受病虫害影响;在农业生产中,常将大豆与小麦搭配种植以增加粮食产量。枣树是经济树种,枣树栽植的行间距一般在3～4m,可利用行间空隙栽植小麦、大豆等低矮作物,既可满足资源的高效利用,又能提高经济效益。此模式的主要目的是减少农药污染、提高小麦产量,因此主要讨论小麦与枣树及大豆的竞争与互惠关系(表10.3)。

表 10.3 小麦—枣树—大豆间作模式方法应用

	小麦—枣树		小麦—大豆	
竞争	小麦和枣树均为旱生植物。两者生态位相似;对阳光、水分和营养等资源存在明显的竞争关系;但也存在一定的互惠关系	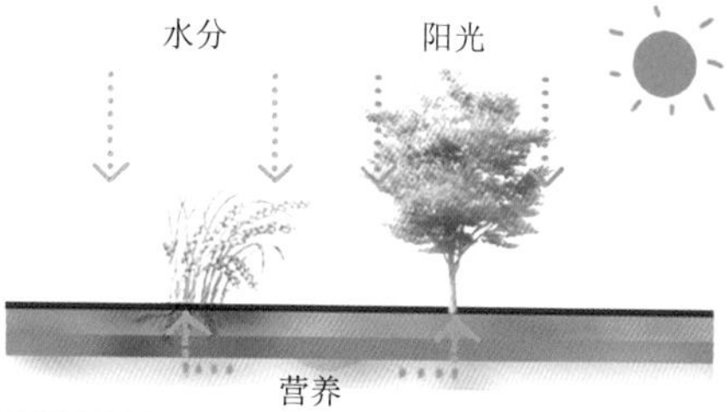	小麦和大豆均为旱生植物,两者生态位相似,对阳光、水分和营养等资源存在明显的竞争关系;但也存在一定的互惠关系	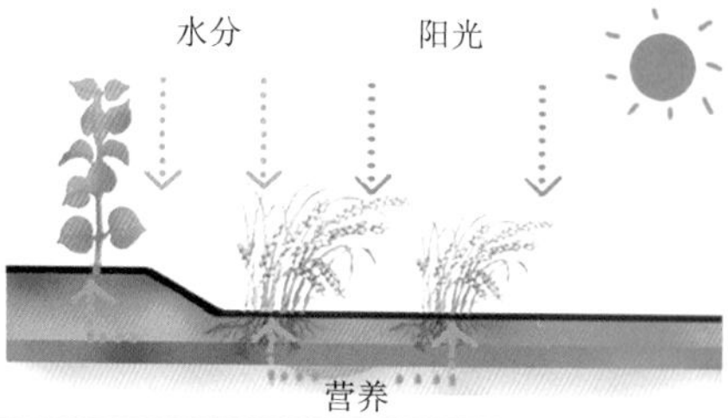
互惠	枣树可以防止干热风对小麦抽穗灌浆的影响,为小麦截流一定雨水,创造适宜的小气候(杨建立,2013);小麦蒸腾作用可以为枣树创造湿润的环境		小麦和大豆间隔种植,可以补充土壤并供给小麦氮元素	
Pattern 对应法则	法则2: 适当增加小麦与枣树的种植间距(枣树种植在麦田两侧,其树根与小麦间隔1m左右最为适宜) 法则3: 枣树植株个体体积不宜过大	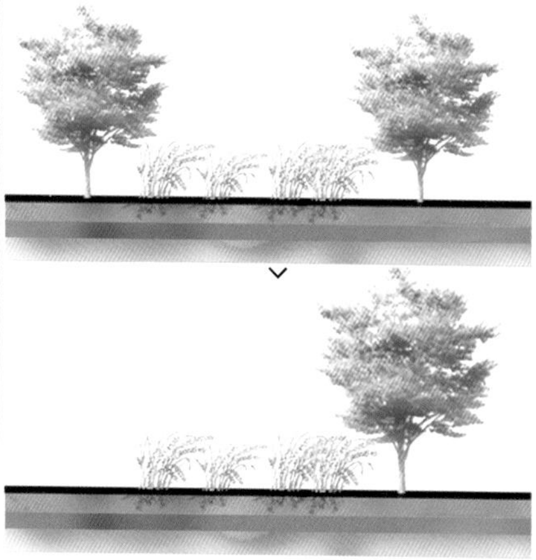	法则5: 适当减小小麦与大豆的种植间距 法则6: 大豆植株个体体积不宜过小	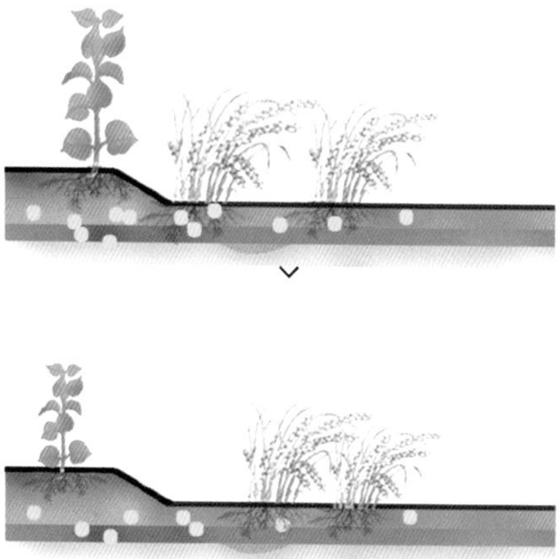

注: ○N元素　🌾小麦　🌳枣树　🌿大豆

水稻间作模式（图10.5）和林粮种植模式（图10.6）是在农业中常见的两种运用竞争与互惠原理来增加粮食产量，提高经济效益的方式。

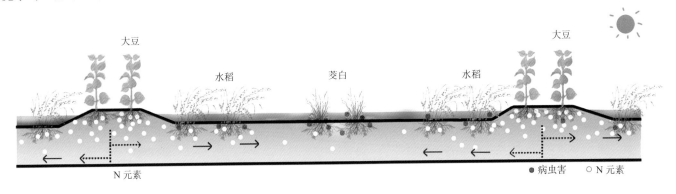

▲ 图10.5 水稻－茭白－大豆间作模式

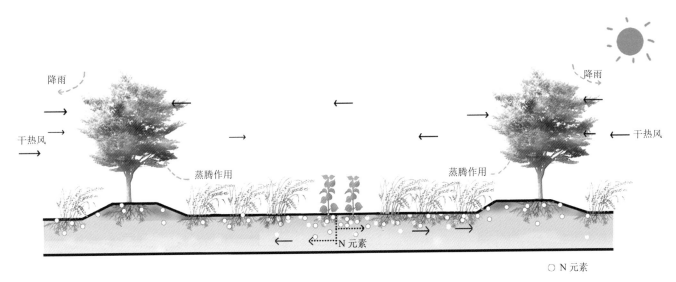

▲ 图10.6 小麦－枣树－大豆间作模式

■ 参考文献

Bengtsson J,Fagerstrom T,Rydin H.1994.Competition and coexistence in plant communities[J]. Trends in Ecology and Evolution, 9:246–250.

候继华，马克平 .2002. 植物群落物种共存机制的研究进展 [J]. 植物生态学报，26（S1）：1–8.

杨建立 .2013. 浅析林粮种植模式的开展 [J]. 科技致富导向，17：1.

张晓爱，赵亮，康玲 .2001. 生态群落物种共存的进化机制 [J]. 生物多样性，9（1）：8–17.

■ 拓展阅读

储诚进 .2010. 植物间正相互作用对种群动态与群落结构的影响研究 [D]. 兰州：兰州大学博士学位论文 .

王寒，唐建军，谢坚，等 .2007. 稻田生态系统多个物种共存对病虫草害的控制 [J]. 应用生态学报，（5）：1132–1136.

鲜冬娅 .2008. 竞争在物种共存中的作用 [J]. 林业调查规划，33（2）：97–102.

薛建辉 .2006. 森林生态学 [M]. 北京：高等教育出版社：106–114.

■ 思想碰撞

　　本讲以现代竞争共存理论为基础，提出即使物种间存在强烈的竞争，如果物种具有相似的竞争能力，互相竞争的物种也可以共存，如在英国北大西洋岩石海岸上生存的两种克隆型红海藻 *Chondrus crispus* 和 *Masto-carpus stellatus*，即使营养资源广泛重叠，竞争激烈，但仍能够长期共存。但群落生态学的一条基本原则是，具有相似竞争能力的物种，其共存是短暂的，强竞争种最终会排斥弱竞争种（张晓爱等，2001），如美国加利福尼亚南部的黄金蚜小蜂与岭南小蜂，经过多年竞争，前者几乎被完全排斥。你认为在本讲中基于减弱种间竞争所得到的空间法则 1～4 是否仍然适用？

■ 专题编者

曹艺砾

杜凌霄

群落演替 11讲

让生态修复事半功倍

你们丢失了罗盘
你们拿起了急救箱
你们要做土地的医生

　　假如有一天，地球上的人类文明衰退了，我们所为之骄傲的城市、乡镇、农田、公路，全都成为废弃的遗迹，失去了文明的监管，我们的世界会是什么样子？正如家乡被人遗忘的老房子，光滑的青石板上布满了翠绿的青苔，时而冒出一两簇小草，示意着惬意的生活。像城市中那片废弃的工厂地，无人问津的它如今满目荒芜，杂草丛生。当文明离开以后，植物会爬上屋顶，随着植物而来的，还有大量的动物，最后形成了森林生态系统中"万类霜天竞自由"的热闹景象。这一切，都是由"群落演替之手"操纵着。

■ 演替的概念及其分类

植物群落演替（succession）是指一个植物群落取代另一个植物群落的过程（周灿芳，2000）。在演替中，群落的结构不断发生变化，是一个动态的、开放的生命系统。最先在裸地中定居的植物对环境的耐受能力较强，被称为先锋植物。群落演替的最终阶段是顶极群落。

演替有多种分类方式，以下列举两种分类。

1. 原生演替和次生演替

根据演替开始时所处的状态可划分为原生演替和次生演替。二者区别在于演替开始时所处状态不同（图11.1）。原生演替（primary succession）是指在原生裸地上开始的群落演替，次生演替（secondary succession）是指在次生裸地上开始的群落演替（殷秀琴，2011）。

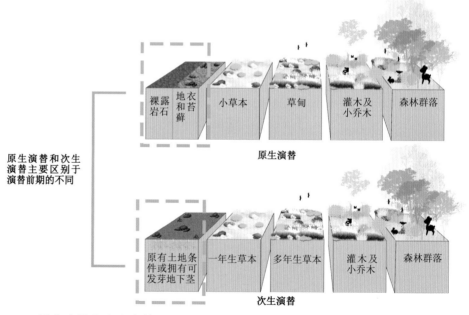

原生演替和次生演替主要区别于演替前期的不同

裸露岩石｜地衣和苔藓｜小草本｜草甸｜灌木及小乔木｜森林群落

原生演替

原有土地条件或拥有可发芽地下茎｜一年生草本｜多年生草本｜灌木及小乔木｜森林群落

次生演替

▶图11.1 原生演替和次生演替

2. 旱生演替和水生演替

按演替基质性质可划分为旱生演替系列和水生演替系列。

旱生演替系列（xerarchsere）是从干旱的基质开始，由旱生群落向顶极群落发展（图11.2）。

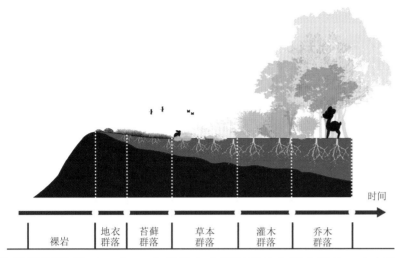

| 裸岩 | 地衣群落 | 苔藓群落 | 草本群落 | 灌木群落 | 乔木群落 |

时间

◀图 11.2 旱生演替系列

　　水生演替系列（hydrarchsere）是从水中和湿润的土壤上开始，由水生群落向顶极群落发展（殷秀琴，2011）（图 11.3）。

a. 开敞水体：无生命迹象

b. 出现浮游植物：物种单一

c. 出现沉水植物：加厚河床土壤

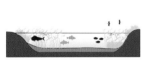
d. 出现浮叶和挺水植物：环境得到改善

e. 出现草地与灌木：物种变丰富

f. 森林系统：结构稳定

◀图 11.3　水生演替系列

■ 演替阶段

　　从演替开始到顶极群落的过程，一般分为 3 个阶段：演替早期、演替中期、演替后期。在整个演替过程中，演替早期持续时间最长，演替中期的时间较短，演替后期群落趋于稳定（表 11.1）。植被修复实际上是将不在正确演替序列上的群落矫正到正确的演替序列或是缩短处于演替早期或中期的群落发展到演替后期的时间。

表 11.1　各演替阶段特点

演替阶段	特点
演替早期	无植被或植被类型单一，外界环境较为恶劣
演替中期	环境得到一定程度的改善，植被群落随机镶嵌
演替后期	植物生长环境良好，植被群落结构相对稳定

单元顶极学说：
一个气候区内只
有一个顶极群落
（气候顶极群落）

多元顶极学说：
一个气候区内可
同时存在多个顶
级群落

顶极—格局假说：
一个气候区内多
种顶级群落连续
变化

▲ 图 11.4 顶级群落的 3 种学说与假说

■ 顶级群落

顶极群落是生物群落经过一系列演替，最后产生的保持相对稳定的群落，该群落在出生率与死亡率、能量输入与输出等方面都达到均衡。

关于顶极群落有 3 种不同的学说（图 11.4）。

1. 单元顶极群落学说（monoclimax theory）

美国生态学家 Clements 认为，在同一个气候区内，无论演替初期的条件多么不同，植被总是趋向于减轻极端情况而朝向顶极方向发展，从而使得生境适合于更多的生物生长，最终发展成为一个稳定的气候顶极群落（最强烈反映气候因素的顶极）。实际上，只有排水良好、地形平缓、人为影响较小的地带性生境才可能出现气候顶极，而地区内稳定群落的实际复杂性已经证明了单元顶极论的局限性（马铭，2009）。

2. 多元顶极群落学说（polyclimax theory）

英国生态学家 Tansley 认为，只要一个植物群落在某一种或几种环境因子的作用下较长时间保持稳定状态，就可以被认为是顶极群落。那么，在一个气候区域内，群落演替的最终结果就不一定都汇集于一个共同的气候顶极终点，而是可以同时存在多个顶极群落。如在同一气候条件下，由于地形的差异、母岩的性质和风化程度等土壤因素不同，使得形成的长期保持稳定的群落不同于气候顶极群落，便可认为该地区同时存在 2 种或 2 种以上的顶极群落，而这些由于某些局部因素的差异形成的顶极群落便可称为地形顶极、土壤顶极等。多元顶极论相比单元顶极论更贴近自然事实（马铭，2009）。

3. 顶极—格局假说（climax pattern hypothesis）

Whittaker 在多元顶极学说的基础上提出顶极—格局假说，进一步揭示了一个地区内顶级群落格局及其内在机制。认为一个气候区内可以存在多种顶极群落，但随着环境呈梯度的变化，各种类型的顶极群落也连续变化，彼此之间难以彻底划分开来，最终形成多种顶极群落连续变化的格局。该学说更进一步描述和解释了自然中客观存在的顶极群落分布格局（马铭，2009）。

3 种学说各有特点，单元顶极学说强调地区内大气候对群落演替的作用，顶极格局学说比多元顶极学说更准确地揭示了自然规律。因此，在研究大尺度下的群落演替时，应把注意力放在气候顶极上；研究地区内的植物群落演替时，除注意气候顶极外，同时还应注意由于局部环境的差异性导致的其他类型的顶极群落及其之间的连续性变化。

■顶极群落下的群落演替机制

一般来说，群落演替往往集中于探究单个顶极群落的形成机制，而顶极格局学说则更强调多个顶极群落间的相互关系。

1. 单个顶极群落形成机制

演替呈现出物种取代的规律，主要是由于前一个物种的生长改变了环境从而促进了下一个物种的入侵。

群落演替的过程如图 11.5 所示。影响演替的因子可分为内因和外因。在演替早期，由于环境对物种的胁迫使得物种无法定居，在这一阶段中，主要影响因素为外因，包括外界自然环境的改变（X_1）、火干扰（X_2）和人为干扰（X_3）等。在演替中期和后期，环境得到改善，主要影响演替的是内因，包括物种自身生长特性（X_4）、种内和种间关系（X_5）、植物群落内部环境的改变（X_6）、物种的迁移（X_7）等。值得注意的是，X_7 物种的迁移贯穿演替的整个过程。

植被修复本身作为一项人为干扰，只有遵循自然规律，才能达到促进演替发展的植被修复目标。火干扰在演替过程中存在一定的偶然性，故不在此作讨论。

▼图 11.5　影响群落演替过程的因素

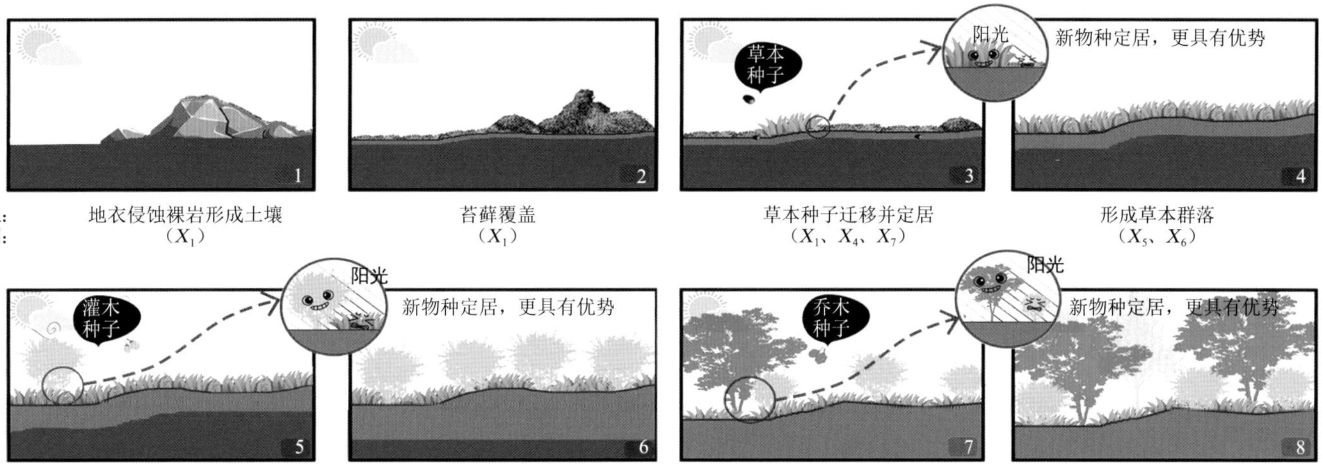

现象:	地衣侵蚀裸岩形成土壤 （X_1）	苔藓覆盖 （X_1）	草本种子迁移并定居 （X_1、X_4、X_7）	形成草本群落 （X_5、X_6）

草本种子　阳光　新物种定居，更具有优势

灌木种子　阳光　新物种定居，更具有优势

乔木种子　阳光　新物种定居，更具有优势

现象：灌木种子迁移并定居（X_1、X_4、X_7）　形成灌木群落（X_5、X_6）　乔木种子迁移并定居（X_1、X_4、X_7）　形成乔木群落（X_5、X_6）

注：由于物种凋亡、植物体腐化等因素的促进，土壤在群落演替过程中逐渐加厚，外界环境的改变主要表现在土壤的加厚。

2. 顶极群落格局形成机制

由于生境的差异性，同一地区内可能形成不同的顶极群落。随着环境梯度的变化，多个顶极群落呈现连续变化的格局（图 11.6）。

在探索植被修复的途径时，我们不能忽略一个地区内有多个顶极群落存在的事实，其格局具有顶极群落间连续变化的特点，而每个顶极群落势必又遵循着单个顶极群落形成的一般演替规律。根据上述结论，我们发现以下顶极—格局学说下的群落演替理论要点可与植被修复实践发生逻辑推导关系，分别为：（1）一个气候区内，由于生境的差异可以存在多种顶极群落；（2）演替需要一定的时间，具有时间属性；（3）物种迁入是演替得以发生或继续至下一阶段的必备条件；（4）演替是一个生态过程；（5）生境条件是演替的制约因素，当生境达到下一个物种生长所需的条件时，群落的替代变化才得以发生（图11.7）；由此整理出植被修复的函数关系式为：

$$y（植被修复方向和速度）=f（+Z_1 修复初期生境类型、+Z_2 修复时间等级、+Z_3 种子子资源格局、+Z_4 生境条件）$$

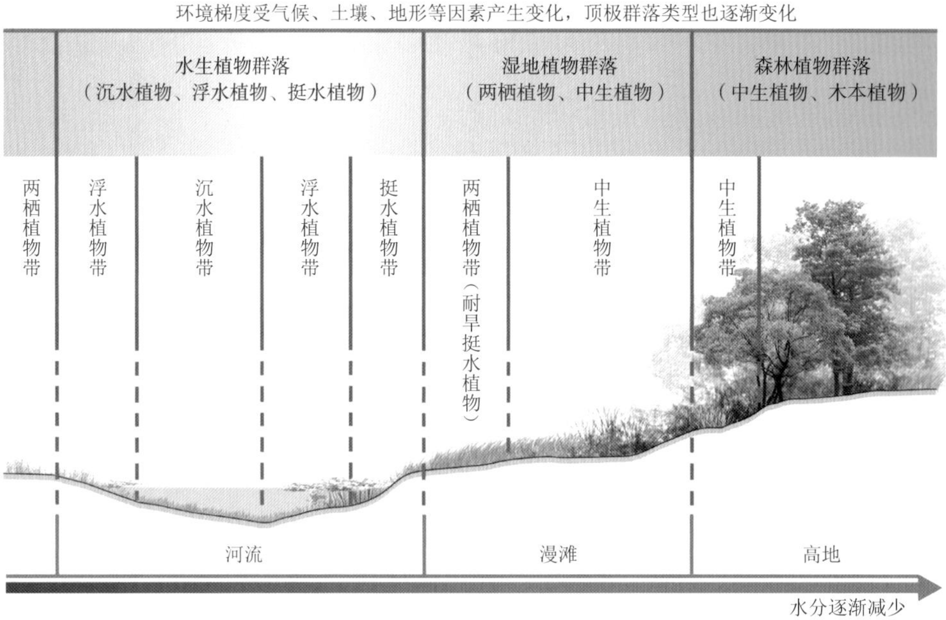

环境梯度受气候、土壤、地形等因素产生变化，顶极群落类型也逐渐变化

| 水生植物群落
（沉水植物、浮水植物、挺水植物） | 湿地植物群落
（两栖植物、中生植物） | 森林植物群落
（中生植物、木本植物） |

两栖植物带　浮水植物带　沉水植物带　浮水植物带　挺水植物带　两栖植物带（耐旱挺水植物）　中生植物带　中生植物带

河流　　　　漫滩　　　　高地

▶图11.6 多个顶极群落连续变化格局

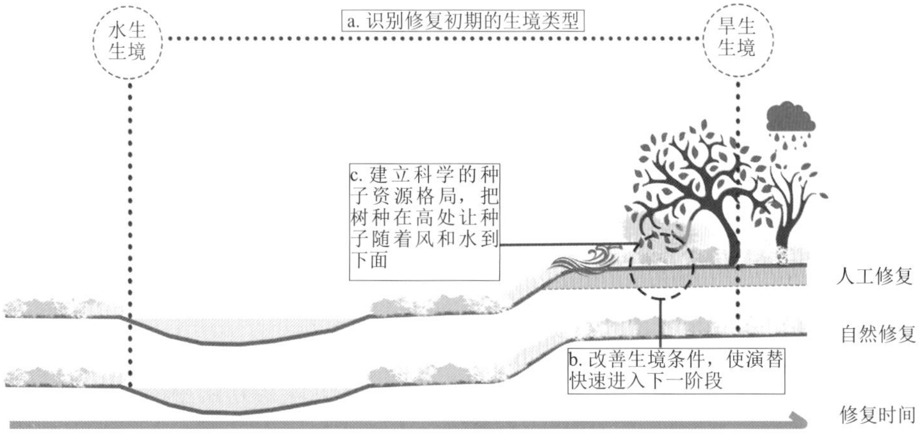

水分逐渐减少

水生生境　　a. 识别修复初期的生境类型　　旱生生境

c. 建立科学的种子资源格局，把树种在高处让种子随着风和水到下面

人工修复

自然修复

b. 改善生境条件，使演替快速进入下一阶段

▶图11.7 基于群落演替理论的植被修复实践

修复时间

PATTERN
植被修复四步骤

植被修复也称植被生态修复、植被恢复、植被重建等，指运用生态学原理，通过保护现有植被，封山育林或营造人工林、灌、草植被，修复或重建被毁坏或被破坏的森林和其他自然生态系统，恢复其生物多样性及其生态系统功能（周灿芳，2000）。经过对以上整理，笔者提出植被修复四步骤。

■ 步骤一：场地分析

场地分析是植被修复的基本准备工作，包括分析生态过程、明确优势物种和先锋物种、识别生态安全格局、识别破坏源、划分生境、判断各生境区现处演替阶段（图11.8）。

生境的类型和对基地所处演替阶段的判断都会影响植被修复过程中的物种选择。景观中有些潜在的空间格局，称为生态安全格局（security pattern），也称生态安全框架，它们由景观中的某些关键的局部、位置和空间联系所构成，对维护或控制特定地段的生态过程有着异常重要的意义（俞孔坚，1998）。

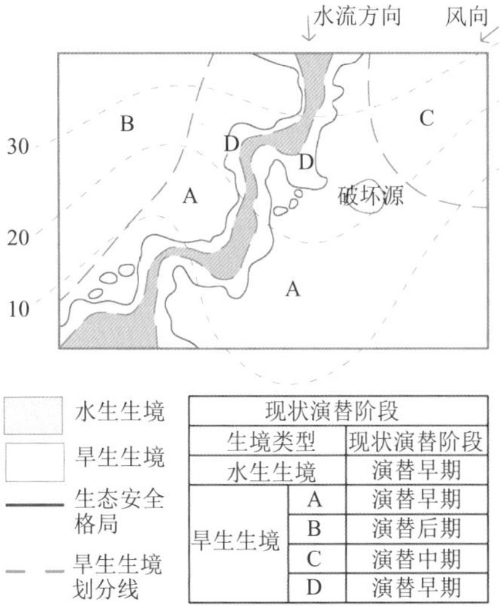

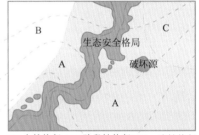

	现状演替阶段	
生境类型		现状演替阶段
水生生境		演替早期
旱生生境	A	演替早期
	B	演替后期
	C	演替中期
	D	演替早期

▲ 图11.8　步骤一：场地分析

■ 步骤二：选择植被修复时间方案和植物修复方法

不同场地有不同修复时间快慢的需求，由此制定出3种修复时间方案，分别为：一次性修复、阶段性修复、自然修复（图11.9，表11.2）。

一次性修复意为从群落演替的早期阶段通过人工干预一次性恢复到顶极群落的状态，主要运用最大生物多样性法，指尽可能地按照该生态系统退化前的物种组成及多样性水平进行修复，需要大量种植演替成熟阶段的物种，先锋物种被忽略（朱志勇，2005）。快速控制破坏源头可有效减缓生态系统退化，尽快恢复生态安全格局覆盖范围内的植被群落能更大程度保证区域内的生态安全，其中最低生态安全格局尤为重要，故破坏源和生态安全格局应为一次性修复区。

阶段性修复方式则是根据演替阶段性的特点，制定修复的短期目标，使演替加快或达到下一演替阶段，这些短期目标应处于群落演替序列中的某个阶段。阶段性修复主要使用物种框架法，指建立一个或一群物种，作为修复生态系统的基本框架，这些物种通常在植物群落的演替早期阶段或过渡阶段出现，多属先锋物种，它们能够适应环境，生长快，有较高的扩散能力，并能改造环境，使得其他物种能够进入这个环境。

修复目标	
区域类型	修复目标
生态安全格局	一次性修复
破坏源	一次性修复
A	阶段性修复
B	自然修复
C	阶段性修复

▲ 图11.9　步骤二：选择植被修复时间方案和植物修复方法

自然修复方式的持续时间较长，主要运用自然修复法，指无需人工辅助，只依靠自然演替来修复已退化的生态系统，最典型的应用是封山育林。

表 11.2　3 种植物修复方法对比

时间修复方案	主要植物修复方法	优点	缺点	适用范围
自然修复	自然修复法	人工投入小，群落结构更稳定	修复时间长	无需人工干预或生态环境良好的区域
阶段性修复	物种框架法	涉及少数物种，人工投入适当	需靠近种质资源库	修复难度大或无需投入过多修复资源的区域
一次性修复	最大生物多样性法	修复时间短	要求高强度人工护理	小区域的高强度人工管理区、急需尽快修复的区域

■步骤三：选择关键生态修复位置

群落演替是一个生态过程，在生境条件适宜的前提下，促进物种迁入地区有利于缩短群落演替生态过程的时间。加上受到修复时间和现实条件的影响，有时候需要选择一些局部的关键性位置进行干预，这些位置往往在时间上具有优先考虑的特性，干预强度一般较大，以期让这些局部区域带动整个区域内群落演替的发展，由此产生了识别关键修复位置的需求。

关键修复位置的选择依据种子传播理论。植物自身的散布机制可以实现植被在基地的扩散，对这些能促进植被扩散的关键位置进行高强度干预可提高基地演替的速度，对于整个区域的植被修复亦可达到事半功倍的效果，识别关键修复位置的法则如表 11.3 所示。

表 11.3　植被修复位置识别的 3 大法则

法则	图解	原理说明
法则 1：高地势区地势越高越好		植物种子在高地势可随着地表径流扩散到低地势的地方
法则 2：上游区上游区好于下游区		植物种子在河流上游可扩散到下游的位置
法则 3：上风向区上风向区好于下风向区		植物种子在上风向可扩散到下风向的位置

注：▨ 关键修复位置

■步骤四：选择生境修复措施

为了促进植物在基地的定居，我们往往需要在植物定居前改善基地生境条件，以保证植物能够在基地成功生长、发育和繁衍，该方法常应用于基地演替的早期阶段。常见的生境修复措施有：限制放牧；限制敏感物种养分竞争；封山育林；覆土、换土；施肥；加碳，固定过剩养分；播种固氮植物等。选择合适的生境修复措施，具有深远意义（图11.10）。

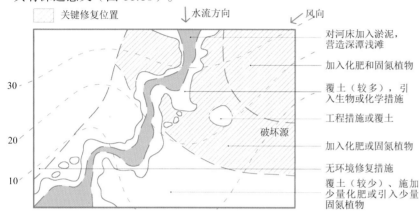

图例：
□ 关键修复位置　　↓水流方向　　↙风向

- 对河床加入淤泥，营造深潭浅滩
- 加入化肥和固氮植物
- 覆土（较多），引入生物或化学措施
- 工程措施或覆土
- 破坏源
- 加入化肥或固氮植物
- 无环境修复措施
- 覆土（较少）、施加少量化肥或引入少量固氮植物

◀图11.10　步骤四：选择生境修复措施

在选择了合适的生境修复措施后，可以通过各个区域所处的不同演替阶段，从而实施相应的修复方案，通过不同的修复方案，从而得到整体区域的植被修复格局（图11.11）。

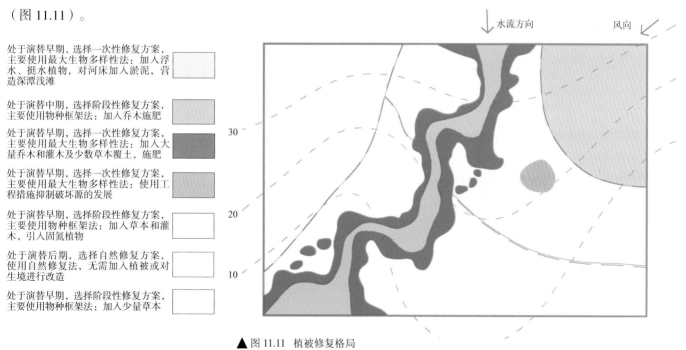

处于演替早期，选择一次性修复方案，主要使用最大生物多样性法：加入浮水、挺水植物，对河床加入淤泥，营造深潭浅滩

处于演替中期，选择阶段性修复方案，主要使用物种框架法：加入乔木施肥

处于演替早期，选择一次性修复方案，主要使用最大生物多样性法：加入大量乔木和灌木及少数草本覆土，施肥

处于演替早期，选择一次性修复方案，主要使用最大生物多样性法：使用工程措施抑制破坏源的发展

处于演替早期，选择阶段性修复方案，主要使用物种框架法：加入草本和灌木，引入固氮植物

处于演替后期，选择自然修复方案，使用自然修复法，无需加入植被或对生境进行改造

处于演替早期，选择阶段性修复方案，主要使用物种框架法：加入少量草本

▲ 图11.11　植被修复格局

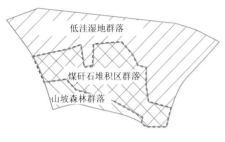

▲图 11.12 煤矸石堆砌区位置

淮南大通煤矿是淮南市最早开采的矿区之一，对地下煤层的长期开采，使场地内地面下沉，形成了大量的采空塌陷区。塌陷破坏土壤结构和成分导致土地贫瘠化，大量的植被和树木被毁，对自然生态环境和植被的危害十分严重。在雨季，地面存放的矸石山和粉煤灰由于受雨水冲刷和风吹，矿物质粉尘、煤灰流入积水坑等地造成了土地综合污染（朱志勇，2005），大部分矿区资源枯竭已报废。煤矸石堆积区生态修复是大通矿区生态修复的关键内容之一（图 11.12），为恢复其生态环境，采取了一系列生态修复的措施，截至 2007 年，煤矸石堆积区的植被种类从原来的 4 种提高到了 63 种。但大通煤矿案例并未对生态安全格局进行识别，从区域生态系统稳定的角度出发，识别生态安全格局至关重要，不容忽视。从植被修复四步骤的角度出发，可将其内容归纳如下。

■ 步骤一：场地分析

淮南大通煤矿采矿历史久，矿区沉降时间长，大量的煤矸石直接用来填埋沉降坑。虽然目前矿区看不到堆存形成的煤矸石山，但是过去的煤矸石堆砌占地面积较大且持水能力差，营养元素含量低，长期堆积不但引起了物理的环境污染，还引起化学的水体和土壤污染造成植物生长困难，植被覆盖率低（图 11.13）。不同时期形成的煤矸石堆砌区生境情况差异较大（表 11.4）。

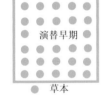

▲图 11.13 煤矸石堆砌区生境划分

表 11.4 煤矸石堆砌区生境现状

煤矸石堆砌区生境类型	特点	所处演替阶段
早期形成的煤矸石堆（15 年以上）	有较多植物，总盖度达到 80% 以上，其中木本植物较少，分布有零星的黄荆、臭椿、苦楝等；草本盖度在 50% 以上，以葎草为主，其他还有狗尾草、马唐、牛筋草、刺苋、灰绿藜、狗牙根、一年蓬、野塘蒿等常见中生植物	演替中期
后期形成的煤矸石堆（15 年以下）	定居植物较少，仅在背阴和碎砾岩石的地方有总盖度 5% 左右的草本植物生长，多为一年生草本，如狗尾草、马唐、一年蓬、扁蓄、苘麻、苋、小藜等	演替早期

两种生境分别属于同一顶极群落的不同演替阶段，通对淮南市的植被分布情况及淮南大通煤矿区的特殊性进行分析，确定淮南大通煤矿区最具代表性的植物以华北区系植物为主，如苦木、枹皮栎、麻栎、榆、榔榆、朴、小叶朴等，华北习见的黄连木、元宝槭、山合欢、栾树、白蜡、楝、桑、小叶杨等在这里也占有重要地位。

■步骤二：选择植被修复时间方案和植物修复方法

根据判断，煤矸石堆砌区属于阶段性修复时间方案。在植物修复方法方面，主要使用物种框架法，在局部区域与最大多样性法相结合建立种植岛，每个岛的直径为 10m，覆土厚度在 20cm 以上，种植乔木和灌木。在岛的四周使用物种框架法，平均覆土 10cm，针对不同类型的生境种植草本和木本（图 11.14）：15 年以上的煤矸石堆砌区引入植被以木本为主，主要是榆树、小叶朴、苦木等；15 年以下的煤矸石堆砌区引入植被以草本为主，狗尾草、马唐、藜、苋等。这些植物大多属于华北区系主要植物，符合该地区顶极群落发展的规律。

▲图 11.14 物种框架法之植物物种选择

■步骤三：选择关键生态修复位置

由于种植的人工操作难度和覆土环境的差异性，种质资源配备良好的种植岛均选择在地势较高的地方建立（图 11.15），可作为植物物种扩散的来源，符合选择关键修复位置的原则。

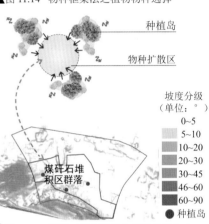

▲图 11.15 煤矸石堆砌区地势及种植岛分布

■步骤四：选择生境修复措施

在生境修复方面主要是工程结合生物措施对土壤的结构和成分进行改造，然后用覆土等方法进行处理，从而改善植物生长的生境条件（表 11.5）。通过以上四步骤的修复工作，最终得到了安徽淮南大通矿区生态修复总平面图（图 11.16）。

表 11.5 煤矸石堆砌区环境修复措施

土壤类型	环境修复措施
pH 10.3~10.6 的土壤区	覆盖污泥或碎煤矸石，这两种物质呈酸性，能有效改变土壤
pH 2.0~6.0 的土壤区	根据不同的情况用生石灰或粉煤灰进行改造，多施用有机肥料，偶用无机肥补充氮磷钾

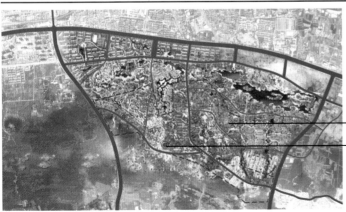

物种框架法，覆盖碎煤矸石和有机肥料，加入草本以及灌木
最大生物多样性法，覆土 20cm，建立种植岛，加入灌木和乔木

▲图 11.16 安徽淮南大通矿区总平面

■ 参考文献

马铭，窦菲，刘忠宽，等 .2009. 生态演替的理论分析 [J]. 河北农业科学，（8）：68–70.

殷秀琴 .2011. 生物地理学 [M]. 北京：科学出版社：92–108.

俞孔坚 .1998. 景观：文化、生态与感知 [M]. 北京：科学出版社：249–250.

周灿芳 .2000. 植物群落动态研究进展 [J]. 生态科学，（2）：53–59.

朱志勇 .2005. 淮南市潘集采煤塌陷区生态恢复和土地资源保护 [J]. 安徽农业科学，33（4）：695–696.

■ 拓展阅读

YU K J . 1995. Security patterns in landscape planning:with a case in south China[D].New York:Harvard University Doctoral Thesis.

殷秀琴 .2014. 生物地理学 [M]. 2 版 . 北京：高等教育出版社：103–108.

俞孔坚，李迪华，刘海龙 .2005. 反规划途径 [M]. 北京：中国建筑工业出版社：11–34.

俞孔坚 .2008. 景观：文化、生态与感知 [M]. 北京：科学出版社：231–241.

岳邦瑞，桂露 .2017. 基于顶级—格局假说的植被修复规划设计途径研究 [J]. 风景园林，（8）：57–65.

张雪萍 .2011. 生态学原理 [M]. 北京：科学出版社：184–186.

张雨曲 .2009. 安徽淮南大通煤矿废弃矿区生态修复研究 [D]. 北京：首都师范大学 .

■ 思想碰撞

　　关于群落演替理论有众多学派的争论，其中备受争论的生态演替螺旋式上升理论认为所有生态植被均处于演替状态，当没有外力破坏作用或植被内在生理机制的反作用超过外力破坏作用时，是进展演替，否则是逆行演替。该理论认为一个气候区内的所有系列的群落，只有一个气候顶极，但顶极并非终极，当群落达到顶极后，由于顶极群落内生理机制的局限，最终要回到原来的某一演替阶段，重新产生新的生物群落。这种往复不是简单的回归，每一次的循环往复，伴随的是更高层次的演替，使生物多样性不断增加，群落生产力不断提高，对环境的改造作用越来越强，是一个螺旋式上升过程。请讨论该理论的科学性并举例说明。假如认同植物群落在到达顶极后会回到原来的某一演替阶段，即顶极并非群落演替的终极，那么植被修复的目标该如何制定呢？

■ 专题编者

桂露

赵梦钰

物质循环再生

12讲

庭院深深的农业格局

故人具鸡黍，邀我至田家。
绿树村边合，青山郭外斜。
开轩面场圃，把酒话桑麻。
待到重阳日，还来就菊花。

——孟浩然

　　随着时代的发展，越来越多的不合理的农业生产生活问题呈现在人们面前，造成严重的资源浪费和环境污染。针对这些问题，利用物质循环再生原理建立庭院循环再生农业模式，能够促进农业生产清洁化、农业资源利用循环化和生活消费绿色化，改善农民生产生活条件，最终形成人与自然和谐的乡村人居环境。

物质循环再生原理及其理论基础

物质循环再生（material circulation and regeneration）原理是运用生态系统中物质流动的规律来解决废物利用和资源再生等问题的景观生态学理论。本讲主要介绍物质循环再生原理的理论基础和原理机制。物质循环再生原理的理论基础包括了三点：生态系统的组成、生态系统的物质循环以及物质循环再生原理。

■ 生态系统的组成

生态系统（ecosystem）是指在一定空间中，共同栖居着的所有生物（生物群落）与其环境由于不断地进行物质和能量的交换而组成的一个统一的整体（石门，2005）。生态系统包括4种主要组成成分，即生产者（producer）、消费者（consumer）、分解者（decomposer）与非生物环境（图 12.1）。

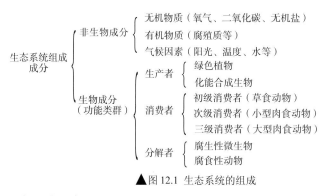

▲ 图 12.1 生态系统的组成

生态系统的各个组分之间有着密切的关系，非生物成分中的阳光为生物成分提供了最基础的生存条件，它们的存在保证了生产者的存活，而生产者又被各级消费者消耗或被分解者分解，从而再次变为各类非生物成分，并且作为养分供给生产者。正是这样的循环关系才能保证生态系统的正常运行，非生物成分、生产者、消费者、分解者之间相互依存，缺一不可。

■ 生态系统的物质循环

物质循环再生原理的理论基础是生态系统的物质循环。生态系统的物质循环：生态系统的各种化学元素及其化合物在生态系统内部各组成要素之间及其在地球表层生物圈、水圈、大气圈、岩石圈和土壤圈等各圈层之间，沿着特定的途径从环境到生物体，再从生物体到环境，不断地进行反复循环变化的过程。生态系统的物质循环包括生物小循环（biological cycle）和地球化学大循环（geochemical cycle），

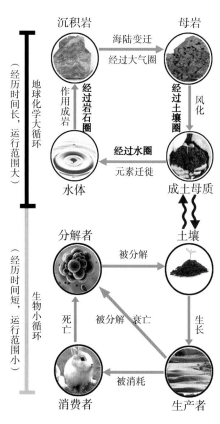

▶ 图 12.2 生态系统的物质循环示意

而我们所研究的物质循环再生原理发生在生物小循环中（图 12.2）。

生物小循环：指环境中的元素经生物体吸收，在生态系统中被相继利用，然后经过分解者的作用，再被生产者吸收、利用。

地球化学大循环：化合物或元素经生物体吸收利用，从环境进入生物有机体内，然后生物有机体以残体或排泄物的形式将物质或元素返回到环境，经过五大自然圈循环后再被生物利用的过程。

■物质循环再生原理

物质循环再生原理是指物质在生态系统中循环往复分层分级利用。生态系统中生物借助能量的不停流动，使物质不断再生，进行着不停顿的物质循环。原理包含四个要点：要点一，"物质"指组成生物体的 C、H、O、N、P、S 等元素及其化合物如二氧化碳、水等；要点二，"循环"带来再生，指物质从无机环境到有机的生物群落，再从生物群落到无机环境（图 12.3）；要点三，"再生"是指分解者将有机物分解再生为无机物，从而能被生产者吸收利用再合成新的有机物达到物质再生（图 12.4）；要点四，"分层分级"指包含了循环过程中生产者、消费者、分解者的各个层级（图 12.5）。

再生循环（regeneration cycle）与非再生循环（nonregenerative cycle）有很大区别（图 12.6、图 12.7）。第一，普遍意义上的"再生"是指没有废弃物或将废弃物转化为可利用资源，而"非再生"会产生废弃物并且不能将废弃物再利用；第二，在生态系统的物质循环中，相对于地球化学大循环的"非再生"，"再生"存在于生物小循环中，其关键点在于分解者的转化作用。其三，文中所提到的再生循环是指物质通过生产者（叶绿体）从无机界进入有机界，再由有机界通过分解者的分解返回无机界的循环，而单纯在有机或无机环境内运转的物质循环并非是再生循环。总之，生态系统物质循环再生原理的"再生"机制是：经分解者（细菌、真菌、线虫和一些无脊椎动物）将动植物的有机碎屑、动物排泄物分解和矿化为营养物质（无机和简单有机物质），再被生产者利用。

▲图 12.3 "循环"示意

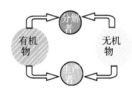

▲图 12.4 "再生"示意

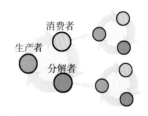

▲图 12.5 "分层分级"示意

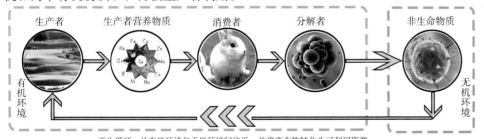

再生循环：从有机环境和无机环境间往返，并将废弃物转化为可利用资源

◀图 12.6 再生循环机制示意

111

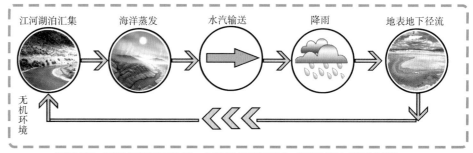

▶图 12.7 非再生循环机制示意

非再生循环：更多物质存在形态的变化，在不同生态系统间流动，不通过有机与无机界的转化

■物质循环再生原理的应用

物质循环再生原理可以应用于生产生活的多个方面（图 12.8）。比较广泛地应用生态系统原理，取得良好的生态、经济、社会效益，模式有以下几种：①基塘结构物质循环利用系统；②以沼气为纽带的废弃物利用系统；③作物秸秆的多级利用；④污水多级净化和养分、水的循环利用系统。

▶图 12.8 物质循环再生原理在生产生活中的应用

基塘物质循环利用

沼气纽带的废弃物利用系统

作物秸秆多级利用

污水多级循环利用

PATTERN
如何设计一个循环再生的生态系统

从以上原理来看，要设计一个能够循环再生的系统应包含以下几个要点：一，建立基本的生态系统，即系统内至少要包含环境、生产者和分解者，复杂系统中也可以加入消费者；二，系统内的各生物成分要存在合理的营养级关系；三，合理布置系统中的各要素在环境中的分布，发挥人对系统运转的作用。对于农业系统来说，要达到循环再生的目的就要满足以上三个要点（表 12.1）。

表 12.1 循环再生农业系统设计的三大法则

法则	图解	原理说明
法则 1：生态系统 适当运用分解者的作用设计一个可提供循环的生态系统	 饲料 农作物（生产者）家禽（消费者） 肥料 沼气池（分解者）粪便 循环再生农业 ＞ 肥料 饲料 农作物（生产者）家禽（消费者） 农业废弃物 粪便 传统农业	循环再生农业与传统农业的主要区别在于加入了分解者，建立了可循环生态系统结构，包含了生态系统中所必需的非生物元素与生物元素。在庭院农业中沼气池扮演分解者的角色，其分解各类有机废弃物，为农作物提供养料
法则 2：营养级关系 合理的营养级关系设置能够使更多的废弃物转化为资源，并被有效利用	 800m² 大棚蔬菜（生产者）四头猪（消费者） 五口之家（消费者） 8m² 沼气池（分解者）燃气	营养级（trophic level）或食物链关系即建立起合理的生态过程垂直流，保证物质能从一个营养级流向下一个营养级，为下一个营养级提供足够能量。在庭院循环农业中体现为 800m² 大棚蔬菜再辅助些许饲料能提供 4 头猪所需饲料，人畜粪便及其他有机废弃物进入沼气池所产生的沼气可够四到五口之家炊事之用
法则 3：空间布置 空间布局要注重连通性，并充分考虑自然要素	 庭院 阳光 作物 禽、畜舍 合理空间布局 ＞ 庭院 沼气池 阳光 作物 禽、畜舍 不合理空间布局	合理的作物大棚朝向应保持尽可能多的采光，接受足够的阳光从而保证生产，另外还需合理地摆放沼气池从而使原料方便进入，设计一个循环再生农业系统，需要在空间上合理地布置各要素。在庭院循环农业中要处理农田、禽畜饲养舍、沼气池、厕所在庭院中的分布关系，要满足合理的农田与饲养舍比例、合理的沼气池位置。目的是有足够的物质能量保持循环，并使人能省时省力地进行生产生活活动

CASE
庭院循环再生农业系统模式

对于农村庭院空间，可以利用此模式建立一个可循环再生的农业生态系统（图 12.9）。本讲选取的典型循环再生农业生态系统的农户位于山东省宁津县柴胡站乡西店刘村，调查户全家共 5 口人，其中劳力 4 人。其种植温室为 1998 年建成，该温室坐北朝南。温室西侧建有工具间和看护室。温室种植区占地 400m²。温室东侧建有猪舍一间，其下建有水压式沼气池一座，沼气池的两个进料口分别与厕所和猪舍相通，沼气池的出料间、水压箱设在与池体相连的日光温室内。饲养 4 头猪，年出 2 栏，共计 8 头。猪舍与菜地间隔离，以通气窗相连。蔬菜种植西芹、黄瓜、甜椒和西红柿等。通常情况下农户庭院既是生活系统又是生产系统，如何做到生活与生产的有机结合是农户此农业模式必须解决的问题。该农业模式正是基于此，从提高蔬菜单产、复种指数、畜禽转换率和循环总量，降低饲料浪费度的角度出发，将各种设施组合成一个整体，辅以高效技术，使之成为一个稳定高效的系统。同时各组分之间存在适当的比例关系和明显的功能分工与协调机制（白金明，2008）。

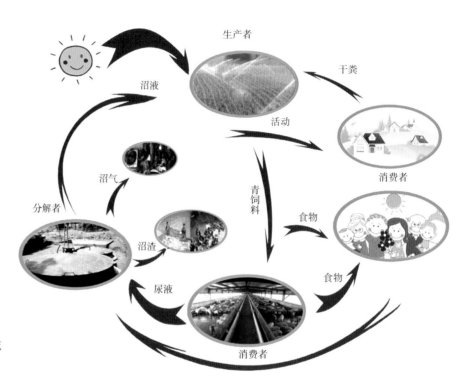

▶图 12.9 循环再生农业系统组分与能量流动示意

在此系统中大棚蔬菜是生产者，猪是消费者，沼气池作为分解者，庭院作为环境。系统的营养级是否合理，首先应满足沼气池为农户能提供足够能量（至少 $10 \times 10^3 MJ$）进行生活之用，即沼气池每天要提供 1 ~ 2m³ 沼气，如此就要求人畜粪便能为沼气池提供足够原料，也就是要饲养 4 头以上的猪来提供包含足够能量（至少 $52 \times 10^3 MJ$）的粪便，而此农户的大棚蔬菜不能提供足够的能量，要以大田作物来提供辅助饲料，这样一来此系统才能循环。

该模式以沼气生产为中心，把种植业、畜牧业和蔬菜栽培等联结起来，实现了有机物的多层次利用。此农业模式巧妙地应用了物质循环再生原理，即建立合理的食物链，通过加入畜禽饲养和沼气池厌氧发酵将传统的单一种植和高效饲养以及废弃物综合利用有机地结合起来，使食物链结构增长，对系统内有机废弃物能够达到多次循环利用，构成了良性循环再生路径（图 12.10 ~ 图 12.11）。本讲从景观生态学的角度出发，通过对生态系统的物质循环再生原理的研究，尝试提出一个最优的乡土农业模式。针对北方传统的农业和庭院空间格局，希望解决农村的环境污染、资源浪费、能源不足等问题，并提高农民经济收入和改善农民生活条件。

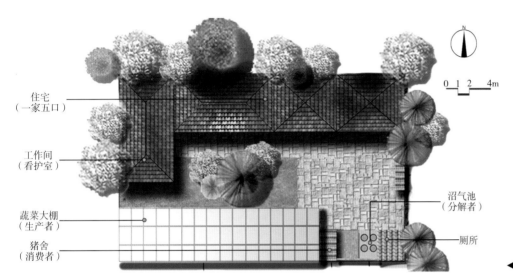

◀ 图 12.10　庭院循环再生农业系统平面图

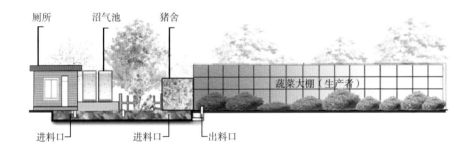

◀ 图 12.11　庭院循环再生农业系统立面图

■ 参考文献

白金明 .2008. 我国循环农业理论与发展模式研究 [D]. 北京：中国农业科学院博士学位论文：33-34.

李欣 .2010. 低碳经济下辽宁省循环农业发展模式思考 [J]. 当代旅游（学术版），（3）：35-38.

石门 .2005. 生物与生态 [M]. 呼和浩特：远方出版社：256-257.

■ 拓展阅读

郭巍杰 .1999. 庭院栽培与养殖 [M]. 北京：中国社会出版社：20-22.

李季 .2008. 生态工程 [M]. 北京：化学工业出版社：32-33.

孙儒泳 .2002. 基础生态学 [M]. 北京：高等教育出版社：190-198.

杨京平 .2004. 生态系统管理与技术 [M]. 北京：化学工业出版社：37-41.

■ 思想碰撞

　　本讲中我们重点描述了循环再生系统为我们生活带来的益处，但是在实际生活中，很多看似循环再生的做法却为我们的带来了很多麻烦，如"地沟油"本质上也是循环再利用的一种产物。面对上述观点，你认为我们应当如何界定一种循环再生系统的好坏？符合哪些条件的循环再生系统才算是生态、经济、可持续的？

■ 专题编者

李响

费凡

生物多样性

万物之灵的亲密伙伴

13讲

水里的游鱼是沉默的，陆地上的兽类是喧闹的，空中的飞鸟是歌唱着的。
但是，人类却兼有海里的沉默、地上的喧闹与空中的音乐。

——泰戈尔

5月22日为联合国大会宣布的"国际生物多样性日"。生物多样性指的是地球上生物圈中所有的生物，即动物、植物、微生物，以及它们所拥有的基因和生存环境。随着人类活动加剧，人类不可持续的生产和消费方式破坏了生物多样性，从而威胁生态系统。越来越多的人意识到，保护这些生物，保护这些宇宙中我们最为亲密的伙伴其实也是在保护我们自身的生存环境。

全世界总共有多少个物种呢？这恐怕是一个很难回答的问题。目前地球上约有140万动植物物种已被科学地鉴定，但这仅仅只是冰山一角。没有人知道地球上到底有多少物种。据保守估计，地球上约有1200万个物种，可以说大部分的物种还未被我们认识。比如说昆虫，现在已知的数目约有80万种，然而实际上，据估计没有被认知的昆虫种类约有800万种，总数能够达到500万～1000万种之多，约占地球上物种总数的3/4（表13.1）（Mark B.Bush, 2007）。

表13.1　地球上各类物种的认知总数与据估未被认知数量（Mark B.Bush, 2007）

生命形式	已被认知的总数	认知总数占总数的百分数 /%	据估计没有被认知的物种数目	认知百分比 /%
昆虫	751000	52	8000000	12
真菌	47000	3	1000000	7
其他无脊椎动物	146000	10	750000	10
病毒	5000	< 1	500000	5
线虫	24000	1	500000	3
细菌和蓝绿藻	4700	< 1	400000	1
维管植物	268000	19	300000	83
原生动物	30800	2	200000	20
藻类	27000	2	200000	20
软体动物	50000	5	200000	35
甲壳类动物	38000	3	150000	27
脊椎动物	42000	3	50000	90
总计	1432700	100	12250000	11

数据来源：Office of Technology Assessment，1987

■生物多样性的定义及构成

生物多样性（biodiversity）是指生命有机体及其借以存在的生态系统复合体的多样性和变异性。确切地说生物多样性是所有生物种类、种内遗传变异和它们的生存环境的总称，包括所有不同种类的动物、植物和微生物，以及它们拥有的基因，它们与生存环境所组成的生态系统，以及整个景观系统。

生物多样性的研究内容通常包括遗传（基因）多样性（genetic（genes）diversity）、物种多样性（species diversity）、生态系统多样性（ecosystem diversity）和景观多样性（landscape diversity）（图13.1）。

遗传多样性 物种多样性 生态系统多样性 景观多样性 地球生物多样性

▲ 图 13.1 生物多样性的构成

遗传多样性是生物多样性的重要组成部分。物种多样性是生物多样性最基础和最关键的层次，是生物多样性研究的核心和纽带。生态系统多样性则是物种多样性和遗传多样性的基础与生存保证。景观多样性作为生物多样性的第四个层次，是对前三个层次的有益补充。表 13.2 对其定义、内涵和研究内容做了详细的介绍。

表 13.2 生物多样性的构成

构成	内涵	外延	研究意义
a. 遗传多样性	种内或种间表现在分子、细胞和个体三个层次上的遗传变异多样性	个体外部形态多样性、细胞染色体的多样性（染色体数目、结构和分布特征）、分子水平的多样性（DNA 分子、蛋白质分子）	①自然种群的遗传结构研究，自然种群内和自然种群间的遗传变异情况；②家养动物和栽培植物的野生组型及亲缘关系的遗传学研究；③建立物种种质资源基因库；④极端环境条件下生物遗传特性的研究
b. 物种多样性	生物群落中物种的丰富性（或丰富度）和异质性（或均匀度）	一是丰富度，群落中生物种类的多寡。群落中物种数量越多，多样性就越丰富；二是异质性，群落中各个种的相对密度。群落中异质性越大，多样性就越丰富	①建立物种多样性档案馆；②珍稀濒危物种保护的系统研究；③野生经济物种资源的研究；④物种多样性的就地保护；⑤物种多样性的迁地保护
c. 生态系统多样性	生态系统的生物群落和其他生存环境之间的生态过程及其组合的复杂程度多样性，包括生境的多样性、生物群落和生态过程的多样性等多个方面（黎燕琼等，2011）	构成生态系统的生物群落和其他生存环境之间的生态过程及其组合的复杂程度多样性，包括生境的多样性、生物群落和生态过程的多样性等多个方面	①各类生物气候带生态系统多样性的研究；②特殊地理区域的生态系统多样性的研究；③农业区域生态系统多样性的研究；④海岛、海岸和湿地生态系统多样性的研究；⑤生态多样性保护与永续开发利用的探讨；⑥自然生态系统的保护

构成	内涵	外延	研究意义
d. 景观多样性	不同类型的景观在空间结构、功能机制和时间动态方面的多样性或变异性	介于生态系统与区域间的大中尺度的生态系统。由于能量、物质和物种在不同的景观要素中呈异质性分布，加上景观要素在大小、形状、数目、外貌上的变化，使得景观呈现高度异质性（黎燕琼等，2011）	景观多样性研究内容包含斑块多样性、类型多样性和格局多样性3个方面。主要研究组成景观的斑块在数量、大小、形状和景观的类型分布及其斑块之间的连接度、连通性等结构和功能上的多样性（黎燕琼等，2011）

■ 生物多样性的测度

生物多样性是对以前和现有物种进行测度（May，1995），生物多样性测度上有很多尺度——组成、结构、功能（Noss，1990）、时间、空间，而且能够从不同水平（基因、生物个体、生态系统等）上进行，尽管生物多样性的概念很广泛，内容也很多，但是物种丰富度依然是经常测度的内容之一（Gaston，1996），生物多样性的测度方法必须根据实际情况进行选择，主要包括物种丰富度指数和多样性指数。

1. 丰富度指数

由于群落中物种的总数与样本含量有关，这类指数应限定为可比较的，生态学上用过的丰富度指数有很多。Gleason（1992）指数，以 A 为单位面积，S 为群落中物种数目，则丰富度指数 $D=S/\ln A$。Margalef（1951，1957，1958）指数，以 S 为群落中的总数种，N 为观察到的个体总数（随样本大小而增减），则丰富度指数 $D=(S-1)/\ln N$。

2. 多样性指数

不同的物种具有不同的物种多样性。物种多样性指数是将物种丰富度与种的多度结合起来的函数，常用的指数有 Shannon-Wiener 指数，Simpson 指数以及种间相遇概率等（黎燕琼等，2011）。

Shannon-Wiener 指数　$H=-\Sigma P_i^2 \times \lg P_i$

Simpson 指数　$D=1-\Sigma P_i^2$

式中，P_i 为种 i 的相对重要值。

种间相遇概率：　$PIE=\Sigma [(N_i/N) \times (N-N_i)/(N-1)]$

式中，N_i 为第 i 个种的个体数或种 i 的重要值；N 为样方中 n 个种的总个体数或样方中各个种的重要值之和。

■生物多样性的保护现状

我国拥有复杂多样的生态系统类型和动植物资源，是世界上生物多样性最丰富的十二个国家之一。然而近年来，生态退化或丧失、资源过度利用、气候变化、环境污染以及单一品种种植等自然或人为因素都导致了我国还有大量动物处于受威胁状态，其中包括 178 种哺乳动物、146 种鸟类、137 种爬行动物、176 种两栖动物和 295 种内陆鱼，这已严重威胁到人类的生存和发展（蒋志刚等，2016）（表13.3）。《科学进展》杂志指出，过去 5.4 亿年间，地球上共发生过 5 次大规模物种灭绝事件；而现在我们正处在第六次生物大灭绝的时期，且目前的物种灭绝速度比自然灭绝速度快了 1000 倍，目前平均每小时就有一个物种灭绝！"皮之不存，毛将焉附？"我们人类的未来又会怎样呢（图 13.2）？

▲ 图 13.2　人类的未来

表 13.3　中国脊椎动物的濒危状况（蒋志刚等，2016）

评估等级	种数					总种数	总比例 /%
	哺乳动物	鸟类	两栖动物	爬行动物	鱼类		
灭绝（EX）	0	0	1	0	3	4	0.1
野外灭绝（EW）	3	0	0	0	0	3	0.1
区域灭绝（RE）	3	3	1	2	1	10	0.2
极度濒危（CR）	58	15	13	34	65	185	4.2
濒危（EN）	53	51	46	37	101	288	6.6
易危（VU）	67	80	117	66	129	459	10.5
近危（NT）	153	190	76	78	101	598	13.7
无危（LC）	262	876	102	175	454	1869	42.9
数据缺乏（DD）	74	157	52	69	589	941	21.6
总和	673	1372	408	461	1143	4357	100

生物多样性的保护迫在眉睫。1992 年在巴西当时的首都里约热内卢召开的联合国环境与发展大会上，153 个国家签署了《生物多样性公约》。《生物多样性公约》是一项法律约束力的公约，旨在保护濒临灭绝的植物和动物，最大限度地保护地球上的多种多样的生物资源，以造福于当代和子孙后代。

生物多样性保护可分为两种途径：以焦点物种为中心的途径和以景观为中心的途径。这两种途径对应三种空间模式：保护区圈层模式、保护区网模式和景观生态安全格局。具体对比如表 13.4 所示。

表 13.4　生物多样性保护的两种途径及其空间格局模式

途径	特点	空间格局模式
以焦点物种为中心的途径	从生物种群中选择出一定的"焦点物种"，这些焦点物种必须是生态系统或景观中最关键的物种，如建群种、优势种等，并能代表其他的物种，从而构建一种保护生物多样性的景观规划途径（于娇等，2012）	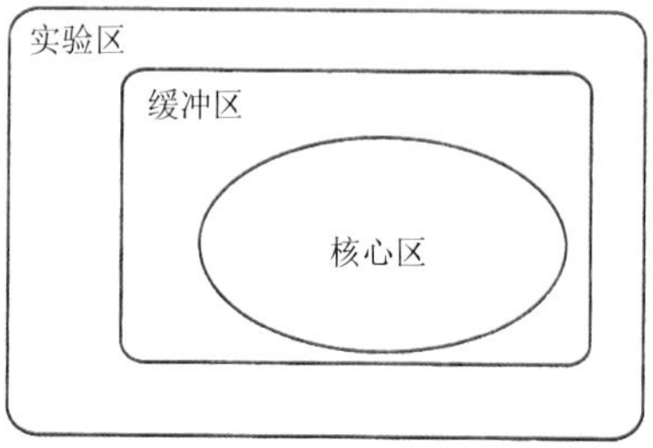 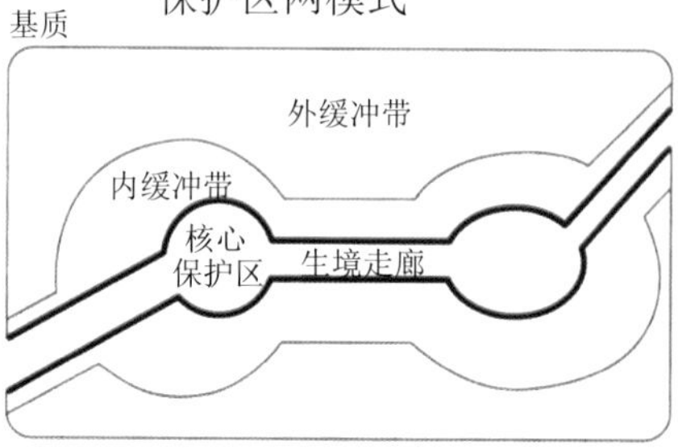
以景观为中心的途径	强调建立景观生态安全格局，通过建立景观廊道、识别关键性的景观局部和空间联系，利用物种自身对空间的探索和侵占能力来保护生物多样性	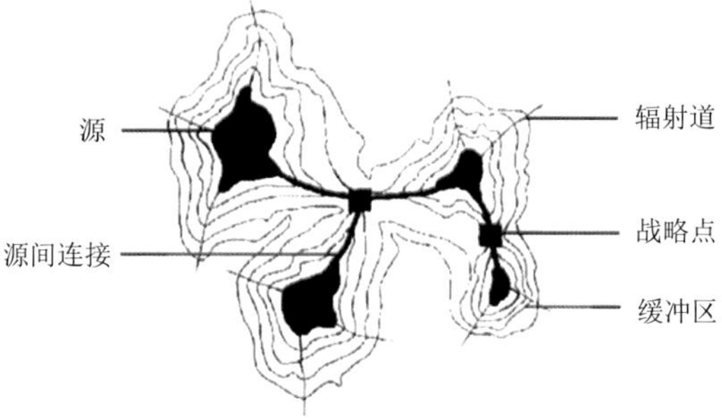

生物多样性保护的两种途径分别对应三种空间格局模式，每种空间格局模式有着不同的应用方式。下面我们将列举三个典型案例，分别对应生物多样性保护的三种空间格局模式，见表 13.5。

表 13.5　生物多样性保护的三种空间模式的应用

保护模式	案例图示及其与空间模式的对应	案例特点
同心圆模式	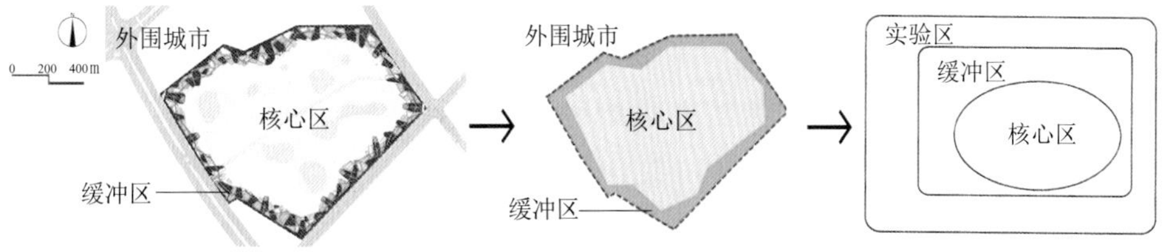	哈尔滨群力生态湿地公园位于城市中央，为单一保护区，需使其面积尽可能最大化，其内部尽可能地屏蔽外界干扰，因此选择保护区圈层模式（参见 23 讲）
保护区网模式	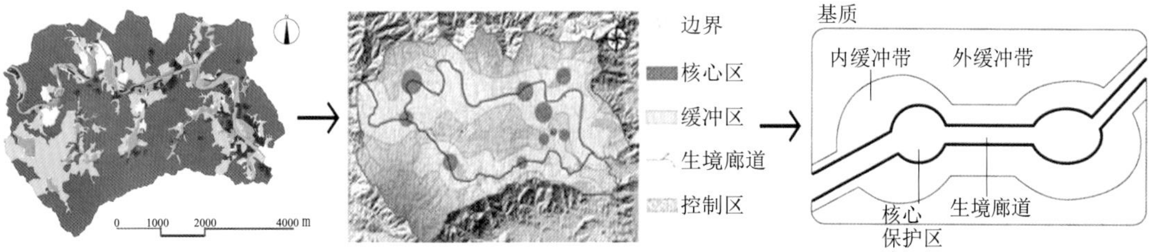	石花洞风景名胜区位于京郊山区，内部有多个保护区，且呈破碎化分布，需建立生态廊道以连接各个保护区使其形成生境网络，因此选择保护区网模式（参见 06 讲）
景观生态安全格局模式	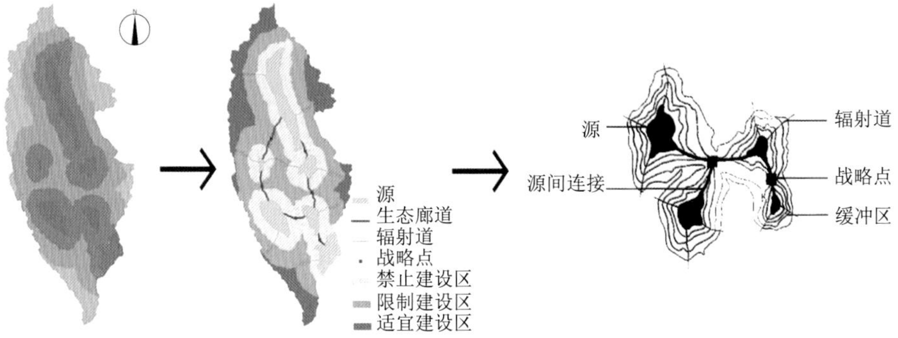	该案例为香格里拉县生态规划，面积约 11613km^2，属于县域规划，内部因素错综复杂，因此选择景观生态安全格局模式（参见 18 讲）

■ 参考文献

Gaston, K., J., Blackburn, & T., M. 1996. The distribution of bird species in the new world: patterns in species turnover. Oikos, 77(1), 146–152.

MarkB.Bush. 2007. 生态学：关于变化中的地球 [M]. 北京：清华大学出版社，（3）：27–28.

Noss, R. F. 1990. Indicators for monitoring biodiversity: a hierarchical approach. Conservation Biology, 4(4), 355–364.

姜艳，尹光天，孙冰，等 .2008. 我国森林景观生态研究进展 [J]. 生态科学，（4）：283–288.

蒋志刚，江建平，王跃招，等 . 2016. 中国脊椎动物红色名录 [J]. 生物多样性，24（5）：500–551.

黎燕琼，郑绍伟，龚固堂，等 .2011. 生物多样性研究进展 [J]. 四川林业科技，（4）：12–19.

杨德伟，陈治谏，陈友军，等 .2006. 基于景观生态学基本理论的生物多样性研究 [J]. 地域研究与开发，（1）：111–115.

杨金凤，王玉宽 .2008. 生物多样性价值评估研究进展 [J]. 安徽农业科学，26：11491–11493.

于娇，纪风伟 .2012. 生物多样性保护的景观生态规划研究 [J]. 安徽农业科学，28：13879–13880.

俞孔坚，李迪华，段铁武 .1998. 生物多样性保护的景观规划途径 [J]. 生物多样性，（3）：205–212.

俞孔坚，黄刚，李迪华，等 .2005. 景观网络的构建与组织 —— 石花洞风景名胜区景观生态规划探讨 [J]. 城市规划学刊，（3）：76–81.

岳邦瑞，康世磊，江畅 .2014. 城市——区域尺度的生物多样性保护规划途径研究 [J]. 风景园林，（1）：42–46.

申彦舟 .2013. 县域景观生态安全格局研究——以山西宁武县为例 [D]. 太原：山西大学博士学位论文：38.

■ 拓展阅读

王云才，2014. 景观生态规划原理 [M]. 北京：中国建筑工业出版社：290–292.

伍光和，王乃昂，胡双熙，等，自然地理学 [M].4 版 . 北京：高等教育出版社：447–455.

张雪萍，2011. 生态学原理 [M]. 北京：科学出版社：190–194.

余新晓，牛建植，关文彬，等，2008. 景观生态学 [M]. 北京：高等教育出版社 .

■ 思想碰撞

　　在本讲中，笔者着重探讨了针对物种多样性和景观多样性保护的两种途径，并提出了三种保护区空间格局模式。但是，全面的生物多样性研究与保护应该涵盖四个层次。那么，你认为是否存在针对遗传多样性及生态系统多样性的特殊保护途径及其空间模式？抑或，本讲已提供的两种途径与三种模式也适用于其他层次的生物多样性保护？

■ 专题编者

杨茜

张聪

第三
部分
景观生态学的基本原理

景观格局与生态过程的耦合

空间规划的"指月之指" **14 讲**

我在大地上建立一个框架，植物、人和水是上面的过客。这与我当初所学习的内容完全不同。它的原则是：你建立一个过程，但是你不能控制最终的产品。

——乔治·哈格里夫斯

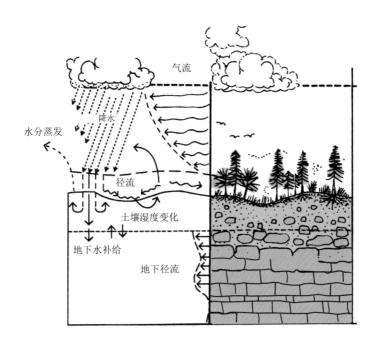

  "将自然现象，比如山脉或瀑布，看作凝固在时间中的静止事件的倾向，是我们面临审美困惑（aesthetic dilemmas）的根本原因（哈夫，2012）。"许多景观设计师们因对外在空间格局过分关注而忽视内在的、根源性的、动态的自然、人文过程。我们今天所见的景观都是各种过程的产物，而这些过程此时此刻正在对景观的形式和特征产生影响。

景观格局与生态过程的相互作用及其尺度效应是景观生态学研究的核心。景观生态规划狭义的理解就是基于景观生态学关于景观格局和空间过程的关系原理的规划。王云才（2007）指出景观结构与生态过程的关系及其相互作用规律是景观生态规划的核心问题。

■ 生态过程的内涵

生态过程（ecological process）作为景观生态学的核心概念之一，不同的学者对其有不同的理解。邬建国（2007）认为，过程强调事件或现象的发生、发展的动态特征。吕一河（2007）认为，生态过程是景观中生态系统内部和不同生态系统之间物质、能量、信息的流动和迁移转化过程的总称。周志翔（2007）把物质和能量在景观要素内部及其之间的流动称为景观生态过程。可以看出，这些对生态过程的定义强调事物的空间关系。过程是反映状态演化的时间性概念，即任何过程的发生必须在一段时期内（非一个时间点），具有历时性。笔者认为，生态过程不仅包括在空间格局中迁移与流动的物质和能量流过程，还包括随时间变化而发生的空间格局演变过程，强调过程在空间上的广延性与时间上的持续性（图14.1）。

■ 生态过程的类型

大部分过程一般会在特定空间发生，如表14.1所示，按照过程发生的空间方向不同，可分为垂直过程和水平过程；按过程的要素不同，可分为自然过程、生物过程和人文过程（图14.2 ~ 图14.5）。

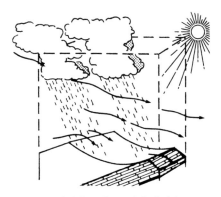

a. 景观发育期（降雨、空气流过程）

b. 景观生长期（地质运动过程）

c. 景观成熟期（土壤发育、植被演替、动物运动过程）

▲图 14.1　生态过程的空间性与时间性（威廉·M·马什，2012）

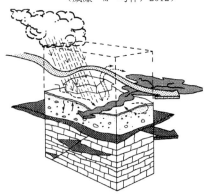

▲图 14.2　不同空间方向的各类生态过程（威廉·M·马什，2012）

表 14.1　生态过程的类型比较

划分依据	划分类型		类型特征
空间方向	垂直过程	某一景观单元内的地貌、土壤、河流、动植物等垂直生态因子层的自然演进过程及整合叠加后对人类活动的作用	涉及不同尺度的生态过程，未考虑人类活动的影响
	水平过程	景观单元之间的各种无机流、物种流、能量流等	
过程要素	自然过程	风、水和土及其他物质的流动，能量流和信息流等	注重人文过程的分析，忽略过程的时间性
	生物过程	某一地段内植物的生长、有机物的分解和养分的循环利用过程，水的生物自净过程，生物群落的演替，物种之间的过程，物种的空间运动等	
	人文过程	人的空间运动，人类的生产和生活过程，及与之相关的物流、能流和价值流	

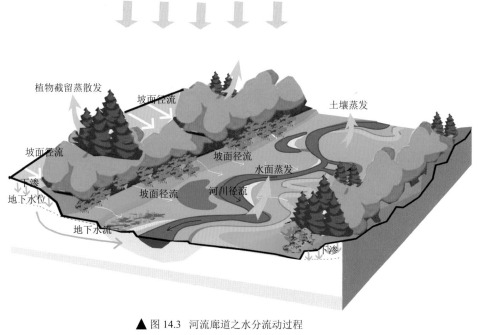

▲ 图 14.3 河流廊道之水分流动过程

植物截留蒸散发
坡面径流
土壤蒸发
坡面径流
坡面径流
水面蒸发
下渗
地下水位
坡面径流
河川径流
地下水流
下渗

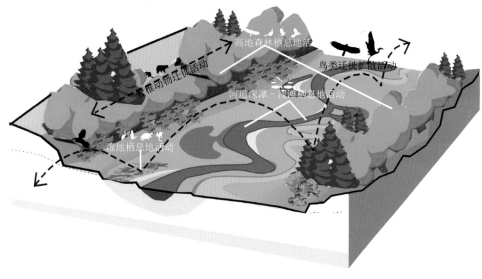

▲ 图 14.4 河流廊道之生物迁移过程

高地森林栖息地活动
鸟类迁徙扩散活动
脊椎动物迁徙活动
河道深潭－汀滩栖息地活动
湿地栖息地活动

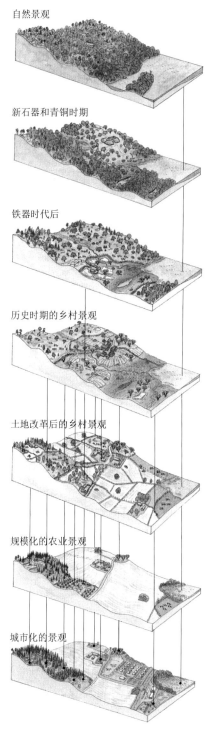

自然景观

新石器和青铜时期

铁器时代后

历史时期的乡村景观

土地改革后的乡村景观

规模化的农业景观

城市化的景观

▲ 图 14.5 人文过程（王云才，2007）

  任何空间格局都是过程演变的瞬时状态。由于过程的复杂性和抽象性，很难定量地、直接地研究生态过程的演变和特征，我们往往通过景观的变化来观察过程。有些过程导致的变化我们可以直接观察到，如数年间的养分运动失衡导致水体污染；有些过程导致的空间变化我们则无法观察，如数千年的土壤发育过程。格局的变化取决于人类观察景观时所选择的时间尺度，我们以人的生命周期（一百年左右）为时间尺度，可将生态过程分为"慢"过程（即景观发育与演变过程）和"快"过程（即景观流过程）两大类（表14.2）。

表 14.2　按时间尺度划分的生态过程比较

过程类型	生态过程	特征	策略
"慢"过程	气候变化、地质运动、土壤发育、动植物定居、自然干扰	尺度巨大，过程不可逆；塑造空间格局	作为规划的背景或物理模板，规划需遵从"慢"过程
"快"过程	无机流，包括空气流、水分运动、养分运动；物种流，包括动物运动、植物传播；能量流；人类活动	受空间格局控制并改变空间格局	作为规划场地发生的事件，规划需引导"快"过程

　　快、慢过程对于人类把控景观的意义具有本质上的差异。慢过程对应的是景观发育与演变过程，其时间尺度与空间尺度巨大，具有不可逆性与稳定性（图14.6）。这些特征决定了人类若追求持续健康发展，则必须遵从自然的慢过程并与其相协调，麦克哈格的"千层饼模式"即遵从自然演进过程的经典规划生态模式。相对于慢过程，快过程所对应的流动和迁移过程（图14.3、图14.4）更容易受到人类活动的干扰与控制。生境破碎化、河道改造、环境污染、城市扩张等一系列人类活动，虽然导致了物种流、物质流与能量流在空间的失衡与生态服务功能丧失，但这些问题是可以被人类在短周期内认识和控制的。因此，景观生态规划设计更多时候需要关注如何控制快过程，以引导各种景观流有序地、健康地进行，这也是本讲关注的核心问题。

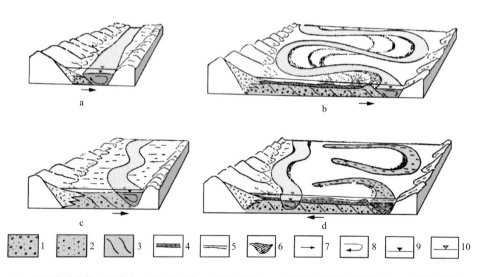

▶ 图 14.6　"慢"过程——河漫滩的形成与发展

1～3 河床冲积物（1 砾石，2 砂和小砾，3 淤泥夹层）；4 早期河漫滩沉积物细砂；5 晚期河漫滩沉积细砂；6 牛轭湖淤泥沉积；7 河床移动方向；8 环流；9 枯水位；10 洪水位

■ 格局与过程的关系

格局与过程的关系表现为非线性关系、多因素的反馈作用、时滞效应以及一种格局对应多种过程的现象等（肖笃宁等，2010）。格局与过程的相互关系作为景观规划关注的核心，包括三个层次：过程在形成景观结构时起决定性的作用，已形成的结构对过程或流具有基本的控制作用，二者相互作用塑造了景观的整体动态。

1. 过程塑造格局

生态过程是塑造或改变空间格局的动因之一，不同的生态过程在塑造空间格局过程中作用不同（图 14.7）。在景观形成的过程中，气象气候、水文过程、动物运动或人类干扰等一个或多个过程作为驱动力，引发空间系统中物理化学过程、地貌过程及植物过程的状态变化，进而引起空间格局大小、形状、配置及类型等特征的变化响应。

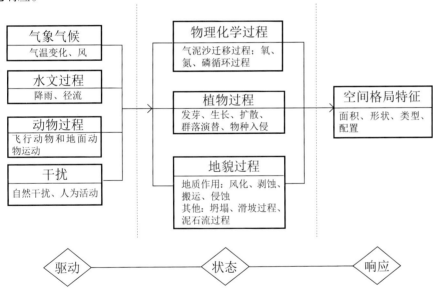

◀ 图 14.7 生态过程塑造空间格局的机制

2. 格局控制过程

景观要素的面积、形状、配置及类型的改变，都会引起景观流的量、度或趋势发生变化（图 14.8）。

面积较大的斑块，适宜于动物生存的内部生境较大，其边缘效应对动物影响较小，有利于物种的觅食与生存。在同等面积条件下，长条形斑块的边缘效应明显高于圆形、方形斑块，对动物在空间中的迁移与觅食影响较大；较宽的植被带更能有效截留水分和养分的流失。

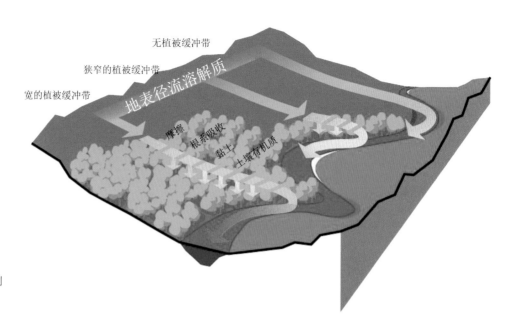

无植被缓冲带

狭窄的植被缓冲带

宽的植被缓冲带

地表径流溶解质

摩擦 根系吸收 黏土 土壤有机质

▶ 图 14.8 河岸植被缓冲带对养分流的控制作用

不同的空间要素对养分流的截留作用不同，氮在岸边植被缓冲带的滞留率为 89%，在农田的滞留率仅为 8%（傅伯杰等，2011）。不同的空间格局（林地、草地、农田、裸露地等不同配置）对径流、侵蚀和元素的迁移影响差异较大。通过建立适当空间要素组合，可以有效减少水分和养分的流失，促进物质和能量的良性循环。

3. 二者耦合动态

现实景观中，格局变化改变了生态过程的量与趋势，过程则反作用于格局，从而使格局进一步变化，如此循环往复，塑造了景观的整体动态（图 14.9）。如景观格局的变化改变了景观组分间养分流的数量和强度；土壤养分流的变化又引起生物活性的变化和土壤性质的改变，进而影响了水土流失的发生。随着水土流失的加剧，土壤养分枯竭，土壤性质恶化，土地被放弃，这将引起土地利用方式变化，导致景观格局变异。

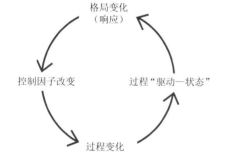

格局变化（响应）

控制因子改变

过程"驱动—状态"

过程变化

▲ 图 14.9 格局与过程动态耦合变化

根据生态过程在以上三个层次关系中的角色不同，可以将二者耦合过程中的生态过程分为驱动过程、状态过程和被控过程三大类。

■ **格局与过程耦合系统的外在行为与内在机制**

1. 外在行为 —— 景观功能

从系统外在行为来看，格局与过程相互作用表现为对相关生命系统的生存和发展提供支撑作用，即景观功能（landscape function）。这里的景观功能主要指生态系统服务功能，包括自然生产、维持生物多样性、调节气象过程、调节气候和地球化学物质循环、调节水循环、缓解旱涝灾害、生产与更新土壤并保持和改善土壤、净化环境、控制病虫害爆发等。

系统的功能是系统各要素之间活动关系的总体，景观功能可以看作是各种流与要素相互作用的集合（图 14.10）。系统的某一功能受损，说明其集合中的某一个或多个流与要素相互作用关系失调。

2. 内在机制 —— 景观连通性

从系统的内在机制来看，只要有流动存在，就一定存在驱动其流动的势（驱动力）和阻止其流动的阻（阻力）。因此，景观流过程可以认为是物质在空间中在扩散、重力或运动的驱动力作用下，克服其载体空间格局阻力而进行的耗散性流动过程。空间格局促进或阻碍景观流过程的程度通过景观连通性（landscape connectedness）反映。景观连通性是过程在空间格局中是否有序、健康地运行的主要度量。当景观空间连通性降低时，说明现状空间格局破坏生态过程在空间要素间健康、有序地流动。

根据空间景观类型在景观流过程中的作用，我们可以将其分为"源"景观和"汇"景观。"源"景观是指在格局与过程研究中，那些能促进景观流过程产生、迁移的景观类型；"汇"景观是那些能延缓、阻碍景观流过程的景观类型（傅伯杰等，2006）。为了便于理解，我们将那些最终能接纳、聚集景观流的景观类型称为"受体"景观。景观流过程也可以理解为由"源"景观促进或发生的"流"，通过克服"汇"景观的空间阻力而到达"受体"景观的历时性流动过程（图 14.11）。因此，景观连通性的恢复关键在于"汇"景观的优化。

PATTERN
基于格局与过程关系的空间格局优化方法

人类对空间格局规划和管理的主要目的是调整优化空间要素的面积、形状、类型和配置等，提高景观连通性，使生态过程在空间要素间和谐、有序进行，以改善受胁受损的生态功能，实现区域可持续发展。根据格局与过程的关系可知，实现该目的的关键是根据功能评价找出需要修复的生态过程，然后恢复其景观连通性。基于格局与过程耦合机制原理，我们可以得出空间格局优化的五大步骤（图 14.12）。

1. 景观功能评价

景观功能受损是对格局与过程的关系进行优化的必要性前提。景观功能评价的

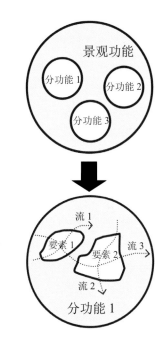

▲ 图 14.10　景观流过程与景观功能的耦合与嵌套关系

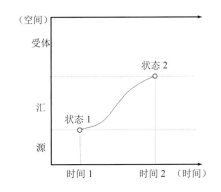

▲ 图 14.11　"流"的过程机制

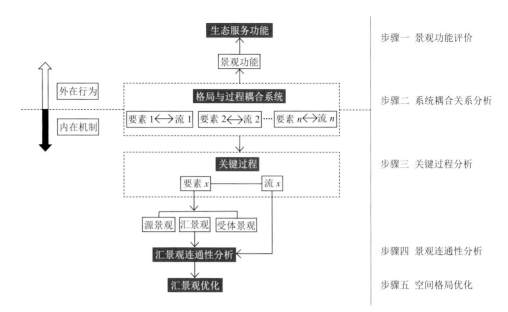

生态服务功能　　　　　　　　　　　步骤一　景观功能评价

景观功能

外在行为

格局与过程耦合系统　　　　　　　　步骤二　系统耦合关系分析

要素 1 ←→ 流 1　要素 2 ←→ 流 2 ··· 要素 n ←→ 流 n

内在机制

关键过程　　　　　　　　　　　　　步骤三　关键过程分析

要素 x　　　流 x

源景观　汇景观　受体景观

汇景观连通性分析　　　　　　　　　步骤四　景观连通性分析

汇景观优化　　　　　　　　　　　　步骤五　空间格局优化

▶ 图 14.12　基于格局与过程耦合机制的空间格局优化步骤

目的就是要找出景观功能受损所对应的空间格局。这一阶段的重点在于通过对现状空间格局的生态服务功能评价，判断空间格局的变化对哪些生态过程的运行造成了破坏。生态服务功能的评价方法主要有模型法、价值评估法和指标评价法等。

2. 系统耦合关系分析

某一功能受损会影响多个生态过程，这些过程在耦合系统中作用不同，有些是驱动过程，有些是状态过程，也有些则是受格局控制的过程。因此要明确各种景观流与要素在耦合系统三大层次关系中的角色。

3. 关键过程分析

在格局—过程耦合系统中必有且只有一种生态过程居于支配地位，起着驱动或影响其他过程的作用，可以称之为"关键过程"。在受生态功能影响的多个生态过程中选择驱动过程作为关键过程，将其视为主要恢复对象。

4. 景观连通性分析

这一阶段主要分析关键过程如何在现状空间格局运行，其所对应的"源"景观、"汇"景观、"受体"景观分别是什么？其在"可达到的最佳状态"时所对应的"源"景观、"汇"景观、"受体"景观分别是什么？把在"可达到的最佳状态"的"汇"景观连通性作为参照系统，对现状"汇"景观的空间连通性进行分析。

5. 空间格局优化

通过对现状格局中"汇"景观的面积、形状、类型、配置等进行优化，以提升或降低"汇"景观的空间连通性而使过程和谐、有序地进行。

CASE
秦岭北麓太平河横向连通性修复

■ 场地概况

太平河山外段未进行治理前，出山后散流于野，又分东、中、西三股。三股河流形成东西宽达 5km，南北长达 6km 左右的河漫滩。1975 年挖河槽 6.8km。1976 年春又组织五千多人的专业队砌石护岸 13.6km。治理河道由太平口鹦鹉嘴开始，东北流经马丰滩村、唐旗寨、刘家庄，沿线全部渠化（图 14.13）。

◀ 图 14.13 太平河渠化场地

■ 功能评价

根据太平河场地特征，对贮水功能、调蓄洪水、控制侵蚀、生物多样性维持等四项生态服务功能进行评价，以层次分析法（analytic hierarchy process，简称 AHP）为基础，综合评价河流生态功能状况（表 14.3）。

运用层次分析法确定评价指标的权重并构建模糊综合评价模型，评价结果显示，太平河的调蓄洪水和生物多样性维持功能严重受损。造成这两大功能丧失的主要原因是太平河河道渠化。堤岸渠化造成河湖水系阻隔及堤距缩窄，降低了湖泊或河漫滩所具备的蓄滞洪能力，加大下游洪水风险；河漫滩湿地生境丧失，生物多样性降低。

表 14.3 河流生态服务功能评价主要指标

目标层 A	一级指标层 B	二级指标层 C
河流生态服务功能	储水功能（B1）	灌溉水利用系数 C11
		单位工业增加值用水量 C12
		水量状况 C13
	调蓄洪水（B2）	洪泛滩区范围 C21
		河道渠化度 C22
	控制侵蚀（B3）	河岸稳定性 C31
		河岸带宽度 C32
	生物多样性维持（B4）	河流生境多样性 C41

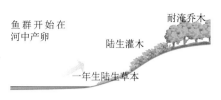

鱼群开始在
河中产卵
陆生灌木
耐淹乔木
一年生陆生草本

河流、湖泊
产卵期
水生植物最快生长
营养物质和悬浮颗粒输
入；受淹土壤营养释放
陆生植物腐烂分解

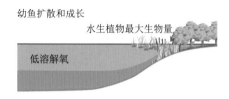

幼鱼扩散和成长
水生植物最大生物量
低溶解氧

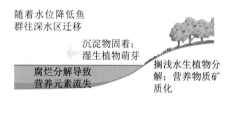

随着水位降低鱼
群往深水区迁移
沉淀物固着；
湿生植物萌芽
腐烂分解导致
营养元素流失
搁浅水生植物分
解；营养物质矿
质化

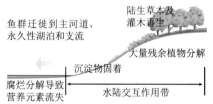

鱼群迁徙到主河道、
永久性湖泊和支流
陆生草本及
灌木再生
大量残余植物分解
沉淀物固着
腐烂分解导致
营养元素流失
水陆交互作用带

▲ 图 14.14 以洪水脉冲过程为驱动的各类
横向生态过程

▶ 图 14.15 太平河洪水脉冲过程的汇景观
变化

■ 系统耦合关系分析

太平河蓄滞洪功能影响的生态过程主要是河流—洪泛滩区横向生态过程，包括养分迁移过程、洄游鱼类和底栖动物觅食与繁衍过程、洪泛滩区滞洪过程等；生物多样性影响的生态过程主要是河漫滩植被群落演替过程。其中洪水脉冲过程是河流—洪水滩区系统生物生存、生产力和交互作用的主要驱动力，其在塑造河漫滩地貌特征的同时，伴随河道营养物质输移、鱼类横向繁衍过程，最后引起洪泛滩区的植被格局形成与变化。

■ 关键过程分析

根据系统耦合机制分析，我们将驱动过程（即洪水脉冲过程）作为太平河河流恢复的关键生态过程。洪水脉冲过程及其对其他生物、非生物过程的影响如图14.14 所示。

■ 景观连通性分析

根据洪水脉冲过程可以确定太平河主河道是其源景观，洪泛滩区既是其汇景观又是其受体景观。洪水脉冲过程也可以认为由主河道产生的洪水，通过克服洪泛滩区的空间阻力实现覆盖洪泛滩区的过程。洪水脉冲过程的汇景观包括滩区、湖泊、湿地等。太平河道改造后，原来的洪泛滩区全部被围填为农田、道路等，洪水脉冲过程的汇景观变成了紧逼河床的硬化堤岸（图 14.15）。河流侧向连通程度反映堤防等水利工程建筑物对河流侧向连通的干扰状况，即对河漫滩周期性洪水造成的水、泥沙、有机质、营养物质和生物体交换的限制。侧向连续性 G 可用下式表达：

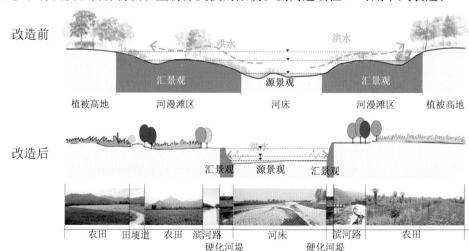

$$G=A_1/A_2\times100\%$$

式中：A_1 为现状洪水淹没面积；A_2 为自然洪水淹没面积。

太平河渠化段现状淹没面积即堤防范围内河道面积，约 367313m^2；自然洪水淹没面积参考《2014 年户县太平河防洪预案》中一级响应的 iii 区范围，约 27628367m^2。计算得出渠化段的河流侧向连通度约 1.33%。由此可知太平河渠化段的侧向连通度基本丧失。

■ 空间格局优化

恢复太平河横向水文过程策略包括：洪泛滩区范围恢复、河堤改造及洪泛滩区生境恢复等。恢复洪泛滩区必须考虑满足防洪安全的要求，其范围可以根据 50 年或 100 年一遇洪水淹没线确定；河堤改造包括退堤增加洪泛滩区、软化堤岸；洪泛滩区生境恢复措施包括河漫滩植被带修复、河滩湿地生境构建等（图 14.16）。

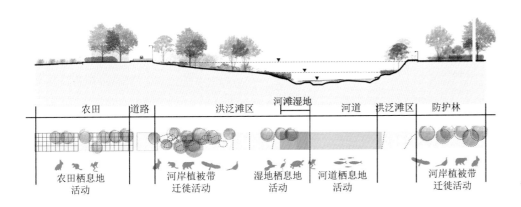

◀ 图 14.16 太平河横向连通性优化格局

■ 参考文献

傅伯杰，陈利顶，马克明，等 .2011.景观生态学原理及应用 [M]. 2 版 .北京：科学出版社 .

傅伯杰，陈利顶 .2006.源汇景观理论及其生态学意义 [J]. 生态学报：26（5）：1444-1449.

迈克尔·哈夫 .2012.城市与自然过程：迈向可持续性的基础：第 2 版 [M]. 刘海龙等译 .北京： 中国建筑工业出版社 .

吕一河，陈利顶，傅伯杰 .2007.景观格局与生态过程的耦合途径分析 [J]. 地理科学进展，26（3）：1-10.

王云才 .2007.景观生态规划原理 [M]. 北京：中国建筑工业出版社 .

威廉·M·马什，朱强，黄丽玲 .2012.景观规划的环境学途径 [M]. 4 版 .俞孔坚，等，译 .北京：中国建筑工业出版社 .

邬建国 .2007.景观生态学：格局、过程、尺度与等级 [M]. 北京：高等教育出版社 .

肖笃宁，李秀珍 .2010.景观生态学 [M]. 2 版 .北京：科学出版社 .

周志翔 .2007.景观生态学基础 [M]. 北京：中国农业出版社 .

■ 拓展阅读

朴昌根 .2005.系统学基础（修订版）[M]. 上海：上海辞书出版社：143-154，170-174.

康世磊，岳邦瑞 .2017.基于格局与过程耦合机制的景观空间格局优化方法研究 [J]. 中国园林，33（3）：50-55.

■ 思想碰撞

　　本讲核心内容曾投稿于某刊物，审稿意见中有一条为："有关景观格局、过程、空间、生态等方面的文章这几年太多了，给人的感觉还是空话多了一些，对中观、微观尺度景观设计的影响不大。这个稿件在论述景观格局与过程耦合机制方面比同类文章要深入细致一些，但依然没能摆脱名词堆砌的问题，感觉是换了一些名词来解释一些过去常用的手法，显得很深奥，其实很简单，就案例而言似乎我这种不懂景观学的人也能做得更好、更生态、更科学，这就降低了景观生态学这类科学的作用"。你怎么看？

■ 专题编者

康世磊

景观异质性

俯视大地之美 | 15 讲

大地所负载的精神流向，比它所负载的其他一切都更难判断和预见。但我们已经看到，大地本身就是一种重要的决定力量，那么，就让我们先来阅读大地。

——余秋雨

　　从观赏视角出发，我们对于景观理解只停留在美学层次上，看到的景观称为风景、景色、景象等，但我们可能并未理解真正意义上的景观。现在我们重新审视景观之美，也重新审视人类自身，思考该如何与大地相融。正如俞孔坚所说，景观是土地及土地之上的空间和物体所构成的综合体，它是复杂的自然过程和人类活动在大地上的烙印。俯视大地，我们当感受景观之美，同时感受景观生态学如何在这片土地上运作。

在景观生态学领域，异质性（heterogeneity）一直是研究的核心和重点。景观指由一组以类似方式重复出现的，相互作用的生态系统所组成的异质性区域。景观异质性（Landscape heterogeneity）是景观的基本属性，景观本质上是一个异质系统，正是因为异质性才形成了景观内部的物质流、能量流、信息流和价值流，导致了景观的演化、发展与动态平衡（Forman et al.，2010）。任何景观都是异质的，城市景观（图 15.1）和森林景观（图 15.2）是最典型的异质景观。景观异质性应用于景观生态规划中，为生物多样性的保护、城市绿地斑块的建立、风景名胜区的构建、观光农业园区景观格局的优化、复合生态系统和退化生态系统的应用提供理论基础。

▲图 15.1 城市景观
城市景观中河流、道路和公园绿地为异质景观

■ 景观异质性的概念

目前景观生态学领域对于景观异质性的定义很多，表 15.1 是对这些定义的罗列。

表 15.1 景观异质性的不同定义及来源

景观生态学家	景观异质性定义
福尔曼	景观结构在空间分布上的非均匀性和随机性（Godron et al.，1995）
周志翔	景观系统特征在空间上的不均匀性和复杂程度。系统特征是指具有生态学意义的任何变量，如基质、斑块、廊道等景观结构成分（周志翔，2007）
孙儒泳	景观要素在空间分布上和时间过程总的变异和复杂程度（孙儒泳等，2002）
Jeltsch	景观要素在景观中的非均匀分布（Jeltsch et al.，1998）
Farina	景观中不同类型的斑块在空间上镶嵌的复杂性（Farina，1998）
肖笃宁	由不相关或不相似的组分构成的系统（肖笃宁，2003）
许慧	在一个区域里（景观或生态系统），一个种或者更高级的生物组织的存在起决定作用的资源（或某种性状）在空间上或时间上的变异程度或强度（许慧，1993）

▲图 15.2 森林景观
森林景观中河流、道路和建筑用地为异质景观

通过对上述不同的景观异质性定义进行分析，可以发现这些定义：①研究尺度或对象不同，如区域、景观、生态系统或斑块；②对象特征不同，如景观结构、系统特征、景观要素、斑块类型和系统属性等；③定义落脚点不同，如变异性、复杂性、变异程度、不均匀性和随机性等。

笔者对景观异质性的定义为：在一个景观当中，要素及要素的结构与功能在空间或时间上的变异程度。该定义有 3 个要点：①要素：在景观当中，要素作为构成景观的空间单元，一般视为生态系统。要素本身又具有一定的属性，包括要素性质、类型、形状（如斑块、廊道、基质）、数量、大小等；②要素的结构与功能：要素结构是指要素之间的空间排布（分散型、线型、团聚型、特定组合等）；要素功能是指要素和要素之间的相互作用，通常要依托各种流来完成，如物质流、信息流、能量流等；③变异程度：变异程度是指要素的自身差异及要素的结构与功能的差异。要素的自身差异使要素在空间或时间上呈不均匀分布，从而形成不同的空间排布形式和不同的相互作用（图15.3）。

一般来说，两种以上的景观要素构成景观异质性。异质性是景观的根本属性，最终会形成一定的景观镶嵌体（landscape mosaic）结构，即景观格局（landscape pattern）。

■ 景观异质性产生的原因

景观异质性的产生机制，是指在开放系统中，能量由一种状态转化为另一种状态，伴随着新结构的建立而增加了异质性，正是基于这种热力学原理，产生了景观异质性，即从太阳辐射能转化成各种能量流。异质性形成原因主要有两点，内因和外因。内因是指不同要素之间以及要素自身的差异，景观要素之间的生物流的相互影响和相互转化，经过时间演变在空间上形成复杂的、分布不均匀的现象；外因主要有景观生态系统的运动发展不平衡（如植被的内源演替或种群的动态变化）与外界干扰（如自然干扰、人类活动）。因此，我们可以得出景观异质性的影响因素：

H（异质性）$= f$（自然干扰、人类活动、植被内源演替或种群动态变化，要素自身差异，要素之间的差异）

■ 景观异质性的分类

景观异质性大致分为4类：空间异质性、时间异质性、时空耦合异质性及边缘异质性（邬建国，2007）。空间异质性是指要素及要素的结构与功能在空间上的变异程度，一般表现为斑块的镶嵌形式和梯度，空间异质性是景观生态学研究的重点；时间异质性主要体现为演替：裸地→杂草→灌木→先锋乔木→耐阴乔木；时空耦合异质性是指景观空间异质性结合时间异质性形成的动态形式；边缘异质性具有和边缘效应（edge effect）一样的特点。

■ 景观异质性的尺度

研究景观异质性离不开尺度（scale）问题。从生态学的角度来说，尺度是指所

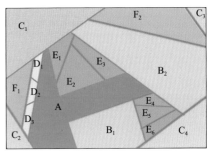

A、B、C、D、E、F 6种要素类型构成生态系统

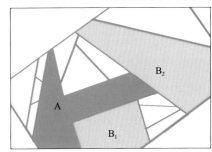

①要素。要素 A 和 B 均有自身属性，在性质、类型、形状、数量、大小上均具有差异

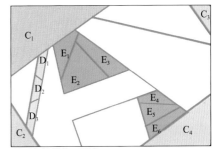

②要素的结构。要素 C_1、C_2、C_3、C_4、D_1、D_2、D_3 与 E_1、E_2、E_3、E_4、E_5、E_6 空间排布不同。要素 C_1、C_2、C_3、C_4 为分散型；要素 D_1、D_2、D_3 为线型；要素 E_1、E_2、E_3、E_4、E_5、E_6 为团聚型

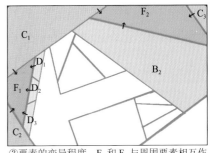

③要素的变异程度。F_1 和 F_2 与周围要素相互作用不同而产生变异不同，从而产生差异

▲ 图15.3 景观异质性定义三要点解析

大比例尺

中比例尺

小比例尺

▲图15.4 不同尺度下景观异质性体现

研究的生态系统的面积大小（即空间尺度）或时间间隔（即时间尺度）。异质性取决于尺度大小，同一景观，观察尺度越大，其空间异质性越强；观察尺度越小，其空间异质性越弱。如图15.4，面积为3.4km² 的纽约中央公园在大比例尺上（如1∶200万）是一个相对均质的大片林地，在中比例尺上（如1∶100万）可以看出湖泊、建筑用地等较大斑块，景观异质性增加，小比例尺上（如1∶50万）各景观要素均清晰可见，景观异质性明显增加。

■ 景观异质性的测度指数

对于异质性的描述和分析，在景观生态学中运用较多的是景观异质性测度指数，但是目前为止没有一个关于景观异质性准确的判断指标。景观异质性测度指标数量多、通用性不高以及理论性不强，是景观异质性研究中存在的问题。近年来，在景观生态学家提出的许多景观异质性指数中，使用较多的有以下4大类：①多样性指数；②镶嵌度指数；③距离指数；④景观破碎化指数，此4大类测度指数包括10小类测度指数（图15.5）。在实际运用时，这些指数往往只能反映景观异质性的某一个侧面特征，具有特点意义（表15.2），联合使用多种指数和分析方法有助于取长补短，更准确地反映其异质性规律（傅伯杰等，2011）。以上4类测度指数公式参见《景观生态学原理及应用（第二版）》（傅伯杰等，2011）。

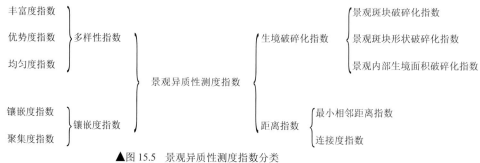

▲图15.5 景观异质性测度指数分类

表15.2 景观异质性指数意义

景观异质性指数	意义
景观多样性指数	反映景观类型的多少和各景观类型所占比例的变化，即复杂程度。景观多样性与最大景观多样性差异大，表明各类要素在景观中所占比例差异大，面积分布不均，景观异质性低；当各类要素所占比例相等时，景观异质性最高
景观丰富度指数	反映同一类型景观要素的多少
景观优势度指数	反映某类景观要素作为基质的优势程度。某类基质所占面积较大，优势度高；当各类基质占据比例相等时，优势度为零，景观均质
景观均匀度指数	反映景观中某类景观要素作为斑块的分布情况

142

PATTERN
景观异质性在农业景观中的应用

■农业景观异质性与其影响因素的函数关系

据四类测度指数，可以得出以下函数关系：

H（异质性）=f（要素数量，要素面积，要素形状，要素类型，要素密度，要素边界总长度，相邻要素共同边界长度，相邻要素相异性量度，相邻要素间距，景观总面积）

提取函数关系式中可空间化的因素，得到以下公式：

H（异质性）=f（要素数量，要素面积，要素形状，要素类型，要素密度，要素边界总长度，相邻要素间距）（表15.3）。

表 15.3　提高农业景观异质性的七大空间法则

法则	图解	原理说明
法则1： 要素数量多	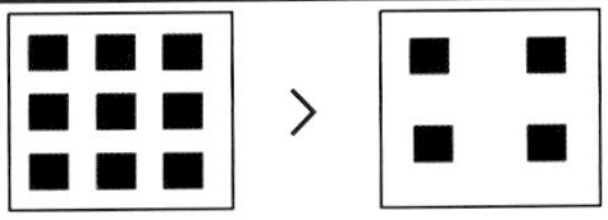	要素（斑块）数量多，要素间相互作用关系增加，景观异质性提高
法则2： 要素面积小		由大面积要素（斑块）分解成小面积斑块，景观结构复杂，要素间相互作用关系增加，景观异质性提高
法则3： 要素形状不规则	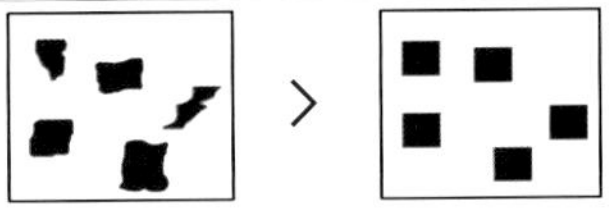	要素（斑块）形状不规则，生物扩散容易，物质和能量的迁移频繁，景观异质性提高
法则4： 要素类型多	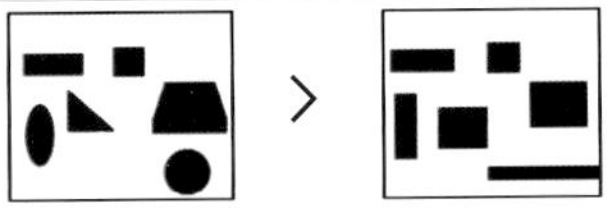	要素类型（斑—廊—基）丰富，要素间物种流的传递频率增强，要素间相互作用关系增加，景观异质性提高
法则5： 要素密度大	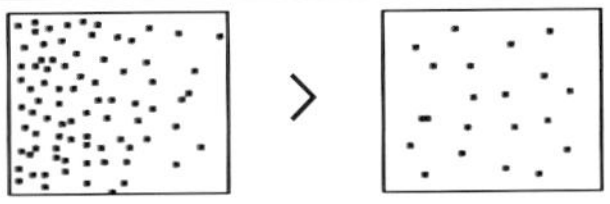	要素密度大，要素间物种流的传递频率增强，要素间相互作用关系增加，景观异质性提高
法则6： 要素边界总长度	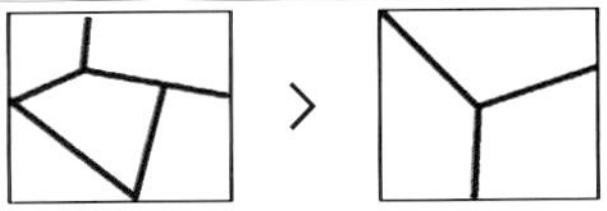	要素边界总长度长，要素间物种流的传递频率增强，景观异质性提高
法则7： 相邻要素间距小	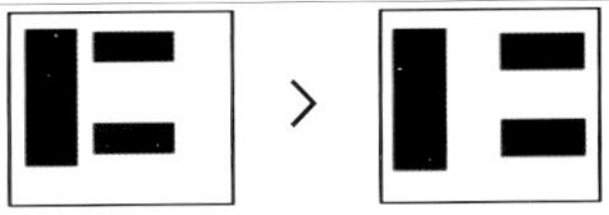	相邻要素间距小，具有边缘效应的特点，生物扩散容易，物质和能量的迁移频繁，景观异质性提高

余杭高新农业开发区为集生产、科研、教育、观光休闲为一体的科技农业观光园区。本案例借助景观异质性指数对园区进行分析，对整体观光农业景观格局的合理性做出了评判。通过优化前后景观要素对比分析，可以间接得出观光农业园区景观异质性特征（图15.6、图15.7、表15.4）（卜岩枫，2006）。

▲ 图15.6 高新农业创业园优化前景观格局
　　（卜岩枫，2006）

▲ 图15.7 高新农业创业园优化后景观格局
　　（卜岩枫，2006）

表 15.4　高新农业创业园优化前后景观要素对比分析

对比	优化前	优化后	对比结果
景观要素类型	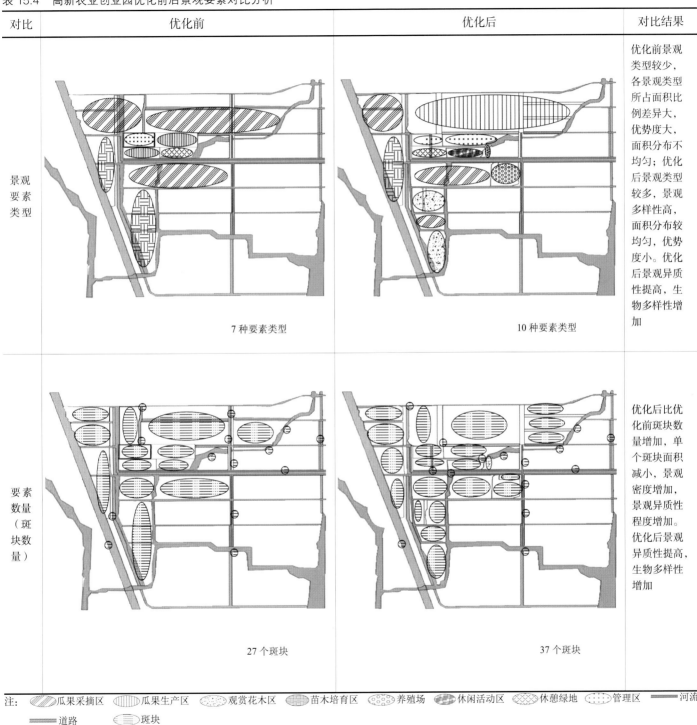7 种要素类型	10 种要素类型	优化前景观类型较少，各景观类型所占面积比例差异大，优势度大，面积分布不均匀；优化后景观类型较多，景观多样性高，面积分布较均匀，优势度小。优化后景观异质性提高，生物多样性增加
要素数量（斑块数量）	27 个斑块	37 个斑块	优化后比优化前斑块数量增加，单个斑块面积减小，景观密度增加，景观异质性程度增加。优化后景观异质性提高，生物多样性增加

注：▨瓜果采摘区　▥瓜果生产区　◉观赏花木区　▦苗木培育区　◌养殖场　▨休闲活动区　▧休憩绿地　⬭管理区　━河流
　　━道路　⬭斑块

145

■优化前后高新农业创业园景观异质性分析

案例中选取多样性指数、均匀度指数、优势度指数和丰富度指数分析该园区景观异质性的指标。通过对优化前后的景观异质性测度指数进行定量分析，可以得出优化前后异质性大小（表 15.5、表 15.6）。

表 15.5　优化前后高新农业创业园不同景观类型测度指数（卜岩枫，2006）

景观类型	优化前面积比 /%	优化后面积比 /%	优化前丰富度 /%	优化后丰富度 /%
瓜果生产区	61.68	37.40	25.93	13.51
瓜果采摘区	7.47	22.92	7.41	13.51
观赏花木区	—	8.07	—	8.11
苗木培育区	15.43	5.18	7.41	5.41
养殖场	—	3.52	—	5.41
休闲活动区	2.46	2.46	3.70	2.70

表 15.6　优化前后高新农业创业园景观异质性测度指数汇总（卜岩枫，2006）

对比	最大多样性指数	多样性指数	均匀度指数	优势度指数
优化前	2.81	1.83	0.65	0.98
优化后	3.32	2.68	0.81	0.64

通过比较优化前后的景观异质性，可以得出优化前景观整体结构单调，景观结构不稳定：瓜果生产区（基质）面积比为 61.68%，所占面积过大，休闲区面积比仅为 2.46%，所占面积过小，不能满足正常园区功能，整体斑块形状较规则；而优化后景观整体结构多样，景观整体结构稳定：瓜果生产区（基质）面积比减小为 37.40%，休闲区（休闲活动和休憩绿地）面积比扩大为 4.92%，斑块形状进行了不规则调整。优化后多样性指数、均匀度指数均比优化前提升，优势度指数降低，总体景观异质性高于优化前，景观格局合理分布。

■提高高新农业创业园景观异质性的策略

高新农业创业园利用 4 大空间法则作为提高景观异质性的策略（图 15.7）。通过景观格局的优化，促进了景观稳定性和复杂性，增加了该农业区的生物多样性，提升了农业景观生态效益。

表 15.7 高新农业创业园提高景观异质性的策略

策略	优化前	优化后	说明
策略1： 要素数量多	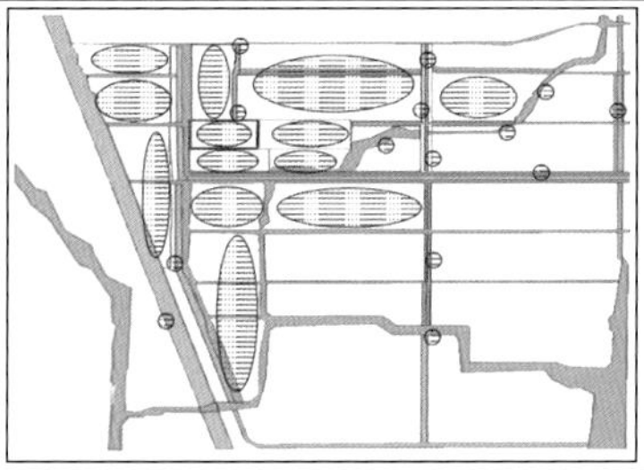	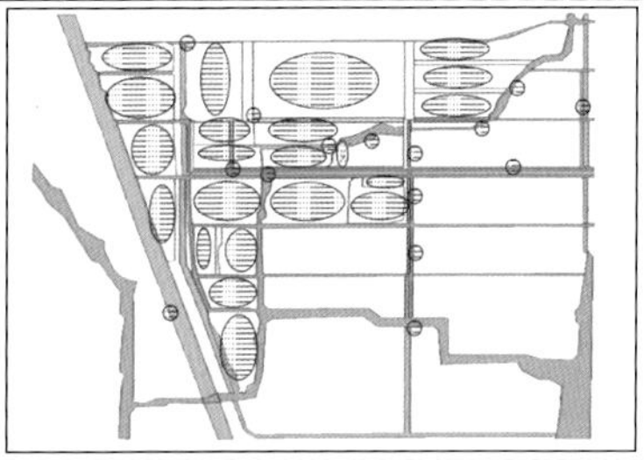	在研究面积相同的情况下，园区由优化前27个要素（斑块）增加到优化后37个要素（斑块），要素（斑块）数量增加，景观异质性提高
策略2： 要素面积小	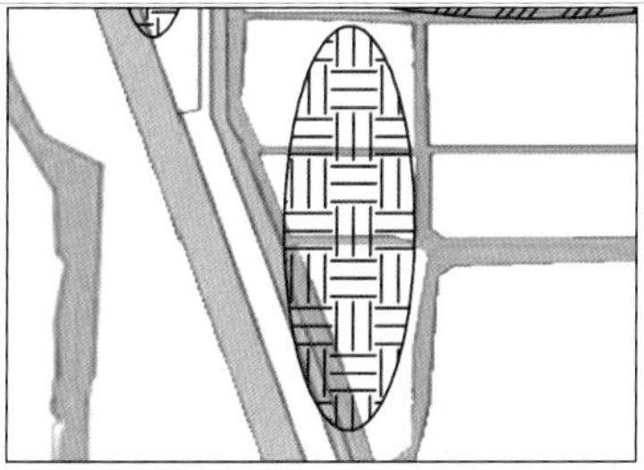	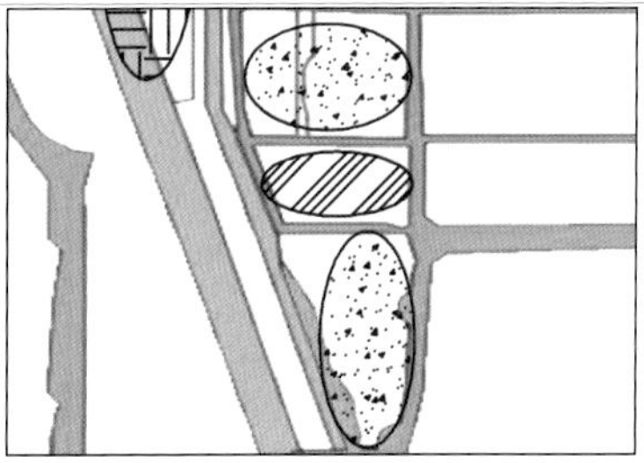	在研究面积相同的情况下，园区将优化前苗木培育区分解成优化后观赏花木区和瓜果采摘区，将优化前大面积要素（斑块）分解成优化后小面积要素（斑块），景观各要素类型面积比差异减小，景观异质性提高
策略3： 要素形状不规则	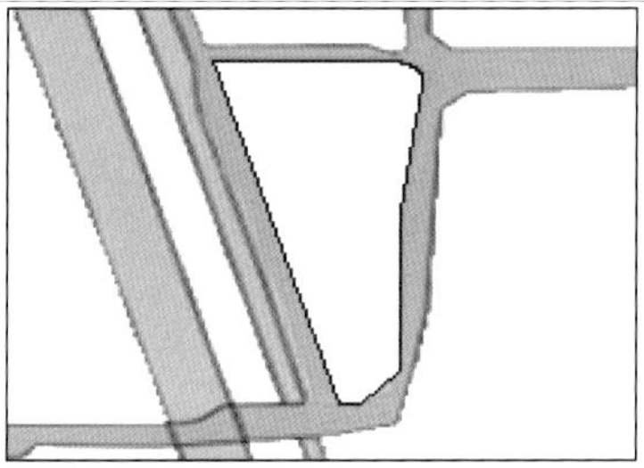	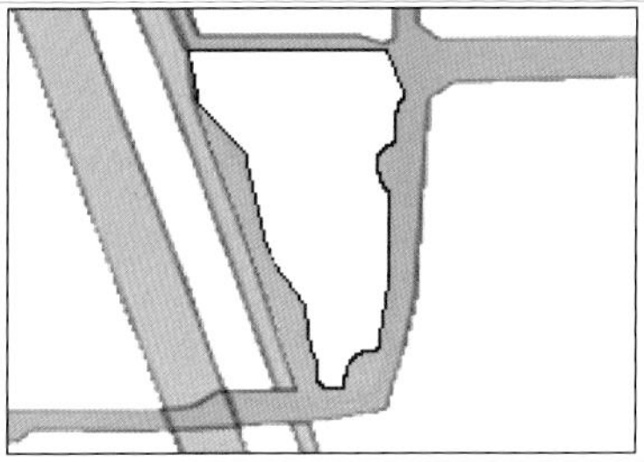	园区由优化前规则形要素（斑块）调整为优化后不规则形要素（斑块）。不规则形要素（斑块）增强边缘效应，加强相邻要素（斑块）间物种流的传递频率，景观异质性提高
策略4： 要素类型多	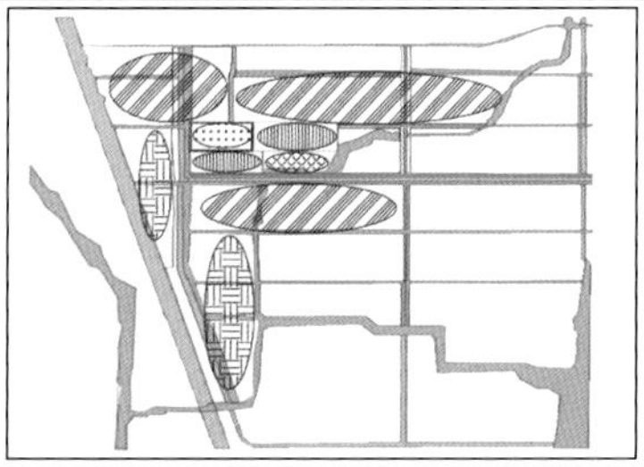	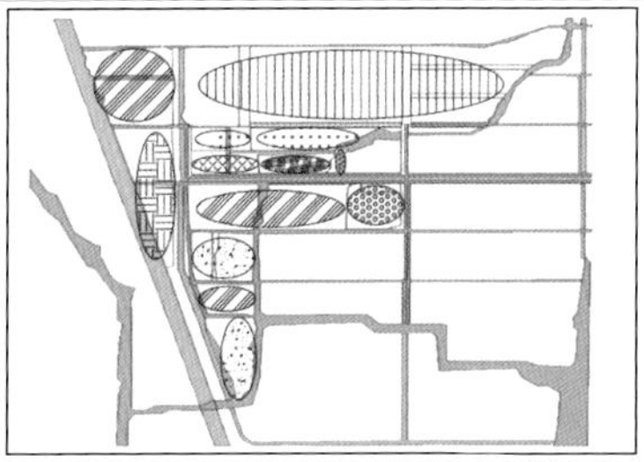	在研究面积相同的情况下，园区由优化前7种要素增加到优化后10种要素，要素类型增加，景观异质性提高

■ 参考文献

Godron M, Baudry J, Forman R T. 1995.Thermodynamic Foundation and Information Theory in Understanding Landscape Heterogeneity[J]. Chinese Journal of Ecology .

Weber, G. E., Jeltsch, F., Rooyen, N. V., & Milton, S. J. 1998. Simulated long-term vegetation response to grazing heterogeneity in semi- arid rangelands. Journal of Applied Ecology, 35(5), 687-699.

Farina, A. 1998. Theories and models incorporated in the landscape ecology framework. Principles and Methods in Landscape Ecology. Springer Netherlands.

卜岩枫，2006.浙江省观光农业基于循环经济的景观异质性分析与景观格局优化 [D]. 杭州：浙江大学博士学位论文：34-50.

[美] 文克·E·德拉姆施塔德 .2010. 景观设计学和土地利用规划中的景观生态原理 [M]. 朱强，等，译 . 北京：中国建筑工业出版社 .

傅伯杰，陈利顶，马克明，等 .2011. 景观生态学原理及应用 [M]. 2 版 . 北京：科学出版社：56-92.

孙儒泳，李庆芬，牛翠娟，娄安如 .2002. 基础生态学 [M]. 北京：高等教育出版社 .

邬建国 .2007. 景观生态学——格局过程尺度与等级 [M]. 北京：高等教育出版社：17-19.

肖笃宁 . 2003. 景观生态学 [M]. 北京：中国林业出版社 .

许慧 . 1993. 景观生态学的理论与应用 [M]. 北京：中国环境科学出版社 .

周志翔 . 2007. 景观生态学基础 [M]. 北京：中国农业出版社 .

■ 拓展阅读

王云才 .2014. 景观生态规划原理 [M]. 北京：中国建筑工业出版社：28-35.

邬建国 .2007. 景观生态学——格局过程尺度与等级 [M]. 北京：高等教育出版社 .

余新晓，牛健植，关文彬，等 .2006. 景观生态学 [M]. 北京：高等教育出版社：101-111.

■ 思想碰撞

　　本讲中提到由大面积斑块分解成小面积斑块，景观结构复杂，有助于提高景观异质性，增加生物多样性，即小面积斑块有助于为特有物种提供适宜生境，多物种共存。但在岛屿生物地理学和复合种群理论中，强调物种丰富度往往随着斑块面积的增加而增加，较大斑块能维持较大种群，且不易受边缘效应影响，因此大面积斑块有利于维持高的生物多样性。对此，你怎么看？

■ 专题编者

石素贤

杜凌霄

渗透理论与景观连通性

生境破碎化的救兵

16讲

> 梦想家只能在月光下找到前进的方向，
> 他为此遭受的惩罚是比所有人提前看到曙光。
>
> ——王尔德

当纯净水温度降至零度时，纯净水达到冰点，会有凝固现象产生，从而形成结冰现象。这是一种临界阈现象，在日常生活中也十分常见。那么在景观生态学中，这种现象是否存在，有何具体的表现形式呢？

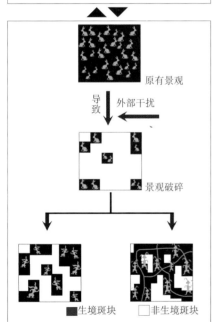

物理渗透总结：当介质的密度达到临界阈值时，渗透物可以通过介质材料渗透过去，而当密度达不到临界阈值时不能渗透。

介质
密度1
不能渗透

介质
密度2
可以渗透

原有景观

导致　外部干扰

景观破碎

■生境斑块　　□非生境斑块

增加少量生境斑块面积，景观未达到连通

增加适量生境斑块面积，景观达到连通

景观连通性总结：当生境斑块面积达到临界阈值时，种群才可以通过生境斑块建立的廊道到达其他生境斑块

▲ 图16.1　渗透理论与景观连通性类比

THEORY
基于渗透理论的景观连通性研究

物理学家应用渗透理论来回答这样的问题：在某种不导电的介质中加入多少金属材料才能使其导电？在大分子形成过程中，当小分子之间的化学键的数目增加到什么程度分子聚合才可发生？在景观生态学中，渗透理论同样可以适用，假设有一系列景观，其中某一物种的生境面积占景观总面积的比例从小到大，各不相同，一个重要的问题就是：当生境面积增加到多大时，该物种的个体可以通过彼此相互连接的生境斑块从景观的一端运动到另一端，从而使景观破碎化对种群动态的影响大大降低？这种临界阈特征是景观连通性对生态学过程影响的表现（图16.1）。因此，渗透理论作为专门研究临界阈的理论，成为我们研究景观连通性的重要工具。

■ 景观连通性的相关概念

临界阈现象（critical threshold characteristic）：指一个变量突然从一种状态过渡到另一种状态的过程，是一种从量变到质变的过程，从一种状态过渡到另一种截然不同状态的过程。

渗透理论（penetration theory）：渗透理论以及与其密切相关的相变理论是专门研究临界阈现象的，它最突出的要点就是当介质的密度达到某一临界值时，渗透物突然能从介质材料的一端到达另一端。

景观连通性（landscape connectedness）：指景观空间结构单元之间的连续性程度。它包括两方面：结构连通性（structural connectedness）与功能连通性（functional connectedness），结构连通性是指景观单元或斑块在空间中表现出来的连续性，可从卫星图片或航测图中判断，而功能连通性是以研究的生态学对象或过程的特征来确定景观的连续性。

景观破碎化（landscape fragmentation）：指由于自然或人为因素的干扰所导致的景观由简单趋向于复杂的过程，即景观由单一、均质和连续的整体趋向于复杂、异质和不连续的斑块镶嵌体。

■ 计算机辅助研究

通过计算机辅助，我们可以应用渗透理论来研究景观连通性，让我们用一系列两色栅格网来代表具有不同生境面积的景观。当两个或多个生境单元相邻时，它们会形成更大的生境斑块，生物个体可以穿过这些彼此相互连接的生境单元运动。

对于二维栅格网而言，常见的判定单元是否相邻的邻域规则有如下两种：四邻规则（four-neighbor rule）和八邻规则（eight-neighbor rule）（邬建国，2007）（图16.2）。

在计算机模拟下的100×100随机栅格景观中，若采用四邻规则，当栅格景观中黑色单元所占面积总数小于60%（八邻规则下为40%）时，景观中没有连通斑块形成，当栅格景观中黑色单元所占面积总数等于60%（八邻规则下为40%）时，景观中连通斑块的形成概率骤然达到100%，对生态学中的种群动态来说，这意味着生物个体从只能在局部生境范围内运动的情形突然进入能够从景观的一端运动到另一端的状态。在渗透理论中，这种允许连通斑块出现的最小生境面积百分比称为渗透阈值（percolation threshold）（邬建国，2007），缩写为"P"（图16.3）。

基于渗透理论研究景观连通性时，渗透阈值对应景观连通的难易程度。当渗透阈值越低时，意味着该处景观越易连通，当渗透阈值越高时，该处景观越难连通。我们可以通过研究影响渗透阈值的因素来控制景观连通性的难易。

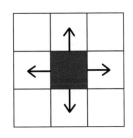
四邻规则规定，与所考虑的单元（或称中心单元）直接相连接的上、下、左、右4个单元为其相邻单元，整个邻域由5个单元组成

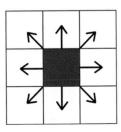
八邻规则规定，与中心单元上、下、左、右以及两个对角线上8个单元都为其相邻单元，整个邻域由9个单元组成

■ 黑色单元——生境斑块
□ 白色单元——非生境斑块
□ 灰色单元——相邻生境斑块

◀ 图16.2 四邻规则和八邻规则

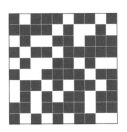
四邻规则：P=0.6

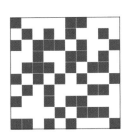
八邻规则：P=0.4

◀ 图16.3 两种渗透阈值

■ 影响渗透阈值的五种因素和对应的景观生态学五种现象

表 16.1　影响渗透阈值的 5 种因素及原理说明

影响因素	图解		原理说明
因素 1 邻域规则: 代表物种迁移能力 物种的迁移能力越高, 渗透阈值越小	$P=0.6$ 四邻规则代表物种的迁移能力弱	$P=0.4$ 八邻规则代表的物种迁移能力较强	不同的邻域规则代表了生境斑块不同的扩散方式,在景观生态学中可转化为不同物种在生境斑块中的迁移能力
因素 2 生境斑块的几何形状: 代表生境斑块可穿越边界数量 可穿越边界数量越多, 渗透阈值越小	正六边形代表生境斑块可穿越的边界数量少	正方形代表生境斑块可穿越的边界数量多	在景观生态学中可将此结果转化为生境斑块可穿越的边界数量
因素 3 生境斑块的分布: 代表生境斑块之间的廊道连接 对渗透阈值影响显著的现象是廊道以及踏脚石的出现	$P=0.7$ 随机分布的生境斑块间廊道连接	$P=0.4$ 非随机分布的生境斑块间廊道连接	渗透理论假定生境斑块在空间上呈随机分布,但当其分布呈非随机型(人为因素)时,若想有廊道连接,需要更多的生境斑块来充当踏脚石,这样就使得生境斑块的面积大小显著影响渗透阈值的大小
因素 4 生境斑块与非生境斑块的差异性大小: 代表生境斑块与基质的差异性大小 斑块与基质之间的差异性减小,其渗透阈值也会随之减小	生境斑块与基质的差异性大	生境斑块与基质的差异性小	生境斑块与非生境斑块的差异性可转化为生境斑块与基质的差异性
因素 5 栅格斑块的大小: 代表生境斑块的大小	$P=0.7$ 小栅格斑块代表了小生境斑块	$P=0.4$ 大栅格斑块代表了大生境斑块	相同面积的栅格景观下,栅格斑块越大,其渗透阈值越低,栅格斑块越小,其渗透阈值越高

注:　■ 生境斑块　□ 相邻生境斑块　　非生境斑块　—— 物种迁移路径　⬚ 节省的斑块

PATTERN
最优景观连通性格局探究

■ 景观连通性与其生态学影响因素的函数关系

C（景观连通性）=f（物种迁移能力、生境斑块的大小、生境斑块可穿越边界的数量、生境斑块之间的廊道与踏脚石、生境斑块与基质的差异性大小）

提取其中可空间化的因素，可以得到公式：

C（景观连通性）=f（生境斑块的大小、生境斑块可穿越边界的数量、生境斑块之间的廊道与踏脚石、生境斑块与基质的差异性大小）

我们通过研究四种可空间化的因素，得出提高景观连通性的四大空间法则（表16.2）

表 16.2　提高景观连通性的四大空间法则

法则	图解	原理说明
法则 1：大 大生境斑块比小生境斑块景观连通性好		生境斑块越大，景观破碎化程度越低，景观连通性越好
法则 2：廊道连接 有廊道连接的斑块比独立存在的斑块景观连通性好		生境斑块之间存在廊道与踏脚石的连接，使景观破碎化程度降低，景观连通性提高
法则 3：差异小 生境斑块与基质差异性小，景观连通性提高		生境斑块与基质的差异性越小，生境斑块之间越易连通，景观连通性越好
法则 4：可穿越边界 增加生境斑块可穿越边界的数量，景观连通性提高		生境斑块的可穿越边界越多，斑块越易渗透，景观连通性越高

根据上述探究，总结影响景观连通性的因素及提高景观连通性的空间法则，推导出最优景观连通性格局（图16.4）。

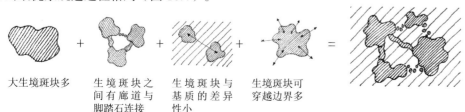

大生境斑块多　　生境斑块之间有廊道与脚踏石连接　　生境斑块与基质的差异性小　　生境斑块可穿越边界多

◀图 16.4　最优景观连通性格局

153

南沙岛位于珠江出水口西岸，自 1993 年来，广州南沙经济技术开发区成立，南沙岛的开发进入了快车道，城市开发改变了原有的景观格局，造成了严重的景观破碎化现象（图 16.5），2012 年现状如图 16.6 所示。在探究其景观空间破碎化的过程中，重点考察了南沙岛生态斑块的数量、密度以及斑块之间的空间关系。结果显示，南沙岛的城市化进程是造成自然系统景观破碎化最重要的原因。

生态绿地斑块　　水体斑块　　农田　　城市建设用地

开发前期　　　　　　　开发中期　　　　　　　开发后期

▶图 16.5　南沙岛景观破碎化过程

现状成因：

（1）开发前期：在大规模开发前，南沙岛的西侧集中了大面积的农田，占岛域面积的 36%。生态绿地斑块是最主要的一种土地利用类型，面积约占 39%。这一时期的村庄的建设主要为村民自身住宅的增建，村域内的其他用地多为农田、基塘、森林等非建设用地，并没有大规模的建设活动。

（2）开发中期：生态斑块与农田在城市开发的巨大压力下，面积急剧降低。到了开发中期生态绿地斑块仅占总面积的 24%；而农田则已经退化到 14%。城市建设用地的面积却出现了跨越式的增长，从 19% 一跃升至 48%，成为该地区面积最主要的土地利用类型。

（3）开发后期：南沙岛的建设末期，农田从该区域消失。而水域将被严格限制在渠化了的河道系统内，其面积仅为该区域的 3%。生态绿地斑块的面积在后期将增加到 39%，增加的面积主要是新建设的城市公园、滨江绿带以及修复的山体等。城市建成区占据绝对的优势，成为该区域面积最大的土地利用类型，达到了 64%。

（曹烁博，2011）

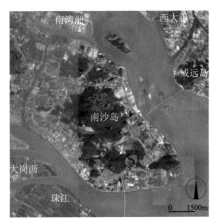

▲图 16.6　南沙岛 2012 年状况

通过对南沙岛景观破碎化的成因解析可看到，应采用提高景观联通性的各种空间策略（表 16.3），通过建立各尺度斑块刚性控制线、恢复生态节点以及建立廊道连接，使破碎的斑块之间产生良好的连通性，提高南沙岛地区抵御景观破碎化风险的能力（图 16.7）。

景观连通性中的临界阈值的出现为我们控制景观的破碎化提供了一条生态保证的底线。在城市扩张的同时，应该保证必要的生态廊道和生态栖息地，从而让规划干预从消极向积极的角色转变。

▲ 图 16.7　南沙岛生态斑块修复总格局

表 16.3　南沙岛修复并提高斑块景观连通性的策略

修复策略	修复前后对比	策略说明
策略1：斑块保持完整	生态斑块　　大型斑块刚性控制线	建立大型生态斑块刚性控制线，阻止生境斑块进一步破碎、减小
策略2：廊道连接	小型斑块　　小型斑块刚性控制线	建立残留小型生态斑块刚性保护区，小型斑块仍然充当着大型生态斑块外围的缓冲区，承担着生态廊道与踏脚石的作用
策略3：减小斑块与基质的差异性	建立斑块间连续性　置换生态核心区已建项目　拓宽自然生态斑块外围边界	置换生态核心区的已建项目，恢复大型生态斑块的连接性
策略4：阻止斑块可穿越的边界数量减少		拓宽自然生态斑块的外围边界，这些区域形成南沙岛生态保护外围的限建区

155

■ 参考文献

曹烯博，2011. 广州南沙岛景观破碎和规划干预研究 [D]. 广州：华南理工大学 .

邬建国，2007. 景观生态学 —— 格局过程尺度与等级 [M]. 北京：高等教育出版社：62–64.

■ 拓展阅读

德拉姆施塔德，2010. 景观设计学和土地利用规划中的景观生态学原理 [M]. 北京：中国建筑工业出版社：35–39.

傅伯杰，陈利顶，马克明，等，2001. 景观生态学原理及应用 [M].2 版 . 北京：科学出版社：81–85.

邬建国，2007. 景观生态学 —— 格局过程尺度与等级 [M]. 北京：高等教育出版社：60–66.

■ 思想碰撞

　　动物的迁移能力也是影响景观连通性的重要因素之一，拿兔子和蝴蝶来讲，一种是陆地动物，一种是飞行动物，它们的生存环境不同，行为活动不同，必然会有不同的迁移能力，从而产生不同的景观连通性。但是图 16.4 景观连通性最优格局中并没有提到与动物迁移能力相对应的法则。你认为动物的迁移能力是否应该被考虑到景观连通性最优格局中？若要考虑，会对景观连通性最优格局造成何种改变？

■ 专题编者

崔胜菊

郭翔宇

自然过程

连续性 **17讲**

生命孕育者的重生

不是叮的一声一些东西变成另一些东西才是奇妙。
哪个走得很慢很慢，慢得不像话的，
但是肯定一直都在走的钟，就已经很奇妙了。

——麦兜响当当

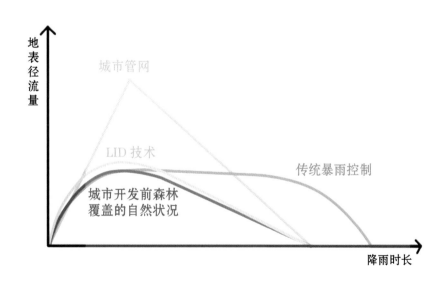

自然的河流应该是"白日依山尽，黄河入海流"的九曲回环；"星垂平野阔，月涌大江流"的坦荡磅礴；"山随平野尽，江入大荒流"的自然洒脱；更应该是"竹外桃花两三枝，春江水暖鸭先知"的淳朴悠闲；"关关雎鸠，在河之洲"的真情浓意；"日出江花红胜火，春来江水绿如蓝"的绚烂美景。而河流的现状是怎样的呢？它们还能恢复以前的状态吗？

■自然过程连续性

自然过程连续性是景观格局与过程动态平衡（dynamic balance）发展的本质体现，是与自然过程完整性、连通性等同等重要的概念。

1.自然过程

在景观生态学视角下，狭义的"自然过程"就是指生态过程中的生物过程和非生物过程，如植物生长、动物迁徙、群落演替、河流改道和地壳运动等过程。广义的"自然过程"就是指包括人文过程在内的一切发生在景观尺度的生态过程，如城市建设、人工水利设施建设等过程。

2.连续性

"连续性"（continuity）本是数学用语，描述一种函数的属性，直观地讲，输入一个变化足够小的数值，输出的结果也会产生足够小的变化的函数，称之为连续性函数，如果输入值的某种微小的变化会产生输出值的一个突然的跳跃甚至无法定义，则这个函数被称为不连续的函数（或者说具有不连续性）。类比在景观生态学中，对一个生态系统来说，该生态系统越自然，连续性越高；人工干扰后，连续性降低。如图 17.1 所示，暴雨后自然状态下的森林生态系统比人为干扰下的城市生态系统有着更好的滞洪能力，自然过程连续性更高。

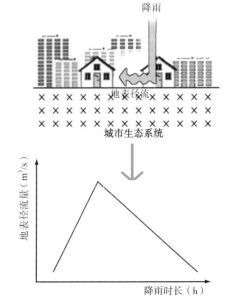

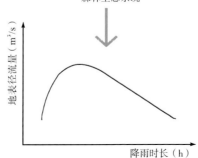

▶图 17.1 森林生态系统与城市生态系统排水能力比较

■ 河流四维连续体和洪水脉冲理论

1. 河流连续体和四维连续体

由源头集水区的第一级河流起，以下流经各级河流流域，形成一个连续的、流动的、独特而完整的系统，称为河流连续体（river continuum，图 17.2）。该概念运用生态学原理，把河流网络看作一个连续的整体系统，强调河流生态系统的结构与功能与流域的统一性，这种由上游诸多小溪直至下游河口组成的河流系统生态过程的连续性，不仅指地理空间上的连续，更重要的是指生态系统中生物学过程及其物理环境的连续（Vannote R L，1980）（图 17.3）。

河流四维连续体（four-dimensional continuum，图 17.4）具有纵向（y）、横向（x）、竖向（z）和时间（t）四个尺度。纵向：河流是一个线性系统，从河源到河口均发生变化；横向：河流与横向区域存在多种联系；垂直方向：地下水影响径流、水文要素和化学成分，河床基质中的有机体与河流的相互作用；时间：河流生态系统随着降雨、潮流等条件在时空中扩展或收缩。其中时间方向的连续性主要体现为河流系统的动态变化过程，本书不做过多讨论。表 17.1 主要讨论了其他三个维度的连续性特征和作用。

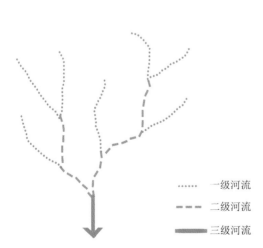

一级河流
二级河流
三级河流

▲图 17.2　河流是连续的等级系统

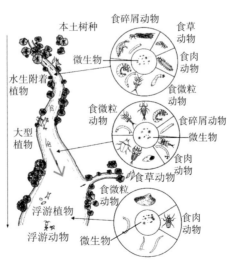

本土树种
食碎屑动物
食草动物
微生物
食肉动物
水生附着植物
食微粒动物
食微粒动物
食碎屑动物
大型植物
微生物
食肉动物
食草动物
食微粒动物
浮游植物
食肉动物
浮游动物
微生物

▲图 17.3　河流连续体概念图示（Vannote,1980）

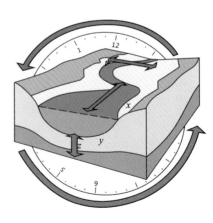

▲图 17.4　河流四维连续体

表 17.1 河流连续体不同维度特征及作用比较

维度	空间分布	特征	作用
x（横向）	主河道—洪泛区—高地	河流与洪泛区、高地等形成了复杂的生态系统。河流与横向区域之间存在着能量流、物质流、信息流等多种联系，共同构成了小尺度的生态系统	①蓄滞洪水 ②保持由洪水脉冲效应带来的物质、能量、信息流 ③是洪泛滩区和外围景观的过渡带
y（纵向）	上、中、下游	河流从河源到河口均发生物理、化学和生物变化。生物物种和群落随上、中、下游河道自然条件的连续变化而不断进行调整和适应	①促进河水充氧 ②很多水生无脊椎动物的主要栖息地 ③鱼类觅食休憩的场所 ④储存缓慢释放到河流中的有机物
z（竖向）	河床—河底方向	包括地下水对河流水文要素和化学成分的影响，生活在河床底质中有机体与河流的相互作用	①支持底栖生物 ②屏蔽穴居生物 ③为水生植物提供固着点和营养来源 ④影响水生生物的分布

2. 洪水脉冲理论

河流生态理论之一的洪水脉冲理论是河流横向维度的具体作用之一，其研究和应用有助于更好地完善河流连续体过程。Junk 于 1989 年提出了洪水脉冲（flood pulse）理论，认为洪水脉冲是河流—洪泛滩区系统生物生存、生产和交互作用的主要驱动力（Junk W J,1989）。洪水脉冲把河流与滩区动态地联结起来，形成了河流—洪泛滩区系统有机物的高效利用系统，促进水生物种与陆生物种间能量交换和物质循环，完善食物网结构，促进鱼类等生物量的提高。图 17.5 为河流和洪泛滩区的横断面图。

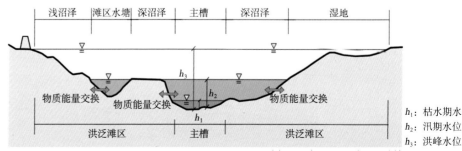

▶图 17.5 河流—洪泛滩区横断面

PATTERN
保持河道连续性五大法则

河流四维连续体模型体现为河流生物群落结构连续性，物质流、能量流、信息流和物种流的连续性，河流生态系统结构和功能的连续性（董哲仁等，2010）。从景观生态学的角度看，河道边界也是一种陆地景观斑块，河道边界自然过程连续性与斑块特征的函数关系如下：

$L1（x）=f[-$ 土壤孔隙度，$+$ 植被覆盖，$+/-$ 坡度，$+$ 河岸带宽度，水利工程：

$+$ 河道蜿蜒度，$-$ 堤坝数量，$-$ 护坡材料硬质化程度，$-$ 河流横断面的几

何规则化程度]

$L2（y）=f[（$ 水利工程：$-$ 筑坝数量，$-$ 跨流域调水工程），$+$ 河床起伏程度，

$+/-$ 河流水面宽度，$+$ 河道水量，$+/-$ 河道流速]

$L3（z）=f（+$ 土壤孔隙度，$-$ 植被覆盖率，$+$ 河床底质，$+/-$ 水深）

将其中能够空间化的因素提炼出来，得到如下公式：

$L=f（+$ 植被覆盖度，$+$ 河岸带宽度，$+$ 河道蜿蜒度，$-$ 筑坝数量，$+$ 河床底质类型）

其中影响河流边界的主要来自于植被覆盖度、河岸带宽度、河道蜿蜒度这3个因素（图17.6）。筑坝主要是从纵向连续性来谈论，而河床底质主要是从河流竖向来研究。将影响河流边界的因素空间化后可以得出保持河道连续性五大法则（表17.2），即将所有能够空间化的元素通过变量表现出来，从而得出保持河流连续性的方法和要点。

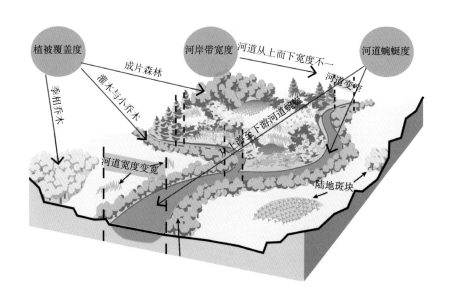

◀图17.6　影响河流边界的3个因素

表 17.2　保持河道连续性的五大空间法则

法则	图解	原理说明
法则 1：植被覆盖率高 植被覆盖率越高类型越丰富水平连续性越好	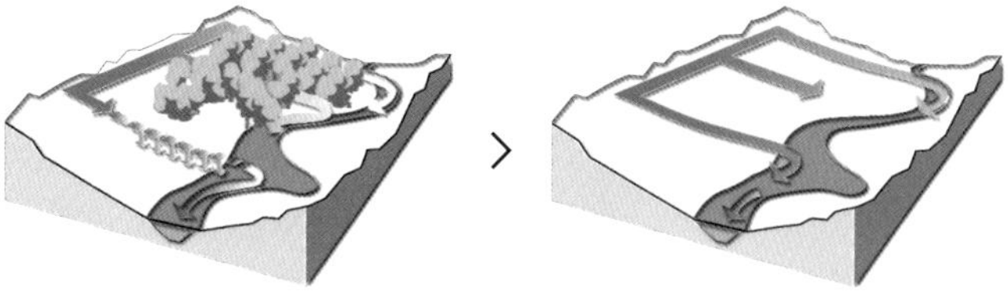	河岸带植被覆盖率越高类型越丰富（乔、灌、草），河流的水平连续性越好。没有植被覆盖的河岸，水流的冲刷会很严重，会带走很多的营养物质，不利于河流的健康发展
法则 2：河岸带宽度宽 河道宽度越宽水平连续性越好	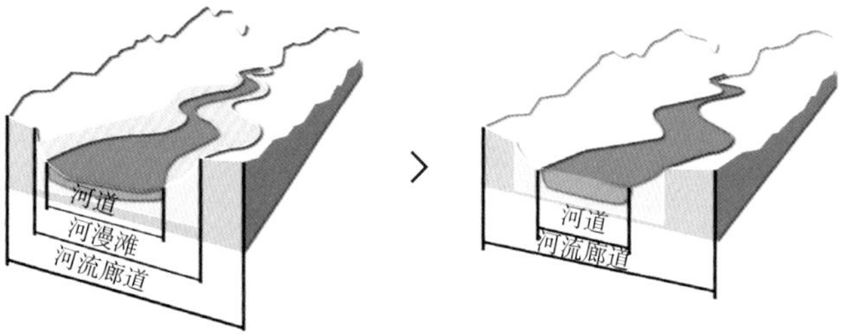 河道 河漫滩 河流廊道 > 河道 河流廊道	通常情况下河岸带越宽水平连续性越好，河岸带宽度生物多样性的最低阈值（lowest threshold）为 12m，要保持一定的生物多样性，廊道的宽度至少为 60m。保证一定的河岸带宽度有利于河流两岸营养物质流的合理交换和存蓄
法则 3：河道蜿蜒 河道形式优于渠化河道	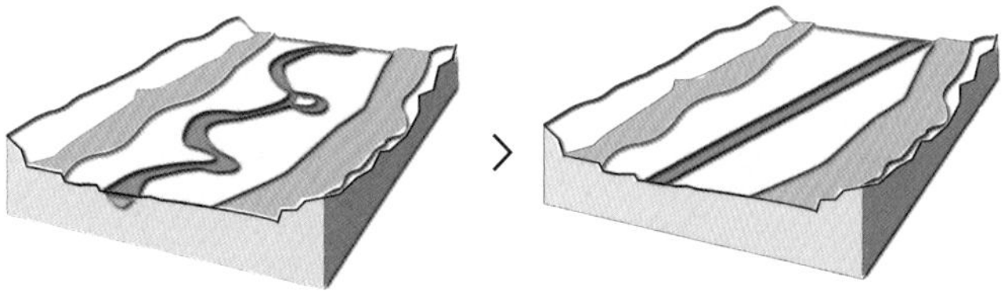	蜿蜒状河道的连续性优于渠化河道。且拆掉堤坝恢复自然河岸形态会使河流的水平连续性更好。渠化河道直接隔断河流与两岸营养、物质的交流和互补，不利于河流生物多样性的保持
法则 4：筑坝拆除 拆除筑坝有利于恢复纵向连续性	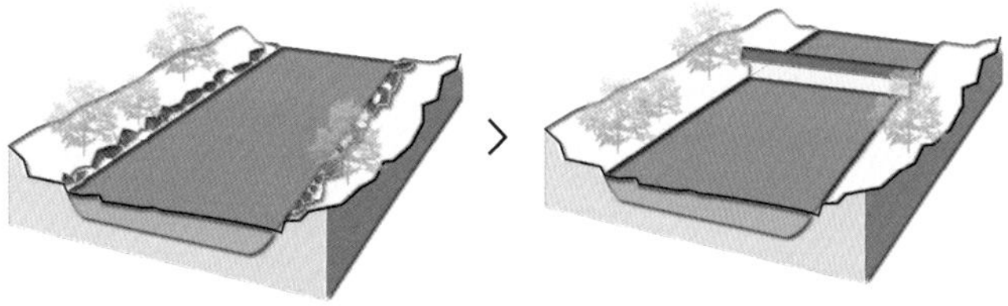	拆掉筑坝，改造成以乱石岩块堆积的自然结构有利于恢复河流的纵向连续性。筑坝使得河流纵向连续性丧失，不利于河流生物多样性的保护和延续
法则 5：河床底质透水性强 河床底质透水性越强竖向连续性越好	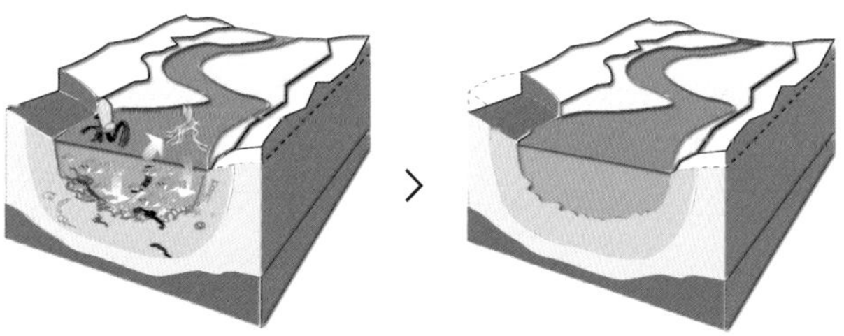	河底质地透水性越好，河道的垂直连续性越好。底质能够支持底栖生物、屏蔽穴居生物、为水生植物提供固着点和营养来源，因此底质的硬化不利于河流纵向连续性

由此可提出 3 种河道连续性格局，分别适应于不同的生态结构类型和植被现状（表 17.3）。

表 17.3 三种河道连续性格局

河道连续性格局	图解	特征和应用
河道低连续性格局（河道只有 x、y、z 方向中的一个方向连续）	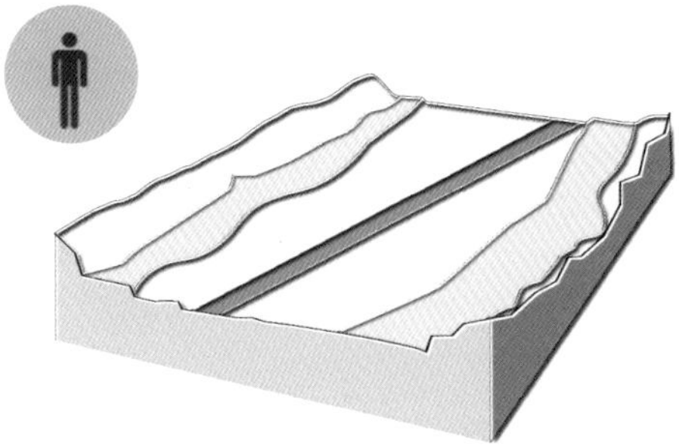	特征： ①流域内水平过程连续性基本为 0（x 方向） ②流域内垂直过程连续性基本为 0（y 方向） ③水陆生态交错带缺失 ④河道与周边环境侧向交流基本为 0，生态效益基本为 0 应用：完全人工渠化河道
河道中连续性格局（河道只有 x、y、z 方向中的两个方向连续）		特征： ①对于部分河道的渠化可以达到防洪要求 ②可以保持物质流、能量流、信息流和物种流的基本连续性 ③保证了河流上、中、下游的连续性特征 ④保证了流域范围内的水平过程的连续性 应用：结合人工和自然的自我设计能力
河道高连续性格局（河道有 x、y、z 方向中的三个方向连续）		特征： ①进行河道形式与生态结构的布局，无人工参与，在一定时间尺度范围内能够适应自然变化 ②生态交错带结构复杂 ③自然过程与垂直过程能自我调节平衡发展 ④该布局适用于生态自我恢复能力较好，人工少干预的河道 应用：完全依靠自然的自我设计能力

■ 项目概况

　　该项目位于中国浙江省宁波市鄞州区。该区域地处东部沿海地区，受季风气候影响显著，形成了发达的河网，用于灌溉和排水。在过去，水系统是一个完整的生态系统，它能够提供多种生态服务。在该地区快速城市化进程中，这些富有特色的河流被用混凝土填埋或者渠化，最后变成了只有排水功能的混凝土沟渠，生硬而毫无生气，街道和水位线间的滨水空间过窄（只有50 ~ 80m宽），人的活动面积过小，而且河流边缘是由混凝土或花岗石铺装的10 ~ 20m的护坡，这个狭窄护坡外围则是一条已经种植有树木的绿带，生态系统服务功能也被完全忽视（李泽，2013）。

■ 改造措施和方案

　　（1）拆除混凝土护坡的上半部分，只保持现存河道护坡的下部以防止河岸被侵蚀。

　　（2）降低河岸的高度，为湿地植被提供生长区域。

　　（3）拆除河道上部原有硬质护坡改建为滨水湿地。

　　通过上述三方面的改造措施，增加了河流 x 方向的连续性，增强了 y 方向和 z 方向的连续性（图 17.7）。具体的改造措施如图 17.8 所示。

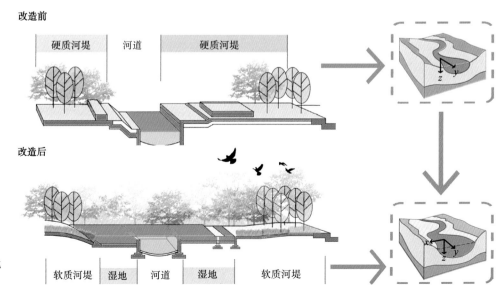

▶图 17.7 宁波鄞州中心区河道改造前后对比剖面图

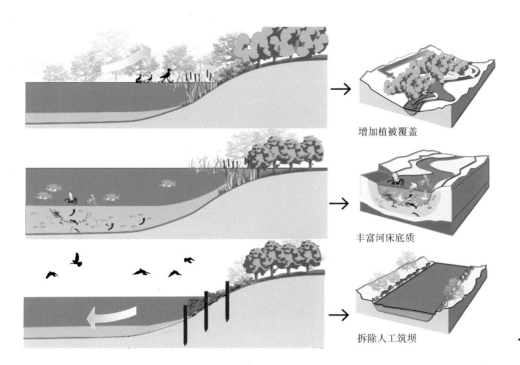

增加植被覆盖

丰富河床底质

拆除人工筑坝

◀图 17.8 宁波鄞州中心区河道改造措施

　　该案例展示了河道连续性的重要性，以及维持连续性的具体措施，从不同的角度应用了保持河道连续性的五大空间法则中的三条。而高连续性的河道状态见图 17.9。图 17.10 为项目改造前后的河道对比图。

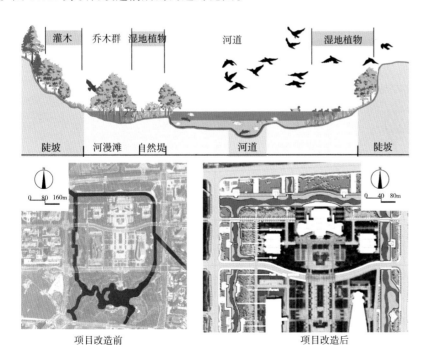

灌木　乔木群　湿地植物　　　河道　　　湿地植物

陡坡　　河漫滩　自然堤　　　河道　　　　陡坡

◀图 17.9　高连续性河道

项目改造前

项目改造后

◀图 17.10 宁波鄞州中心区河道改造前后对比平面图

■ 参考文献

Junk W J, Bayley P B, Sparks R E.1989.The flood pulse concept in river-floodplain systems[J] .In Canadian special publication Fisheries and Aquatic Sciences,, 106 :110-127 .

Vannote R L.1980 .The river continuum concept[J] .Canadian Journal of Fisheries and Aquatic Sciences, 37:130-137.

董哲仁、孙东亚，赵进勇，等 .2010. 河流生态系统结构功能整体性概念模型 [J]. 水科学进展，（4）：550-559.

李泽 .2013. 城市滨水园林带改造设计研究 —— 以兴国县潋江滨水园林带改造设计为例 [D]. 北京：中国林业科学研究院 .

沈杰，唐浩，陈凯，等 .2010. 污染河流生态修复技术研究现状与展望 [J]. 人民长江，41（S1）：63-66.

■ 拓展阅读

董哲仁、孙东亚，赵进勇，等 .2010. 河流生态系统结构功能整体性概念模型 [J]. 水科学进展，21（4）550-559.

[美] 威廉·M·马什 .2006. 景观规划的环境学途径 [M]. 朱强，黄丽玲，俞孔坚，等译 . 北京：中国建筑工业出版社：262-263，266-269，269-271.

徐国宾，任晓枫 .2002. 河道渠化治理研究 [J]. 水利水电科技进展，22（5）：17-20.

The Federal Interagency Stream Restoration Working Group.1998.Stream Corridor Restoration.[M],P1-29,1-30.

■ 思想碰撞

在传统的城市系统中，原有的不透水下垫面阻碍了自然过程的竖向连续性，而海绵城市所运用的 LID 技术模拟自然状态下的森林生态系统，加强了竖向的连续性（如图 17.1 所示）。但是在某些特殊地质中并不能一味照搬"海绵城市"模式，例如在 2015 年 10 月公布的《太原市排水防涝设施建设规划》中明确指出：在失陷性黄土等地质不良地区，地面铺装不得采用雨水下渗措施。那么，自然过程连续性是越高越好吗？还是应该有一个"适宜连续性"？

■ 专题编者

杨茜

张聪

斑块 廊道 基质

18讲

揭开最优景观格局的面纱

树在、山在、大地在、岁月在、我在，
你还要怎样更好的世界？

——张晓风

寻找"最优景观格局"的关键途径是从看似无序的景观镶嵌体中发现内在组合方式，斑块—廊道—基质模式
的提出，为此提供了一把"万能"钥匙。

■ 斑块—廊道—基质模式的概念

20世纪80年代，美国哈佛大学设计研究生院的福尔曼教授提出了"斑块—廊道—基质"（patch-corridor-matrix）模式，该模式是景观生态学用来解释景观结构的基本模式，普遍适用于各类景观，包括荒漠、森林、农业、草原、郊区和城区景观（图18.1）。斑块、廊道与基质的排列与组合构成景观，并成为景观中各种流的主要决定因素，同时也是景观格局和过程随着时间变异的决定因素（王冬明，2006）。景观中任意一点或是落在某一斑块内，或是落在廊道内，或是落在作为背景的基质内。那么如何判断"斑块"、"廊道"与"基质"呢？

▲图18.1 郊区景观中的斑块、廊道与基质

■ 斑块

斑块（patch）强调小面积的空间概念，外观上不同于周围环境的非线性地表区域，它具有同质性（图18.2～图18.4），是构成景观的基本结构和功能单元（Forman & Gordon，1986）。关于斑块的基本原理见表18.1。

■ 廊道

廊道（corridor）是外观上不同于两侧环境的狭长地表区域，是形状特化的斑块，具有同质性，是构成景观的基本结构和功能单元，呈隔离的条状、呈过渡性连续分布（图18.5、图18.6）。廊道的基本原理见表18.2。

▲图18.2 森林斑块

▲图18.3 农田斑块

▲图18.4 聚落斑块

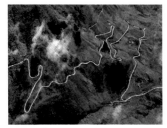
▲图 18.5 道路廊道

▲图 18.6 河流廊道

表 18.1 斑块基本原理分析（Forman，2010）

原理名称	原理说明	图示
大小原理	斑块面积的大小会影响物种的分布和生产力水平，也会影响能量和养分的分布，大斑块保护水体或湖泊的水质，是大范围的脊椎动物核心生境和避难所，小斑块是小型动物的避难所	
形状原理	影响生物的扩散和动物的觅食以及物质和能量的迁移，主要生态作用是边缘效应边界越复杂，边缘面积越大，使边缘物种有所增长，但内部种数量大量减少，包括需要重点保护的内部种	
数目原理	自然植被斑块数目越多，景观和物种的多样性就越高，减少一个自然斑块，就减少一块生物生存的栖息地，从而减少生物多样性	
位置原理	相邻或相连的斑块内物种存活的可能性要比一个孤立斑块大得多，它们之间物种交换频繁，增强了整个生物群体的抗干扰能力，单独孤立斑块内物种灭绝的可能性更大	

169

表 18.2　廊道基本原理分析（Forman，2010)

原理名称	原理说明	图示
连通性原理	有利于物种的空间运动和孤立斑块内物种的生存和延续。从这个意义上讲，廊道必须是连续的	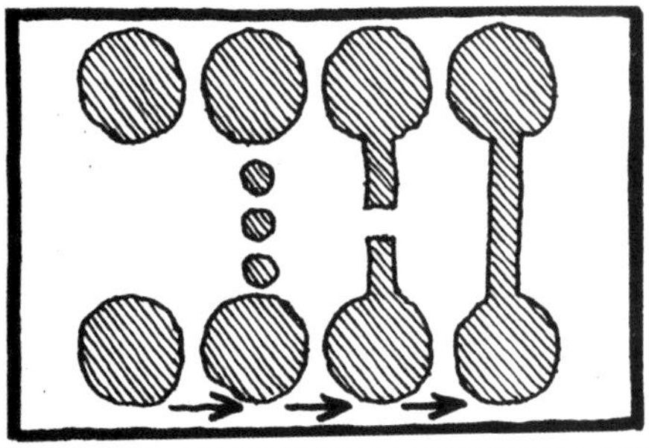
数目原理	多一条廊道就减少一份被截流和分割的风险。当廊道对物质流、能量流以及物种保护有利时，应考虑适当增加廊道的数目	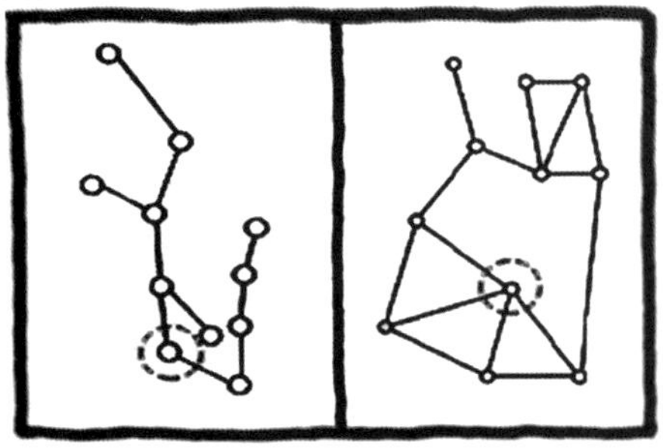
宽度原理	越宽越好是廊道建设的基本原理之一。如果廊道达不到一定的宽度，不但起不到保护对象的作用，反而为外来物种的入侵创造了条件	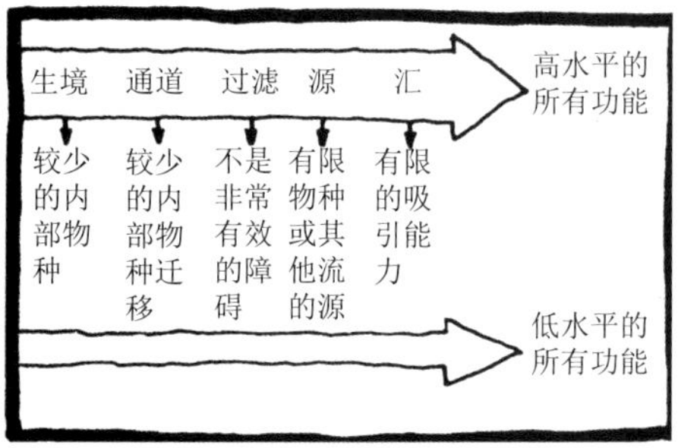
构成原理	相邻斑块类型不同，廊道构成也应不同。连接保护区斑块间的廊道应由乡土植物成分组成，并与作为保护对象的残遗斑块相近。一方面本土植物种类适应性强，使廊道的连接度增高，利于物种的扩散和迁移；另一方面有利于残遗斑块的扩展	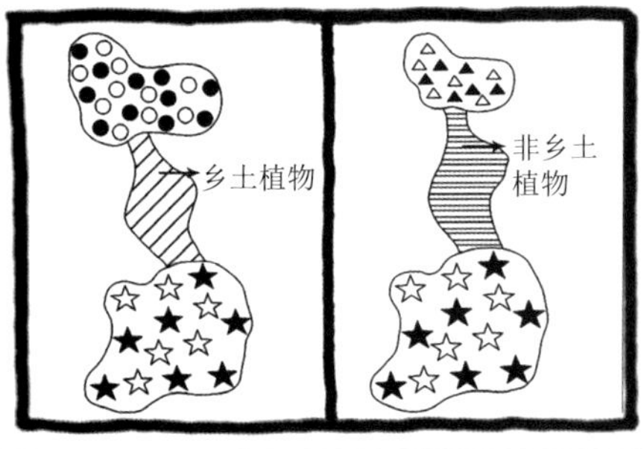

■ 基质与镶嵌体

基质 (matrix) 是景观中面积最大，连通性最好的景观要素类型，在景观功能上起着重要作用，影响能流、物流和物种流。适用于斑块和廊道的基本原理同样适用于基质，因此关于单独谈基质的基本原理较少提及。本讲重点关注由斑块、廊道、基质所构成的镶嵌体（landscape mosaics），将其作为一个整体介绍（表 18.3）。

表 18.3 镶嵌体基本原理分析（Forman，2010）

原理名称	原理说明	图示
交汇效应	在自然植被廊道的交汇处，通常会存在一些内部物种，而且这里的物种丰富度也会比网络中的其他地方的要高	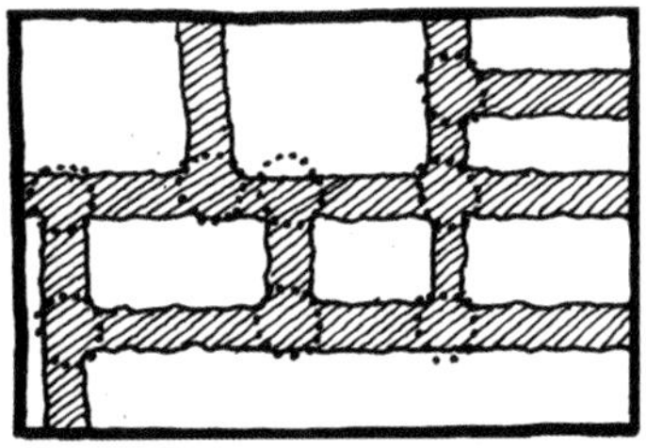
网络连通性和回路	网络的连通性（即廊道连接节点的程度）与网络的回路（即网络可提供的环路和可选择性路径的程度）一起，反映了一个网络的复杂程度，同时是评价物种迁移的连接有效性的一个总体指标	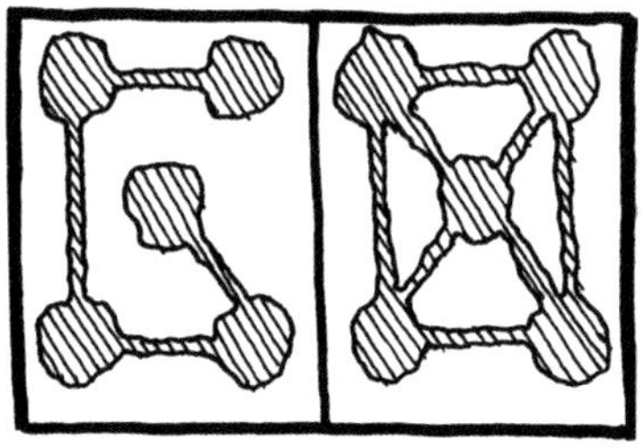
廊道密度与网眼尺寸	当网络的网眼尺寸减小时，将使想要避开网络中的廊道或受这些廊道阻碍的物种存活的可能性急剧下降	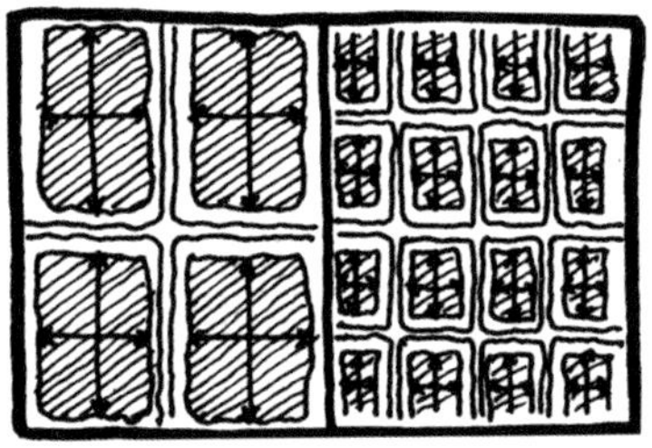
颗粒大小	一个包含有细颗粒用地的粗颗粒景观有利于给大斑块提供生态优势、多生境物种（包括人类）以及大范围的环境资源和条件	

PATTERN
景观生态规划的四种优化格局模式

■景观生态规划四种优化格局模式提出

斑块—廊道—基质构成了景观的基本空间单元。这一模式为比较和判别景观结构，分析结构与功能的关系以及改变景观提供了一种通俗、简明和可以操作的语言，构成了现代宏观尺度景观规划的理论基础（李少静，2007）。而景观的实质就是景观要素形成的镶嵌体，各景观要素的特征以及它们之间的关系，反映了景观镶嵌体（landscape mosaic）的格局特征。

20世纪80年代，福尔曼提出了景观规划的基础格局—不可替代格局（non replaceable pattern）以及集聚间有离析模式（aggregate-with-outliers）。俞孔坚教授则从围棋中得到启示，1995年在其哈佛大学设计学院博士论文中提出了景观安全格局模式（security pattern）。2010年美国保护基金会的Mark A.Benedict与城市土地协会的Edward McMahon提出了绿色基础设施模式（green infrastructure）（表18.4）。

■优化格局模式特点解析

"不可替代格局"以集中和分散相结合的原则为基础，在生态功能上具有不可替代性，是所有景观生态规划的一个基础格局。"集聚间有离析"是在不可替代格局的基础上发展起来的，强调在区域尺度上，规划师应将土地利用分类集聚，并在发展区和建成区内保留小的自然斑块（岳邦瑞等，2014）。"绿色基础设施"被定义为自然区域和其他开放空间相互连接的网络，即一个相互联系的绿色空间网络（Benedict et al.，2010）。"景观安全格局模式"被认为是针对景观生物多样性保护，福尔曼景观格局优化思想的有效实现途径。

■景观生态规划的四种优化格局模式

景观生态规划的四种优化格局模式见表18.4。

表 18.4　景观生态规划的四种优化格局模式

模式名称	模式图示	特点解析
不可替代格局（基础格局模式）（傅伯杰，2001）	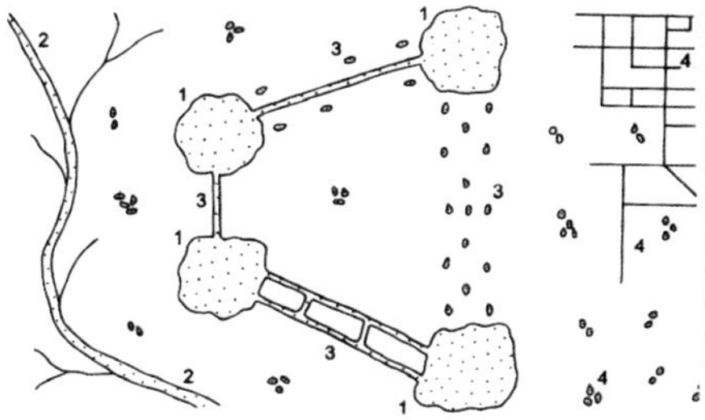 （图中1）景观规划中第一优先考虑保护和建设的几个大型自然植被斑块，作为物种生存和水源涵养的自然栖息环境（图中2，3）足够宽和一定数目的廊道用以保护水系和满足物种空间运动的需要　开发区或建成区里一些小的自然版块（图中3）和廊道（图中4）保证景观异质性（傅伯杰，2001）	—
集聚间有离析模式（傅伯杰，2001）	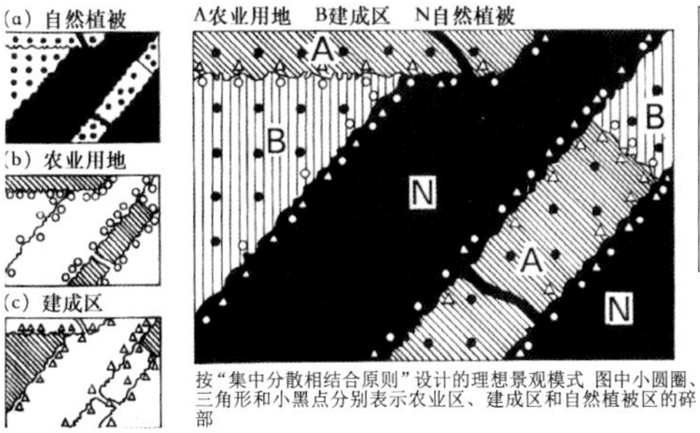 （a）自然植被　A农业用地　B建成区　N自然植被　（b）农业用地　（c）建成区　按"集中分散相结合原则"设计的理想景观模式 图中小圆圈、三角形和小黑点分别表示农业区、建成区和自然植被区的碎部　根据此原则设计的一种理想的景观格局模式，其中心思想是将相似的用地类型集中起来，但在建成区保留一些自然廊道和小的自然斑块，在大型自然植被斑块的边缘也布局一些小的人为活动斑块	生态学上最优的景观格局，适用于任何类型的景观，从干旱荒漠到森林景观，再到城市和农田景观。又能提供丰富的视觉空间
绿色基础设施模式（Mark.A.Benedict，2010）	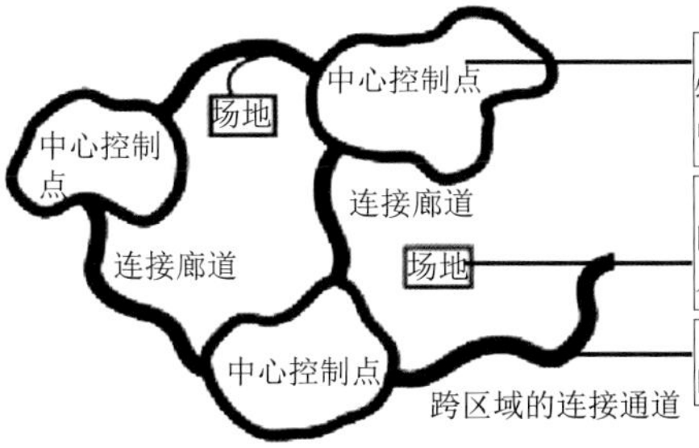 中心控制点　场地　中心控制点　连接廊道　连接廊道　中心控制点　跨区域的连接通道　"中心控制点（hubs）"，是野生动植物的主要栖息地，同时也是整个大系统中动物、人类和生态过程的"源"和"汇"　"场地（sites）"，与整体网络有联系的或独立的小型野生动植物栖息地或供人类游憩的场地　"连接通道（links）"，是将系统整合的纽带	是一种兼具各种利益及一系列理念融入生态保护的方法，同时有相应的评价体系
景观安全格局模式（俞孔坚，2001）	"源（source）"、是现存乡土物种栖息地、是物种扩散的源点　"源间连接（matrix）"廊道、相邻两源之间最易联系的低阻力通道 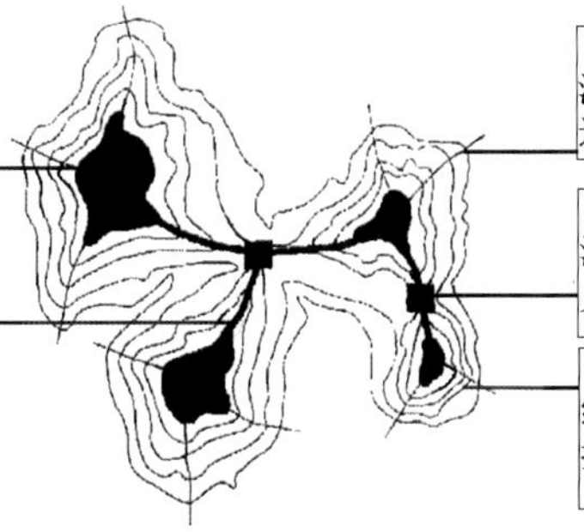 "辐射道（radiation path）"由源向外围景观辐射的低阻力通道（俞孔坚，2001）　"战略点（strategic point）"对沟通相邻之间联系有关键意义的"跳板"　"缓冲区（buffer area）"是环绕源周围地区、是相对的物种扩散低阻力区	对福尔曼景观格局优化思想的有效实现途径，更加完整地关注景观单元在水平、垂直方向的相互关联以及由此形成景观整体的空间结构

CASE
三种典型优化格局的应用

案例一：金鸡湖位于苏州新城区内，在苏州工业园区工业园的中部，是构成苏州工业园区新城市景观的重要组成部分，也是苏州市总体规划中最大的市内景观，规划总面积 11.38km²。案例二：英国伦敦绿色基础设施东部绿网规划项目基地位于伦敦东部，网络化的绿色基础设施系统为伦敦生态环境质量改善起到了关键作用，如今伦敦不再是雾都，取而代之的是名副其实的"世界花园之都"。案例三：香格里拉县距省会昆明 709km，总面积 11613km²。基地在云南省西北角，位于滇、川、藏大三江交汇地带，形成独特的融雪山、峡谷、高山湖泊和民族风情为一体的多功能旅游风景名胜区（表 18.5）。

表 18.5　三种典型优化格局案例解析

	案例及简介	规划图
集聚间有离析模式	苏州金鸡湖生态规划在尊重场地特征的基础上，根据"斑块—廊道—基质"模式和"集聚间有离析"模式将全湖及周围沿湖地区分为若干适宜的生态功能区，以促进其充分发挥各自的功能，构成一个有机统一的滨水生态系统	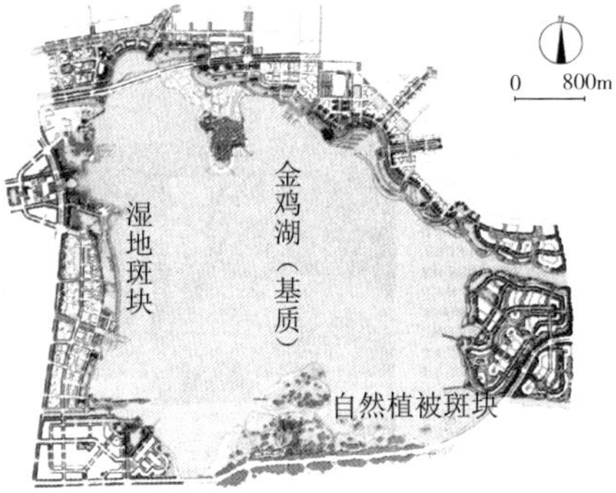
绿色基础设施模式	英国伦敦绿色基础设施东部绿网规划是真正意义的按照 GI 理念规划的项目，通过绿色网络将城市中心、工作区、居住地与交通节点连接起来，绿色网络同时实现与穿城而过的泰晤士河相连，目标是在伦敦东部地区重建和增加绿地和开放空间，创建一个相互联系，高质量和多功能的公共空间系统	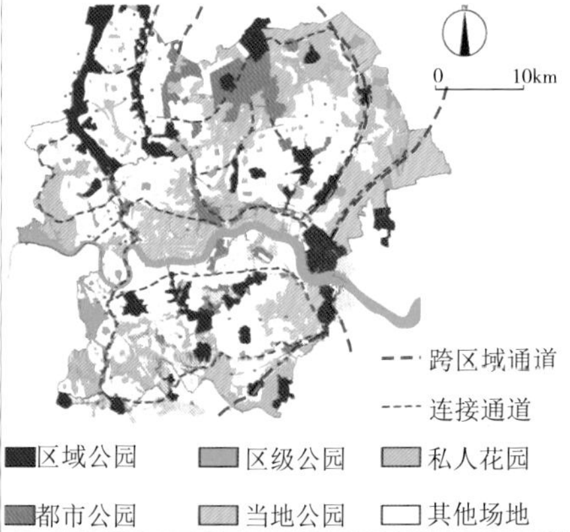

案例及简介	规划图
景观安全格局模式	香格里拉县生态用地规划应用了景观安全格局模式，采用 GIS 中的空间分析工具，选择区内典型的自然保护区和风景名胜区的核心区为保护"源"，运用最小累积阻力模型计算建立综合最小累积阻力面。根据最小累积阻力阈值，划分三个缓冲区，并建立"源"间生态廊道及"源"与外部联系的辐射道,确定关键的战略点,最终构建了研究区以景观多样性保护为主的景观安全格局

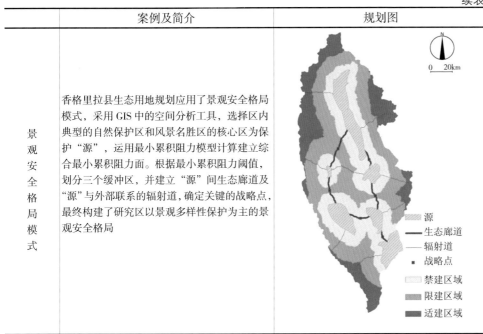

N

0   20km

源

生态廊道

辐射道

战略点

禁建区域

限建区域

适建区域

■ 参考文献

Forman, R. T. T., & Godron, M. 1986. Landscape ecology[J]. Journal of Applied Ecology, 41(3), 179.

傅伯杰等 . 2001. 景观生态学原理及应用 [M]. 北京：科学出版社 .

贝内迪克特，麦克马洪，黄丽玲 .2010 绿色基础设施：连接景观与社区 [M]. 北京：中国建筑工业出版社 , 1.

德拉姆施塔德 . 等 . 2010. 景观设计学和土地利用规划中的景观生态原理 [M]. 朱强，等，译 . 北京：中国建筑工业出版社 .

刘延国 .2007. 基于 GIS 的景观生态地球化学评价研究——以成都经济区为例 [D]. 成都：成都理工大学博士学位论文 .

李少静 .2007. 整合与协调——社会主义新农村景观规划设计初探 [D]. 天津：天津大学博士学位论文 .

王冬明 .2006. 旅游公路景观规划与设计研究 [D]. 哈尔滨：东北林业大学博士学位论文 .

王云才 . 2009. 群落生态设计 [M]. 北京：中国建筑工业出版社 .

俞孔坚，李迪华，潮洛蒙 .2001. 城市生态基础设施建设的十大景观战略 [J]. 规划师 ,6:9-13.

岳邦瑞，康世磊，江畅 .2014. 城市——区域尺度的生物多样性保护规划途径研究 [J]. 风景园林，（1）:42-46.

■ 拓展阅读

马克•A• 贝内迪克特，爱德华•T• 麦克马洪 .2010. 绿色基础设施——连接景观与社区 [M]. 朱强，杜秀文，刘琴博，译 . 北京：中国建筑工业出版社：1-22.

德拉姆施塔德，等 .2010. 景观设计学和土地利用规划中的景观生态原理 [M]. 朱强，等，译 . 北京：中国建筑工业出版社；19-45.

傅伯杰，陈利顶，马克明 . 2011. 景观生态学规划原理及应用 [M].2 版 . 北京：科学出版社：252-255.

俞孔坚，李迪华，刘海龙 .2005. 反规划途径 [M]. 北京：中国建筑工业出版社：27-33.

■ 思想碰撞

有学者曾经说过，景观生态学存在很多问题，它造成很多受过 pattern 训练的规划工作者以为搞出个所谓的"格局"（不过仍然是 pattern）就解决了生态问题，这里面存在两个问题，第一个问题是 pattern 只是生态问题的一个方面，远远不是全部；第二个问题是此 pattern 研究的是动植物的生态，这并不等于人类的生态，更不等于为人类服务的城市生态（王云才，2009）。当您读完本讲后，请以小组讨论的形式讨论，在城市景观生态规划过程中，此讲的四个优化格局模式存在哪些缺陷？

■ 专题编者

兰馨

刘阳

生态网络 19 讲

自然界沟通的桥梁

**成千上万的灰色马路如一把把铁锯割断动物朋友自由的脚，
不计其数的高楼大厦如一把把利剑直刺大地母亲火热的胸膛。**

21 世纪是互联网迅速发展的时代，人们的生活越来越离不开网络。在虚拟世界，网络方便了人们的交流；而在现实生活中，四通八达的公路网、铁路网也为人们的出行提供了极大方便。那么，在如今这个自然被严重破坏、景观破碎化现象日趋明显的世界，动物们想出去串串门该怎么办呢？别着急，生态网络能为动物们解决这个难题！

网络（network）是由节点（node）和连线（line connecting）构成的，表示多个对象之间的相互联系。其中节点位于连线的交点上，或者位于交点之间的连线上，表示一个网络系统中不同元素的位置和性质。连线则用来表示网络中不同节点之间的关联程度和延展性。一个网络模型包含三个要素，分别是：节点、连线以及节点之间如何连线的相关规则。

生态网络（ecological network）是由分散的栖息地斑块连接而成的网络，主要由不同类型的生态节点和纵横交错的生态廊道组成。生态网络为生物生存、物种迁徙、能量流动和信息交换等一系列生物及非生物过程的进行提供场所。生态网络为应对城镇化发展所造成的生境破碎化问题而诞生，旨在构建一个将隔离生境斑块通过廊道连接的网络体系，以促进生物在不同斑块间的扩散与迁移，进而实现生物多样性保护的目的。

■生态网络的基本构成元素

1. 生态网络的节点

在生态网络中，节点可以看作是生境斑块，为生物提供生存活动的空间。节点通常可以作为中继站，起到"源—汇"的作用，并作为过渡带降低流中的"不相关性"；同时，节点还起到连接的作用，一系列距离较近的同类型斑块可以为生物的迁徙提供跳板（即踏脚石），并在一定程度达到规避风险的效果。在生态网络规划中，常将面积较大的绿地、关键物种的栖息地等较大斑块连接起来，作为重要保护节点，而一些面积较小、距离较近的同类型斑块可作为踏脚石。

2. 生态网络的连线

在生态网络中，连线可以看作是连接廊道，为生态过程的进行提供空间。在一个生态网络中，廊道起到传输"流"的作用，为生物迁徙、能量流动、信息传输提供通道；廊道还可以为生物提供生存的环境，宽度大、曲度大的廊道可以为生物提供更多的生境和避难所，更有利于生物多样性的保护；同时，廊道还具备一定的屏障功能，例如河流廊道对于陆生生物的移动产生阻隔。在实际应用中，生境廊道常在现存带状绿地的基础上进行完善，力求能够完全沟通重要保护节点。

■ 生态网络的形态及结构特征

不同数量的节点和节点、连线和连线、节点和连线间的组合可以产生多种多样的网络形态，不同的生态网络形态也表现出不同的结构特征。

1. 生态网络的形态

关于网络形态中外学者已经做了大量研究，可大致归纳为三种划分方式（表19.1）。在此划分方式下，学者 Hellmund 基于图论将网络形态又进一步细分为分支网络和环形网络。分枝网络是一种树状的等级结构，如河网；环形网络是一种封闭的环路结构，如公路网。对于景观生态学而言，所有的网络都可以大致归纳为这两种形态，下文着重对其开展研究。

表 19.1　三类网络划分方式及其形态（王云才等，2007）

划分方式	提出者	图示					
不同驱动力及运动类型作用下的网络形态 （注：例如树枝状为水流冲击力作用形成）	—	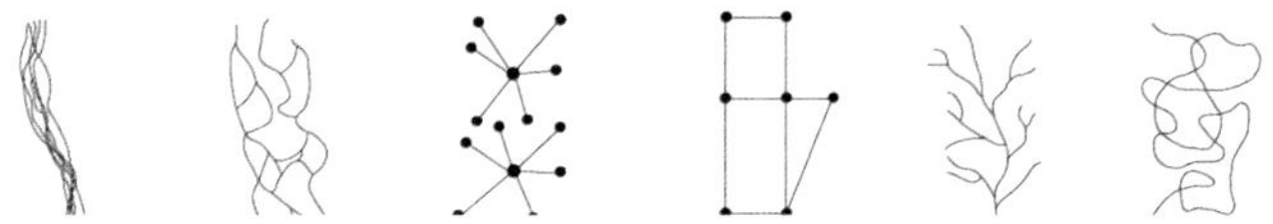 廊道	麻花瓣状	爆破状	直线状	树枝状	不规则状
基于图论理论构建空间形态与景观元素关系网络形态 （注：图论指利用图来进行分析的一种数学模型，为复杂系统的研究提供一种有效方法）	Hellmund	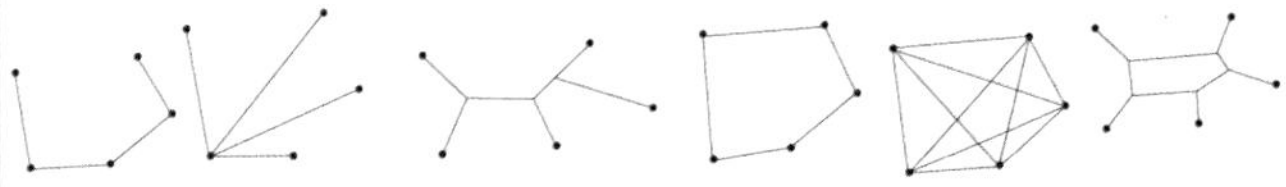 三种分枝网络			三种环形网络		
基于景观形态特征的空间生态网络形态	福尔曼	项链	图样细胞	卫星	枝状		
		蜘蛛	十字架	网络	刚性多边形		

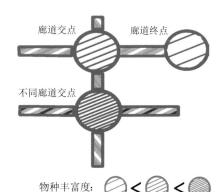

廊道交点　　　　廊道终点

不同廊道交点

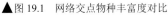

物种丰富度：

▲图 19.1　网络交点物种丰富度对比

网眼大小不同的生态网络物种丰富度较高

网眼大小一致的生态网络物种丰富度较低

▲图 19.2　网眼大小特征对物种丰富
度的影响对比

2. 生态网络的结构特征

生态网络虽然有多种多样的形态，但是网络交点和网眼大小是生态网络最基本的结构特征。网络交点（network intersection）是指廊道与廊道的交点或廊道的终点。在一个生态网络中，网络交点的物种丰富度的一般比廊道其他地方高，且当两个组成不同的廊道相交时，廊道交点更复杂（肖笃宁，2010）（图 19.1）。

网络线间的平均距离或网络所环绕的景观要素的平均面积就是网眼（mesh）的大小。物种在完成觅食、繁殖等生活行为时对网络线间的平均距离或面积十分敏感，因此，网眼大小是网络的一个重要特征。不同物种对网眼大小的反应不同，如在大于 $4hm^2$ 的网眼内很难发现蚜虫，而猫头鹰在网眼大于 $7hm^2$ 时才会消失。网眼的大小需要根据不同生物的生活习性确定，一般来说，在进行生态网络规划时保留不同大小的网眼，对物种丰度的提高有重要意义（傅伯杰，2011）（图 19.2）。

■生态网络的评判标准

网络连接度与网络环通度是评价一个生态网络功能强弱的重要标准。在进行生态网络规划时，常利用网络连接度和环通度指数对网络现状进行评价，为了更直观的对比得出较好的生态网络结构现引入两种计算指数。

1. 网络连接度

廊道与系统内所有节点的连接程度称作网络连接度（network connectivity）。在生态网络连接度评价中，常使用 γ 指数进行判定。γ 指数是一个网络中连接廊道数与最大可能廊道数之比。γ 指数的变化范围在 0 到 1.0 之间，$\gamma=0$ 时，表示没有节点相连；$\gamma=1.0$ 时，表示网络中的每个节点都彼此相连（李鹏等，2013）。

$$\gamma=L/L_{max}=L/[3（V-2）]$$

式中，L 为连接廊道数；L_{max} 为最大可能连接廊道数；V 为节点数。

对表 19.1 的分枝网络进行对比得出图 19.3，由图可以看出，第三种分枝网络的连接度最高，由此可得出结论，当节点数目不变，在网络没有回路时，廊道数量越多，网络连接度越好。

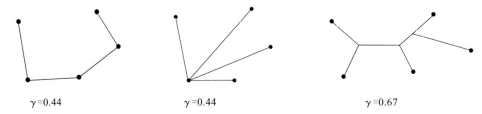

$\gamma=0.44$　　　　　　$\gamma=0.44$　　　　　　$\gamma=0.67$

▲图 19.3　三种分枝网络的连通度对比

2. 网络环通度

网络环通度（network loop）又称环度，是指能流、物流和物种迁移路线的可能选择程度，可以用 α 指数测量。α 指数是网络的实际环路数与网络中存在的最大可能环路数之比。同样，α 指数的变化范围也在 0 到 1.0 之间，$\alpha = 0$ 时，表示网络无环路；$\alpha = 1.0$ 时，表示网络具有最大可能的环路数（原煜涵，2012）。

$$\alpha = \alpha / \alpha_{max} = (L - V + 1) / (2V - 5)$$

式中，α 为实际环路数；α_{max} 为最大可能环路数；L 为连接廊道数；V 为节点数。

对表 19.1 的环形网络进行对比得出图 19.4，由图可以看出第二、三种环形网络的连接度高于第一种，由此可得出结论，节点数目相同，廊道数量多且存在网络交点时，网络的环通度越好。

生态网络规划最首要的目的是维持生物的多样性，促进生物过程的进行。基于构建生态网络的目的和上文对生态网络结构特征的分析提出可空间化的生态网络的函数关系：

B（生物多样性）$=f$（+ 节点大小，+ 节点距离，+ 廊道宽度，+ 廊道曲度，+ 网络交点，+/− 网眼大小，+ 网络连接度，+ 网络环通度）

下面基于生态网络的可空间化函数提出生态网络设计八大法则（表 19.2）。

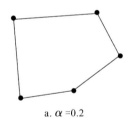 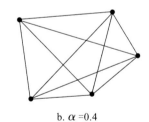 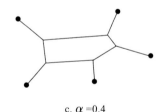

a. $\alpha = 0.2$ b. $\alpha = 0.4$ c. $\alpha = 0.4$ ◀图 19.4 三种环形网络的环通度对比

PATTERN
生态网络设计法则

在实际的生态网络构建中，当被保护物种不同时，同一个生态网络的功能连通性高低也不同，但是一般情况下，一个生态网络结构上的连通是能够加强其功能连通性的。表19.2仅在不考虑保护物种的前提下提出能提高生态网络功能的设计法则。

表 19.2 生态网络设计的八大空间法则

	法则	图解	原理说明
节点法则	法则 1：节点大小 节点大可提供生境面积大		两个形状相同的大小斑块相比较，大斑块的边缘面积比小斑块的边缘面积大，边缘面积大则与基质的接触多，更有利于生态过程在斑块与基质间的进行
节点法则	法则 2：节点距离 距离近易于连通		当两个斑块距离较小时，在没有廊道连接的情况下两者在某种程度上也可以视作连通，因此在实际情况中可以保留踏脚石
廊道法则	法则 3：廊道宽度 宽度大可提供更多生存空间		距离较宽的廊道能够为生物提供更大的生存环境，不仅可以在景观中达到"汇"的功能，还可以实现"源"的功能
廊道法则	法则 4：廊道曲度 廊道曲度大有利于生物生存		廊道的形状越复杂越能更好地为种群提供不同的功能，同时具有生态意义上的多功能性，能在一定程度上减弱非生物干扰的传播速度
组合结构法则	法则 5：网络交点 有交点物种丰度高		网络交点的物种丰富度高，网络中存在交点时更有利于生物多样性的保护，当节点有多条廊道连接时也是网络交点
组合结构法则	法则 6：网眼大小 网眼大小变化能满足多种生物的生存需要		除生活在廊道内、沿廊道迁移的物种外，网络包围的景观要素内部也为生物提供重要的栖息地。由于不同物种对生境面积的需求不同，在生态网络规划中设置不同面积大小的网眼可以提高物种丰度
组合结构法则	法则 7：网络连接度 连接度高的网络有利于生物迁徙	$\gamma=0.37$ > $\gamma=0.3$	网络中的廊道数量多，性质与节点相同且不间断并能够连接大部分的节点时，生态网络的连通度高，能够促进生态过程的进行
组合结构法则	法则 8：网络环通度 环通度高可供选择路径多	$\alpha=0.21$ > $\alpha=0$	环通度高的生态网络能够为生物提供多条可供选择的路径，并在一定程度上起到减弱灾难传播的作用，促进生物多样性的保护

■ 最优生态网络格局

在景观生态规划中，生态网络最显著的优势是可以把有限的生态资源联系起来，形成系统（原煜涵，2012）。本讲以解决景观破碎化问题，沟通残存生境斑块，促进生物多样性保护为目的，结合生态网络设计法则，提出生态网络规划的理想模式（图19.5）。

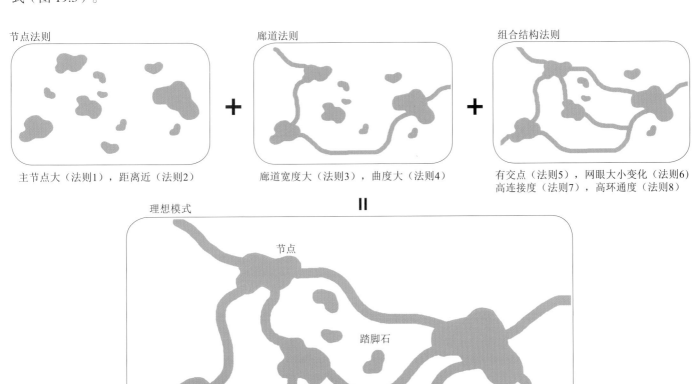

节点法则

主节点大（法则1），距离近（法则2）

廊道法则

廊道宽度大（法则3），曲度大（法则4）

组合结构法则

有交点（法则5），网眼大小变化（法则6）
高连接度（法则7），高环通度（法则8）

理想模式

节点

踏脚石

廊道

设计要点
节点：主节点面积大（面积小时为踏脚石），距离较近
廊道：宽度大，曲度大
组合结构：有交点，网眼大小变化，连接度高，环通度高

▲图19.5 理想生态网络模式

183

▲图 19.6 识别哈尔滨生态斑块及廊道
（原煜涵，2012）

绿地斑块
河流廊道
道路廊道
主城区范围

▲图 19.7 提取主要节点与廊道 1

保护节点
一级廊道
二级廊道
三级廊道
河流廊道

绿地斑块
河流廊道
绿地廊道
主城区范围

▲图 19.8 形成生态网络 1

CASE
宏观与中观尺度生态网络的构建

　　生态网络规划多应用于宏观和中观尺度范围，并常与道路网络、河流网络相结合，基于特定的物种或保护目的，建立完善的生态网络，实现人和生物的和谐共存。无论是在宏观或中观，城市或乡村，生态网络规划可以大致归纳为以下几个步骤：

　　（1）分析基地现状，识别现有生态斑块和廊道；

　　（2）基于规划目的，选取主要保护节点及廊道；

　　（3）优化沟通节点和廊道，形成初步生态网络，并依据评判标准对初步生态网络进行完善得到最终生态网络。

■ 宏观尺度城市生态网络规划：哈尔滨生态网络规划

　　哈尔滨现存斑块较零散，现存廊道大致有河流廊道和道路廊道两种，未沿廊道形成完整地生境网络（图 19.6）。利用理想模式对现状网络进行调整（图 19.7、图 19.8）。

　　1. 节点法则

　　（1）面积大：选取现存面积较大的生境斑块，作为重要保护节点，并根据现状适当增大斑块面积；

　　（2）距离较近：在斑块面积小且密度高的地区保持现状，作为生物迁徙的踏脚石，可在一定程度上起到减缓灾难传播的作用。

　　2. 廊道法则

　　（1）宽度大：沿主要道路及重点保护河流建立不小于 60m 的绿带，沿次要道路及支流建立 30m 宽的绿带；

　　（2）曲度大：适当调整廊道弯曲程度。

　　3. 组合法则

　　（1）有交点：主要节点都有多条廊道联系节点作为交点；

　　（2）网眼大小有变化：现状已纵横交错，形成大小不一的网眼；

　　（3）高连接：主要节点无廊道连接处，增设廊道；

　　（4）高环通：在现状的基础上增加廊道数量，沟通道路及河流两侧的破碎斑块，形成多层环状通路。

■中观尺度乡村生态网络规划：王庄村生态网络规

王庄村位于河北省邯郸市曲周县四疃乡，总面积 336hm²，其中耕地占 82.37%，是最大的景观类型，其次是建筑用地，占 4.88%，水域占 4.51%（图 19.9）。重点保护生物为白鹭，乡土植物为柳树、杨树、槐树。利用理想模式对现状网络进行调整（图 19.10、图 19.11）。

1. 节点法则

（1）面积大：根据保护物种选取王庄村内白鹭的重要栖息地河岸植被带及田地坟头作为主要节点；

（2）距离较近：因田间遗留的半自然生境数量多、距离近且较为零散，可以作为生物迁移的跳板。

2. 廊道法则

（1）度大：利用田埂较为丰富的植被带作为廊道，适当增加廊道宽度；

（2）曲度大：适当调整廊道弯曲程度。

3. 组合法则

（1）有交点：白鹭的重要栖息地由多条廊道连接，作为交点丰富白鹭生存空间；

（2）网眼大小有变化：间距不一的田间林带形成大小不一的网眼；

（3）高连接：在现状的基础上适当增建廊道，使主要节点全部有廊道连接；

（4）高环通：增建廊道，实现完整地网络结构。

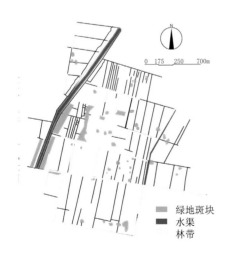

▲图 19.9 识别王庄村生态斑块及廊道（肖禾，2014）

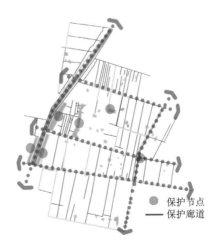

▲图 19.10 提取主要节点与廊道 2

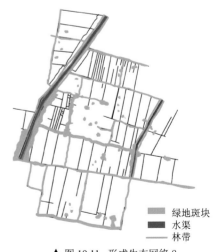

▲图 19.11 形成生态网络 2

■ 参考文献

傅伯杰 .2011. 景观生态学原理及应用 . 第 2 版 [M]. 北京：科学出版社 .

李鹏 , 冯国芳 .2013. 廊道网络指数评价方法在绿地系统规划中的应用 [J]. 中外建筑，(11): 72-74.

原煜涵 .2012. 哈尔滨主城区生态网络规划策略研究 [D]. 哈尔滨： 哈尔滨工业大学博士学位论文：14-19.

肖禾 .2014. 不同尺度乡村生态景观评价与规划方法研究 [D]. 北京：中国农业大学博士学位论文 .

肖笃宁 .2010. 景观生态学 [M]. 北京：科学出版社：60-62.

■ 拓展阅读

傅伯杰 , 陈利顶 , 马克明 .2001. 景观生态学原理及应用 [M]. 2 版 . 北京： 科学出版社：79-86.

王云才 , 韩向颖 .2007. 城市景观生态网络连接的典型范式 [J]. 系统仿真技术，3（4）:238-241.

■ 思想碰撞

　　某地区的带状森林发生火灾，火势蔓延数百里，波及区域甚广，因此有学者提出生态网络反而会加快火灾、疾病等灾难的传播。那么什么时候需要生态网络？怎样的网络连接度才能够在加强区域生态连通性的同时规避风险的发生呢？

■ 专题编者

曹艺砾

杨雨璇

源—汇模型

找出蓝藻水华背后的元凶

20 讲

> 在宇宙中一切事物都是相互关联的，
> 宇宙本身不过是一条原因和结果的无穷锁链。
>
> ——霍尔巴赫

如今，太湖蓝藻年年暴发。大量水生生物因此丧命，同时藻类产生的毒素也威胁着流域内人们的用水安全。"太湖美美在太湖水"已经名不符实。那么，蓝藻暴发的原因到底是什么？为何关停周边企业且每年花费数千万打捞蓝藻，太湖的水污染依然治理不了？爱因斯坦曾把科学家探索自然奥秘的过程比作福尔摩斯破案的过程，那就让我们带着这些问题，查明真相，找出线索，还太湖一望汪清水。

THEORY
基于"源""汇"景观理论的面源污染防治

■ "源""汇"景观理论及其应用范围

"源—汇"模型（图20.1）中"源"是指一个过程开始的源头，而"汇"是指一个过程消失的地方。"源"、"汇"最初是全球变化和大气污染研究中的概念，其概念的提出为解析大气污染物的来龙去脉提供了非常有用的手段。"源—汇"模型应用广泛，包括生物地球化学循环（biogeochemical cycle）、全球气候变化、大气污染和生物多样性等相关研究。除了"源"、"汇"本身，还需要探讨其中的物质流和能量流，所以，完整意义上是对"源、流、汇"模型的应用和研究。

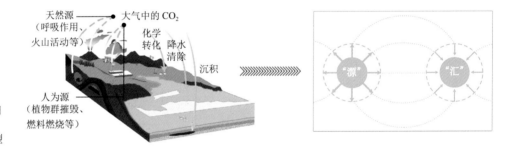

大气污染物的来源

大气循环中的"汇"机制

▶ 图20.1 "源—汇"模型

为了研究景观格局与过程，陈利顶在"源—汇"的基础上提出了"源"、"汇"景观的概念。在景观生态学中，"源"景观是指那些能促进生态过程发展的景观类型；"汇"景观是指那些能阻止延缓生态过程发展的景观类型。"源"、"汇"景观的研究即是将"源—汇"模型应用到景观实体上的研究，可以达到格局与过程有机结合的目的。"源"、"汇"景观的识别需要与研究的过程相关联。某一过程的"源"景观可能是另一过程的"汇"景观，其区分的重点在于判断景观类型在生态演变过程中起的作用是正向推动还是负向滞缓（陈利顶，2006）。一般而言，林地景观对于生活其中的生物来说属于"源"景观，而对于面源污染来说属于"汇"景观。

在景观生态学中，"源"、"汇"景观理论主要用于研究景观空间格局对生态过程的影响，通过增强或减弱某一生态过程为研究区寻找适宜的空间格局。因为该理论揭示了景观过程和格局之间的关系而被广泛应用，如面源污染（diffused pollution，DP）防治（图20.2）、生物多样性保护以及大气污染防治等研究领域。本讲将通过"源"、"汇"景观理论来讨论基于景观格局优化的面源污染防治策略。

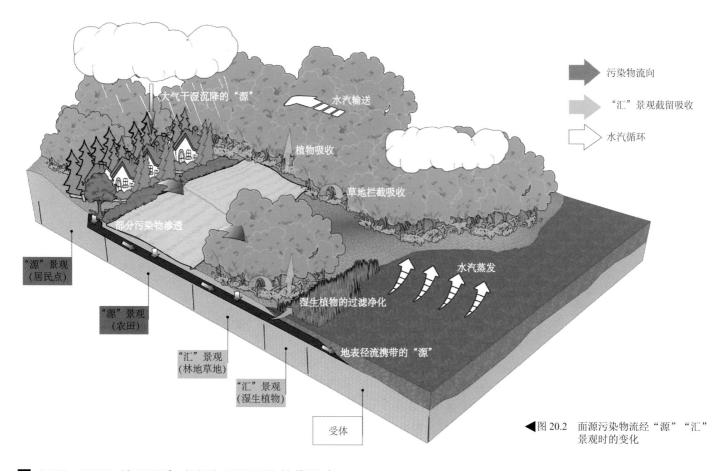

图 20.2　面源污染物流经"源""汇"景观时的变化

■ "源""汇"景观理论对防治面源污染的指导意义

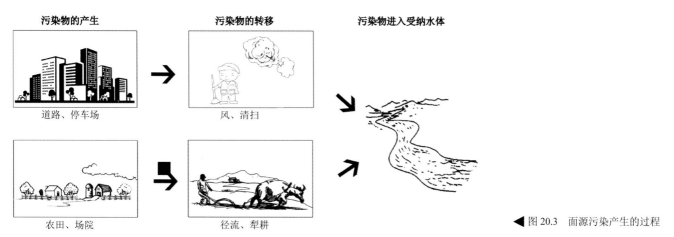

图 20.3　面源污染产生的过程

　　面源污染通常是指通过降雨和地表径流冲刷，将大气和地表中的污染物带入受纳水体，使受纳水体遭受污染的现象（图 20.3）。由于面源污染源来源的复杂性，机理的模糊性和形成的潜伏性，在研究和控制方面有较大难度。造成面源污染的主要原因是土壤侵蚀、流失及地表径流（surface runoff），而它们又都受到用地类型、地形、植被等因素的影响。这些不同的影响因素反映在不同的景观格局当中，因而可以说景观格局影响了面源污染的产生及传输（图 20.4）。

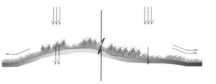

地势：地势较低，则越容易汇集污水，离地下水位也越近，易造成地下水的面源污染

坡度：坡度越大，下渗少，径流大，越容易造成面源污染

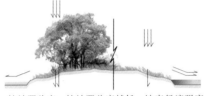

植被覆盖度：植被覆盖度越低，地表径流强度越大，越容易造成面源污染

下垫面渗透率：下垫面渗透率越低，地表径流强度越大，越容易造成面源污染

▶ 图 20.4　地表径流造成污染的影响因素

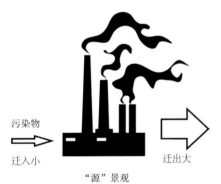

污染物

迁入小　　　　　迁出大

"源"景观

污染物

迁入大　　　　　迁出小

"汇"景观

▲ 图 20.5　污染物迁移变化

在此基础上可以通过对景观空间格局的优化来防治面源污染。"源"景观对污染物输出的贡献较大，而"汇"景观对污染物的拦截转化能力较强，不同"源"、"汇"特征的景观其组合方式和空间分布等均会影响面源污染的产生和扩散。如果能在研究范围内合理规划"源"、"汇"景观的空间格局，可使污染物进入受纳水体之前在异质景观中重新分配——被拦截及转化，以达到控制面源污染的目的。

对于面源污染来说，"源"、"汇"景观类型的判定主要取决于污染物的流失（迁出）量与迁入量之比。某种景观，如果其面源污染物迁入的量小于迁出的量，就是"源"；反之，就是"汇"（图 20.5）。不同的景观，其污染物迁出量与迁入量比的不同，也会造成该"源"景观或"汇"景观对面源污染的影响程度不同。在某些特殊情况下，同样一个景观区域其污染物的迁出量与迁入量之比也会有所变化。例如植草沟通常情况下能够滞留污染物，属于"汇"景观，而当降雨量达到一定程度之后，地表径流增大，土壤水分饱和，其吸附处理污染物的能力减弱至消失，该景观就不再是"汇"景观。因此在定量分析的时候，需要在一定区域及时间范围内判定"源"、"汇"景观类型。

研究表明，氮、磷养分含量超标是湖泊富营养化的关键因素之一，而水体当中很大一部分的养分都来自农田等"源"景观造成的面源污染。这就是为什么在关停太湖周边企业、减少点源污染的情况下，湖水的水质依然得不到有效改善的原因。

PATTERN
景观格局与面源污染防治

污染源　坡度　坡长　植被覆盖率

可空间化因素

降水量　降水强度　土壤抗侵蚀性　地表粗糙度

其他因素等

◀ 图 20.6　面源污染的影响因素

　　将这些面源污染影响因素中能够空间化的因素（图 20.6）进行分析可以得到基于面源污染防治的"源"、"汇"景观空间格局特征。

　　"源"、"汇"景观面积,及其相对于受纳水体的距离、坡度和相对高度,还有"汇"景观布局的分散程度都会对面源污染的产生及扩散造成一定的影响。通常情况下,在面源污染的形成过程中,"源"景观相对于受纳水体的距离越近,它对受纳水体的贡献越大,反之贡献越小;相对于受纳水体的"高度"越小,它对受纳水体的贡献越大,反之越小;但对于"坡度"来说,"源"景观分布区坡度越小,水土及养分发生流失的危险性越低,它对受纳水体的贡献也就相对越小,反之其贡献越大。而"汇"景观相对于受纳水体除"坡度"因素外,作用与"源"景观恰恰相反。"汇"景观分布区坡度越小,水土及养分更易被滞留在"汇"景观区域,这种情况下该区域对受纳水体面源污染物的贡献也就越少。"汇"景观越分散,其越容易吸纳"源"景观产生的污染物。对于面源污染的防治来说,"汇"景观分布越分散越好(陈利顶,2003)。

　　由上述内容可以得到如下函数关系:

　　P（面源污染贡献程度）=f(+ 源景观面积,－ 源景观相对受纳体距离,－ 源景观相对受纳体高度,+ 源景观坡度,－ 汇景观面积,+ 汇景观相对受纳体距离,+ 汇景观相对受纳体高度,+ 汇景观坡度,－ 汇景观分散程度)

　　"源"景观对受纳体的污染物贡献越大则表示通过该景观组分产生的污染物越多;而"汇"景观对受纳体的污染物截留吸收能力越大则表示通过该景观组分(landscape component)减少的污染物越多。

　　将格局特征中能够空间化的因素转化成图示语言（表 20.1、表 20.2）:

表 20.1 基于面源污染防治的"源"景观格局的四大设计法则

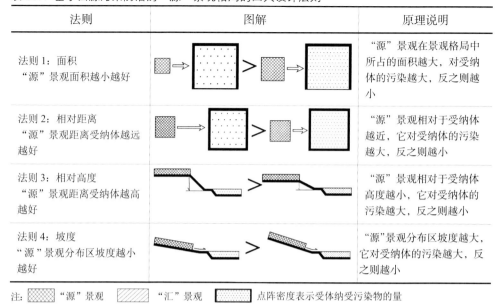

法则	图解	原理说明
法则 1：面积 "源"景观面积越小越好		"源"景观在景观格局中所占的面积越大，对受纳体的污染越大，反之则越小
法则 2：相对距离 "源"景观距离受纳体越远越好		"源"景观相对于受纳体越近，它对受纳体的污染越大，反之则越小
法则 3：相对高度 "源"景观距离受纳体越高越好		"源"景观相对于受纳体高度越小，它对受纳体的污染越大，反之则越小
法则 4：坡度 "源"景观分布区坡度越小越好		"源"景观分布区坡度越大，它对受纳体的污染越大，反之则越小

注：▨ "源"景观　▧ "汇"景观　▦ 点阵密度表示受体纳受污染物的量

表 20.2 基于面源污染防治的"汇"景观格局的五大设计法则

法则	图解	原理说明
法则 1：面积 "汇"景观面积越大越好		"汇"景观在景观格局中所占的面积越大，它对污染物截留能力越强，反之则越弱
法则 2：分散程度 "汇"景观布局越分散越好		"汇"景观在景观格局中越分散，它对污染物截留能力越强，反之则越弱
法则 3：相对距离 "汇"景观距离受纳体越近越好		"汇"景观相对于受纳体越近，它越利于防止受纳体面源污染，反之则越不利
法则 4：相对高度 "汇"景观距离受纳体越低越好		相对于受纳体高度越小，它越利于防止受纳体面源污染，反之则越不利
法则 5：坡度 "汇"景观分布区坡度越小越好		"汇"景观分布区坡度越小，它对污染物的截留能力越强，反之则越弱

注：▨ "源"景观　▧ "汇"景观　▦ 点阵密度表示受体纳受污染物的量

　　上述表格中只是将"源"、"汇"景观某一格局特征作为单一变量进行分析。除了空间格局之外，"源"、"汇"景观本身的产污与截污能力也会对面源污染产生影响。因此，在具体问题中，应综合分析"源"、"汇"景观格局与面源污染的关系。

■基于水源地面源污染防治的景观空间格局

"源"景观的产污能力与"汇"景观的拦截净化能力都受到其相对于受纳水体的距离、高度和坡度的影响，也受到其景观布局分散程度、所占流域面积及景观类型的影响。因此，从这些影响过程的空间格局因素出发可以归纳出适宜于防治面源污染的景观空间格局（表20.3），以指导基于水源地水质保护的景观规划。

表 20.3 基于面源污染防治的景观空间格局

类型	水平空间模式	垂直空间模式
对应设计原则	"源"景观：面积小 + 距离受纳水体远 "汇"景观：面积大 + 布局分散 + 距离受纳水体近	"源"景观：距离受纳水体高差大 + 分布区坡度小 "汇"景观：距离受纳水体高差小 + 分布区坡度小
空间格局模式	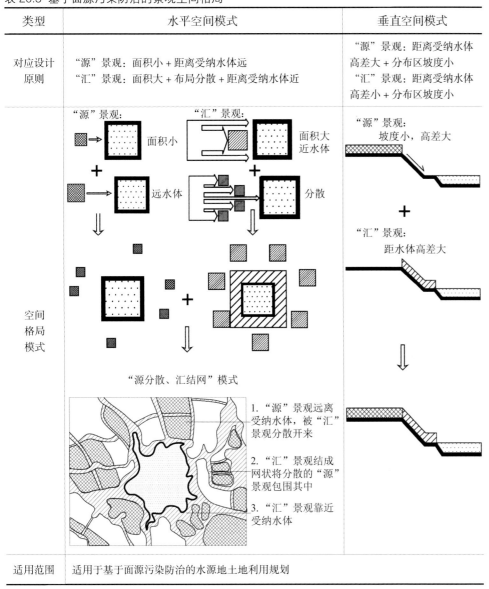	
适用范围	适用于基于面源污染防治的水源地土地利用规划	

注：▨▨ "源"景观　▨▨ "汇"景观　▨▨ 点阵密度表示受体纳受污染物的量

CASE
于桥水库水源区保护规划

案例选取天津市蓟县于桥水库水源区保护规划。案例基地概况如下：于桥水库为引滦入津工程的大型调蓄水库，是天津市重要的饮用水源地，面源污染的控制是确保饮水安全的关键环节。规划目标如下：以"源—汇"景观调控理论为指导，合理调控景观布局。提出系统的调控措施来控制"源"的养分移动，并提高"汇"景观固定养分的能力，达到各景观单元中养分的平衡，实现控制面源污染的目标（韦薇等，2011）。具体保护策略见图20.7。

"源—汇"景观类型是需要根据具体情况来判定的，但在这个案例当中，我们根据不同景观类型对于受纳水体的作用分为"源"景观、"汇"景观及非"源"非"汇"景观。根据于桥水库"源—汇"景观类型现状分布图及调控规划图（图20.8）得到于桥水库"源—汇"景观在调控前和调控后的分布图示（表20.4）。通过表20.4对比图可以看出此案例符合"源分散、汇网络"的水平空间模式。

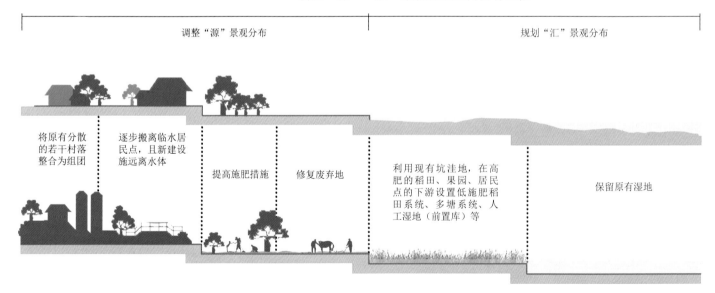

▲ 图20.7　具体保护规划策略

表 20.4 于桥水库"源—汇"景观调控前后对比

空间格局	图解		原理说明
	调控前	调控后	
"源"景观空间格局			部分"源"景观远离水体，整体"源"景观面积减少；被"汇"景观分散开来
"汇"景观空间格局			水域周边被"汇"景观包围；"汇"景观面积有所增加；分散并连成网状
"源"、"汇"景观空间格局			减少"源"、增加"汇"面积；将"源"景观迁移至远离水体的方向；"汇"景观结网

注：▨▨ "源"景观　　⧄⧄ "汇"景观　　⬚⬚ 点阵密度表示受体纳受污染物的量

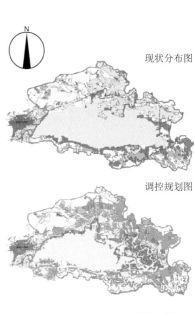

现状分布图

调控规划图

汇 ◀━━━━━━━━━━▶ 源

水体　湿地　沟塘湿地系统　林地　绿地　低肥农田　村落居民点　旱田　果园

▲ 图 20.8 于桥水库"源—汇"景观类型现状分布图及调控规划图（韦薇等，2011）

案例通过减少"源"景观面积、增加"汇"景观面积、将"源"景观迁移至远离水体的方向以及在洼地布局"汇"景观等空间布局原则，不仅采用了"源分散、汇网络"的水平空间模式，也采用了表 20.3 中的垂直空间模式，达到了控制面源污染的目标。

面源污染的影响因素很复杂，"源"、"汇"景观空间格局优化是其中一个很重要的策略。但要全面解决面源污染，需要多种方法和策略并行配合。上述空间格局优化图示已经情景化并且主要从静态方面考虑，而在实践中情况会更加复杂，因此实践中需要根据具体情况进行分析和调整策略。

■ 参考文献

陈利顶，傅伯杰，徐建英，等，2003. 基于"源—汇"生态过程的景观格局识别方法——景观空间负荷对比指数 [J]. 生态学报，23(11): 2406–2413.

陈利顶，傅伯杰，赵文武. 2008. "源""汇"景观理论及其生态学意义 [C]. 中国科协年会：1444–1449.

韦薇，张银龙. 2011. 基于"源—汇"景观调控理论的水源地面源污染控制途径——以天津市蓟县于桥水库水源区保护规划为例 [J]. 中国园林，27(2): 71–77.

■ 拓展阅读

傅伯杰，陈利顶，马克明，等. 2001. 景观生态学原理及应用 [M]. 2 版. 北京：科学出版社.

高超，朱继业，窦贻俭，等. 2004. 基于非点源污染控制的景观格局优化方法与原则 [J]. 生态学报，24(1):109–116.

蒋孟珍. 2012. 基于遥感技术的九龙江河口区非点源污染"源—汇"结构分析 [D]. 厦门：国家海洋局第三海洋研究所博士学位论文.

刘之杰，路竟华，方皓，等. 2009. 非点源污染的类型、特征、来源及控制技术 [J]. 安徽农学通报，15(5):98–101.

许书军，魏世强，谢德体. 2004. 非点源污染影响因素及区域差异 [J]. 长江流域资源与环境，13(4):389–393.

■ 思想碰撞

　　传统对于面源污染的治理，一方面是从源头上控制污染物的产生和扩散，另一方面主要是通过生物、物理和化学的途径消解污染物，这些方式会起到一定的作用。但从根本上讲，面源污染是人类的不合理土地利用活动造成的。如面源污染造成的水体富营养化，其污染物氮、磷、有机物等对于植物来说属于营养物，只是过量出现在水体中才造成了一系列的生态问题。本讲提出了"源分散、汇结网"的空间布局方式，通过汇景观对于营养物的需求和消耗来防止过多的营养物进入水体造成污染。这种从大自然的角度来考虑土地利用规划，与通常的"人口—性质—布局"从人的角度出发的规划方法相反。那么，这种通过空间布局调整的方法与传统的生物、物理和化学方法相比，优势和不足是什么？如何将传统的治理方式与空间布局调整方式良好的结合？

■ 专题编者

钱芝弘

赵梦钰

景观稳定性

绿洲空间格局的评判法则

21讲

你在沙山的怀抱中娴静地躺了几千年

笑看风起沙舞，掸尘去

我自岿然不动

　　1900 年 3 月，消失多时的古楼兰城被考古学家发现，自此这座神秘古城的面纱被逐渐掀开。她曾是古丝绸之路上的交通枢纽，一度繁荣昌盛，也曾水网交织、森林密布，现在却只能沉寂在漫漫黄沙之中。关于楼兰消失的原因众说纷纭。而酒泉绿洲、敦煌绿洲却能够历经千年而依然存在。是什么造成了这些绿洲如此不同的命运？这些问题将引领我们开始绿洲景观稳定性的探索之旅。

■ 景观稳定性的定义

《辞海》中，稳定既可以表示稳固安定，也可以表示物质性能不易改变。而稳定性通常是指实体保持稳定的特性。自 20 世纪 50 年代，生态系统稳定性理论被提出以来，就一直是生态学中复杂而又重要的课题。在谈到景观稳定性时，多是借用生态系统的一些概念。表 21.1 列举了一些学者对于景观稳定性的定义。

表 21.1　对景观稳定性的不同定义

来源	定义
经典生态学范式	指抗性（resistance）和恢复性（recovery）（余新晓等，2006）
福尔曼等	指抗性、持久性、惰性或惯性、弹性等多种概念（Forman et al.1986）
傅伯杰	景观维持组成其生态系统自身稳定和不同生态系统构成的景观格局稳定的能力（傅伯杰等，2001）
肖笃宁	从对干扰的反应来认识，稳定性就表现在恢复性和抗性；从景观变化的形式认识，稳定性就表现在持久性和恒定性（肖笃宁等，2002）

表 21.1 中涉及表征景观稳定性（landscape stability）的各个术语，仅表示了景观稳定性某一方面的特征，并不能对其做出整体评价。经典生态学范式仅将抗性和恢复性两个指标结合起来衡量景观稳定性，容易出现混乱（肖笃宁等，2010）。比如，热带雨林景观类型抗干扰能力强，但遭到破坏后恢复慢，而草地景观类型抗干扰能力弱，但受干扰后恢复快，这时就很难判断哪一个景观稳定性强。傅伯杰对景观稳定性中稳定的概念也缺少明确的定义。本讲从三个要点出发将景观稳定性定义为：在一定时空尺度下，景观系统保持其总体或要素的生态学属性不发生质变的特性（图 21.1）。

尺度	对象	特性
在一定时空尺度下景观稳定性才有意义	不同尺度下所指对象有所不同	生态学属性不发生质的改变
景观的动态变化是绝对的，而稳定则是相对的。比如某个景观，在小尺度上是非稳定状态的但在较大尺度上则可能处于稳定状态。因此在一定时空尺度下谈论景观稳定性才有意义	在景观系统的整体尺度下，其对象是景观系统的总体，包括植物、动物、水文、地貌、岩石和土壤等全部要素及要素之间的关系。在局部尺度下，对象是景观系统中的某些要素	生物长期进化，逐渐形成对周围环境某些物理条件和化学成分，如空气、光照等的特殊需要，这些需求促使生物自身形成一定的种群结构及对环境的干扰产生抗性、恢复性等特性，这些就是生态学属性（马汇海，2008）

▶ 图 21.1　景观稳定性的三大要点

■景观稳定性相关概念界定

研究景观稳定性会涉及不稳定性和亚稳定性。不稳定性是与稳定性相对的概念，这时景观系统将会以两种方式存在：一种是系统发生变化后，达到新的可预测波动状态，形成一种新的复合稳定平衡；另一种是在统计学意义上没有新的可预测波动状态出现（肖笃宁等，2010）。也就是说，不稳定既可能是暂时的，也可能是长期的（图21.2）。景观生态学所研究的稳定性多是有生命的景观类型的稳定，即生物稳定性。而生物稳定性只能是相对的，即系统处于动态平衡状态而围绕中心位置上下波动。也可能进入另一种状态，只要景观系统围绕中心位置波动，就处于亚稳定状态（图21.3）。

可以形成新的复合稳定平衡

长久的不稳定状态，无法形成新的平衡

▲ 图21.2 不稳定性两种状态图示

■景观稳定性研究意义及应用范围

研究景观稳定性的目的是优化景观格局，保证景观功能的稳定和持续发展。这对干旱区绿洲这样被大面积异质景观包围的景观类型来说尤为重要。因为景观稳定性反映了景观变化的趋势及景观对于干扰的反应状态，这些在一定程度上都影响着景观功能。景观稳定性研究在理论研究和实践领域都具有非常重要的意义：理论研究方面，干扰、岛屿生物地理学和复合种群等重要理论的研究离不开对景观稳定性的研究；实践领域中，景观稳定性研究也发挥着重要的作用，如防止干旱区绿洲景观退化、保护自然保护区物种多样性、保持梯田景观的生产力以及保证湿地景观的生态效益。

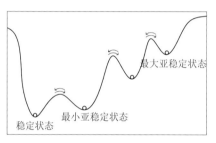

▲ 图21.3 俄罗斯山模拟亚稳定状态（Godron et al., 1983）

■景观稳定性影响机制

景观系统本质上是开放的，当系统离开平衡态足够远的地方时，可以演化出更多新的稳定有序结构，该系统即为具有耗散结构的系统。耗散结构（dissipative structure）是在一定内外部条件下形成的。①内部条件（自组织）：物种的自然选择使景观具有一定的自组织（self-organizing）功能，可促进系统在受到外力作用时尽快恢复原有的特征（肖笃宁等，2010）。②外部条件（物质和能量的交换）：具有耗散结构的景观稳定性也与来自外界的物流和能流有关。物流和能流的输入量要达到一定程度才能使景观保持一定的复合稳定性。

■ 景观稳定性的评价

景观稳定性可以从以下 8 个方面进行描述，它们表述了不同的情境下景观稳定性的某方面功能特征（表 21.2）。

表 21.2　景观稳定性的八个方面（傅伯杰，2011）

稳定性概念	解释
恒定性	是指生态系统的物种数量、群落的生活或环境的物理特征等参数不发生变化，这是一种绝对稳定的概念，在自然界几乎不存在
持久性	是指生态系统在一定边界范围内保持恒定或维持某一特定状态的历时长度。这是一种相对稳定概念，且根据研究对象不同，稳定水平也不同
惯性	生态系统在风、火、病虫害以及食草动物数量剧增等扰动因子出现时保持恒定或持久的能力
弹性	是指生态系统缓冲干扰并保持在一定阈界之内的能力
恢复性	与弹性同义
抗性	描述系统在外界干扰后产生变化的大小，即衡量其对干扰的敏感性
变异性	描述系统在给予搅动后种群密度随时间变化的大小
变幅	生态系统可被改变并能迅速恢复原来状态的程度

▲ 图 21.4　景观格局特征对景观稳定性的影响

景观格局会对其中的某一方面产生一定的影响，进而影响整体的景观稳定性（图21.4），反过来就可以借助景观格局特征评价景观稳定性。故可以在特定尺度下选择合适的景观格局特征值来表征景观稳定性。

景观稳定性的评价方法有以下两种：①景观格局指数法：明确研究目的，选择能够评价稳定性的格局特征值（描述空间格局的量值），收集数据并运算，最后对比分析评价；②景观格局分析法：明确研究目的，判断影响稳定性的主要格局因素，分析这些格局因素与稳定性的关系（是正相关关系还是负相关关系），确定评价标准，最后对比分析评价。此外，对景观稳定性的评价还需要基于一定的研究目标且针对某种具体的景观类型，不同情境下不可通用。

当前，景观格局指数法应用普遍，结果较精确。但对实践中提升景观稳定性缺少指导意义。而景观格局分析法中所分析的格局因素与稳定性的关系，可直接指导景观格局优化，进而影响稳定性。不过这种方法主观性比较大。通常可以结合这两种方法来评价景观的稳定性。

PATTERN
绿洲景观稳定性与空间格局关系探究

绿洲景观稳定就是确保绿洲生态系统的能流、物流、人流及信息流处在良性循环状态。在本质上由其内部与外部生态系统的结构、功能及生态过程决定，但同时也受气候变化等环境因素和水热等资源分配的影响（潘晓玲等，2002）。

■ 不同尺度下绿洲稳定性的内涵

离开绿洲的时空尺度谈论其稳定性是没有意义的。不同尺度等级下，绿洲稳定性具有不同的内涵（表21.3）。在整体尺度下的绿洲景观格局与稳定性的关系更为明确，本讲重点研究在该尺度等级中绿洲景观类型的稳定性。

表 21.3 不同尺度下绿洲景观稳定性内涵

尺度	研究对象	内涵
整体尺度	绿洲景观 荒漠景观	保证绿洲本身功能特征的稳定，不会退化成荒漠景观
要素尺度	绿洲斑块	保证绿洲斑块结构和功能的不断优化和提高，即保证系统的良性循环和生产力

■整体尺度下绿洲景观稳定性格局影响因素

在整体尺度下，影响绿洲景观稳定性的因素有绿洲面积、绿洲边缘景观类型、绿洲形状复杂性、植被覆盖率和与水源地距离。

S（绿洲稳定性）=f(+ 面积、+ 形状复杂性、+ 植被覆盖率、+ 植被覆盖密度、+/− 边缘景观类型、− 与稳定的水源地距离)（表 21.4）

理论上绿洲的规模越大越稳定，但绿洲对水资源依赖性很强，当绿洲规模超过了资源承载力限度其稳定性反而会遭到破坏。因此，本讲对这些特征值的描述并不是绝对的。需在具体情况下分析各因素的权重。

表 21.4 绿洲景观格局设计的六大法则

法则	图解	原理说明
法则一：面积大 面积越大其景观稳定性越强	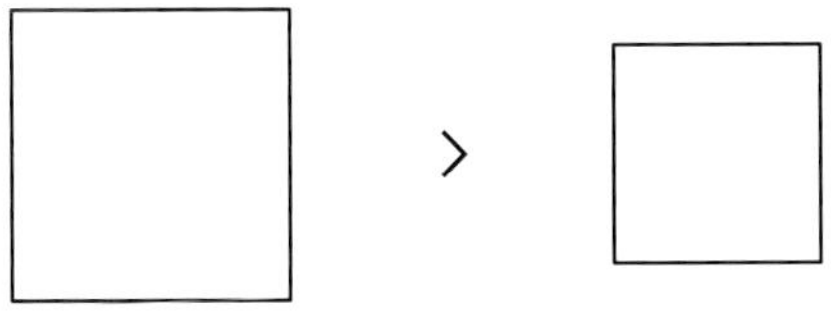	面积的扩大加强冷岛效应（cold-island effect），抑制植物的蒸腾和地面蒸发，利于植物生长，提高绿洲景观的稳定性
法则二：形状复杂性 形状复杂性越高其景观稳定性越强	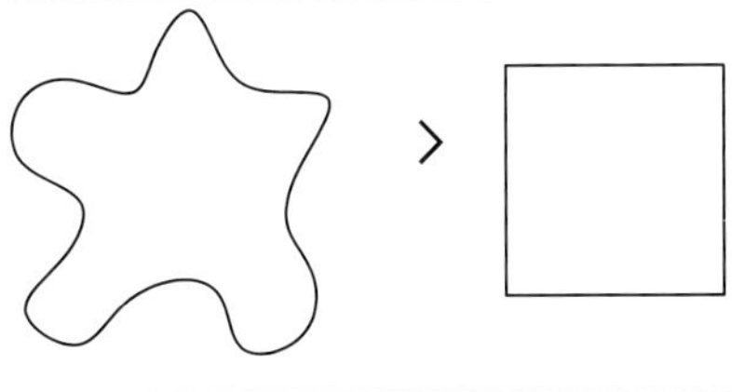	绿洲景观对荒漠景观的作用力越强，其自然转换为荒漠景观的比例会越低，因而自然稳定性就越高。法则二与法则三均可增强绿洲景观对荒漠景观的作用力
法则三：缓冲带 边缘增加比荒漠景异质性更高的植被缓冲带可以增加其景观稳定性	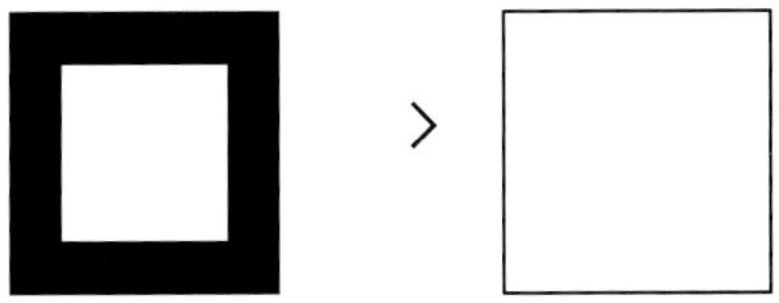	

法则	图解	原理说明
法则四：覆盖广 植被覆盖率越高其 景观稳定性越强		植被覆盖率和植被覆盖 密度的增加会加强绿洲 的冷岛效应，进而增加 绿洲景观的稳定性
法则五：密度大 植被覆盖密度越高 其景观稳定性越强		
法则六：距离近 与稳定水源地距离 越近其景观稳定性 越强		水资源是决定绿洲系统 演化的至关重要因素， 绿洲越靠近稳定的水源， 其需要的水资源越容易 得到保障

CASE
于田绿洲景观稳定性评价

于田县位居塔克拉玛干沙漠南缘克里雅河流域，昆仑山中段北麓。东西宽 30~120km，南北长 466km，土地面积 4.03 万 km²，其中绿洲面积 2053.28km²（图 21.5）。属于暖温带内陆干旱性沙漠气候，是典型的极端干旱区，生态环境相当脆弱，属于人工绿洲（张玉进，2004）。依据《干旱区土地利用与土地覆盖变化对绿洲稳定性的影响研究》中对于田绿洲 1976 年及 2001 年的景观格局指数分析得到图 21.6。

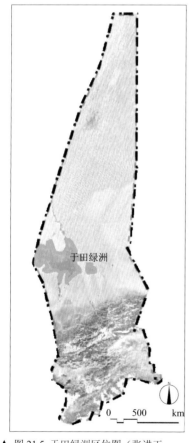

▲ 图 21.5 于田绿洲区位图（张进玉，2005）

▶ 图 21.6 于田绿洲格局指数变化图（张进玉，2005）

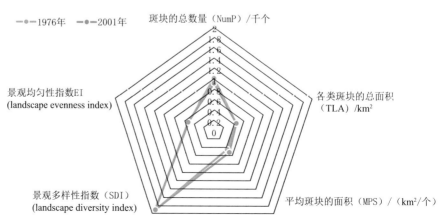

分析图 21.6 中于田绿洲在 1976 年和 2001 年的景观格局指数的变化，可以发现绿洲总面积没有发生变化，景观多样性指数降低，绿洲整体的稳定性略微增加。总体而言，于田绿洲呈现出一种稳定性略有变化，变化中又趋向稳定的发展趋势。

分析表 21.5 得出，绿洲总面积和植被覆盖率有所增加，另外四个变量变化不明显。可得出，于田绿洲 2001 年的稳定性比 1976 年稳定性有所增加，与格局指数法的分析结果一致。

表 21.5 基于格局分析法的于田绿洲稳定性分析（张进玉，2005）

空间格局	1976 年	2001 年	变化
1. 面积			绿洲总面积有比较明显的增加
2. 形状复杂性			绿洲边缘复杂性没有明显变化
3. 边缘景观类型			绿洲边缘主要为草地景观和耕地景观，各自所占的比例变化不大
4. 植被覆盖率	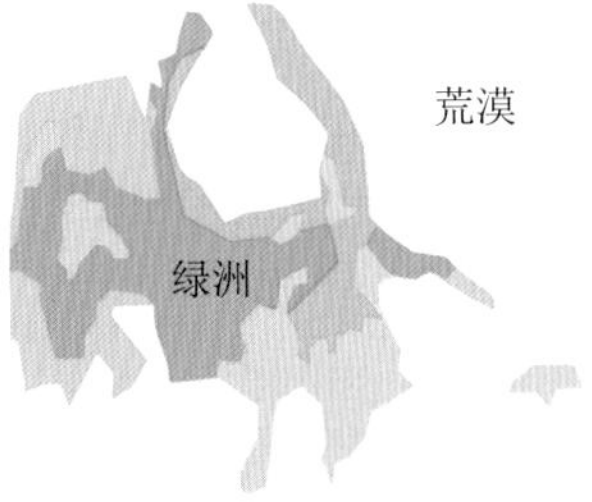		部分荒漠景观转化成绿洲景观，植被覆盖率有所增加
5. 植被覆盖密度			植被覆盖密度变化不明显
6. 与稳定的水源地距离			绿洲位于冲积扇上，靠近稳定水源地。其位置基本没有发生变化，所以与水源地的关系也没有发生变化

注： ▢ 低密度草地区　▢ 中高密度草地区　▢ 耕地区　▢ 草地、耕地、水体混合区

203

■ 参考文献

Godron, Forman. 1983. Landscape Modification and Changing Ecological Characteristics [M].New York:Springer–Verlag:12–28.

Forman, R. T. T., & Godron, M. 1986. Landscape ecology[J]. Journal of Applied Ecology, 41(3), 179.

傅伯杰，陈利顶，马克明，等 . 2011. 景观生态学原理及应用 [M]. 2 版 . 北京：科学出版社：158–163.

罗格平，周成虎，陈曦 . 2004. 干旱区绿洲景观尺度稳定性初步分析 [J]. 干旱区地理 .27(4)：471–476.

马汇海 . 2008. 控制理论在种群生态系统中的应用研究 [D]. 西安：陕西科技大学博士学位论文 .

潘晓玲，顾峰雪 . 2002. 干旱区绿洲生态系统的稳定性机理与安全维护 [A]// 生态安全与生态建设学术年会 .

肖笃宁，陈文波，郭福良 .2002. 论生态安全的基本概念和研究内容 [J]. 应用生态学报 . 13(3):354–358.

肖笃宁等 . 2010. 景观生态学 [M]. 2 版 . 北京：科学出版社：100–101.

余新晓，牛健植，关文，等 . 2006. 景观生态学 [M]. 北京： 高等教育出版社：142–146.

张玉进 . 2004. 干旱区土地利用与土地覆盖变化对绿洲稳定性的影响研究 [D]. 乌鲁木齐：新疆大学博士学位论文 .

■ 拓展阅读

罗格平，周成虎，陈曦 . 2004. 干旱区绿洲景观尺度稳定性初步分析 [J]. 干旱区地理 , 27(4):471–476.

罗格平，周成虎，陈曦 . 2006. 干旱区绿洲景观斑块稳定性研究：以三工河流域为例 [J]. 科学通报 (s1): 73–80.

R 福尔曼，M 戈德罗恩 .1990. 景观生态学 [M]. 北京：科学出版社 .

■ 思想碰撞

　　本讲强调决定绿洲的稳定性的参数之一为绿洲与水源地之间的距离。进一步讨论水源地影响绿洲景观变化的机制，有学者认为，主要因为水源地及山麓地形决定了绿洲的小气候，使得其成为荒漠中的异质性斑块；而另一种说法表示，绿洲水资源主要来自地下补给，使得其土壤适宜生物生长发育，进而影响该地的小气候使其成为异质性斑块。这将导致在人工绿洲选址时的两种倾向：临近山麓地带或寻找地下水源丰富的地点。你认为哪种会是人工绿洲选址的主要参照呢？

■ 专题编者

钱芝弘

刘硕

李艳平

尺度效应

拥有变焦镜头 22讲

总是，遇上不顺心的事，抬眼看一看星空
总是，感叹了星空寰宇的浩瀚，我的渺小
总是，棘手的事、严重的事便不算什么了
时常，仰躺草坪，看着那化为光点的星辰
时常，私自连起他们，看，夏季的大三角
时常，细细想，别的星上看我们也是一点吧

　　对于整个宇宙而言，整个人类文明如弹指一挥间，更遑论一个人一生这短短几十年。正是由于宇宙的广袤，在这个尺度上，星系都几乎均质分布，哪里还有我之"大事"的影子。同样，仰躺着，满目繁星的我，感受到的是亲吻我面颊的柔嫩草叶，又哪里会注意到每颗星的色彩、体积、是否也会有风雨？怕是仅能注意到它们的位置、排列、组合，兴起之时在夜空找找属于自己的星座。那么，为什么在不同时间空间尺度下，我们会看到同一事物不同的表现？而它为何又会呈现不同的特征呢？

■定义

尺度（scale）通常指所研究客体或过程的时间维和空间维，是某一现象或过程在空间和时间上所涉及的范围和发生的频率，通常用粒度（grain）和幅度（extent）描述。效应（effect）是指在有限环境下，一些因素和一些结果构成的一种因果现象，多用于对一种自然现象和社会现象的描述，如温室效应、蝴蝶效应、热岛效应等。

尺度效应是多学科共有的一个问题，不同学者有不同的定义（表22.1）。

表22.1 不同学者对尺度效应的定义

学者	定义
邬建国	空间数据因聚合而改变其粒度或栅格像元大小时，分析结果也随之改变的现象（邬建国，2007）
肖笃宁	当观测、试验、分析或模拟的时空尺度发生变化时，系统特征也随之发生变化的现象（肖笃宁等，2003）
余新晓	生态学系统的结构、功能及其动态变化在不同的时空尺度上有不同的表现，产生不同的生态效应的现象（余新晓等，2006）
申卫军	景观的空间异质性因尺度而异的现象（申卫军等，2003）
其他	对所研究对象细节的了解水平，是生态学实体、事件和过程在不同时间和空间尺度上表现出不同特征和意义的现象

邬建国的定义中说明了空间数据"改变粒度或栅格像元大小"的变化，仅涉及了空间尺度的粒度变化，忽略了时间尺度；肖笃宁的定义中研究对象是"系统特征"，没有明确生态学对象；申卫军的定义中研究对象是"景观的空间异质性"，异质性用于描述景观格局，偏重于空间要素的结构，对过程有所忽略。可以看出对于尺度效应的定义至今学界没有统一的认识，这些定义有的侧重于空间数据，有的侧重于生态系统，有的侧重于景观异质性，但相同点在于都强调了随着尺度变化，观察结果也随之改变。

本书将尺度效应定义为：生态学对象随时空尺度变化，表现出不同特征的现象。该定义主要包含以下3个要点：一是生态学对象，指生态学、地理学现象，包含客体、事件和过程；二是时空尺度，生态学对象的研究可以有多重的时间和空间尺度；三是不同特征，强调了由于生态学对象对尺度的依赖性，在不同尺度上有不同的表现，因而在特定尺度才能看到某些特定现象。

本讲将聚焦生态现象与尺度的依赖关系，从景观生态学的角度分3个方面介绍尺度效应，揭示如何在规划中应用尺度效应。

■ 尺度效应的三角度之一：空间尺度

空间尺度效应是生态学对象随空间尺度变化表现出不同特征和意义的现象。尺度的空间维可通过改变粒度和幅度使之发生改变（图22.1）。幅度指所研究景观单元的面积大小。小幅度往往需小粒度来表达，因而它与粒度存在一定的关联，但幅度可以不依赖粒度而独立改变。粒度指景观中空间最小可辨识单元所代表的特征长度、面积或体积，如栅格图中单元格大小或者地图中最小绘图单元的多边形，常用最小可辨识单元的特征长度表示。

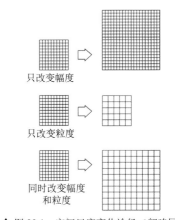

只改变幅度

只改变粒度

同时改变幅度
和粒度

▲ 图22.1 空间尺度变化途径（邬建国，2007）

粒度变化可以产生空间尺度效应。如图22.2中两幅图的粒度与分辨率(单位面积中所包含的像素点数)不同，在图片整体大小不变时，从上至下粒度增大，分辨率减小，随之图像变得不清晰，这说明粒度增大后图像的细部特征被忽略。在景观中表现为随着粒度的增大，最小斑块面积不断增大，景观多样性减小。

幅度变化也可以产生空间尺度效应。如图22.3，在1000m×1000m范围内，可以观察到各植物类型的种群分布格局；在100m×100m范围内，可以观察到植物的群落分布；但是在10m×10m的范围内观察重点则会转移到植物的个体特征上，如树形、分枝方式等。就像用一台照相机拍照，照片的清晰度（粒度）相同，仅仅是视野范围发生了变化。焦距没变（粒度不变），只是取景范围变化，看到的景物也因此发生变化，即幅度变化，粒度不变。

▲ 图22.2 粒度变化的效果

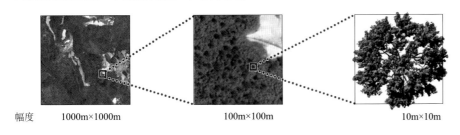

幅度　　1000m×1000m　　　　　100m×100m　　　　　10m×10m

◀ 图22.3 幅度变化对植物观察的影响

■ 特征尺度归纳

特征尺度是在分析尺度域内的系统现象和过程时，所确定的具有代表性且易观察的尺度。特征尺度大小与所分析的数据比例尺或精度密切相关。一般而言，数据比例尺越小，精度越高，其特征尺度越小，反之则越大。如1：250000的土地利用图进行景观指数分析的适宜粒度范围是70～90m，而1：500000的土地利用图是90～120m(赵文武等，2010)。表22.2列举了几种常见生态现象研究的特征尺度。

表 22.2 常见生态现象的特征尺度（粒度、幅度）

生态现象	类型	粒度范围/m	幅度范围/m²	特征尺度确定依据
山林火灾	自然过程	$10^2 \sim 10^3$	$10^3 \sim 10^7$	山林火灾指失去人为控制，林火在林地内自由蔓延和扩展，对森林、生态系统和人类带来危害和损失的林火行为。受害面积一般为数万平方米，严重时可达 $10^7 m^2$ 以上。特征尺度百米以下的空间单元内，由种类、树龄等原因引起的生长概率与着火概率对每一棵树来说是相同的，无研究意义
泥石流	自然过程	$10 \sim 10^2$	$10^3 \sim 10^6$	泥石流发生面积与流域的流量相关，因而以汇水单元面积数千平方米到数百公顷为研究幅度。在获取流速、流量、山体裂缝长宽和颗粒粒径等与泥石流灾害严重程度相关的变量时，最小粒度数十米到数百米单元内情况相同
物种迁徙	生物过程	$10^2 \sim 10^3$	$10^6 \sim 10^{10}$	鸟类、鱼类、哺乳动物和昆虫由于繁殖、觅食、气候变化等原因常进行一定距离迁移。迁徙发生在生境斑块间，以生物活动范围为研究幅度，最小生境斑块为粒度。如有些鸟类迁移幅度通常以数平方公里为单位，粒度边长通常在数百米到数千米
次生演替	生物过程	$10 \sim 10^2$	$10^4 \sim 10^8$	次生演替与群落和种群动态直接相关，是生境斑块内部的生态过程。以斑块面积数公顷到数万公顷为幅度。粒度单元内数十米到数百米群落演替过程具有自相似性，研究价值低
林窗动态	生物过程	$10 \sim 10^2$	$10^3 \sim 10^6$	林窗是指群落中老龄树死亡或因偶然性因素导致成熟阶段优势树种死亡，从而在林冠层造成空隙的现象。以群落面积为研究幅度，常在数千平方米到数百公顷；单株或数株优势种占地面积为研究粒度，常在数十米到数百米
林木更替	生物过程	$0.1 \sim 10$	$10 \sim 10^3$	更替过程是个体从种子、成年植株到死亡的更新历程，以个体生活史所需的空间范围为研究幅度，随个体发育阶段，研究粒度缓慢增大，如云南独树成林的特殊案例，其研究幅度为整片树林数千平方米，粒度为分株冠幅直径大小数米
叶片生理	生物过程	$10^{-4} \sim 10^{-3}$	$10^{-4} \sim 10^{-2}$	研究叶片细胞和组织与外界水分及营养物质交换过程。其研究幅度远小于叶片面积，一般为生理测定实验的取样大小约 $0.5 \times 10^{-4} m^2$，其研究粒度相当于细胞大小（叶片中最小的细胞直径仅 $10^{-4}m$）

注：类型中自然过程表示自然非生物过程。

通过梳理生态现象的特征尺度，更清晰地展示了尺度效应的重要意义。随着尺度的变化，我们可以观察到对尺度有强烈依赖性的多种自然现象，这种现象的特征是在别的研究尺度上观察不到的。超出研究对象的特征尺度时，研究对象的局部信息被忽略，而远低于研究对象的特征尺度时，研究对象在粒度单元内表现出同质性，不具有研究价值。可以说，特征尺度是尺度和现象之间的桥梁。

以河流廊道（river corridor）为例，图 22.4 展示了研究对象在 4 个不同尺度上的粒度和幅度变化情况，及空间尺度嵌套关系。通过这一案例可以看出，在不同的空间尺度上有不同的研究内容。这些研究内容，在空间尺度上具有由大到小的嵌套关系和由量变到质变的递进关系。

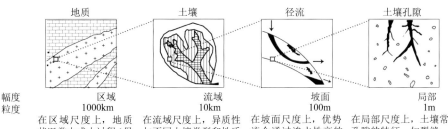

地质	土壤	径流	土壤孔隙
幅度 粒度			
区域 1000km	流域 10km	坡面 100m	局部 1m
在区域尺度上，地质状况常由成土过程（母质）决定，进一步影响水网密度	在流域尺度上，异质性与不同土壤类型和性质有关。通常，谷底与坡面、山脊土壤类型不同	在坡面尺度上，优势流会通过渗水性高的土层和管道。水也可以回流向地表	在局部尺度上，土壤常呈现大孔隙的特征，如裂缝、根孔或虫孔。这使大部分水流可通过最少的土壤基质完成输送

◀ 图 22.4 土壤的空间尺度特征变化（Bloschl et al., 1995）

■尺度效应的三角度之二：时间尺度

时间尺度效应是生态学对象随时间尺度变化表现出不同特征和意义的现象。

时间尺度指某一现象或事件发生的频率或其动态变化的时间间隔。在对不同对象进行研究时，要选用合适的时间尺度。图 22.5 展示了某流域内径流量在不同时间尺度下的变化。

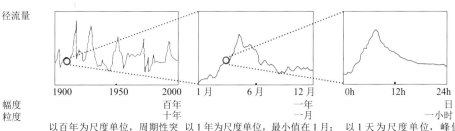

径流量		
1900　1950　2000	1月　6月　12月	0h　12h　24h
幅度 粒度		
百年 十年	一年 一月	日 一小时
以百年为尺度单位，周期性突出，约为 10 年。最大径流量呈逐渐减小趋势，主要由于降水、气候差异、地貌过程在时间上的异质性和人为因素影响	以 1 年为尺度单位，最小值在 1 月；峰值在四月，是因山顶融雪水蒸发导致降水量增大，而此时气温低，径流蒸发量小。1 到 4 月呈上升趋势，之后小有波动，但整体呈下降态势	以 1 天为尺度单位，峰值在 7.5h，最小值在 0h。0h ~ 7.5h 迅速上升，之后缓慢下降。净流量变化受暴雨和流域特征影响

◀ 图 22.5 不同时间尺度下水文变化（Bloschl et al., 1995）

■尺度效应的三角度之三：组织尺度

组织尺度是生态学组织层次（如个体、种群、群落、生态系统、景观）在自然等级系统中所处的位置。它们在自然等级结构中的位置是相对明确的，但其时空尺度是模糊的（张娜，2006）。

从全球生态学层次、区域生态学层次、景观生态学层次、生态系统生态学层次、群落生态学层次、种群生态学层次到个体生态学层次，不同的组织层次所处在整个等级系统上的位置也有所不同（图 22.6）。

▼ 图 22.6 生态学组织尺度

全球生态学层次　区域生态学层次　景观生态学层次　生态系统生态学层次　群落生态学层次　种群生态学层次　个体生态学层次

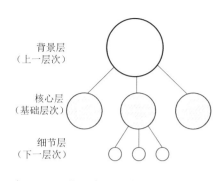

▲ 图 22.7 等级系统中相邻层次之间的关系
（邬建国，2007）

背景层
（上一层次）

核心层
（基础层次）

细节层
（下一层次）

等级理论是组织尺度重要的理论基础之一。等级系统可理解为一个由若干有秩序的生态学组织层次所组成的系统。任何一个问题的研究都对应一个核心等级系统，核心层被看作是要研究的对象。例如，研究树上草食昆虫对树生长率的作用，需要对单棵树进行研究；而研究草食昆虫对景观中活树和死树的分布作用，就应当将整个森林作为研究对象。由此可见，没有哪一个单一尺度能适用于所有的生态问题。

等级理论提出在所有研究中至少要包含 3 个等级层次，即背景层、核心层、细节层（图 22.7）。核心层以上的层次制约和控制核心层，核心层以下的层次为核心层提供更多细节以解释在核心层观察到的行为，如种群、群落、生态系统之间的关系（张娜，2006）。组织尺度为尺度嵌套提供了依据，它说明各尺度间不是相互孤立的，相邻尺度间存在制约和支持关系。

PATTERN
尺度转向：从生态学的尺度到规划设计的尺度

尺度效应涉及复杂的尺度变化及尺度改变后生态学对象表现特征的变化，探讨尺度效应的内在机制与应用途径十分关键。以景观生态规划设计应用为目的，本讲从两个层面讨论：一是从组织维度出发，将上级尺度与下级尺度间的系统层次关系归纳为尺度嵌套；二是将这种尺度嵌套关系映射在空间中，转化为空间规划尺度，称之为尺度转向。

■ 尺度嵌套

尺度嵌套（scale nesting）是指上级尺度对于相邻下级尺度具有完全包含关系，从而形成一个从高尺度层次包含低尺度层次的系统结构。生态学家与景观生态学家常从等级理论出发来描述高层次尺度与低层次尺度间的组织关系。嵌套（nest）正源于等级理论中的巢式系统（nested system）。一般认为，巢式系统的高层次由低层次组成，相邻的两个层次之间具有完全包含和完全被包含的关系。

1. 生态系统的尺度嵌套形式

生态系统的尺度嵌套形式即生态学组织尺度嵌套，如图 22.6。在全球、区域、景观、生态系统、群落、种群、个体这 7 大尺度层次间，每个尺度都具有独立的功能，且具有相互联系的整体性。低尺度层次的研究是理解高尺度层次的基础，如景观尺度重点研究生态系统间的相互作用，生态系统尺度重点研究生物群落和非生物环境间的复合体，群落尺度重点研究种内和种间关系，种群则重点研究个体间的关系。

2. 水文系统的尺度嵌套形式

如图 22.8 所示，区域、景观、河流廊道、河流和河段是水文系统尺度嵌套的 5 个尺度层次。这一从上级尺度包含下级尺度的五重嵌套结构，每个尺度层次都可看作是一个相对独立的单元，且可链接到其他单元。

尺度嵌套作为具有组织层次的系统结构，将其转化为规划尺度的关键在于理解过程和格局在其中扮演的角色。每个尺度层级上都具有不同的过程，这些过程正是功能产生的载体。根据景观生态学过程—格局耦合理论，过程塑造格局，而过程的发生具有时间尺度，由此产生的格局则具有空间尺度。

■ 尺度转向

尺度转向本质是研究"组织嵌套"向"空间嵌套"的转换方法，是从"自然组织尺度特征"转向"空间规划尺度特征"的对应性研究，即从研究"多尺度的组织嵌套体"（本质上是多层次功能—结构体系），转向"多尺度的空间套嵌体"（本质上是多层次空间格局体系）的对应性研究，最终通过多尺度空间规划来回应研究对象的自然组织尺度特点。

从生态学组织尺度到规划设计尺度转向的难点在于，生态学组织尺度从自然生态现象出发，作用在于解释规律；而规划设计尺度则以人的视角研究城市问题，二者间虽具有空间对应关系，但并非一一对应。图 22.9 将景观实践中常见生态现象划分为 4 个尺度，并与规划的 6 个尺度在空间上的映射关系进行了梳理。这种关系从空间大小来说，并不一一对应，而是存在一对多的映射关系。例如，在规划的邻里尺度和场所尺度上进行设计时，常需要考虑生态学中斑块尺度上发生的自然现象。

CASE
太平河流域生态尺度与规划尺度的映射应用

太平河流域位于陕西省西安市户县东南部地区，南部为秦岭北麓这一生态敏感区，具有生态环境脆弱、景观过程不稳定及人文过程复杂等特点。在研究太平河流域生态问题得出规划设计方案的过程中，将生态水文系统的"多尺度组织嵌套体系"转化为规划设计语言的"多尺度空间嵌套体系"十分必要。由于在规划设计实践中，"每一个具体地段的规划与设计，要在上一层次即更大空间范围内，选择某些关键的因素，作为前提"，并且"为下一层次留有余地"，与此同时组织尺度的功能—结构体系可以帮助我们更好地理解上下级间的内在关系，将其转化为规划的空间格

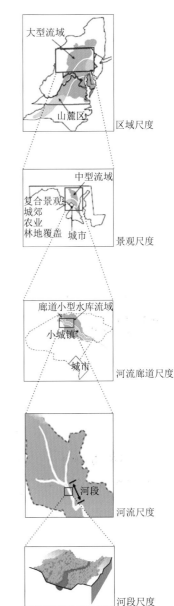

▲ 图22.8 水文系统的五重尺度嵌套形式
（Fisrwg，2014）

局体系可以使规划设计更严密，更"生态"。图22.10展示了"多尺度组织嵌套体系"向"多尺度空间嵌套体系"的转换方法。为研究太平河流域不同生态学对象，以水文系统的五重尺度嵌套为基础，以各组织尺度上不同过程作为转化的中间桥梁。在进行转化时，我们知道，组织尺度的时空尺度较模糊，但不同自然过程的发生具有时空尺度，且其空间尺度是明确的。因此，我们能得到自然过程对应空间格局后形成的多层次空间格局体系，从尺度效应角度为生态规划设计提供理论支撑。

生态学组织尺度 🔗 **规划设计空间尺度**

名称：区域尺度

现象：环境与生物的相互作用
（土壤侵蚀、生物多样性等）

 ····

名称：区域尺度 100km×100km

内容：区域生态安全格局
（气候学现象、区域经济等发展趋势）

名称：景观尺度

现象：生态系统间的相互作用
（污染扩散、人类对土地利用等）

 ····

名称：社区尺度 10km×10km

内容：适应生态过程的景观格局
（土地利用规划、基础设施规划等）

名称：邻里尺度 1km×1km

内容：概念性规划
（聚落空间组织、房地产开发等）

名称：斑块尺度

现象：种群和群落的发育过程
（洪水过程、动物迁徙）

名称：场所尺度 100m×100m

内容：场所的功能和设计要素的布局
（建筑形式、游憩设计等）

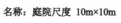

名称：庭院尺度 10m×10m

内容：细部要素的空间组织
（空间围合程度、空间进深等）

名称：小区尺度

现象：个体与环境的相互作用
（泥沙流失、生物定居）

名称：细部尺度 1m×1m

内容：个体的细部特征
（色彩、微气候等）

▲图22.9 生态四尺度和规划六尺度的空间对应关系

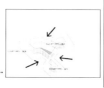

在解决实际问题时，选择完整的尺度嵌套模式是不必要的，但需要保证相邻尺度的完整性。图 22.10 中，针对太平河流域生态受损区的规划和修复，没有选择最高层次的区域尺度，而是补充了节点尺度作为最低层次尺度。

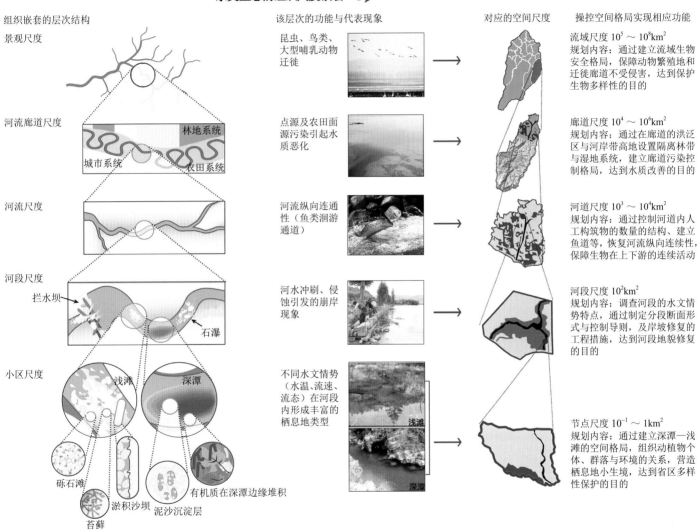

水文生态的组织尺度嵌套 ➡ **规划的空间尺度嵌套**

组织嵌套的层次结构

景观尺度

河流廊道尺度

林地系统

城市系统　农田系统

河流尺度

河段尺度

拦水坝

石瀑

小区尺度

浅滩　深潭

砾石滩

淤积沙坝

苔藓　泥沙沉淀层

有机质在深潭边缘堆积

该层次的功能与代表现象

昆虫、鸟类、大型哺乳动物迁徙

点源及农田面源污染引起水质恶化

河流纵向连通性（鱼类洄游通道）

河水冲刷、侵蚀引发的崩岸现象

不同水文情势（水温、流速、流态）在河段内形成丰富的栖息地类型

浅滩

深潭

对应的空间尺度

操控空间格局实现相应功能

流域尺度 $10^5 \sim 10^8 km^2$
规划内容：通过建立流域生物安全格局，保障动物繁殖地和迁徙廊道不受侵害，达到保护生物多样性的目的

廊道尺度 $10^4 \sim 10^6 km^2$
规划内容：通过在廊道的洪泛区与河岸带高地设置隔离林带与湿地系统，建立廊道污染控制格局，达到水质改善的目的

河道尺度 $10^3 \sim 10^4 km^2$
规划内容：通过控制河道内人工构筑物的数量的结构、建立鱼道等，恢复河流纵向连续性，保障生物在上下游的连续活动

河段尺度 $10^2 km^2$
规划内容：调查河段的水文情势特点，通过制定分段断面形式与控制导则，及岸坡修复的工程措施，达到河段地貌修复的目的

节点尺度 $10^{-1} \sim 1 km^2$
规划内容：通过建立深潭—浅滩的空间格局，组织动植物个体、群落与环境的关系，营造栖息地小生境，达到省区多样性保护的目的

▲ 图 22.10 太平河流域景观生态规划设计的空间尺度嵌套模式

■ 参考文献

Fisrwg.2014. Stream Corridor Restoration: Principles, Processes, and Practices[J]. American Society of Civil Engineers, 14(3–4):151–162.

G. Blöschl, R. B. Grayson, M. Sivapalan. 1995.On the representative elementary area (REA) concept and its utility for distributed rainfall - runoff modelling[J]. Hydrological Processes, 9(3 - 4):313–330.

申卫军，邬建国，任海，等 .2003. 空间粒度变化对景观格局分析的影响 [J]. 生态学报，23（12）：2506–2519.

邬建国 .2007. 景观生态学 —— 格局、过程、尺度与等级 [M]. 北京：高等教育出版社：17–19.

肖笃宁，李秀珍，高俊，等 .2003. 景观生态学 [M].2 版 . 北京：科学出版社：90–101.

余新晓，牛健植，关文彬，等 .2006. 景观生态学 [M]. 北京：高等教育出版社：24–45.

赵文武，朱靖 .2010. 我国景观格局演变尺度效应研究进展 [J]. 中国人口资源与环境，20：287–288.

张娜 .2006. 生态学中的尺度问题：内涵与分析方法 [J]. 生态学报,26（7）：2340–2355.

■ 拓展阅读

傅伯杰，陈利顶，马克明 .2011. 景观生态学原理及应用 [M]. 北京：科学出版社：22–26.

高凯 .2010. 多尺度的景观空间关系及景观格局与生态效应的变化研究 [D]. 武汉：华中农业大学 .

荆玉平，张树文，李颖 .2007. 城乡交错带景观格局及多样性空间结构特征 —— 以长春净月开发区为例 [J]. 资源科学，29（5）：43–49.

沙玉坤，程根伟，李卫朋 .2013. 森林水文作用的流域尺度效应及其评价 [J]. 山地学报，31（5）：513–518.

岳邦瑞，刘臻阳 .2017. 从生态的尺度转向空间的尺度——尺度效应在风景园林规划设计中的应用 [J]. 中国园林，33（8）：77–81.

■ 思想碰撞

　　景观生态规划设计中所涉及的尺度可以分为"观测尺度"和"本征尺度"，前者用来观测分析过程和格局，后者是自然现象固有且独立于人类控制之外的。第一类观测尺度常被应用于实践，根据人类的需要有多种分类方式，如"从研究对象的空间范围出发，可有大小尺度之分，如区域、社区、邻里、场所、空间、细部的尺度划分方式；从研究视角而论，有宏观到精细之分，如宏观、中观、微观的尺度划分方式"。第二类本征尺度的应用正是本讲解所探讨的，如个体生态学、种群生态学、群落生态学、生态系统生态学、景观生态学、区域生态学和全球生态学等。这两种尺度之间是什么关系？如何做到生态现象和规律的内在组织尺度（本征尺度）与规划设计的空间嵌套语言（观测尺度）的相互转换呢？

■ 专题编者

刘臻阳

王菁

214

第四部分
区域及全球生态学的基本原理

岛屿生物
地理学 23讲
达尔文不知道的秘密

你，并不存在
你的名字只是一群鸟儿的喁喁低语
它们栖息在地球的每一座岛屿之上
这里没有边界，没有上下之分
没有起点，也没有终点
总有一面藏在暗处
——改自《岛屿书》

1831年12月27日，年仅22岁的达尔文登上了皇家军舰，考察了分布在大西洋、太平洋、印度洋的18座岛屿群。1835年，达尔文抵达太平洋东部赤道上的"巨龟之岛"（Galapagos Islands），观察到岛上共存着14种形态上微小差异的"达尔文雀"，他意识到物种会随着环境改变而产生变异。正是这座岛屿，成为达尔文进化论的诞生地。

物种—面积理论 VS 均衡理论

　　达尔文为什么如此热衷考察岛屿呢？因为岛屿是天然的"生态实验室"。许多自然环境都可以看成大小、形状和隔离程度不同的岛屿，而且岛屿有许多显著特征，如地理隔离、生物群类简单等。这些特点为岛屿生物学特征的重复性研究和统计学分析提供了方便。岛屿为发展和检验自然选择、物种形成及演化，以及生物地理学领域的多个理论假设，提供了重要的天然实验室。伴随着 19 世纪生物地理学的蓬勃发展，岛屿研究逐渐发展成为一门独立的学科 —— 岛屿生物地理学，并在 20 世纪 70 年代得到了迅速发展。

■ 物种—面积理论

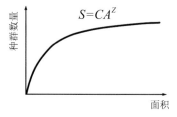

▲ 图 23.1 "物种—面积"关系理论模型

　　岛屿生物地理学的核心，是寻找影响孤立自然群落中物种丰度的各种因素。早期的科学家曾经猜想岛屿上的物种丰度可能与栖息地面积、岛屿栖息地与外界隔离程度有关。直到 1921 年，Archenius 和 Gleason 提出了"物种—面积"关系理论模型（图 23.1），揭示岛屿物种存活数目与所占面积之间的函数关系为：$S=CA^Z$（S——物种丰度；A——面积；C——物种分布密度；Z——参数，一般为 0.18 ~ 0.35）。按此公式，当 $Z=0.3$ 时，若岛屿面积每增加 10 倍，则物种数翻一番；反之，若岛屿面积缩小到 1/10，则生物种类减少一半；若缩小到 1/100，则种类只有原来的1/4。也就是说，保护好 1% 的物种空间面积，就保护了原有物种的 25%。

■ 均衡理论

　　"物种—面积"关系只是一种经验统计关系，只能说明静止态的宏观模式，而且在应用中很多时候与观察到的情况不符。1967 年，MacArthur 和 Wilson 提出著名的"均衡理论"（equilibrium theory），首次从动态方面定量阐述了物种丰富度与面积及隔离程度之间的关系（王虹扬等，2004），认为岛屿物种丰度取决于物种的迁入率和灭绝率。这两个过程的消长导致了物种丰度的动态变化，而迁入率和灭绝率与岛屿的面积及隔离程度有关。由于岛屿上的生态位或栖息地空间有限，已定殖（colonization）的物种越多，新迁入的物种成功定殖的可能性就越小，而已定殖的物种灭绝概率就越大。因此，对于某一岛屿而言，迁入率和灭绝率将随岛屿物种丰度增加而分别呈下降和上升趋势，因此图 23.2 中迁入曲线和灭绝曲线分别呈现下行与上扬趋势（高增祥等，2007）。

从图23.2可知，面积大而距离较近的岛屿比面积较小而距离较远的岛屿的平衡态物种数目（Se）要大，面积较小和距离较近的岛屿分别比大而遥远的岛屿的平衡态物种周转率（R）要高（高增祥等，2007）。

PATTERN
自然保护区设计六大法则

■ 岛屿的斑块特征与自然保护区的函数关系

随着岛屿生物地理学的发展，"岛屿"概念被扩展到各种孤立的地理景观中。自然保护区被认为是类似于水体岛屿的"陆地生境岛"（land habitat island），其周围被人类创造的各种栖息地包围，保护区内的物种受到不同程度的隔离（岳邦瑞等，2014）。因此，岛屿生物地理学能够为自然保护区的实践提供理论指导（于洪贤等，2005）。从景观生态学的角度看，自然保护区也是一种陆地景观斑块，其物种多样性与斑块特征的函数关系如下：

$S=f$（+生境多样性，+/−干扰，+面积，+年龄，+基质异质性，−隔离，−边界不连续性）（郑淑华等，2011）

假如仅提炼出上述函数中与空间有关的内容，则可以得到保护区的生物物种多样性和空间特征的函数关系如下：

$S=f$（+面积，−隔离，+/−形状，其他）

从上述函数可以推导出保护区设计的空间六大法则（表23.1），包括面积相关法则（法则 1~2），隔离相关法则（法则 3~5）及形状相关法则（法则6）。这些法则参考了 Diamond 等在 1975 年提出自然保护区设计的一组几何模型（图23.3）。但上述每一条法则都会有人反对和质疑，特别是法则2引发了著名的"SLOSS"问题。虽然有规则就会有例外，不存在绝对的好与坏、对与错；但通常情况下，这些法则是有效的。因此，重点在于如何深入理解和应用这些法则，如何做到具体问题具体分析，避免盲目和武断。

■ 两种空间模式

在具体实践中，自然保护区的规划设计采用两种典型的模式可以看作是不同条件下的两种"保护区最优空间格局"。第一种是"保护区圈层模式"，该模式认为：一个科学合理的自然保护区应由核心区（core area）、缓冲区（buffer area）、外

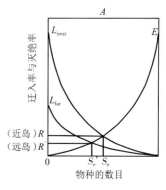

A 距离效应（灭绝率是定值，由于近岛屿比远岛屿的迁入率更高，因此近岛屿物种数更多）

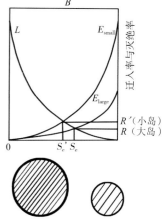

B 面积效应（迁入率是定值，由于大岛屿比小岛屿的灭绝率要低，因此大岛屿物种数更多

（注：L——迁入率（下标 far、near 分别指岛屿离大陆的远近）；E——灭绝率（下标 large、small 分别指岛屿的大小）；R——平衡点物种周转率；S_e——平衡点的物种数目）

▲ 图 23.2 动态均衡理论的图示模型
（Brown J H et al.,1983）

A
B
C
D
E
F

▲图 23.3 自然保护区的设计法则（Diamond, 1975）

保护区
面积尽
量大

＋

集中布
置保护
区

＋

保护区
形状近
似于圆
形

＝

核心区
缓冲区
外围控制区

▲图 23.4 保护区圈层模式

表 23.1 自然保护区设计六大法则

法则	图解	原理说明
法则 1：大 大保护区通常比小保护区好		大保护区物种迁入率和灭绝率平衡时，拥有物种较多；灭绝率低
法则 2：集中 一个单独的大保护区通常优于同样总面积的几个小保护区		大保护区物种存活率高，小物种存活率低，大保护区比几个小保护区拥有较多的物种
法则 3：距离近 距离比较近的几个保护区通常优于距离较远的保护区		保护区尽可能靠近可增加保护区物种的迁入速率，降低物种灭绝概率
法则 4：等距排列 等距排列的几个保护区通常优于线性排列保护区		等距排列意味着每一个保护区的动物可以在保护区之间迁移和在定居。线性排列的保护区，位于两端的保护区相隔距离较远，减少了物种再定居的可能性
法则 5：廊道连接 有廊道连接的保护区通常优于独立分布的保护区		物种可以在保护区间扩散，而不需要越过不适宜的栖息地之"海"，从而增加物种存活的机会
法则 6：圆形 圆形的保护区通常优于瘦长形的保护区		圆形保护区可以缩短保护区内物种扩散距离。如果保护区太长，当保护区局部发生种群绝灭时，物种从中间区域向边远区域扩散的速率会很低，无法阻止类似于半岛效应的局部绝灭

围控制区（control area）组成。核心区内的生物群落与生态系统受到绝对保护，禁止一切与保护无关的人类活动；缓冲区围绕核心区达到在生物、生态及景观上的一致性，可开展有限度的人类活动；实验区用于保持与核心区及缓冲区的一致性，允许进行一定的科研、游憩乃至经济活动（岳邦瑞等，2014）。"保护区圈层模式"的空间格局特征是"又大又圆又集中"（图 23.4）。第二种则是"保护区网模式"，该模式汲取了圈层模式的优点，着重于破碎生境的重新连接，通过生境走廊将保护区之间或与其他隔离生境相连，最终将不同的保护区构成保护区网（图 23.5）。

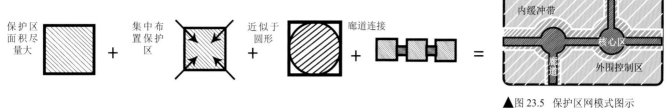

保护区面积尽量大 + 集中布置保护区 + 近似于圆形 + 廊道连接 =

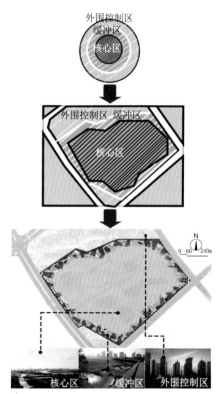

▲ 图 23.5 保护区网模式图示

CASE
两种保护区典型空间格局的应用

  圈层模式的应用案例为哈尔滨群力新区生态湿地公园。湿地公园处于群力新区中心，周边集合了文化娱乐、商业、居住等各类用地。场地内部湿地为苇塘湿地，以芦苇沼泽群落结构为主，是罕见的城中天然原生湿地。设计目标之一要最大程度的保护场地内部原生天然湿地。具体策略是：借鉴自然保护区"圈层模式"，将天然湿地作为"核心区"，其面积尽可能最大化，边界尽可能接近圆形，内部尽可能的完整而无人工干扰。此外，在核心区外建立了环形缓冲区（人工湿地），达到对外界不良干扰进行屏蔽，对场地内部原生湿地保护和过渡的作用（图 23.6）。

  石花洞风景名胜区景观生态规划应用了保护区网模式。规划主要目标是保护这些破碎化的栖息地的野生动物种群，具体策略借鉴自然保护区"保护区网模式"，构建起连续、安全的生境网络，恢复野生动物的物种多样性，这其中包括：①对原有和潜在的栖息地进行保护；②将栖息地通过安全的生态廊道连接；③设置适当的缓冲区，减小人类活动对野生动物生存的干扰。其中的核心是生态廊道的建立，可以将重点保护的栖息地连接起来形成生境网络，削弱景观破碎化对野生动物物种多样性的影响，起到改善野生动物生存环境的作用（图 23.7）。

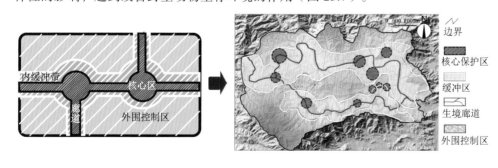

▲ 图 23.7 保护区网模式在石花洞风景名胜区中的应用

▲ 图 23.6 保护区圈层模式在哈尔滨群力湿地公园中的应用

■ 参考文献

Brown J H, Gibson A C. 1983.Biogeography[M]. Mosby.

Diamond J M. 1975. Colonization of exploded volcanic islands by birds: the supertramp strategy[J]. Science,184:803–806.

高增祥, 陈尚, 李典谟, 等 .2007. 岛屿生物地理学与集合种群理论的本质与渊源 [J]. 生态学报 , 27(1): 304–313.

王虹扬 , 盛连喜 . 2004. 物种保护中几个重要理论探析 [J]. 东北师大学报（自然科学版）, 36(4)：116–121.

岳邦瑞 , 康世磊 , 江畅 . 2014. 城市—区域尺度的生物多样性保护规划途径研究 [J]. 风景园林 , （1）：42–46.

于洪贤 , 覃雪波 , 何卓 , 等 . 2005. 保护生物学在我国自然保护区生态旅游中的应用 [J]. 东北林业大学学报 , 33(4)：67–69.

郑淑华 , 王堃 , 杨胜利 , 等 . 2011. 陆岛的概念及其基本理论 [J]. 内蒙古草业 , 23(1):1–8.

■ 拓展阅读

傅伯杰 , 陈利顶 , 马克明 , 等 .2011. 景观生态学原理及应用 [M].2 版 . 北京： 科学出版社：251–261.

殷秀琴 . 2014. 生物地理学 [M]. 2 版 . 北京： 高等教育出版社：237–245.

俞孔坚 , 李迪华 , 段铁武 . 1998. 生物多样性保护的景观规划途径 [J]. 生物多样性 , 6(3):205–212.

俞孔坚 , 黄刚 , 李迪华 , 等 . 2005. 景观网络的构建与组织——石花洞风景名胜区景观生态规划探讨 [J]. 城市规划学刊 (3)：80–85.

■ 思想碰撞

　　"SLOSS"：在 1970 年至 1980 年期间，人们针对保护物种在破碎化生境中的物种多样性提出了两种截然不同的观点，一种认为，在同等面积下，一个大保护区（single large）有效，而另一种则认为是多个小保护区（several small）更加有效，而在 1975 年由 Diamond 提出了一些有关自然保护区的设计法则（图 23.3），其中一条明确赞同了一个大保护区的优势。那么，就破碎化生境的生物多样性保护而言，你认为同等面积的情况下，是一个大保护区（single large）有效，还是多个小保护区（several small）更好呢？请结合相关文献资料及案例进行猜想与作答。

■ 专题编者

岳邦瑞

费凡

地域分异

让天山高人流连忘返 的雪山与绿洲 24 讲

上帝的双手，在地球的画板上，
描出了山川，绘出了平原，染出了绿野，画出了河流……
这幅展尽世间万般景致的画，
名作自然。

　　天山，世界七大山系之一，贯穿新疆北部。美丽的博格达峰更是被当地的牧民称为"神山"、"祖峰"。在这里，远眺有山峰顶部的冰川积雪，近观有山谷中的天池绿水；更有遮天蔽日的原始森林和风光如画的山甸草原景观令人望之惊叹；一路向北，又可领略准噶尔盆地的大漠风光。从雪山到大漠，这一系列景观的变化体现了天山北麓自然地理环境的分化，这种分化的现象在地理学中被称为地域分异。地域分异并非只在天山山脉有所体现；大到全球海陆格局，小到局部地形地貌，地域分异的现象无处不在；探寻影响地域分异的原因，可以帮助我们更好地认识自然格局，保护和利用自然资源。

▲ 图 24.1　纬度地带性分异

▲ 图 24.2　经度地带性分异

▲ 图 24.3　垂直地带性分异

■ 概念

　　地域分异（areal differentiation）是一个起源于地理研究，之后在景观生态学中独立发展的重要理论。它是指自然地理环境整体及其组成要素（地貌、气候、水文、生物和土壤等），沿地表按确定的方向（水平或垂直）有规律地发生分化所引起的差异。太阳辐射能（solar radiation energy，水能、生物能、风能、太阳能等）和地球内能（earth's inner energy，核能、地热等）是形成地域分异的两种基本因素。这两者在地球表层自然界中的综合作用，决定了地域分异最基本、最普遍的规律性，即地带性分异（zonal differentiation）与非地带性分异（non-zonal differentiation）（任平，2003）。

■ 分类

　　地域分异的基本成因是太阳光线在地球表面具有不同的入射角，从而引起太阳

表 24.1　地域分异的分类

名称	分类	内容
地带性分异	纬度地带性分异（图 24.1）	纬度地带性（latitudinal zonality）分异由于地球的形状和运动，以及它在宇宙中的位置，使太阳辐射在地球表面有规律地变化（由低纬向高纬逐渐减弱），从而使得地表的热量条件和许多自然现象随纬度而呈现出有规律的相应变化（任平，2003）
	经度（干湿度）地带性分异（图 24.2）	经度地带性（longitudinal zonality）分异指地理环境各组成要素和自然综合体按经线方向由海洋向内陆变化的规律
	垂直地带性分异（图 24.3）	垂直地带性（vertical zonality）分异是由于海拔的差异引起的自然景观的垂直递变规律（任平，2003）
非地带性分异	观点 1（范中桥，2004）	纬度地带性就是地带性分异，因此非地带性就是除了纬度地带性以外的地域分异规律，包括垂直地带性和干湿度地带性分异
	观点 2（范中桥，2004）	非地带性受隐域性因子如地下水、岩性、特殊的地表组成物质等控制，在地理分布上具有地方性特点，分布区间不一定有严格的顺序。根据这一观点，垂直地带性和干湿度地带性属于地带性规律
	观点 3（范中桥，2004）	非地带性是由于地球内能作用而产生的海陆分布、地势起伏、构造运动、岩浆活动等决定的自然综合体的分异规律

辐射沿纬度方向呈不均匀分布，它的分类见表 24.1。非地带性分异是在人们对地带性学说进行批评和研究的基础上提出的，到目前为止，对非地带性分异的理解仍极不统一（范中桥，2004）。

■ 尺度

地域分异规律依据不同的尺度可以划分为全球性地域分异、大陆或大洋性地域分异、区域性地域分异、地方性地域分异和局部性地域分异 5 种类型。地域分异规律对于景观研究有着普遍意义，对于景观生态学研究中景观类型的分布和尺度转换研究具有重要的指导意义（表 24.2，图 24.4）。

表 24.2　地域性分异的尺度划分及意义

尺度	规模	范围	厚度	内部联系	更新速率	意义
全球性	大尺度	大陆或洲	对流层（troposphere，是地球大气层靠近地面的一层）至沉积岩层（sedimentary strata，在地表不太深的地方，将其他岩石的风化产物和一些火山喷发物，经过水流或冰川的搬运、沉积、成岩作用形成的岩石层）	全球性大气环流、水分循环和地质循环	缓慢	为国家制定基本建设规划、确定发展农业生产的重要指标和耕作制度提供科学依据
大陆性或大洋性						
区域性						
地方性	中尺度	约 100 万 km²	摩擦层（friction layer，大气边界层的别称，对流层的下层，大气圈的最底层）至风化层（weathered layer，指地面以下的疏松层）	地区性大气环流及大流域的物质迁移	适中	为各省区制定生产建设规划，为确定各地区农业发展方向提供重要依据
局部性	小尺度	小于 100km²	林冠层（canopy layer，森林中树木的上部枝叶相互连接成的一大片）至土壤层（soil layer，包括表土层、亚表土层以及部分风化岩石）	群落的生物循环	较快	是划分土地类型、分析评价小区域土地资源的基础工作，是土地科学研究的理论基础

| 全球尺度分异 | 大陆尺度分异 | 区域尺度分异 | 地方尺度分异 | 局部尺度分异 |

▲ 图 24.4　5 个尺度地域分异等级关系

了解 5 个尺度的地域分异关系后，表 24.3 分别是对 5 个尺度的地域分异的详细讲解。

表 24.3　5 个尺度的地域分异内容

名称	分类	主导因素	表现特征	自然格局
全球性地域分异	热量分带	太阳辐射能随纬度不同而产生的热量差异	产生气温、气压、湿度和降水等气象气候要素的差异，要素的差异长期综合作用后，形成气候地带性差异，是纬度地带性分异的背景和基础	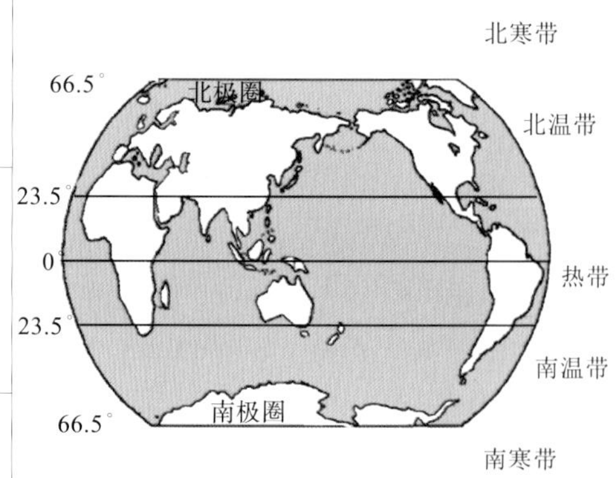
全球性地域分异	海陆分异	由地球内能引起	表现形式为地球表面的 7 大洲和 4 大洋。具体规律为：全球海洋面积远大于陆地面积（海洋约占 71%，陆地只占 29%）；全球海陆分布不均匀（陆地大部分集中于北半球，南半球陆地仅占 19%）	
全球性地域分异	海陆起伏分异	由地球内能引起	地球表面固体部分具有明显的起伏变化，包括陆地部分（山地、平原、高原、丘陵）和海洋部分（大陆架、大陆坡、大洋盆地、深海沟）	
大陆或大洋地域分异（在此我们只讨论大陆的分异规律）	纬度地带性	太阳能按纬度呈带状分布	热量带：赤道带—温带—寒带（植被、土壤、水文、大部分气候地貌等都有明显的地带性特征）	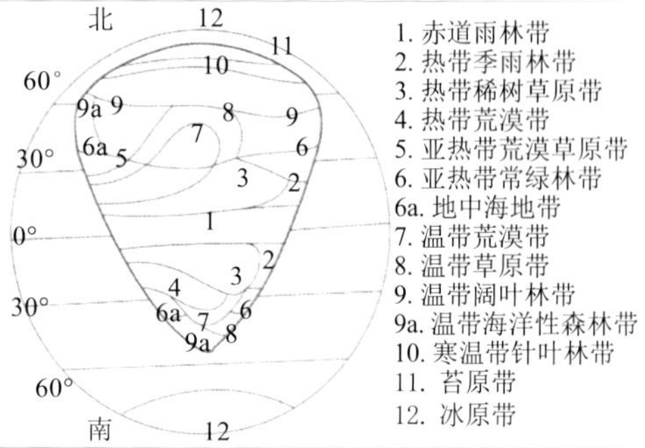
大陆或大洋地域分异（在此我们只讨论大陆的分异规律）	干湿度地带性	海陆分布引起干湿程度不同	从海洋到内陆的森林—草原—荒漠的景观变化	
大陆或大洋地域分异（在此我们只讨论大陆的分异规律）	巨大构造体系造成的分异	地球内能	在地表形态的起伏和分化基础上表现出差异，如阴山—天山山脉（纬向）、大兴安岭—太行山（经向）	
区域性地域分异	区域性大地构造—地貌分异	地貌形态分异，属于非地带性分异	东亚季风区、西北高寒区等，塔里木盆地、天山山地、蒙古高原、青藏高原等	
区域性地域分异	非地带性分异	地带性条件下热能、水分差异性分布引起的非地带性分异	东亚季风区、西北高寒区等，塔里木盆地、天山山地、蒙古高原、青藏高原等	
区域性地域分异	地带段性分异	非地带性区域单位内的地带性分异		

图 2 图例说明：
1. 赤道雨林带
2. 热带季雨林带
3. 热带稀树草原带
4. 热带荒漠带
5. 亚热带荒漠草原带
6. 亚热带常绿林带
6a. 地中海地带
7. 温带荒漠带
8. 温带草原带
9. 温带阔叶林带
9a. 温带海洋性森林带
10. 寒温带针叶林带
11. 苔原带
12. 冰原带

图 3 图例：荒漠带、绿洲带、山地带、行政区界

名称	分类	主导因素	表现特征	自然格局
地方性区域分异	中地貌（相对微地貌、宏观地貌来说尺度较为居中）引起的地域分异	地貌形态	例如，天山北麓由南向北依次呈现的高山区、中山区、丘陵区、洪积平原区、冲积平原区域和沙漠区	寒冬冰雪高山区　冰雪侵蚀中山区　剥蚀地山丘陵区　山前砾质平原区　山前冲洪积平原区　冲积平原区　北部沙漠区
	地方气候不同引起的地域分异	热量、水分差异、盛行风等		
	垂直带性分异	地势高度变化引起的水热变化		
局部地域分异	—	局部地貌、小气候、土质、水质条件等因素	例如，山盆交界处的冲击地形的形成	峡谷　冲击地形　冲积扇　冲积平原

PATTERN
"山地—绿洲—荒漠"系统分异格局

随着对地域分异理论的深入研究，该理论为各个尺度地理环境中的景观生态规划设计提供了众多理论和实践基础。例如，在干旱和半干旱区的自然景观区域中，基于地域分异的理论基础提出"山地—绿洲—荒漠系统"（mountain—oasis—desert system）的分异格局（图24.5）。

■ "山地—绿洲—荒漠"系统分异特征

干旱半干旱区的山地—绿洲—荒漠系统是一个复合系统，它的3个系统通过物质、能量和信息流联系在一起。山地系统为干旱区提供重要的水资源、矿质营养和生物资源；绿洲系统是干旱区人类赖以生存和发展的中心；荒漠系统则是严重缺水，缺乏生机的区域（表24.4）。可以说，山地融雪、降水的过程对平原绿洲的形成有着重要的影响（王让会等，2004）。

整体上来看，山地—绿洲—荒漠的三个子系统具有各自的固有特征和密切的耦合关系；从山地到荒漠整个系统内部的自然环境及其组成要素（地形、水分等）均体现了不同程度的差异。其中，绿洲的分异特征决定了它在整个系统中具有高生产力的特点，因此绿洲在山地—绿洲—荒漠系统中将成为研究的核心区域。

表 24.4 "山地—绿洲—荒漠" 系统分异特征（王让会等，2004）

名称	结构与功能分异	生态环境背景分异	地形分异	水分分异	资源分异	植被分异
山地系统	结构复杂	受人类活动干预，一些山地已被开发。生态系统复杂并相对稳定	寒冻冰雪高山、冰融侵蚀中山、剥蚀低山丘陵	径流形成区，冰雪资源与降水较丰富，年降水 150～1000mm	天然森林和草地资源丰富，有多种地质矿产资源	植被较多，垂直带明显
绿洲系统	结构较复杂，稳定性受多种因素制约，表现出不同的特征，生产力高	干旱区人类活动的中心，开发强度大。受自然及人为因素的制约。绿洲类型不同，其生态环境脆弱性的程度也不同	山前砾质平原、山前冲积平原	径流消耗区，年降水多在 150mm 以下	多为农业自然资源，各种信息资源丰富	植被较多，地表覆盖度好
荒漠系统	结构简单，稳定性差，生产力很低	受人类活动干预增多。以自然生态系统为主体，生态环境十分脆弱	沙漠化地貌	无地表径流或为地表径流散失区，年降水仅 20～80mm	地下资源有开发潜力	荒漠植被资源稀缺

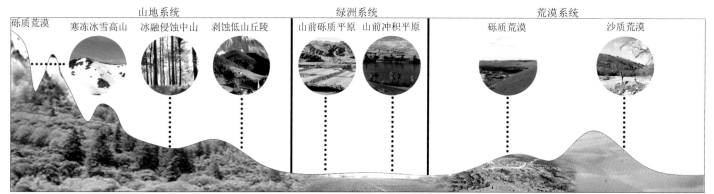

▲ 图 24.5 山地—绿洲—荒漠示意图

■ 绿洲形成所需的分异条件

绿洲形成的主要条件是"山地—绿洲—荒漠"系统中水分分异与地貌土质的分异，除此之外还包括与毗邻地区（荒漠）的气温分异等基本条件。

1. 水分分异

在干旱半干旱区，山区降水和冰川融雪是最主要的水源。降水与融雪主要通过径流廊道向绿洲输送水分。整个径流廊道可分为径流形成区和径流消耗区，其分界线一般在山区的河流出山口附近。出山口以上的山区降水量大，从河源到山口水量渐增，为径流形成区；河流出山口后，由于山前平原降水稀少，地面坡降平缓，地表为土壤或砾石层，蒸发量大，不利于径流形成，流经冲洪积扇和冲积平原时水大量下渗，蒸腾作用加剧，从而成为径流消耗区。从系统水文循环来看，从山地到荒漠，水分的分异特点逐渐呈现出：地表水逐渐减少；地下水先增后减的整体趋势。特别是在径流出山口（山地 —— 绿洲交界处）与绿洲 —— 荒漠交界处分别显著表现出了地下潜水迅速增多与迅速减少的情况。因此在山地径流形成区应注意水源的涵养、保护；出山口一带考虑地下水安全的防治；绿洲区作为主要的径流消耗区，应注意对地表水、潜水的开发利用适度适量的管控；进入荒漠区后水分急剧减少，要防止沙漠化进一步侵袭对径流造成破坏（图 24.6）。

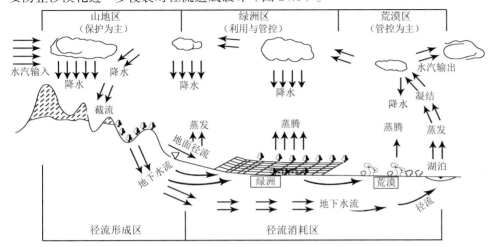

◀图 24.6 "山地—荒漠—绿洲"系统水文循环图示

此外，径流廊道还对维持区域间水平景观过程（level landscape process，不同景观单元或生态系统间的生态或非生态过程）包括物种迁徙等具有重要意义。应按生态廊道分层分类划定的方式，分为生态保育廊道（主要支流水域范围及河道缓冲区 60m、次要支流水域范围及河道缓冲区 30m 的区域）、生态缓冲廊道（主要支流水域范围及河道缓冲区 60 ~ 100m、次要支流水域范围及河道缓冲区 30 ~ 60m 的区域）以及河流汇集区域。

2. 地貌土质分异

高山、盆地相间的基本地貌在地表水流的作用下，形成的冲积扇，大河三角洲与河谷地是绿洲发育的基本物质条件。

（1）冲积扇（alluvial and flood fan）。当河流或季节性洪流从山谷流入开阔荒漠区，河床坡度骤减，河水流速变缓，水流分散并开始下渗，在这个过程中，水体中的碎屑物质逐渐堆积在出山口，形成平面上呈扇形的洪积扇或冲积扇（王亚俊等，2000）（图 24.7）。通常洪积扇上部坡度较大，有洪流沟或冲沟，组成物质以砾石粗砂为主，地表水大量下渗转化为地下水，故水土条件较差；洪积扇中部坡度变小，以沙壤土为主；下部坡度更缓，为轻、中壤土，地下水顺扇缘溢出，成为地下水散流带。总体来说，在扇形地中、下部，土质和水分条件最为优越，多有绿洲城镇分布。

（2）冲积平原（impact plain）。此段地势非常平坦，水流变缓，沉积作用迅速（图 24.8）。洪水季节，洪水反流加剧，河漫滩沉积发育，反复冲淤后，形成冲积平原。冲积平原地势平坦、土层深厚、土质优良、水源便利，同样有绿洲城镇分布。

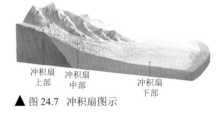

▲图 24.7 冲积扇图示

▲图 24.8 冲积平原图示

但由于土壤渗水性弱，地下水位较浅，大部分地区存在沼泽及盐渍化的问题。

■ "山地—绿洲—荒漠"系统分异格局

　　针对整个"山地—绿洲—荒漠"系统（图24.9），水资源的保护是重中之重。根据水资源在3个子系统中分异的不同情况，可将整个系统划分为5个区域（表24.5）。结合径流，"山地—绿洲—荒漠"系统整体呈现了"一廊道五片区"的水资源管控格局。据径流廊道和"五分区"各自的特点及其所承担的生态功能，每个分区都需提出相应的保护或建设措施。

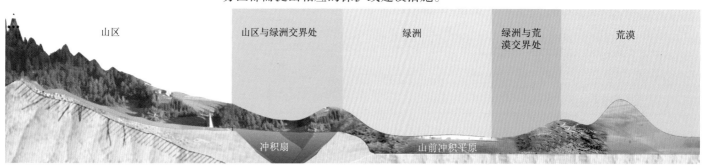

　　▲ 图24.9　理想的"山地—荒漠—绿洲"系统"五片区"格局关系

表24.5　"一廊道五片区"的特点及保护措施

内容	水源涵养区	水源生态缓冲区	绿洲水源利用区	植被生态缓冲区	荒漠保护区	径流廊道
地域	山地	山地—绿洲	绿洲	绿洲—荒漠	荒漠	山地—绿洲—（荒漠）
特点	粒状物质丰富，它们是绿洲土壤重要的成土母质；山地向绿地输送了大量地表水和地下水，决定着天然绿洲的规模及范围。山地是区域重要的水源涵养地，为许多自然资源提供基地，应受到重点保护	山地与绿洲交界处的冲洪积扇区是水源缓冲地带，径流在此大量下渗，应注意退耕还草，严格保护地下水安全	绿洲位于山前的冲积平原片区，是干旱区人类各种活动的中心场所，其内具有大量的农田生态系统，需兼顾水资源的保护和利用	绿洲与荒漠交界处是生物缓冲地带，地表、地下水明显减少，地表的灌丛草类具有良好的防风阻沙功能，维护好此处的生态有助于阻止风沙的进一步侵袭	荒漠地区地表、地下水极端缺乏，生态系统极度脆弱，应以保护、恢复为主，对人类活动进行限制	详见水分分异
措施	水源保护 生物多样性保育 适度放牧	禁止农垦 退耕还草 横向挖沟拦洪	灌区节水改造 轮（间）作种植业 划定开发建设强度 生态保育	完全禁止农业垦荒 严格禁止城市建设 逐步恢复自然生境	严禁放牧 种植人工防风林 建立自然保护区	防护林建设 自然驳岸的保留 明确开发建设的强度控制
管控	保护区	缓冲区	可建设区	缓冲区	保护区	保护区

CASE
天山北麓的分异格局

天山是新疆境内北部大型山脉，沿天山与古尔班通古特沙漠间绿洲区呈东西向带状布局。天山北坡地区属中温带大陆性干旱气候，干燥，降水少，以昌吉（图24.10）为例，绿洲区年均降水量仅183.1mm，生产生活用水主要来源于天山冰川融水（王忠杰，2014）。

将天山北坡地区分别放在地域分异的五个尺度上来看（表24.6），其地方性的分异特点是最为明显的：即景观生态格局建立在完整的"山地—绿洲—荒漠"系统之上，山地、绿洲、荒漠镶嵌共生，相互作用，形成相对稳定的景观格局（图24.11）。

▲图24.10 昌吉市在天山北坡中的位置

表24.6 天山北坡在各尺度上的分异表现

尺度	全球性	大陆或大洋性	区域性	地方性	局部性
表现	位于北温带地区，主受温带大陆性气候影响	巨大构造体系（great structure system）造成的大陆性分异，形成山脉地貌	在水动力、风动力等驱动下形成的山盆系统	由南向北逐渐呈现出山地、绿洲和荒漠的过渡	山地、绿洲、荒漠各系统内部特征

案例中，地方性地域分异应对的核心问题是水资源的安全及其相关的沙漠化问题。因此在整体"山地—绿洲—荒漠"系统的基础上进行了径流流域的划分，从径流安全保护的角度划分不同层次的生态区域。现状符合"一廊道五片区"格局（图24.12）。

其中，绿洲城镇发展区为管控中的可建设区域，在对径流进行保护的前提下合理控制的进行城镇建设，水源涵养区和荒漠保护区为保护区域，禁止人为活动；水源生态缓冲区、植被生态缓冲区为缓冲区，严格控制人为建设，优先恢复自然生境。

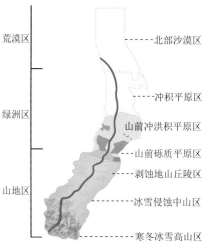

▲图24.11 昌吉市地域景观类型空间分布图（王忠杰等，2014）

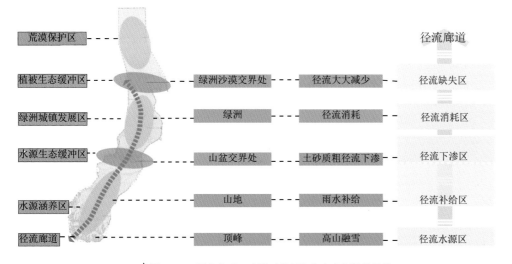

▲图24.12 昌吉市"一廊道五片区"生态空间管控结构

231

■ 参考文献

范中桥 .2004.地域分异规律初探 [J]. 哈尔滨师范大学自然科学学报 , 20(5)：106-109.

任平 .2003. 自然地理环境的地域分异 [J]. 安徽教育学院学报 , 21(3)：79-82.

王忠杰，吴岩，刘宁京等 .2014.我国天山北坡地区景观生态格局变迁及生态建设与保护规划对策研究——以昌吉市为例，（6）：91-100.

王让会，马英杰，张慧芝 , 等 .2004. 山地、绿洲、荒漠系统的特征分析 [J]. 干旱区资源与环境 , 18(3)：1-6.

王亚俊，焦黎 .2000. 中国绿洲分区及其基本类型 [J]. 干旱区地理 , 23(4)：344-349.

■ 拓展阅读

傅伯杰，陈利顶，马克明，等 .2011.景观生态学原理及应用 [M].2 版 .北京：科学出版社：44-49.

胡兆量 .1994.地理环境概述 [M]. 北京：科学出版社：45-47.

伍光和 .2008.自然地理学 [M].北京：高等教育出版社：463-474.

余新晓 .2006.景观生态学 [M].北京：高等教育出版社：38-45.

■ 思想碰撞

  在本讲展示的案例中，在海拔差异和水分分异的条件下，天山北坡形成了典型的山地—绿洲—荒漠系统，绿洲更是成为当地人民进行生产生活的主要场所。但是在与北坡只有"一峰之隔"的天山南坡，地貌景观却呈现出了不太一样的特点。南坡的植被以及景观的丰富度明显减少，森林消失，荒漠和荒漠草原成为南坡地貌的主要组成部分；在这里的绿洲更加稀少，居住的人口也比北坡减少很多。为何天山南坡出现了不完全相同于北坡的地域分异特点？你认为一定范围内的地域分异的结果会是完全一样的吗？

■ 专题编者

张智博   张遥

区位论和生态区位论

空间使用的指明灯

那双硌脚的鞋子去哪儿了
那块没有坐标的土地去哪儿了

　　在改革开放之初的 1978 年，我国为了加快经济建设并解决优质钢铁的缺口，经国务院决定，在上海市宝山设立钢铁厂，宝山钢厂正式成立。但当宝钢投产后，选址之初的问题也跃然纸上：由于上海港是受长江泥沙冲积影响很大的港口，装载着宝钢所需的高品位铁矿石巨轮只得从宁波北仑港转运至小船送抵宝山，转运使宝钢产生了巨额的运费；当地的地基条件是比较松软的沉积层，在宝钢厂房与沉重设备的应力作用下，厂区发生了地面沉降，不得不花费巨额资金进行缓解。宝山钢厂的案例显示：区位的不合理选择会导致巨大的浪费，区位的合理选择对于社会发展具有重要的战略意义。

THEORY
区位理论与生态区位理论

■区位论的相关概念

从地理学出发，区位（location）包括两层含义：一指该事物的地理位置；二指该事物与其他事物的空间联系。前者被称为绝对区位，表示地理事物在地球上的几何位置，特别是经纬度坐标或是地貌部位。后者被称为相对区位，表示地理事物相对于某种地理事物的位置，如经济地理位置。目前，重点研究的是相对区位，常应用于选址、布局、分布和位置关系等方面（图25.1）。

区位特征即区位本身具有的条件、特点、属性和禀赋，区位特征一般应用于区位分析中。区位特征分为自然特征和人文特征。自然特征包括生态条件、自然资源以及地理位置等；人文特征包括社会、经济、科技、管理、政治、文化、教育和旅游等方面。

区位主体（location subject）指区位中占有其场所的事物。传统区位理论中区位主体往往是人类，区位主体在空间中要进行特定的活动。根据活动的特点可大致将主体分为商人、政治家、工人和学生等。不同的主体活动对空间会产生不同的需求。随着区位理论的发展，区位主体的范围并不局限于人类，在本讲中区位主体指所有生物和非生物。

影响区位主体活动的因子很多，在满足区位主体活动需求的同时又影响区位主体活动空间分布的因子称为区位因子（locational factor），一般应用于空间选择中。区位因子可从主体活动的需求出发找到。区位因子有3个特征（表25.1）。

▲图25.1 绝对区位与相对区位

表 25.1 区位因子的特征

特征	说明
空间性	区位因子影响区位主体的空间选择
针对性	不同区位主体活动对应不同区位因子，且不同区位因子对主体的空间选择影响程度不同
动态性	区位因子对区位主体空间选择的影响程度会随时间发生变化

区位理论包括两层基本内涵（图25.2），第一层内涵是区位主体活动的空间选择，即已知区位主体活动，寻找最佳区位，可应用于人类活动的选址、布局等；第二层内涵是空间的区位主体活动选择，即已知空间，确定最佳的区位主体活动，可应用于为既定区位确定最佳的区位主体活动类型（李小建，2006）。

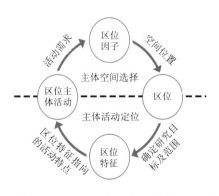

▲图25.2 区位理论的两层基本内涵及两种应用途径

■ 区位论的机制分析

根据区位理论的两层内涵可得到两种不同的应用方向与途径：①区位主体活动的空间选择，常用于基地选址分析；②区位主体活动的选择，常用于基地定位分析。

1. 空间选择过程 —— 选址分析

传统选址的区位主体通常是人类，在选址过程中首先要分析人类活动特点，从活动自身的需求出发，寻找影响人类活动的区位因子，从而找出适合人类活动的空间位置。区位因子的作用在于将主体活动的需求转化成区位的空间语言。由于不同的区位因子对空间分布的影响不同，需要对各单一区位因子得到的满足主体活动的单一空间位置进行博弈，才能得到最佳的空间选择结果（图 25.3）。

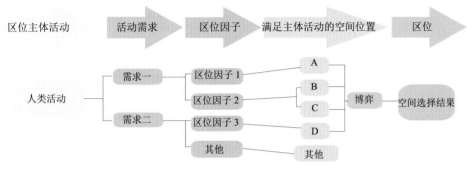

▮ 图 25.3 空间选择过程分析

2. 主体活动选择过程 —— 定位分析

空间内人类活动选择的过程也是定位分析的过程。对于区位而言，所有的区位特征并非都同等重要。我们需要通过对各单一区位特征进行评价、比较后寻找对区位主体活动有非常关键影响的主要区位特征，根据这些区位特征对区位主体活动进行匹配，最终找出最适合该区位的主体活动（图 25.4）。

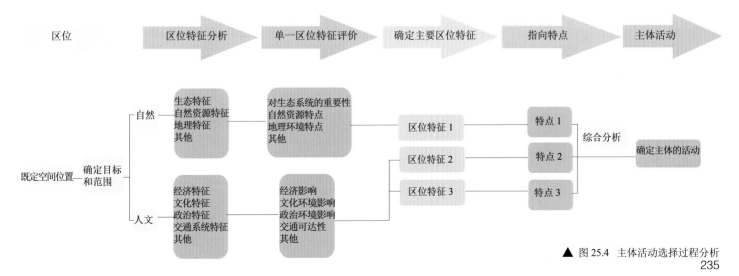

▲ 图 25.4 主体活动选择过程分析

235

■ 生态区位论

区位论发展历程可划分为三个阶段：古典区位论、近代区位论和现代区位论（张文忠等，1992）。在社会发展进程中，人类为了谋求经济发展而忽略对生态的考虑，导致人居环境出现了一系列生态问题。于是生态经济学（ecological economics）提出了生态、社会、经济三大效益统一的理论原则，促进了生态区位理论的发展。

生态区位理论（ecological location）在一开始引入了经济学的概念。虽然人类开始重视保护自然环境，但仍是人类为了自身生存和发展所作出的选择（汤敏，2014），目的是为了更长久地向自然索取。从这个角度看，生态区位指不同的区位给人类带来的生态系统服务功能（ecosystem service function）价值不同，属于人类中心主义（anthropocentrism）思想。

从全球角度看，人是自然演化发展的产物，是自然的一部分。因此，生态区位指不同的空间位置对自然的影响。然而这些空间位置对于现阶段的人类来说，也许并不能一一识别出来，但自然有其"内在价值"（陈伟华等，2001），我们应该抱有敬畏之心，尊重它，不妄加破坏，属于生态中心主义（ecocentrism）思想。由此，我们总结出生态区位的两层含义：一是以人类为中心，指不同的区位给人类带来的生态系统服务功能不同；二是以自然为中心，指不同的区位对自然的影响不同。

生态区位论与区位论的共同点在于其应用方向与途径大致相同。区别体现在区位主体和区位主体活动两方面，生态区位论的区位主体更强调生物和非生物，而不仅仅只是人类。区位主体活动着重生态建设活动等非经济性活动。

PATTERN
空间选择与主体活动定位的过程

■ 野生动物的生境选择

生态区位的空间选择可以运用于野生动物的生境（habitat）选择。野生动物选择生境的行为受生态系统中各种因素综合作用的影响，主要包括生境本身的环境特性、动物的特性、食物的可利用性、捕食和竞争等，任何引起动物各种活动、行为、生理和心理等改变以及引起生境变化的因素均影响野生动物的生境选择，且各因素对不同种动物以及它们的不同生长发育阶段均具有不同的影响（王春平，2009）。

在生态区位论的指导下，对于已知的动物主体进行的生境选择活动过程，我们做出了如下分析。从了解已知动物的生态特性出发，寻找动物的需求，根据这些需求寻找影响动物生境选择的区位因子，从而找到最适合动物生活的空间位置（图25.5）。

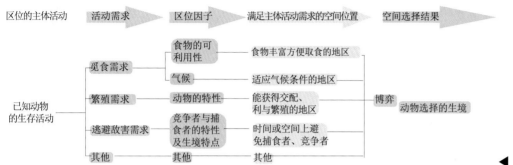

◀ 图 25.5 动物生境选择过程分析

根据上图，动物的生境选择及其影响因子之间的函数关系式为：

H（动物选择的生境）=f（生境本身的特性，动物的特性，食物的可利用性，捕食和竞争……）（注：由于迁移活动受气候、食物、繁殖等条件影响，因此未被列入该生境选择的活动需求中）

对于自然保护区而言，保护区的核心区应选择生态环境良好，野生生物资源比较丰富，珍稀濒危物种分布比较集中的区域。根据动物的生境选择模式可以帮助确定核心区的范围，以免误将动物重要的生境划分在核心区之外。

■ 区位主体的活动选择

生态区位论在区位分析的应用方面主要体现在生态区位分析。在人类活动建设前，应该优先满足生态系统稳定发展的需要。因此，任何区位在进行区位分析时，需优先考虑生态区位特征。

判断区位在生态系统中的重要性其实就是在分析区位与生态安全格局的关系。生态安全格局的完善意味着区域生态系统的稳定。生态安全格局根据缓冲区大小可分为高、中、低三种水平。不同的区位与生态安全格局的距离或所处生态安全格局的水平不同对区域生态系统的影响也不同。

将生态区位在生态系统中的重要性与其影响因子用函数关系式表达如下：

I（生态区位在生态系统中的重要性）=f（$+X_1$ 与生态安全格局的距离，$-X_2$ 生态安全格局的安全水平等级）（表 25.2）

根据以上法则，关于区位主体活动在生态安全格局范围中的活动导则如图25.6、表25.3所示。

表25.2 区位在生态系统中的重要性

导则	图示	说明
导则1：生态区位距离生态安全格局近	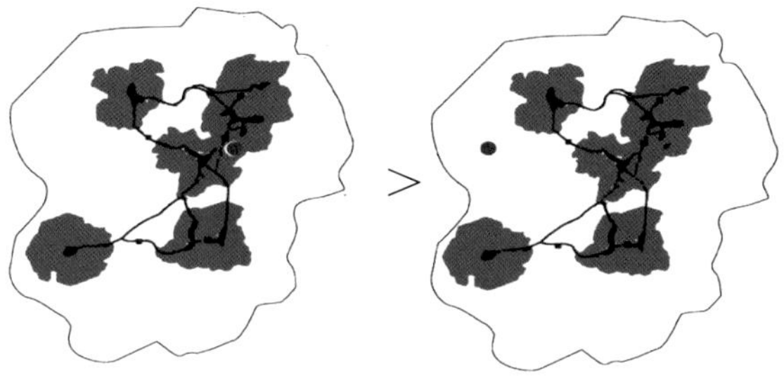	生态安全格局代表着区域生态系统稳定。距离生态安全格局越近，其对生态安全格局的影响程度会越大
导则2：区位所处的生态安全格局水平低	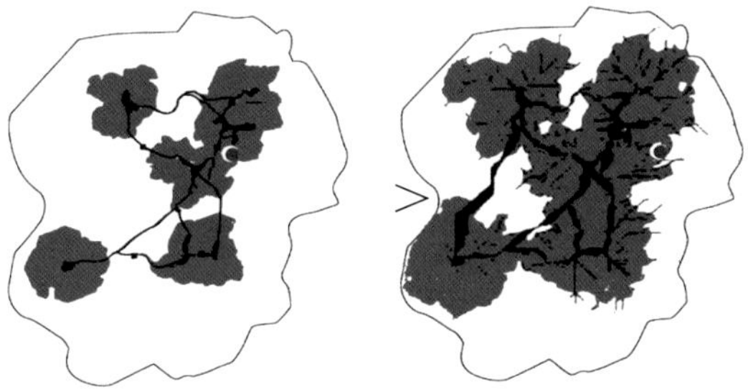	最低水平生态安全格局是维持区域生态系统稳定的最低要求，一旦最低生态安全格局受到破坏，区域生态稳定必然遭到破坏。因此，最低水平生态安全格局的战略意义最高

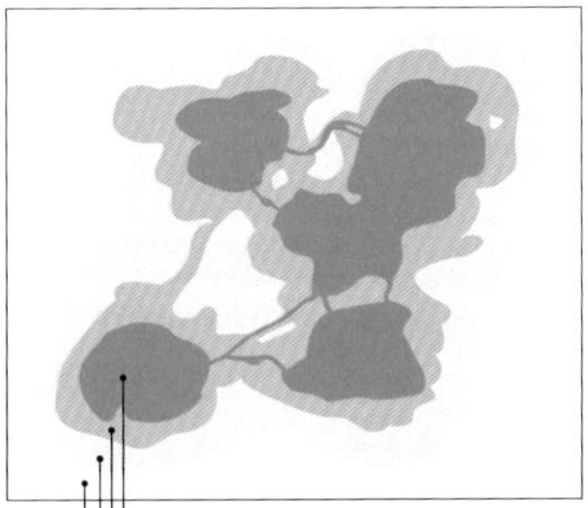

表25.3 不同重要性分区的活动导则

重要性分区	说明
Ⅰ级重要区（最低水平安全格局）	在此区域范围内，所有的土地都应该得到保护，任何对生态安全格局有破坏性质的活动都应制止。一旦该格局遭到破坏，区域生态系统将不能得到稳定性的保障。若生态区位在此范围内，人类的活动应该是帮助构建最低生态安全格局，任何其他的建设都该禁止
Ⅱ级重要区（中等水平安全格局）	具备较小程度的弹性，可以进行极少量的不破坏生态安全格局的人类活动
Ⅲ级重要区（高等水平安全格局）	有一定程度的弹性，可引入少量的建设活动，但不能构成对生态安全格局的破坏，例如，采矿等工业活动对其影响较大
Ⅳ级重要区（非重要性区域即可建设区）	可建设区域，该区域可作为建设用地使用

└ Ⅰ级重要区（最低水平安全格局）
└ Ⅱ级重要区（中等水平安全格局）
└ Ⅲ级重要区（最高水平安全格局）
└ Ⅳ级重要区（可建设区）

▲ 图25.6 生态安全格局的重要性程度

CASE
两个典型案例分析

■ 太行山猕猴冬季生境选择

猕猴（Macaca mulatta，图25.7）别名恒河猴、黄猴、广西猴，隶属猴科猕猴属，国家二级保护动物。分布于华北地区的猕猴为华北亚种，为中国所特有的猕猴亚种，具有独特的遗传多样性，是世界上分布纬度最高的野生猕猴种群，目前仅分布于河南与山西交界太行山与中条山的南端地区(34° 54'N ~ 35° 16'N,112° 02'E ~ 112° 52'E),故常被称为太行山猕猴，现有约26群2500只（田军东，2011）。

▲ 图 25.7　猕猴

对生活于温带地区的大多数植食性野生哺乳动物来说，冬季是一年中觅食最困难的时期。在此期间，天气逐渐变凉，食物极度缺乏以及天气寒冷迫使动物表现出对不同生境的选择和利用。动物所表现出的各种行为都与其特定的生境条件相适应（谢东明等，2009）。太行山地区冬季的气候特点为：降水少、缺水、气温低。绿色植物基本枯萎，动物无法通过食物来获取充足的水分。对太行山猕猴在冬季对生境的选择进行分析得出：太行山猕猴冬季喜欢在阳坡沟底觅食，活跃在海拔1000 ~ 1300m的山坡，常靠近人类的聚居地，夜晚对场地的隐蔽度要求较高（图25.8、表25.4）。

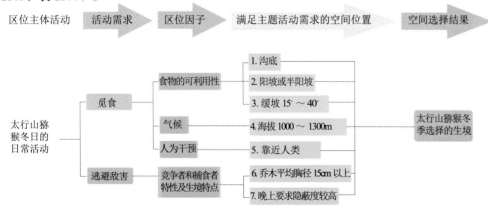

◀ 图25.8　太行山猕猴生境选择过程分析

食物匮乏的冬季，最大限度地获取生境中的食物资源、保持自身代谢的需要，同时最小限度地减少自身的能量损失，对于猕猴生存和种群延续至关重要。结果表明，坡向、坡度、水源、人类活动和乔木胸径等因素对太行山猕猴的冬季生境选择起着非常重要的影响作用（谢东明等，2009）。在太行山猕猴国家级自然保护区，猕猴的生境范围是保护的重点区域，应该严格禁止人为干预，实行强制性保护措施。

表 25.4 太行山猕猴冬季生境分布说明

序号	区位因子	图例	说明
1	沟底		猕猴在冬季经常活动于沟谷地带,其原因在于沟底常有从山坡面滚落的植物种子,往往食物较丰富;太行山区的水资源相对缺乏,水源出口经常位于沟底,因此沟底成为猕猴在冬季活动和饮水的区域
2	阳坡		一些向阳坡面的植物在初冬时还没有枯萎,可供猕猴取食;阳坡白天光照充分,气温较高,可以减少猕猴因维持体温所需的额外能量消耗
3	缓坡		冬季猕猴经由缓坡跨过山脊觅食,不但可以节省时间和体力,还可较快进入食物资源相对丰富的地方
4	海拔	 海拔 1000～1300m	猕猴冬季经常活动在海拔 1000～1300m 范围内,很少到海拔 1300m 以上的区域,也表现出回避海拔低于 1000m 的地方,其原因可能是这里植被较好,食物资源相对较丰富
5	靠近人类地区		冬季食物匮乏,猕猴为了得到更充足的食物,不得不靠近人类居住的地方;同时,人们保护野生动物意识逐渐增强,降低了猴子到人类活动区觅食的风险
6	乔木平均胸径 15cm 以上		猕猴多数情况下多利用平均胸径在 15cm 以上的乔木,大树的枝干粗、树冠高,足以承担猕猴的体重,保证其休息时的安全;同时可以让地面活动的个体在发生危险时迅速逃到树上,从而降低地面活动的风险
7	隐蔽度		在选择夜宿点时,猕猴出于防御目的往往选择隐蔽度高、坡度大的地方

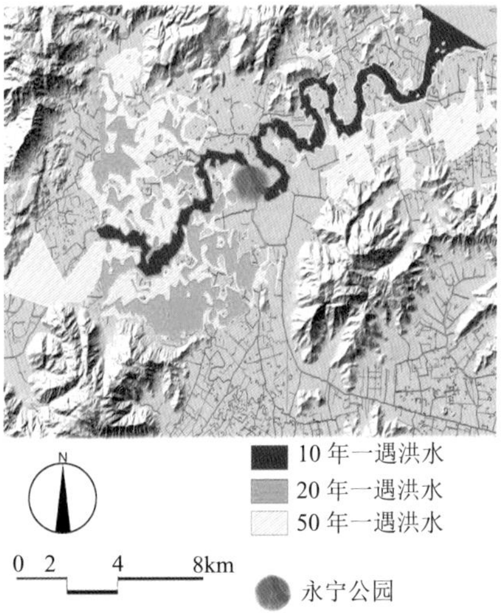

▲图 25.9 永宁公园的生态区位

■永宁江生态安全格局

　　永宁江又名澄江,全长 80km,流域面积 889.80km²,是中国浙江省的一条河流,为黄岩的母亲河。发源于西部括苍山,自西向东贯穿黄岩市中西部和北部,至三江口与灵江汇为椒江。其上游大横溪,至圣堂与黄溪会合称黄岩溪,经宁溪与半岭溪会合称永宁溪,长约 34km。俞孔坚等以永宁江洪水暴发年限为依据,制定了 3 个水平等级的安全格局,并对不同等级的安全格局制定了相应的规划导则(表 25.5)。

　　永宁公园位于永宁江之右岸,黄岩城市之西侧边缘,为城市主要出入口(图 25.9)。东起西江闸,西临新开的 104 国道,总用地面积为 21.3hm²,其中河滩地占地面积约为 4.3hm²。现存问题为:河流动力过程恶化;水质恶化;各种河道渠化工程、水泥防护堤和裁弯取直,改变了自然水文地貌过程;两岸植被和生物栖息遭到破坏(俞孔坚,2005)。最终导致永宁公园生态系统失衡。永宁公园设计根据生态区位分析，遵循生态规划设计导则，满足生态系统稳定的需求，为后人提供了一个可供借鉴的可持续性的设计方案。在此案例中，生态区位分析致力于维持区域生态系统的稳定，实现人与自然和谐共处。在实际情况中，当重要的生态区位已经被建设用地占用后，应采取其他措施进行一定的生态补偿（表 25.6，表 25.7）。

表 25.5 三种安全标准下的永宁江防洪规划导则（俞孔坚，2005）

生态安全格局水平	河道缓冲区范围 /m	规划导则
高安全水平 （50 年一遇洪水）	80 ~ 150	①允许建设，但应提高建筑标高和设施的防洪安全标准 ②应限制布置大中型项目和有严重污染的企业，建设项目须达到相应防洪标准
中等安全水平（20 年一遇洪水）	60 ~ 100	①避免建设，否则应达到相关防洪标准 ②可以保留农田，但是应调整生产结构和经营开发方式。例如，农业生产种植耐淹、早熟、高秆作物，开辟草场。发展畜牧业避免建设、养殖业 ③在已被人工化改造的关键位置，采取生态化工程措施退耕还湿，恢复自然河道 ④在遵从自然过程的前提下满足社会、文化、审美需求，例如，建设湿地公园、养殖场，并发展科普教育和科学研究
低安全水平 （10 年一遇洪水）	50 ~ 80	①严格禁止城市开发和村镇建设。保留自然湿地状态，满足洪水、生物等过程的需要 ②在已被人工化改造的关键位置，应退耕还湿，或采取生态化工程措施，恢复自然河道

表 25.6 永宁公园生态区位分析步骤及内容

生态区位分析步骤	分析内容
步骤 1：生态区位特征分析	分析永宁公园所在地块的生态区位，可看出永宁公园主要位于永宁江生态安全格局之中（图 25.9）
步骤 2：生态区位特征评价	由于地块所在地是区域和城市防洪安全格局的重要组成部分，范围涵盖了部分最低生态安全格局，因此对生态系统的重要性高
步骤 3：确定生态区位特征为主要区位特征	生态区位分析在众多区位分析中具有指导性意义。判断出该区位处于最低生态安全格局之中后，要遵循该区位特征的活动导则
步骤 4：生态区位特征指向的活动特点	据生态区位特征指向的活动特点，该地块的规划设计须优先满足生态系统稳定的需求，遵循最低生态安全格局规划导则（表 25.5）
步骤 5：确定主体活动	根据最低生态安全格局水平的规划导则进行相关规划设计（表 25.7）

表 25.7 永宁公园规划设计导则

主体活动	导则（对应表 25.2）	说明
建设一个以满足生态系统稳定需求、防洪需要等生态要求的公园绿地	导则 1	导则 1：永宁江公园位于生态安全格局之中，其生态区位重要性高，在设计中应尽可能降低人为干扰，尽量将人的活动调整至安全格局之外，安全格局之内多以绿地、乡土生境的形式出现，并减少外来物种对本地物种的干扰。 导则 2：越靠近低水平安全格局的生态区位重要性越高，因而将靠近江边的区域设计成种植区域，为动植物提供栖息地，尽量还原场地原本的生态功能。
停止河道渠化工程，保护和恢复河流的自然形态。将靠近江边的区域均设计成种植区域，为动植物提供栖息地	导则 2	
以大量乡土物种构成景观基底，以避免外来物种对本地物种的入侵和干扰	导则 1	
为保证生态系统的稳定性，永宁公园结合场地周围环境，将市民的休闲活动主要集中在场地的西侧和南侧，将人类的活动干扰尽量调整到生态安全格局之外，减小对生态安全格局的干扰	导则 1	
设计一个内河湿地，形成生态化的旱涝调节系统和乡土生境	导则 1	

■ 参考文献

陈伟华，杨曦.2001.世界观的转变：从人类中心主义到生态中心主义[J].科学技术与辩证法，18(4)：15–19.

李小建.2006.经济地理学（第二版）[M].北京：高等教育出版社.

汤敏.2014.浅论生态环境保护与绝对生态主义[J].科技风,(17)：204.

田军东.2011.野生太行山猕猴的种群生态和社会结构[D].郑州：郑州大学.

王春平.2009.生物通道应用与规划设计[D].上海：同济大学.

谢东明，路纪琪，吕九全.2009.太行山猕猴的冬季生境选择[J].兽类学报，29(3)：252–258.

俞孔坚，李迪华，刘海龙.2005.反规划途径[M].北京：中国建筑工业出版社：11–34，57–58，79–155.

张文忠，刘继生.1992.关于区位论发展的探讨[J].人文地理,(3):7–13.

■ 扩展阅读

胡兆量.1994.地理环境概述[M].北京：科学出版社：85–87.

李小建.1999.经济地理学[M].北京：高等教育出版社：25–29.

颜忠诚，陈永林.1998.动物的生境选择[J].生态学杂志,(2):43–49.

■ 思想碰撞

关于生态区位大致有以下两种研究：一种是在以往研究中，生态区位常用作一个评价工具，方法是建立一套评估体系，评估因子包含生态敏感性、地质灾害现状、水环境现状等，目的是对森林功能价值、生态区位重要性、生态区位价值等进行评价；另一种研究即本讲从区位论出发，探索生态区位论的两种应用模式，更侧重于将生态区位作为人类行为的指导工具，其方法是通过分析区位因子以及区位特征，对空间的活动以及活动的空间进行选择。请思考生态区位的两种研究方法与目的之间的区别和联系，你更认同哪一种，并说明理由。

■ 专题编者

桂露

张遥

生物群区 与生命带

26讲
植物的宜居带

你可以在温室里看到我的倩影，
可以在花匠手下寻觅我的芳踪，
可真实的我却存在于自然之中，
与烈日、雨雪、风霜并存。
请你从这里出发，
乘着"气候"之舟走进我的动植物之家。

　　美国太空总署（NASA）于 2015 年 7 月 24 日凌晨零时宣布发现首颗太阳系外位于"宜居带"上体积最接近地球大小的行星（"Kepler-452b"），这是目前为止最接近地球的"孪生星球"（刘秀红，2016）。

　　"宜居带"也叫"适合居住带"，其实就是指恒星距离适中，水能以液态形式存在、温度适中的区域。宜居带的概念不仅应用在天体学中，地球上的各类植物同样拥有属于自己的"宜居带"。根据植物的分布规律，在不同的"宜居带"上选择相应的植物，可以实现生态设计。

■ 生物群区

1. 定义

生物群区（biome）：通常被定义为植物和动物的一个主要的区域性生态群落（奥德姆，2009）。生物群区包含了特定气候形成的地带性植被和与之有关的动物，强调一定的生态区域（图26.1）。

▶图 26.1　生物群区组成示意图　反映大气候特征的植被　　依赖植被环境生存的动物　　生物群区

表 26.1　生物圈内的主要生物群区及所含生态系统类型（Eugene P. Odum，2009）

生物群区	包含生态系统类型
海洋生物群区	开放的海洋 大陆架水体 上升流区域 深海热液区 河口
淡水生物群区	湖泊和池塘 河流和溪流 沼泽和林泽
陆地生物群区	苔原 极地和山顶冰盖 北方针叶林 温带落叶林 温带草地等

2. 分类

陆地生物群区根据优势植被类型划分，形成世界植被格局的分类。典型的生物群区有草原、地中海灌丛、热带雨林、温带森林、针叶林等（图26.2）。

中国复杂的地形地貌特征和气候条件对应着复杂的植被类型及其空间分布。通过不同方法模拟得出的生物群区略有不同，但均能反映我国复杂多样的植被地理分布格局（图26.3）。

3. 构成

生物群区除陆地生物群区外，还包括海洋生物群区和淡水生物群区。这些生物群区在结构上具有共同之处，都是由一系列相同气候条件下的生态系统组成（表26.1），具有优势种（dominant species）及其伴生生物成分，也有受到干扰的群落。如图26.4，在温带落叶阔叶林生物群区中，优势种为冬季落叶阔叶树，伴生生物为其下的耐阴灌木与草本，受到干扰的为次生落叶阔叶灌木与多年生草本。

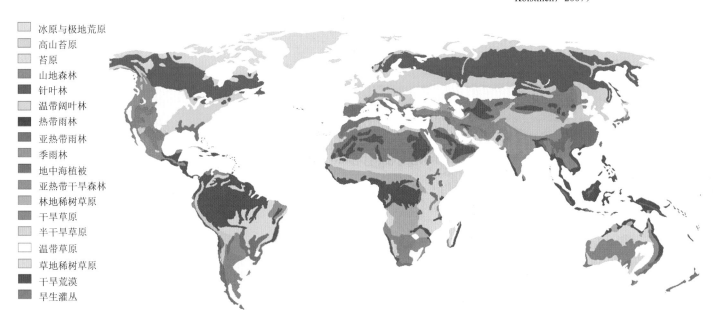

▼图 26.2 世界陆地生物群区分布图 (Ville Koistinen，2007）

冰原与极地荒原
高山苔原
苔原
山地森林
针叶林
温带阔叶林
热带雨林
亚热带雨林
季雨林
地中海植被
亚热带干旱森林
林地稀树草原
干旱草原
半干旱草原
温带草原
草地稀树草原
干旱荒漠
旱生灌丛

北方针叶林 / 高山针叶林
寒温带针 - 阔叶混交林
寒温带针叶林
温带落叶阔叶林
温带针 - 阔叶混交林
温带针叶林
温带常绿 - 落叶阔叶混交林
亚热带常绿阔叶林
热带季雨林
热带常绿雨林
寒温带灌丛 / 草甸矮林
温带灌丛矮林
亚热带灌丛草丛矮林
温带草原
温带荒漠灌丛
高山苔原
温带半荒
荒漠
冰川

▲图 26.3 中国生物群区分布格局（局部）（黄康有等，2007）

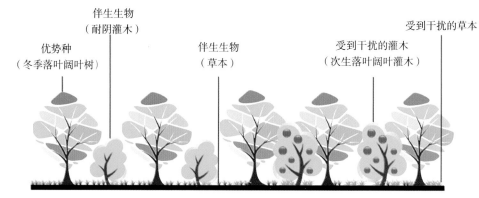

▶图 26.4 温带落叶阔叶林生物群区结构简图

伴生生物
（耐阴灌木）

优势种
（冬季落叶阔叶树）

伴生生物
（草本）

受到干扰的草本

受到干扰的灌木
（次生落叶阔叶灌木）

注：优势种指对生境影响最大的种类

4. 影响因素

　　水量和温度是决定生物群区分布的最主要因素，如温带森林在南北半球上都分布在相似纬度带。这是由于生物强烈地依赖其周围的环境和生态因子的作用，而地球表面的环境特别是气候因素呈地带性和周期性规律，如寒带、温带、热带等等，因此会在不同气候带里产生出不同的植被类型，形成不同的生态系统（图 26.5）。

▶图 26.5　温度和降水对植被分布及类型
　　　　　的影响

荒漠地区干旱炎热，叶片退化为
刺，减少水分蒸腾

热带雨林中雨热充足，植物叶片宽大，
利于水分蒸腾

寒带植物为免于冻伤，叶面覆盖
有厚厚的角质层

5. 应用

　　生物群区是介于景观尺度和全球尺度（生态圈）之间的 1 个组织尺度。生物群区作为 1 个分类系统，可用于解释演替过程中形成的气候性顶级植被，并满足了更大尺度上主要植物和动物的关系研究（Eugene，2009）。

■ 生命带

1. 定义

　　生命带（life zone）：由特征生命类型所决定的地理区域。特征生命类型指地带性植被，即分布在"显域生境（指排水良好、土壤质地适中的平地）"、能充分反映地区气候特点的植被类型。在生物群区的概念被广泛使用之前，C.Hart Merriam（1894）基于气候和植物之间的关系提出了生命带分类系统，最适于山地区域。山地地区随海拔增高温度持续降低，降水量先增加后减少，因而山区植被类型会呈现垂直方向的带状分异（图26.6）。

在此之后，生命带的概念又有所发展。Holdridge 在 1947 年对中南美洲哥斯达黎加和加勒比地区热带植被生态的研究中发现气候条件对植被空间分布具有决定性作用。1967 年，Holdridge 基于前人对热带植被及有关植物气候因素的分析研究，正式提出了生命地带模型（Holdridge L R,1967）。

2. 分类

Holdridge 生命地带模型（图26.7）作为生命带的划分工具，使用年均生物温度（BT）、年平均降水量（P）和可能蒸散率（PER）3 个气候指标为主要参数。

通过 Holdridge 生命地带模型，全球被划分为 38 种生命地带类型和 100 多个生命地带。我国可以划分为 32 种生命地带类型，图26.8 展示了我国西北某地区的生命带类型。

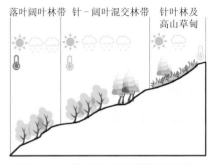

▲图 26.6　山地气候与植被类型的垂直分异

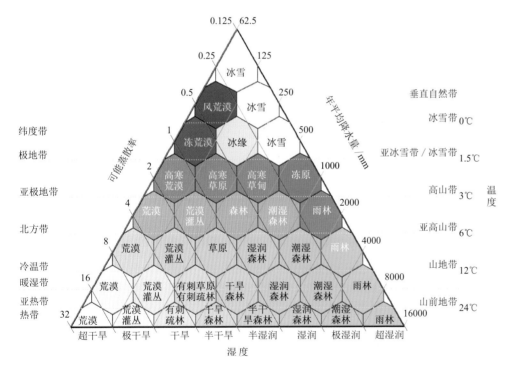

◀图 26.7　Holdridge 生命地带模型（宋永昌，2001）

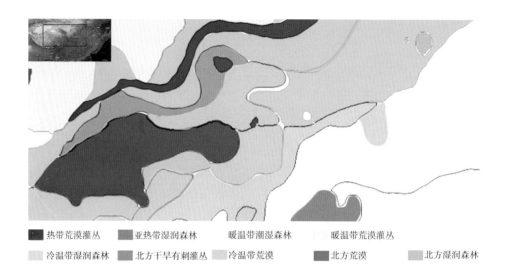

▶图 26.8 西北某地区的生命地带分布格局

热带荒漠灌丛　　亚热带湿润森林　　暖温带潮湿森林　　暖温带荒漠灌丛
冷温带湿润森林　　北方干旱有刺灌丛　冷温带荒漠　　北方荒漠　　北方湿润森林

■生物群区与生命带的区别与联系

1. 区别：

（1）生物群区的划定常在物种、气象、土壤调查的基础上进行；生命带划定的经典方法是基于 Holdridge 生命地带模型，使用气候指标为主要参数进行模拟。

（2）生物群区的分类更多是在地表的水平层面上进行划分；生命带的分类需考虑随海拔变化形成的温度梯度，生命带的分类在垂直方向上更敏感。

（3）生物群区关注区域性的生态系统，不局限于气候与植物，还包含动物，如大型草食性哺乳动物是陆地生物群区的一个典型特征；生命带分类系统的提出早于生物群区的概念，是基于气候和植被的关系。

2. 联系：

生物群区和生命带理论都是依据植物或动物的特征生命类型划分的地理区域，具有地带性特征。

■生物群区生命带理论综合应用

生物群区理论和生命带理论可用于指导植物的生态设计，选择植物覆被类型。植物的生态设计可以构建出结构稳定、生态保护功能强、养护成本低以及具有良好的自我更新能力的植物群落（张润平，2014）。若在植物设计时不尊重生态原则，可能会使养护成本大大增加，甚至产生负效益，导致自然破坏。

PATTERN
植被分布格局——气候系统的产物

　　植物地理学家很早就认识到气候与植被地理分布之间的密切关系，可以这样说，植被（某一地区全部植物群落的总称）的地理格局就是地球上气候格局的产物。

　　地球上的气候条件在经度、纬度与高度3个方向上变化，因而形成生物群区分布的三向地带性（图26.9）。由于生物群区和生命带理论是在全球和区域尺度上进行研究，因此提取出关键的自变量因素：经度，纬度及海拔，可以得到如下函数关系：

　　P(植被的地理分布格局)$=f$(经度，纬度，海拔)

　　（1）经度地带性是由于降水自沿海向内陆依次减少导致群落类型沿经度方向依次更替，如亚洲温带大陆东岸，由沿海向内陆依次是森林、草原、荒漠。

　　（2）纬度地带性是由于热量带沿纬度变化而变化，导致群落类型也随纬度变化依次更替，如亚洲大陆东岸从赤道向北依次是热带雨林、常绿阔叶、落叶阔叶林、北方针叶林、苔原。

　　（3）垂直地带性是由于山地随海拔升高，温度和降水依次变化从而导致群落类型自下而上依次更替，如马来西亚的基那巴卢山，从下向上依次是山地雨林、山地常绿阔叶林、山地落叶阔叶林、山地针叶林、高山灌丛。

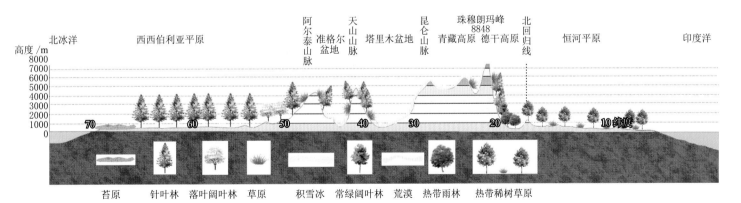

▲图26.9　自然带的纬度性和垂直地带性示意

▲图 26.10 秦岭在陕西省的位置

▲图 26.11 秦岭南北两侧气候条件简图

■秦岭北麓绿道植物覆被选择

秦岭作为中国南北气候分界线，是中国生态格局的重要脉络（图 26.10）。秦岭北麓西安浅山区绿道就位于这样一个重要的生态功能区。那么，如何使植物实现植被覆盖方式的生态设计呢？生物群区和生命带理论可助一臂之力。下面将向大家介绍景观生态规划设计过程中植物覆被类型的设计步骤，以秦岭北麓浅山区绿道中植物的具体应用为例。

步骤一：生物群区的确定

对照中国生物群区分布图，得到秦岭以北的生物群区属温带针阔混交林。只有选取适应于该生境条件的植物，人工种植的植被才能发挥良好的作用。

步骤二：气候调查（温度、降水量、蒸散量等），在生物群区的区域性植被分布格局基础上进行植物区位的校正

秦岭地区处于中纬度地区，处于暖温带落叶阔叶林向亚热带常绿阔叶林更替的过渡带，是亚热带和温带植物区系的交汇区。秦岭山脉受大陆性和季风性气候的双重影响，形成秦岭南北两侧在水、热条件上的差异（图 26.11），这一特殊的地理环境赋予了秦岭丰富的植物种类。

温带草原地带
A1 长城沿线风沙草原区
A2 陕北黄土梁峁、丘陵灌木草原区

温带草原化森林地带
B1 延河流域黄土丘陵及残塬灌木残林植被区
B2 洛河中游森、灌丛农作植被区

北亚热带落叶与常绿阔叶混交林地带
D1 汉江谷地松栎林及多种经营植被区
D2 大巴山山地落叶、常绿阔叶混交林区

暖温带落叶阔叶林地带
C1 关中盆地人工植被区
C2 秦岭山地落叶阔叶林、针阔混交林区

● 省会城市

▶图 26.12 陕西省的植物区位

在浅山区，落叶阔叶植物应以耐旱的壳斗科栎属为主（主要为栓皮栎），与常绿针叶植物油松、侧柏等形成针阔叶混交林群落。需注意的是，浅山区的植物设计不应出现常绿植物构成的纯林，大面积人工种植的单草地、单灌丛群落。这是由于秦岭浅山植被在自然状态下，针叶类常绿植物不会以大面积纯林的方式分布，而是以团簇的方式，零星分布于落叶林群落中。

图 26.12 显示了陕西省详细的植物区位，可见秦岭北部处于 C2 秦岭山地落叶阔叶林（夏绿林带）、针阔混交林区（表 26.2）。这表明山麓地区的主要植物类型是落叶阔叶植物，常绿针叶植物为辅。

步骤三：根据生物群区垂直地带性和生命带理论，确定不同海拔的植物种类

秦岭北麓西安段的绿道设计中，由于温度、降雨等受海拔因素影响，我们将植物设计分两个高度进行，秦岭山脚到 25° 坡线以下的浅山区和关中环线到秦岭山脚的平原区。秦岭北坡植被的垂直分布如图 26.13 所示，可以看出秦岭浅山区属栓皮栎林的适生区。

表 26.2 C2 区植物覆被类型及常见种类

覆被类型	常见植物种类
落叶阔叶林地	栓皮栎、麻栎、辽东栎、桦、杨、椴、槭、榆、朴
针叶林地	侧柏、油松
灌草地	榛子、白刺花、酸枣、荆条

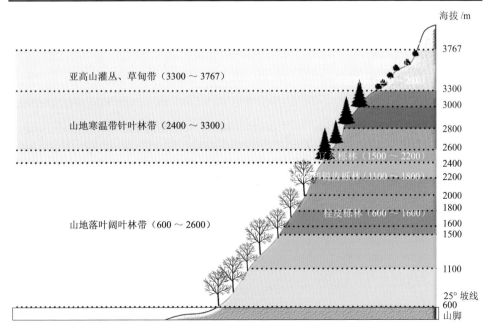

图 26.13 秦岭北坡植被的垂直分布

251

落叶—阔叶林　　　　　　针—阔叶混交林　　　　　　针叶林

▲图 26.14　林地内部植物种类构成简图

在平原区，植物以人工保育和自然恢复的次生林为主。同类型落叶阔叶植物为人工林地的主要构成种类，辅以少量的常绿针叶植物（图 26.14）。由于局地小气候的不同，我们分以下两类区域进行讨论，山前冲洪积扇区域和平原农耕区（表 26.3）。

表 26.3　平原区分区植被选择一览表

平原区分区	植物覆被选择
	山前冲洪积扇区地表水下渗，土壤潮湿但不易积水，加之此区域受气流影响温度低，适宜壳斗科栗属植物生长，可以板栗为主
	平原农耕区村庄四旁可种植果木和用材，以柿、板栗、核桃、桃、枣、皂荚、槐树等植物为主

本案例中，秦岭北麓绿道的植物覆被设计可分 3 个区域进行：浅山区、平原冲洪积扇区、平原农耕区。

依据植物分布格局的规律，总策略为：绿道人工种植植被类型应以落叶阔叶林（人工保育和自然恢复的次生林）为主，群落竖向结构应以林、草构成；林地内部种类的构成与分布方式可采取人工种植纯林（纯林并非是单一的种类，而是同一类型或同一科属的不同种类的乔木）和人工种植混交林。接下来的群落设计工作则需要植物群落学的原理帮助了。

■神东矿区生态修复的植被选择

神东矿区位于陕西省和内蒙古自治区交界，降水稀少，气候干旱，地下水匮乏。过去由于长期进行煤矿开采，风沙侵蚀严重。在过去的 30 年中曾经的满目黄沙得到了有效治理，这与修复过程中的植被选择息息相关。杨树曾作为速生耐旱乔木被广泛种植，然而 10 年之后，人工种植的杨树林却大面积枯死。杨树治沙失败后，沙棘、樟子松、文冠果、紫穗槐等本土灌木及小乔木被用于风沙治理，由此生态修复示范区内植被生长一片欣欣向荣（图 26.15）。

日渐衰退的杨树种植区（非宜居植物）

沙棘、樟子松等植物修复区（宜居植物）

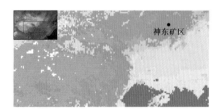

◀图 26.15　非宜居植物与宜居植物生长状况对比明显

神东矿区的生物群区为寒温带灌丛（图 26.16），这里降水稀少，气候干旱，地下水匮乏，不是杨树的宜居带。在杨树栽植期间区内土壤含水、肥力、生物数量没有明显提高，反而由于杨树剧烈的蒸腾作用，根系大量抽取地下水，形成了破坏生态的负效益。

在吸取了杨树种植的教训后，栽植有适宜于寒温带灌丛区的沙棘、樟子松等灌木和画眉草、狗尾草等草本植物的实验区出现了，30 年过去了，实验区吸引了蚱蜢、野鸡、野兔等消费者，构成了生态系统的雏形。为了提高植物的生长量，矿区治理中将根瘤菌接种于植株根系以增加固氮能力。如今，在当地已经形成了以中心美化圈、周边常绿圈、外围防护圈构成的"三圈层"治理模式。

▲图 26.16　神东矿区所属生物群区
注：神东矿区属寒温带，不宜杨树生长，适宜沙棘、樟子松等灌木和画眉草、狗尾草等草本植物生长。

■ 参考文献

Holdridge L R.1967. Life zone ecology.[M].

[美]Eugene P.Odum,Gary W.Barrett.2009. 生态学基础 [M]. 5 版 . 陆健健等译 . 北京：高等教育出版社：386-390.

刘秀红 .2010. 资料集锦 [J]. 地理教学，（1）：64-64.

宋永昌 .2001. 植被生态学 [M]. 上海：华东师范大学出版社：146-156.

张润平 .2014. 浅谈园林植物的配置原则 [J]. 城市建设理论研究 (电子版)，(17)：649.

■ 拓展阅读

常杰 .2001. 生态学 [M]. 杭州：浙江大学出版社：150-153.

孔艳，江洪，张秀英，等 .2013. 基于 Holdridge 和 CCA 分析的中国生态地理分区的比较 [J]. 生态学报，33(12)：3825-3836.

邹承鲁 .2000. 当代生物学 [M]. 北京：中国致公出版社:361-362.

■ 思想碰撞

　　有些学者认为"生物群区与生命带理论体系是为研究大气和海陆生态系统的相互作用而构建的"，强调了该理论是在数万平方米宏观的区域尺度上呈现的规律性。你认为在数公顷的综合性公园、数百公里的绿道等中小尺度的规划设计中，该理论仍能应用吗？还有些人认为在小尺度上，该理论选择适于当地气候的"乡土植物"更生态，那么在植物设计中使用"外来引进物种"是不生态的吗？

■ 专题编者

刘臻阳

王菁

生物地球化学

27讲

碳源碳汇知多少

三世因果，循环不失

——《涅槃经》

全球环境问题与生态学一直以来都有非常紧密的联系，现如今雾霾成疾，部分平原型城市出现"热岛效应"，而且温室效应一直都没有有效解决。那么这些环境问题的源头究竟是什么呢？这就是我们接下来所研究的课题 —— 生物地球化学。

生物地球化学及生物地球化学循环

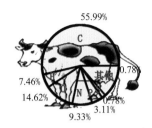

第一阶段：个体生物地球化学研究

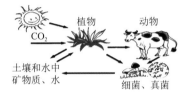

第二阶段：环境生物地球化学研究

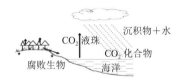

第三阶段：海洋生物地球化学研究

▲图 27.1　生物地球化学研究发展三个阶段

生物地球化学（biogeochemistry）概念的初次提出到现在，其研究发展阶段大致分为 3 个阶段（图 27.1）。第 1 阶段：生物地球化学作为独立研究领域，是针对个体的生物地球化学研究。早期研究主要涉及生物体对微量元素的富集，研究生物体与环境中的元素比。第 2 阶段：生物地球化学是针对环境生物地球化学（尤指在生态系统当中）的研究。即化学物质包括原生动物体内的所有组成元素，在生物圈内从环境到生物体再返回到环境的特定运转途径，就是所谓的生物地球化学循环。第 3 阶段：生物地球化学是针对海洋生物地球化学的研究。近几年发现海洋直接决定大气 CO_2 作用下全球气候的变化趋势（宋金明，2000）。

■ 生物地球化学基本概念

生物地球化学是通过追踪化学元素迁移转化来研究生命与其周围环境关系的学科。此学科由 4 个基本概念构成，即生物地球化学的量、流、群和场。这 4 个概念从不同角度解析了生物与环境的关系，并确定了生物地球化学的方法论（李长生，2001）（图 27.2）。

生物地球化学量（相似和依赖）——研究生物地球化学量主要用于探索生命及其无机环境在元素丰度上的相似性。

生物地球化学群（关系与效应）——描述化学元素在迁移转化时的复杂组合关系及其生物效应。

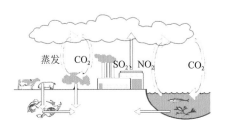

生物地球化学流（迁移和转换）——元素在生态系统中的迁移，导致了生命体与环境间的物质和能量转化。

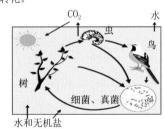

生物地球化学场（驱动力）——生态系统中控制生物地球化学反应的各种环境营力的总和。

▶图 27.2　生物地球化学 4 个基本概念构成

■ 生物地球化学循环理论

生物地球化学循环（biogeochemistry cycle），是指元素的各种化合物在生物圈、水圈、大气圈和岩石圈（包括土壤圈）各圈层之间的迁移和转化（韩兴国等，1999），是化学元素沿着特定途径从环境到生物体，又从生物体再回归到环境，不断进行着流动和循环的过程（图 27.3）。在生物地球化学循环中，促进生物地球化学循环驱动力：自然驱动力、人为驱动力。自然驱动力 (太阳辐射)——太阳辐射、光合作用、生物圈；人为驱动力 (人类)——燃烧化石、土地利用改变、矿物开发利用。

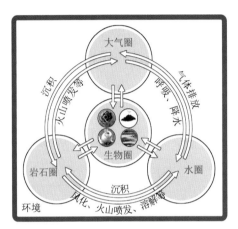

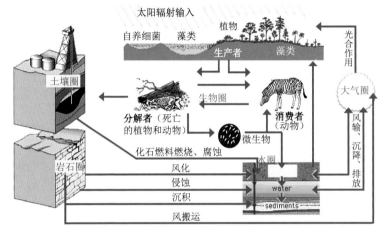

▲图 27.3　生物地球化学循环过程

生物地球化学循环是物质大循环，它有一定的尺度范围，一般分为以下 5 个尺度：全球尺度是全球（某元素）的循环；大陆与海洋尺度是大陆 / 海洋（某元素）的循环；区域尺度是生态系统（某元素）的循环；地方尺度是土壤等（某元素）的循环；局部尺度是植物群落（某元素）的循环。按循环途径分为 3 个途径（图 27.4）：水循环是大自然的水通过蒸发、植物蒸腾、水汽输送、降水、地表径流、下渗、地下径流等循环，主要体系是水圈、大气圈、岩石圈、生物圈，是以所有物质进行循环的元素循环。气体型循环是元素以气态形式在大气中循环，又称"气态循环"，主要体系是大气与海洋，是以 C-O 循环、N 循环为主的元素循环。沉积型循环是元素以沉积物的形式通过岩石风化作用和沉积物本身的分解作用转变成生态系统可用的物的过程，主要体系是岩石圈，是以 S、P、I 为代表的元素循环。

生物地球化学循环一般用储库和通量来描述。其中储库包括源和汇，当然还有一些其他的指标用来描述生物地球化学循环。

（1）储库（reservoir）：又称"盒"或"分室"，也简称库，是指以某一物理、化学或生物特征定义的大量的物质，如大气中的 O_2，沉积岩中的 S 等。储库的强度，

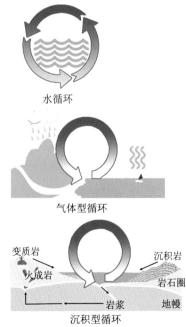

▲图 27.4　生物地球化学循环循环途径分类

表示库中具体元素的容量（M）。在具体生态系统当中，储库既可以作为源也可以作为汇。

（2）通量（flux）：单位时间内从一个库传输到另一个库的物质量（F），即单位时间单位面积传输的物质数量，如海洋表面的水分蒸发率。

（3）源（source）：进入库中的物质通量（Q）。

（4）汇（remit）：从库中流出的物质通量（S），与库的容量（M）成正比。

（5）收支：指一个库中的所有源和汇的总和。

（6）周转时间（T）：指库的容量（M）与库所有的汇（S）的和的比率或指库的容量（M）与库所有的源（Q）之和的比率。公式为 $T=M/S$。

（7）循环：指由 2 个或多个相关联的库组成的系统，大部分物质以一种循环的方式在该系统内传输。

■ 生物地球化学循环模型

生物地球化学循环模型一般是指储库与储库之间相互转换和传输的过程，在具体情境中，生物地球化学循环模型是指源、汇以及两者之间的关系，但是各类元素在特定情境中均有自己的源和汇。在此我们将源和汇重新定义，在生物地球化学循环模型中的"源"是指释放气态的碳、氮、硫化物等的物质或场所。"汇"是指吸收或者固定气态碳、氮、硫化物为液态或固态化合物的物质或场所（图 27.5）。

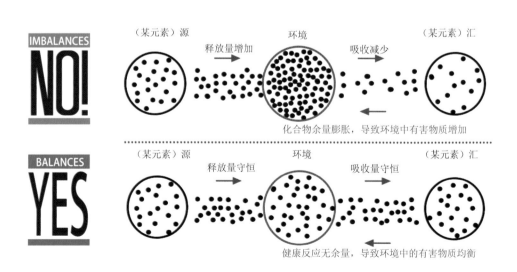

▶图 27.5　生物地球化学模型分析

258

PATTERN
生物地球化学循环模型

表 27.1 常见元素全球生物地球化学循环模型

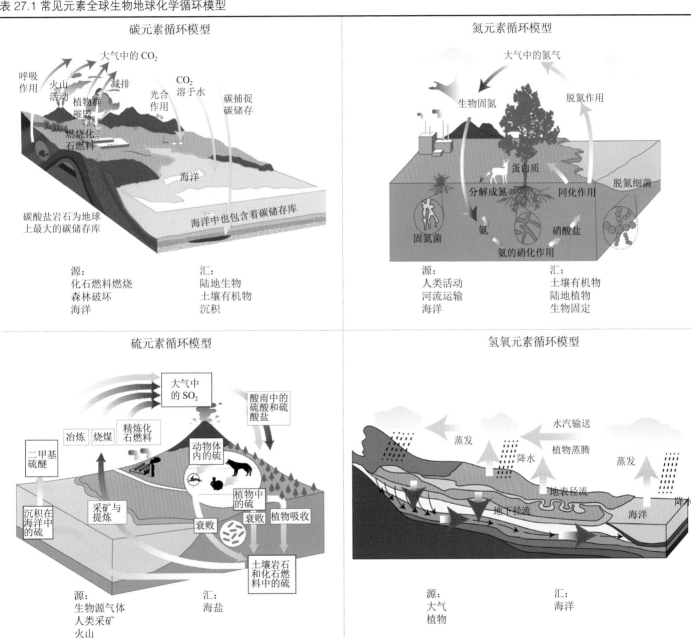

碳元素循环模型

呼吸作用
火山活动
减排
大气中的 CO_2
CO_2 溶于水
光合作用
碳捕捉碳储存
植物群摧毁
燃烧化石燃料
海洋
碳酸盐岩石为地球上最大的碳储存库
海洋中也包含着碳储存库

源：
化石燃料燃烧
森林破坏
海洋

汇：
陆地生物
土壤有机物
沉积

氮元素循环模型

大气中的氮气
生物固氮
脱氮作用
蛋白质
分解成氮
同化作用
脱氮细菌
固氮菌
氨
硝酸盐
氨的硝化作用

源：
人类活动
河流运输
海洋

汇：
土壤有机物
陆地植物
生物固定

硫元素循环模型

大气中的 SO_2
酸雨中的硫酸和硫酸盐
冶炼
烧煤
精炼化石燃料
动物体内的硫
二甲基硫醚
植物中的硫
采矿与提炼
植物吸收
衰败
衰败
沉积在海洋中的硫
土壤岩石和化石燃料中的硫

源：
生物源气体
人类采矿
火山

汇：
海盐

氢氧元素循环模型

水汽输送
蒸发
植物蒸腾
蒸发
降水
地表径流
地下径流
海洋
降水

源：
大气
植物

汇：
海洋

注：图片中蓝色箭头代表源，红色箭头代表汇。

259

CASE
基于碳循环视角的传统城市空间优化规划

■ 碳循环理念下的城市碳源与碳汇

由于当今城市化进程加速，碳循环失衡导致的城市"热岛效应"、"温室效应"等环境问题愈发严重，因此"低碳"理念的引入成为焦点。"低碳"理念的核心是指在碳循环理念下有效抑制碳源(carbon source)和增加碳汇(carbon sink)的过程。碳汇就是指从空气中清除 CO_2 的过程、活动、机制，主要是指植被吸收并储存 CO_2 的能力。而排放 CO_2 的物质或者场所称为碳源。

减少碳排放和增加碳汇是加快碳循环的两个重要途径。低碳城市空间规划是指在城市规划中，保证城市生态系统碳循环的高效性。城市复合生态系统的碳循环可划分为碳源、碳汇两部分（图27.6）。从传统城市规划功能分区的角度来看，城市分为生产、生活、交通、游憩四大功能，前3项基本为碳源，而游憩可对应碳汇（张辉等，2014）（图27.7）。

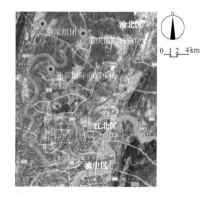

▲图27.6 城市活动中的碳源与碳汇

▲图27.7 城市功能分区和碳循环系统的对应关系（张辉等，2014）

▲图27.8 2011年重庆主城区北部区位现状

■ 重庆主城区面临的主要问题

重庆市主城区位于两江新区范围内，南北分别毗邻礼嘉国际商贸中心和重庆国际博览中心，与蔡家组团隔江相望。地势从东南向西北逐渐降低，区内最低海拔173.82m，位于嘉陵江边，最高海拔401.73m，位于规划区南部低丘的山顶，高差227.91m（图27.8）。经分析，该区域面临如下五类主要问题（图27.9）。

道路网密度很低，马路太宽

人、自行车出行较少，多为机动车出行

交通碳排放增加

大尺度街区聚集型建筑办公和居住模式，碳排放聚集严重

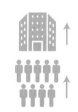
建筑和人口总量剧增，加剧建筑耗能

▲图27.9 重庆主城区主要问题分析

■基于碳循环理论的城市规划对策

从 4 个功能分区及碳源碳汇入手，抑制碳源，增加碳汇。最终将重庆主城区打造为生态低碳城市，但首先要确定规划前的碳源和碳汇以及需要规划的位置。

确定现城市规划格局当中的碳源和碳汇。图 27.10 是 2011 年重庆主城区规划示意图。图中的适宜和非适宜城市建设区分别是碳源和碳汇的大致区域。有的区域相接太过紧密，以至于碳汇估量远远小于碳源，所以该规划建设用地面积过大，碳源过大，导致碳汇功能较弱，城市 CO_2 浓度太高。

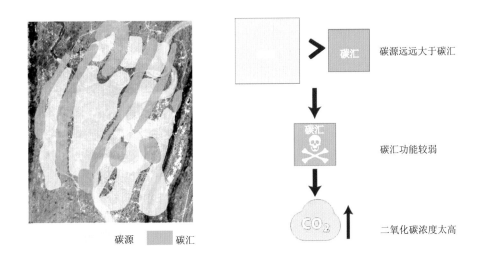

图 27.10　2011 版重庆主城区规划碳源碳汇分析（张辉等，2014）

确定应该重新规划的位置，即需要固碳的位置。如图 27.11 所示，红色区域表示重新规划的位置。片区建筑用地密度过大，聚集形式严重导致建筑耗能增加，CO_2 浓度过大，碳汇能力很弱，不足以平衡碳源的排放量，因此需要增加碳汇的区域，以保证碳循环加速进行。而具体的实施步骤要按照 4 个功能分区来进行，分别

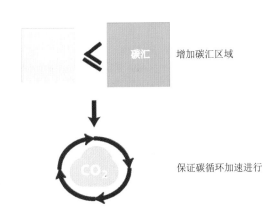

图 27.11　2011 版重庆主城区需要重新规划区域（张辉等，2014）

为生活（聚居模式）、生产（产业空间结构）、交通（交通系统规划）及游憩（绿地系统规划）（图 27.7）。

在上述分析基础上，规划提出了四个方面的具体对策（表 27.2），最终得到重庆市主城区规划格局的前后对比图（图 27.12）。

表 27.2　2014 版重庆主城区重新规划的步骤（张辉等,2014）

功能分区	具体对策	规划图示
生活	改走"分散化的集中"的紧凑发展之路。从碳循环的效率来看，分散化的集中既改变了出行方式，降低了远距离出行导致的碳排放，又保证了城市环境和居民生活质量	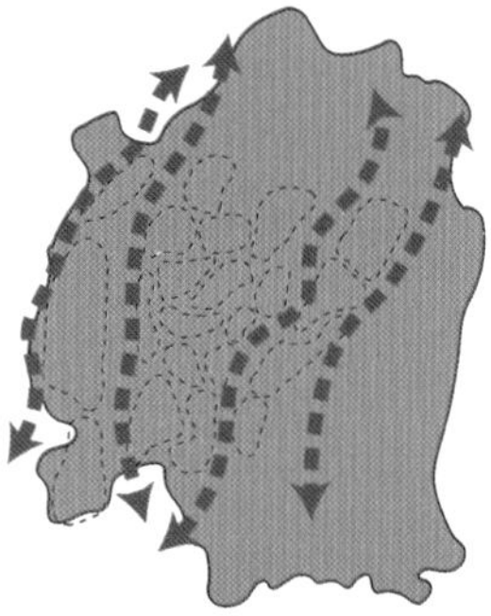
生产	在重庆主城区 4 大基本功能碳循环分析的基础上，尝试构建重庆主城区指状的低碳城市空间结构：中梁山、铜锣山之间的两江核心区域形成"手掌"，六山之间的槽谷地带构成"五指"	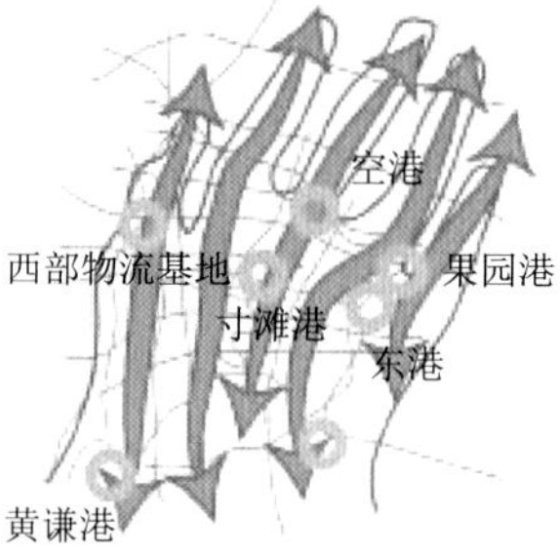
交通	将道路密度扩大，成分散且多通道形式	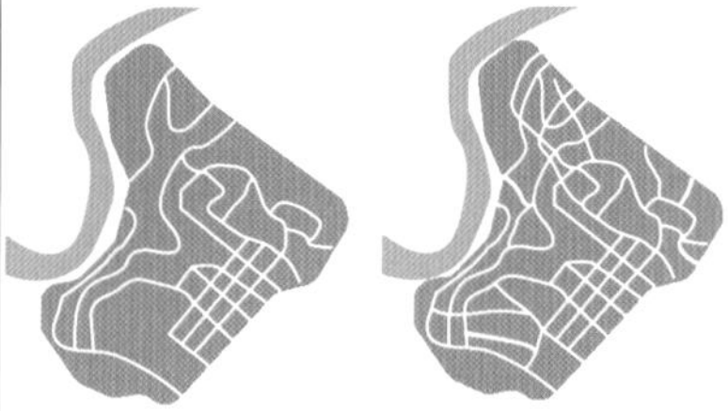
游憩	在地形基础上，保证森林面积的扩大，是增加碳汇的首要任务。如右图所示林地面积扩大增加碳汇功能。在五指区外围全部密植不同绿地植物，手掌内部不再是全部建筑的聚集区，有绿地系统的覆盖	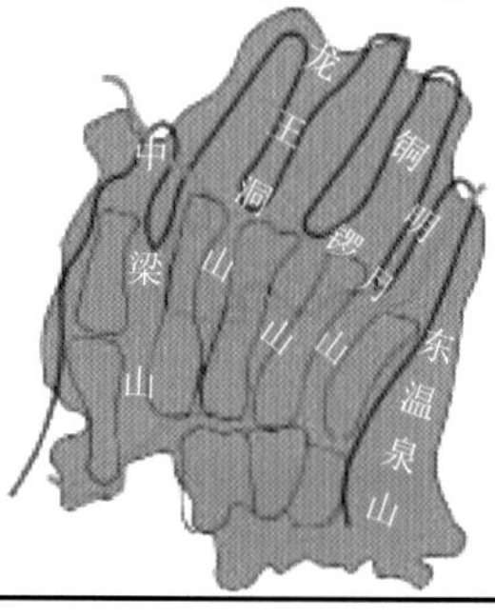

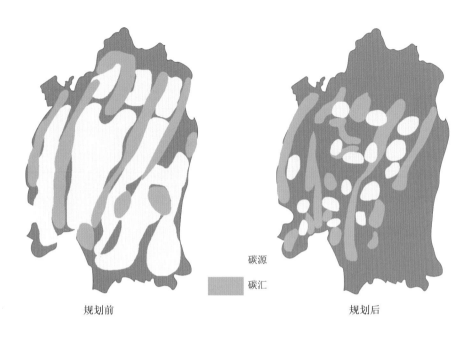

碳源

碳汇

规划前   规划后

◀图 27.12　重庆主城区规划碳源碳汇的格局前后对比（张辉等，2014）

　　相关理论与实践表明，低碳理念的发展，对于城市规划及城市发展有着很重要的影响，而现在该理念已经作为城市规划的一个指导原则。一般都是在区域尺度（城市生态系统）上结合城市现下存在的环境问题，将碳循环作为循环原理中的重心，从碳源碳汇总体入手，将碳循环理念结合城市现状空间布局，重新规划碳源碳汇，就此将由人类活动引起的碳源部分减少或者平衡。这样就可减少城市 CO_2 的排放，解决城市环境问题。

■ 参考文献

方精云，郭兆迪 .2007. 寻找失去的陆地碳汇 [J]. 自然杂志，29（1）：1–6.

韩兴国 .1999. 生物地球化学概论 [M]. 北京：高等教育出版社 .

李长生 .2001. 生物地球化学的概念与方法—— DNDC 模型的发展 [J]. 第四纪研究 , 21(2)：89–99.

宋金明 .2000. 海洋生物地球化学的产生与发展 [J]. 世界科技研究与发展 , 22(3)：72–74.

张辉 , 孙国春 , 白亮 , 2014. 基于碳循环视角的空间结构构建 [J]. 新建筑，(2)：130–134.

■ 阅读拓展

韩兴国 .1999. 生物地球化学概论 [M]. 北京：高等教育出版社：1–7,167–187,197–231,245–253,262–274,293–299.

刘雪华 .2007. 生态学——关于变化中的地球 [M]. 3 版 . 北京：清华大学出版社：348–359.

吴香尧 .1993. 生物地球化学概论 [M]. 成都：成都科技大学出版社：29–37.

张雪萍 .2011. 生态学原理 [M]. 北京：科学出版社：138–151，195–199.

■ 思想碰撞

　　有人说森林作为陆地生态系统中最大的"碳库"，既是碳源也是碳汇。作为碳源，木材等林产品在燃烧分解等生化过程中被分解成碳的分子，即向环境中释放碳；作为碳汇，是指森林中的绿色植物，在光合作用中吸收二氧化碳释放氧气，将碳固化为自身的一部分。方精云院士指出：近二十年全球森林为碳汇（方精云等，2007）。但是许多文章也提到，到一定树龄（约为190年），就由碳汇变为巨大的碳源。那么，多植树造林对于全球变暖的环境问题或我国森林生态系统的碳源碳汇空间分布格局意义何在？如果种树无效的话，对于全球变暖的环境问题从根本上应该如何解决？

■ 专题编者

石素贤

向欣

人类生态系统

系统

28讲

地球人生存与发展的基础

人类属于大地，而大地不属于人类，世界上的生物都是互相关联的，就像血液把我们的身体各个部分连接在一起一样，生命之网并非人类所编，人类不过是这个网中的一根线，一个结。

——《狼图腾》

随着全球气候变暖、臭氧层破损、生物多样性减少、水污染、土地荒漠化等问题的日益加剧，人类已经将地球推入绝境，我们将来该怎么办？

人类生态系统

■ 人类生态系统内涵的演变

　　对人类生态系统（human ecosystem）的研究，可以追溯到生态系统概念的提出。Tansley（1935）在讨论生态系统概念时就提出人类是产生变化的一种主要营力，是生态系统的重要组成部分。然而，在过去的几十年里，许多生态学家仍然坚持"自然生态系统（natural ecosystem）"范式，认为人类只是生态系统外部的干扰营力，在研究生态系统时，总是将人类排除在生态系统之外（Redman，1999；Vitousek et al.，1997）。这种"人类例外范式"（human exceptional paradigm）不仅被生物生态学家所采用，许多社会与人类生态学家也沿袭了这种思想。20 世纪 60 年代以来，随着全球环境危机的产生和一个新生态学时代的到来，过去那种人类影响和自然截然分开的做法，已愈来愈不能满足人类对解决环境问题的需求。因此，将人类的影响纳入生态系统，而不是将之视为干扰因素已逐渐成为生态学的迫切需求（陈勇，2012），人类生态系统的内涵演变过程见图 28.1。

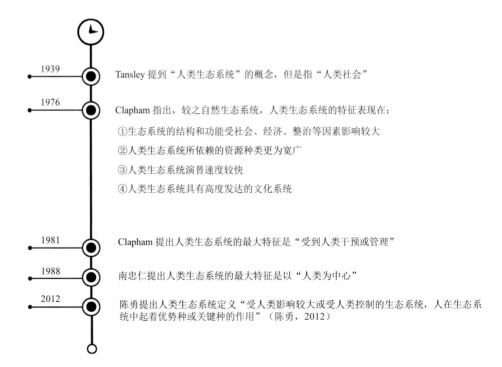

▶图 28.1　人类生态系统的内涵演变

■ 人类生态系统概念解析

人类生态系统的概念经过多年的变化，笔者认可陈勇的观点（图28.2）。

▶ 图28.2　人类生态系统的概念

■ 人类生态系统结构分类

不同研究视角对人类生态系统有其独特结构性理解，并且出现很多相近但又区别的概念，如人地系统、社会—经济—自然复合生态系统、生态复合体、整体人类生态系统和人类—自然耦合系统等（表28.1）。

表28.1　人类生态系统的结构分类（陈勇，2012）

研究视角		相关称谓	对系统结构组成的描述
人文地理学		人地系统	地理环境、人类活动
生态学及其交叉学科	聚落生态视角	复合生态系统	社会系统、经济系统、自然系统（或经济系统、生态系统、社会系统）
	全球生态视角	整体人类生态系统	地理、生物、人类（或地圈、生物圈、智慧圈）
	资源保护视角	人类—自然耦合系统	自然系统、人类系统
	社会学派	生态复合体	人口、组织、环境、技术
	生物学派	人类生态系统	人、其他生物、非生物环境
	管理视角		资源亚系统、社会亚系统
	医学视角		人、外部环境
	社会信息传播视角		文化环境、社会环境、生物环境、物理环境

267

■ 人类生态系统类型划分

按照人类对生态系统的干预程度，人类生态系统可分为两类，一类是受人类极大影响的，另一类是受人类控制的。此外，也可以按照空间尺度、产业类型等进行划分。综合上述分类方式，本书按照人类生态系统的空间组织层次将其分类为整体、区域与村镇三个尺度（图 28.3）。

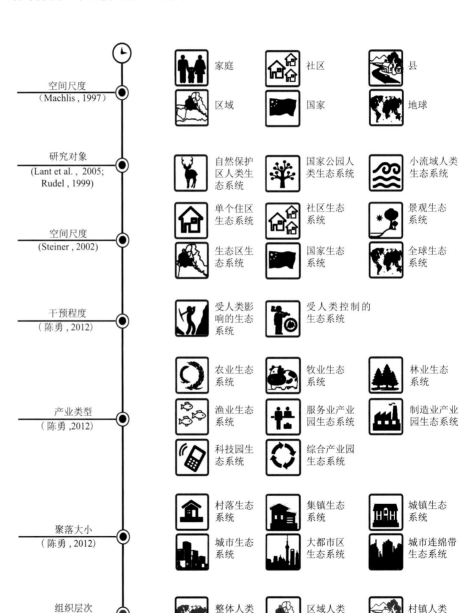

▶ 图 28.3 人类生态系统的不同划分类型

整体人类生态系统

■ 整体人类生态系统的概念

20 世纪中期以来，人类活动对生物圈的影响迅速增加，出现一些影响全球甚至威胁人类生存的迹象，整体人类生态系统理论随之提出。

整体人类生态系统（total human ecosystem，THE）最早是由生态学家 Frankegler 于 1964 年提出，被奈维（Zev Naveh）倡导并发扬光大，它横跨生态学、地理学和人类学等众多学科，面向全球生态系统研究，成为全球生态学的基础理论。目前，该理论被用于应对全球尺度的生态问题，如气候变暖、臭氧层被破坏等问题，成为人类生态学非常重要的理论分支，其不同时期的定义如图 28.4，笔者对其的定义见图 28.5。

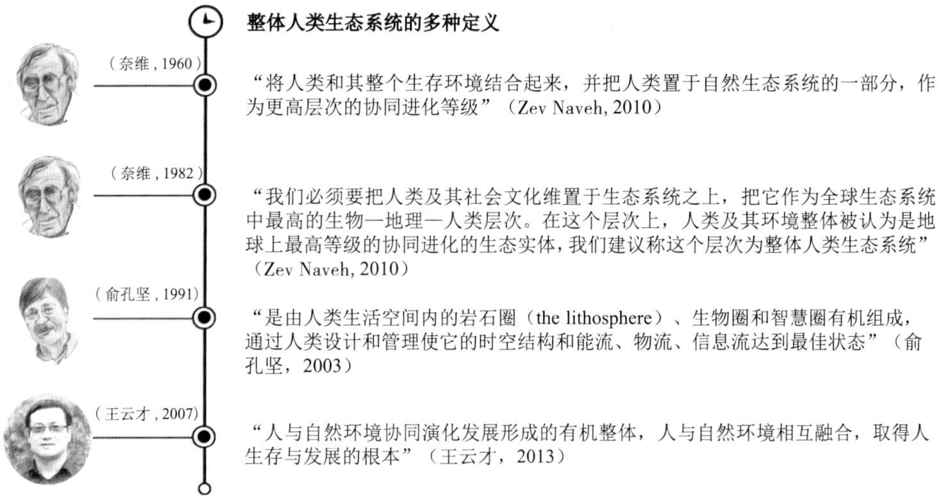

整体人类生态系统的多种定义
（奈维，1960）
“将人类和其整个生存环境结合起来，并把人类置于自然生态系统的一部分，作为更高层次的协同进化等级”（Zev Naveh, 2010）
（奈维，1982）
“我们必须要把人类及其社会文化维置于生态系统之上，把它作为全球生态系统中最高的生物—地理—人类层次。在这个层次上，人类及其环境整体被认为是地球上最高等级的协同进化的生态实体，我们建议称这个层次为整体人类生态系统”（Zev Naveh, 2010）
（俞孔坚，1991）
“是由人类生活空间内的岩石圈（the lithosphere）、生物圈和智慧圈有机组成，通过人类设计和管理使它的时空结构和能流、物流、信息流达到最佳状态”（俞孔坚，2003）
（王云才，2007）
“人与自然环境协同演化发展形成的有机整体，人与自然环境相互融合，取得人生存与发展的根本”（王云才，2013）

◀图 28.4　整体人类生态系统的不同定义

整体人类生态系统
定义
在全球尺度上实现人与自然和谐共生的生态系统
特点一
全
尺度上基于全球尺度并覆盖全球生态系统，是人类生存范围的整个空间实体，是岩石圈、生物圈和人类圈的一体化
特点二
整
整体论，是将人类与自然环境结合成为一个不可分的、一致协同进化的生物—地理—人类的整体生态系统，包含所有人地要素

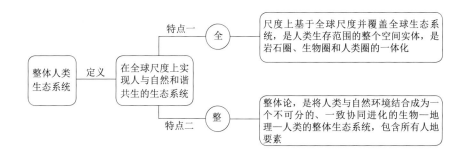

◀图 28.5　笔者总结的整体人类生态系统的定义及其特点

■ 整体人类生态系统的结构与机制

整体人类生态系统的结构（图 28.6）与机制（图 28.7）如下。

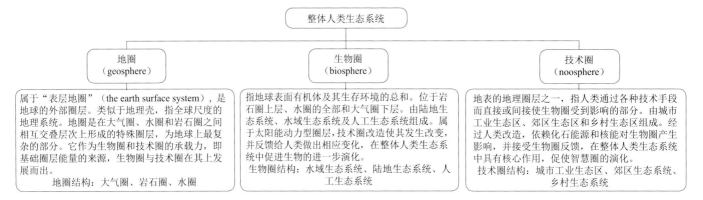

▲图 28.6　整体人类生态系统的结构

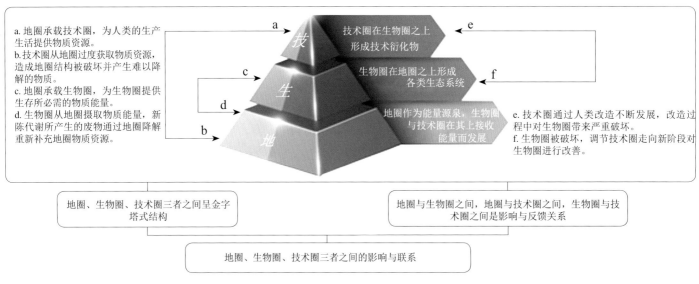

▲图 28.7　整体人类生态系统的机制

■ 整体人类生态系统的应用

随着人类科技的发达，技术圈出现了一系列有利于人类文明发展的技术，如化石燃料、化肥、砍伐活动等。化石燃料燃烧、化肥过度使用、原始森林被砍伐这些都会引起大气中二氧化碳浓度的升高，导致生物圈受到影响，生物圈又对技术圈进行反馈调节，这一系列活动都是发生在地圈这个基础之上的。

图 28.8 揭示了碳循环的过程，有助于理解整体人类生态系统三个圈层的应用。

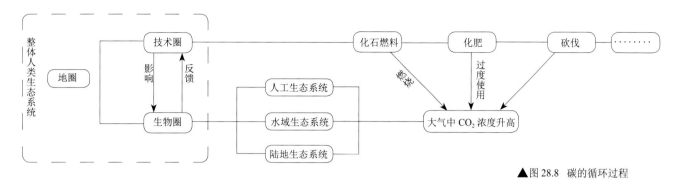

▲图 28.8　碳的循环过程

村镇人类生态系统

■ 村镇人类生态系统的定义与结构

对于村镇尺度人类生态系统的研究，王云才将其定义为："人与自然环境协同演化发展形成的有机整体，人与自然环境相互融合，取得人生存与发展的根本"（王云才，2013），其观点涉及全部尺度，没有专门针对村镇尺度，因此笔者将村镇人类生态系统定义如下（图 28.9）。

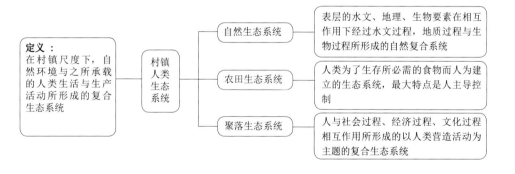

◀图 28.9　村镇人类生态系统的定义

■ 村镇人类生态系统空间格局的形成及推导

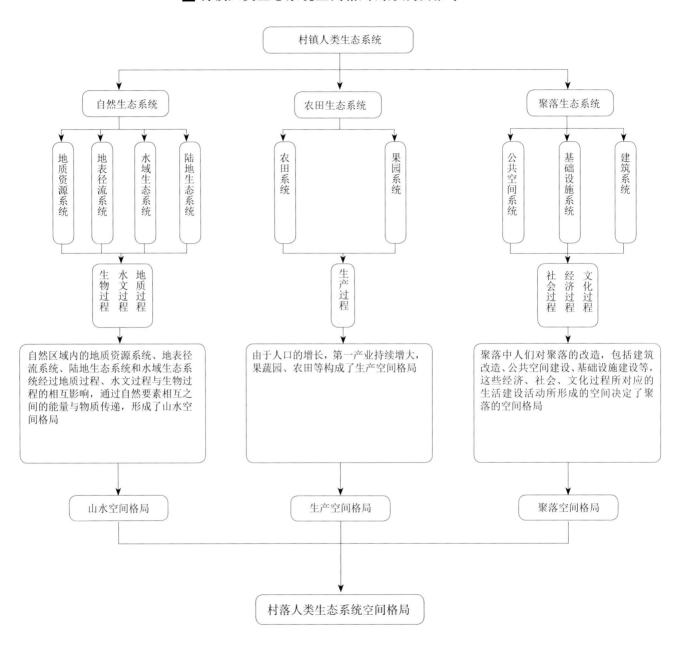

▲图 28.10 村镇人类生态系统空间格局的形成及推导

注：三大生态系统相互依赖，以自然生态系统为基础，农田与聚落生态系统依次附庸其上，经过生物、水文、地质、生产、社会、经济和文化七大过程之间的相互作用，形成了村镇人类生态系统空间格局

塔山村人类生态系统空间格局分析

塔山自然村隶属甘肃省庆阳市庆城县蔡家庙乡北岔沟行政村，该村包含坡头、樊店、杨掌、齐咀、艾寨、塔山 6 个自然村。塔山自然村共有住户 18 户，87 人，其中有 6 户在河东，12 户在河西，耕地面积有 303 亩，人均耕地面积约 2 亩（姜婧，2012）。塔山自然村的东山因其在地质变化时下部山体与山体顶部发生了位移，在其对面望过去，其侧面的轮廓界线如塔状，当地人也叫塌山，空间格局分析如表 28.2 所示。

表 28.2　塔山村人类生态系统空间格局分析

	自然生态系统	农田生态系统	聚落生态系统	人类生态系统
过程分析	属于黄土高原典型的山地区，其所在地形横剖面呈现以水系为中心的中间低，两边高的形态。在村落的北部，沿着乡干道有一条南北走向的河流，水面宽约 15m，另外一条是经过村落的溪流，水量小。村域内植被群落丰富，主要由东北部的森林与散落在整个村域内的草本灌木群落构成	由于地形与河流的影响，呈现出独特的梯田景观，田地被地形分割成破碎不均等的地块，同时随着等高线的走向呈现出东西短，南北长的带状形态，地块边缘呈曲线状	塔山聚落分为两大居住组团，分别是东山组团及西山组团，无论从聚落板块还是占地面积，都是东山较西山大，西山聚落居住集中，除三户农家院落是离散分布，其余处于等平面的同侧山体上并呈线性布局，东山聚落六户住户均在西南方向呈簇状分布。总体形态在水平方向呈现为"群居为主，个别离散"的空间形态	基于生物过程、水文过程（water circulation water cycle）、地质过程、生产过程、社会过程（social process）、经济过程和文化过程（cultural process）形成的。自然生态系统是承载聚落与农田生态系统的基础，它为整体空间格局的形成提供了生态基础
空间格局		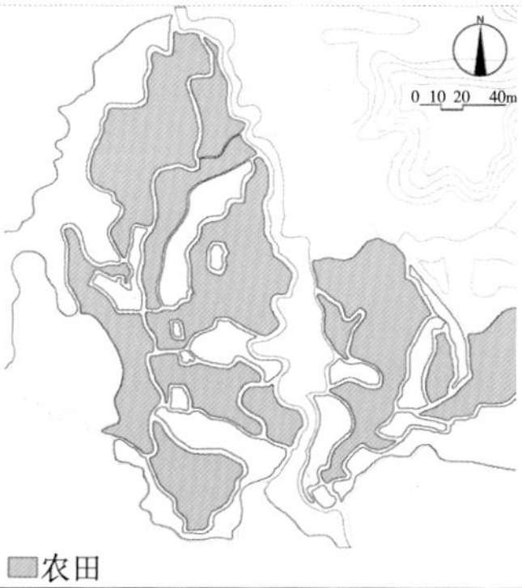	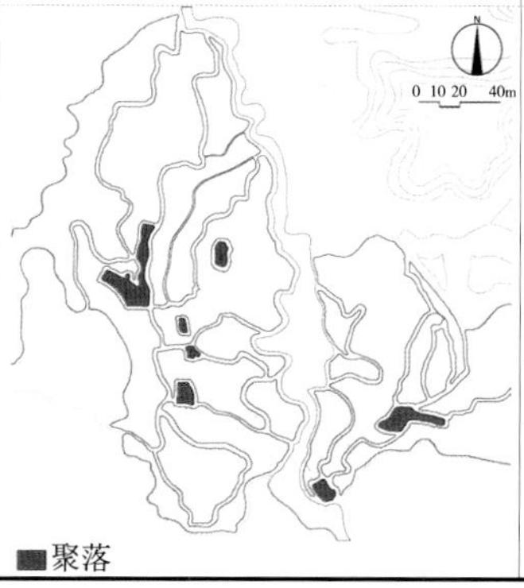	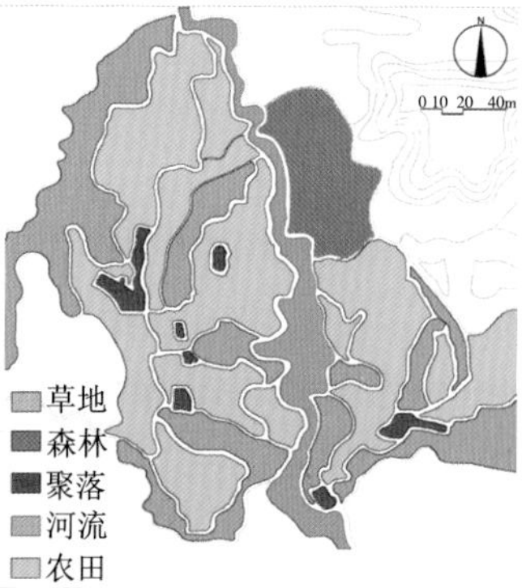

■ 参考文献

Force J E, Machlis G E.1997.The human ecosystem Part II: Social indicators in ecosystem management[J]. Society & Natural Resources, 10(4):369-382.

Lant C L, Kraft S E, Beaulieu J, et al.2005 Using GIS-based ecological - economic modeling to evaluate policies affecting agricultural watersheds[J]. Ecological Economics,55(4):467-484.

Machlis G E,Force J E,Jr W R B.1997.The human ecosystem Part I: The human ecosystem as an organizing concept in ecosystem management[J]. Society & Natural Resources, 10(4):347-367.

P M Vitousek,H A Mooney,J Lubchenco,J M Melillo ,J Mellilo.1997.Human domination of the Earth's ecosystems.

Redman C L. 1999.Human Impact on Ancient Environments[J]. American Journal of Archaeology, 81(7).

Steiner C F.2002.Context-dependent effects of Daphnia pulex on pond ecosystem function: observational and experimental evidence.[J]. Oecologia, 131(4):549-558.

Thomas K. Rudel.1999.Critical Regions, Ecosystem Management, and Human Ecosystem Research[J]. Society & Natural Resources, x12(3):257-260.

Zev Naveh.2010. 景观与恢复生态学 —— 跨学科的挑战 [M]. 北京：高等教育出版社 .

陈勇 .2012. 人类生态学原理 [M]. 北京：科学出版社 .

姜婧 .2012. 地域资源约束下的陇东塔山村乡土景观特征研究 [D]. 西安：西安建筑科技大学 .

王云才 . 2013. 景观生态规划原理 [M]. 北京：中国建筑工业出版社 .

俞孔坚 .2003. 从选择满意景观到设计整体人类生态系统 [N]. 中国旅游报 .

肖笃宁 . 景观生态学理论、方法和应用 [M]. 北京：中国林业出版社：161-170.

■ 思想碰撞

　　反环境保护主义，是针对环境保护运动所发起的反对运动。反环境保护主义者基于一些特定的科学与经济理由，认为当前的"环境危机"可以忽视。有一些反环境保护主义者认为地球并不像部分生态学家所想的那样脆弱，他们认为生态学家极端地夸大了人类对自然的影响，并常常认为生态学家的言论是在反对人类进步。在电影《全球暖化大骗局》拍摄过程中，导演采访了多位科学家，用大量证据否定了"人造全球气候变化"的说法，直指它为"谎言、当代最大的骗局"，得出结论：全球暖化其实是由太阳活动加强引起的。你认为当前严峻的环境问题是由人类造成的吗？人类生态系统思想能够有效解决全球环境危机吗？

■ 专题编者

岳邦瑞

兰馨

刘阳

第五部分
规划方法

多元方法论

当代景观生态规划设计的流派 29讲

What Mother Nature does is rigorous until proven otherwise, what human and science do is flawed until proven otherwise.

自然之作品总是完美无缺，人类之作品总是留有遗憾。

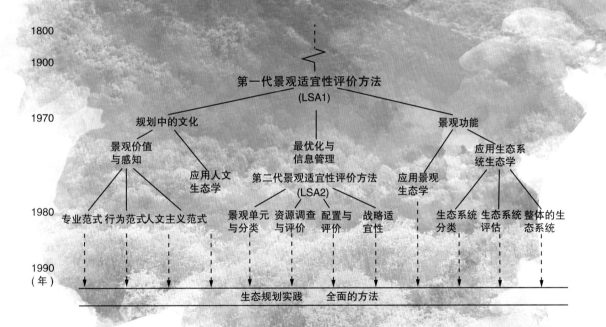

生态规划自19世纪肇始以来一直发展缓慢。直到1969年，伊恩·麦克哈格《设计结合自然》的出版，才标志着一个蓬勃发展的景观生态规划设计时代到来了。福斯特·恩杜比斯所著的《生态规划：历史比较与分析》，提出了梳理各种景观规划方法类型的基本依据，即理论的代表性和方法论的创新性，并据此归纳为6大途径：①第一代景观适宜性评价方法；②第二代景观适宜性评价方法；③应用人文生态方法；④应用生态系统方法；⑤应用景观生态学方法；⑥景观评价和景观感知。本讲以此为线索开展专题探讨，并尝试比较各途径的特点。

景观生态规划的六大流派划分

■ 第一代景观适宜性评价方法

景观适宜性评价方法（the landscape-suitabilIty approaches）始于20世纪初，经过了两大发展阶段和许多学者的共同探索（图29.1），在景观生态规划中的地位极其重要。"适宜性（suitability）"即某种事物内在属性满足主体需求的程度。"景观适宜性（landscape suitability）"是指景观的多种属性对于主体需求的全面匹配程度，它由土地的内在属性和人类社会需求（社会、经济、政治、个体因素等）共同决定。

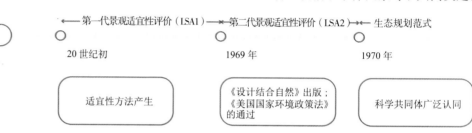

▲图29.1 景观适宜性评价方法发展历程

景观适宜性评价方法的工作重点涉及两个基本方面：某一特定土地的特点分析及其对特定用途的适合程度评估。其目标是：根据土地的自然资源与环境性能，结合人类发展和资源的利用要求，划分资源与环境的适宜性等级，在土地自身特征与人类利用需求之间找到最佳契合点。其支撑原理是："景观具有支持特定土地用途的能力，它是根据地理区域内不同的物理资源、生物资源以及文化资源而相应变化的。也就是说，如果我们能够了解这些资源所在的区域、分布以及它们（即自然的地质、土壤、水文、植物、动物）之间的相互作用，那么我们不仅能够在特定的区域内确定最佳的土地用途，同时也能够把对环境的冲击降到最小，而且还能将土地利用过程中所需的能耗降到最低（福斯特·恩杜比斯，2013）。"

第一代景观适宜性评价法（the first landscape-suitabilIty approache）作为开创性的探索时期，涉及5种类型的评价方法，包括：格式塔法（the gestalt method）、美国自然资源保护局的潜力体系法（the natural resources conservation service capability system，图29.2）、安格斯·希尔斯法的自然地理单元法（the physiographic-unit method，图29.3）、菲利普·刘易斯的资源模式法（the resource-pattern method，图29.4）以及其最重要的代表人麦克哈格的适宜性评价法（the Mcharg suitability method，图29.5）。

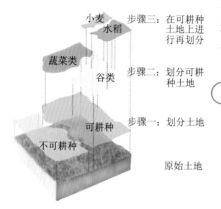

▲图29.2 自然资源保护局潜力体系法

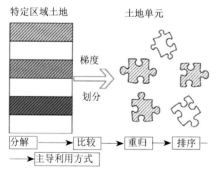

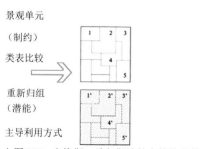

▲图29.3 安格斯·希尔斯法的自然地理单元法生态分析

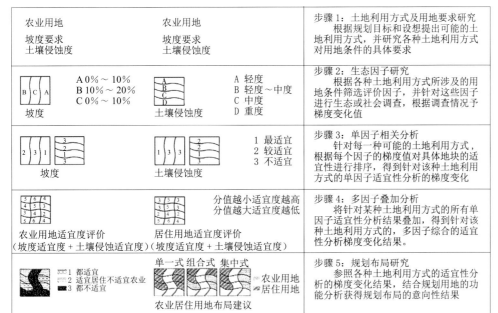

农业用地 坡度要求 土壤侵蚀度	农业用地 坡度要求 土壤侵蚀度	步骤1：土地利用方式及用地要求研究 　　根据规划目标和设想提出可能的土地利用方式，并研究各种土地利用方式对用地条件的具体要求
B C A　A 0%～10% 　　　　B 10%～20% 　　　　C 0%～10% 坡度	A B C D　A 轻度 　　　　B 轻度～中度 　　　　C 中度 　　　　D 重度 土壤侵蚀度	步骤2：生态因子研究 　　根据各种土地利用方式所涉及的用地条件筛选评价因子，并针对这些因子进行生态或社会调查，根据调查情况予梯度变化值
2 3 1　1 最适宜 　　　　2 较适宜 　　　　3 不适宜 坡度	1 3 2　1 最适宜 　　　　2 较适宜 　　　　3 不适宜 土壤侵蚀度	步骤3：单因子相关分析 　　针对每一种可能的土地利用方式，根据每个因子的梯度值对具体地块的适宜性进行排序，得到针对该种土地利用方式的单因子适宜性分析的梯度变化
农业用地适宜度评价 （坡度适宜度＋土壤侵蚀度适宜度）	居住用地适宜度评价 （坡度适宜度＋土壤侵蚀适宜度） 分值越小适宜度越高 分值越大适宜度越低	步骤4：多因子叠加分析 　　将针对某种土地利用方式的所有单因子适宜性分析结果叠加，得到针对该种土地利用方式的，多因子综合的适宜性分析梯度变化结果。
1 都适宜 2 适宜居住不适宜农业 3 都不适宜	单一式 组合式 集中式 农业用地 居住用地 农业居住用地布局建议	步骤5：规划布局研究 　　参照各种土地利用方式的适宜性分析的梯度变化结果，结合规划用地的功能分析获得规划布局的意向性结果

▲图 29.5 土地利用适宜性分析步骤示意图（根据：Steiner, 1991）

1969 年伊恩·麦克哈格《设计结合自然》一书的出版被认为是划分第一、二代景观适宜性评价的标志性事件之一，其对适宜性评价法的传播和推广，使适宜性评价法成为景观生态规划设计专业领域中的使用最为广泛的方法。该方法的认识论是建立在既有地理学、自然科学、生物学研究的基础上，特别是在已见雏形的经典生态学基础之上。麦克哈格将土地看作是"连续生长的自然生命体"，笃信"每一块土地的价值是由其内在的自然属性所决定的，人的活动是必须去认识这些价值或限制，并且去适应和利用它，只有适应了，才会有健康、舒适，才会有生物，这来源于人的进化和创造力，才有最大的效益"（于冰沁，2013）。简言之，麦克哈格认为环境决定了人的行为，即"自然决定论"或"唯自然论"。他将"土地"这一"连续生长的自然生命体"，理解为时间作用下生物因素和非生物因素的垂直自然演化过程，包括区域内地质、地貌、水文、生物及人文等过程，这个过程是土地的内在价值形成并对人类活动施加影响的过程。他强调人类活动必须适应于自然过程，并通地适宜性及限制性的评价揭示土地的价值与利用方式。他认为景观现象可以被阐述为千层饼模式：生物、非生物与人类活动的属性叠加，景观被视为反映土地内在价值的斑块镶嵌体（于冰沁，2012）。麦克哈格的适宜性分析经由 5 个步骤完成：①土地利用方式及用地要求研究，②生态因子研究，③单因子相关分析，④多因子叠加分析，⑤规划布局研究，其核心技术方法是"千层饼模式"（layer cake analysis，图 29.6）。

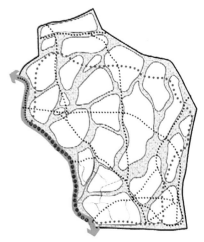

┈┈ 规划历史廊道
•••• 密西西比和公园廊道
〰〰 潜在主要路线
▱ 地方小路
▭ 开放空间廊道

图纸叠加

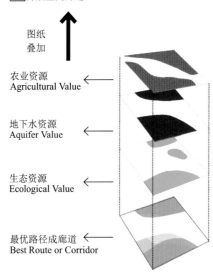

农业资源
Agricultural Value

地下水资源
Aquifer Value

生态资源
Ecological Value

最优路径成廊道
Best Route or Corridor

▲图 29.4 菲利普·刘易斯的资源模式法过程分析

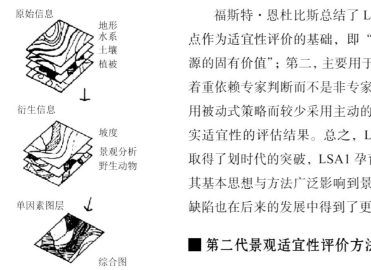

原始信息
地形
水系
土壤
植被

衍生信息
坡度
景观分析
野生动物

单因素图层

综合图

▲图 29.6　千层饼模式

经济因素

社会文化因素　　　生物物理因素

▲图 29.7　决定景观适宜性评价的三个因素间的辩证平衡

福斯特·恩杜比斯总结了 LSA1 的四方面特征。第一，强调土地的自然景观特点作为适宜性评价的基础，即"土地利用应体现土地本身的内在价值与体现自然资源的固有价值"；第二，主要用于解决宏观问题，而不是特定区域的具体项目；第三，着重依赖专家判断而不是非专家的判断，对适宜性评估结果进行综合；第四，多采用被动式策略而较少采用主动的管理方式，很少能够结合制度或行政管理策略来落实适宜性的评估结果。总之，LSA1 的探索是开创性，其重要理论在 1960 年代末取得了划时代的突破，LSA1 孕育的生态规划方法在随后的几年中得到发展与深化，其基本思想与方法广泛影响到景观生态规划的各种途径中。同时，其自身所具有的缺陷也在后来的发展中得到了更充分的讨论与弥补。

■ **第二代景观适宜性评价方法**

LSA2 的发展变化首先反映在理念上。如果说 LSA1 的对适宜性的主要理念是"被动适应"，即土地价值来自其独立于人类之外的自然属性（内在属性），人类的土地利用必须去适应其自然属性（内在属性）；那么 LSA2 的理念则是"优化利用"（Optimal use），即在考虑生态、社会和经济等所有因素前提下对土地多种属性的最佳利用。换言之，LSA1 强调"自然主体"的优先性，LSA2 则强调"自然主体"与"人类主体"平等性，即综合而平衡地考虑土地的自然属性以及人类需求。总之，LSA2 认为经济因素、社会文化因素及生物物理因素之间的辩证平衡，最终决定了景观的适宜性（图 29.7）。

LSA2 基于麦克哈格的"千层饼"发展出 5 类适宜性分析技术与步骤，包括位序组合法（Ordinal combination）、线性组合法（Linear combination）、非线性组合法（Nonlinear combination）、要素组合法（Factor combination）及组合原则法（Rules of combination），它们之间的关系及应用步骤如图 29.8。位序法的步骤与麦克哈格的"千层饼"完全一致，线性法是在位序法的基础上引入了"权重叠加法"（Weighed-overlay），非线性法则在线性法的基础上考虑了"各景观要素之间的相互依赖关系不能仅由单个要素适宜性地图叠置得到"的情况。要素组合法则是在进行要素适宜性分级赋值之前，将多个单一要素组合成均质区域（homogeneous region），如将森林植被与地形要素组合成如下均质区域：山谷森林、无森林山谷、有森林覆盖的山谷坡、森林高原和无森林覆盖的高原，这是另一种说明要素间相互关系的方法。组合原则法是在要素组合法的基础上，在有明确原则的指导下将要素组合产生的大量均质区进行选择与整合。上述 5 种方法存在互补性，霍普金斯（Hopkins）建议首先使用线性和非线性组合法组合哪些熟知的要素（如社会和经济

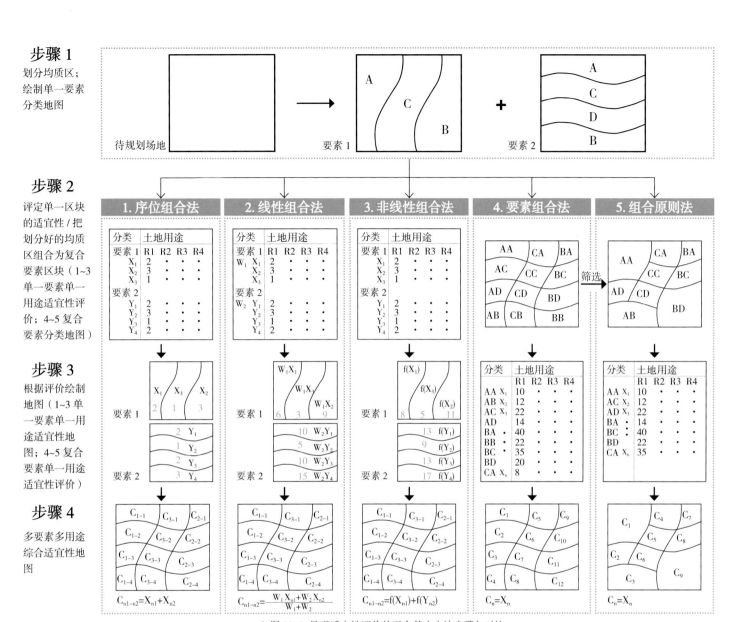

▲ 图 29.8 景观适宜性评价的五个基本方法步骤与对比

要素），然后应用组合原则法来说明环境（社会和经济的）影响以及未知的定量关系所具有的隐形成本。

依据关注问题与具体方法差别，LSA2 形成了如下 4 类方法体系。（1）景观单元和景观分类法（Landscape-unit and Landscape-classification）强调在预设标准的基础上将自然和文化的景观特征划分为不同单元或类型的土地同质区（Homogenious region）。（2）景观资源调查和评价法（Landscape-resource survey and assessment）强调对生物物理、社会、经济、技术因素的分类、分析与综合，目的在于确定潜在的土地利用最佳空间。（3）空间配置与评价方法（Allocation-and-evaluation）是在景观中依据地段变化配置土地利用并进行多方案评价与选择，关注选择和评估更具竞争力的适宜性方案，随着方法发展，产生的关于引导环境影响评估技术的发展方向以利奥波德的矩阵法为代表（图29.9）。（4）战略性景观适宜性评价方法（Strategic landscape-suitability methods）是一个复杂的规划体系，可以看作在空间配置评价法基础上增加了优化土地利用空间配置方案的功能，研究实施最佳方案的程序、策略与制度安排。以上四类方法体系的结构关系见表29.1。

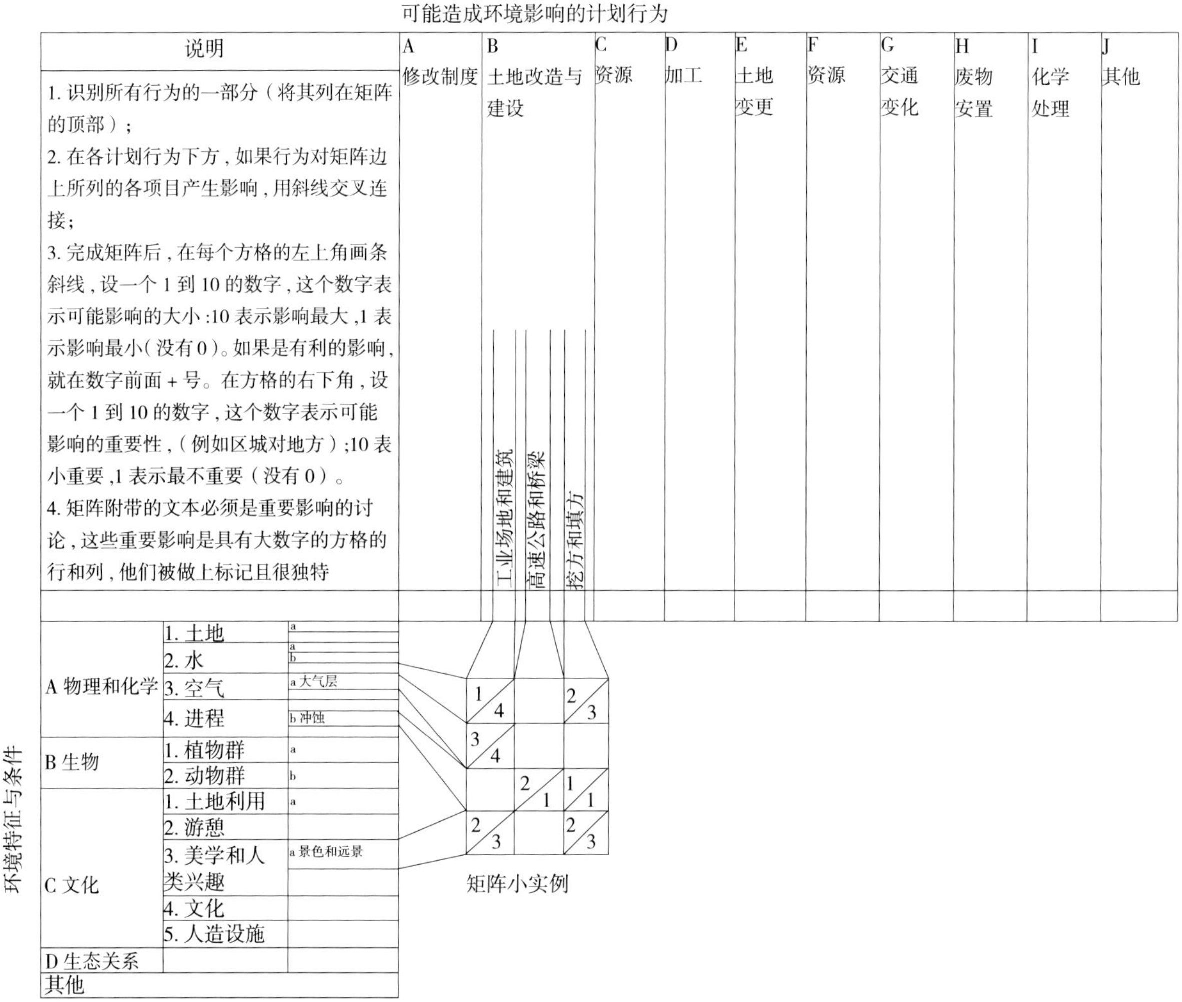

▲图29.9 利奥波德矩阵的简练形式（源自 leopold et al. 的 "Procedure for evaluting environmental impact"，由 M.Rapelje 重绘，2000年）

注：栅格中的数字说明了土地变更对于水体质量的可能影响的假设等级。在数字前面加正号说明是有利影响，而负号是相反的。

上述各类方法当中都涉及了大量的代表人物与案例，弗雷德里克·斯坦纳在《生命的景观》中提出生态规划的多方案方法被视为战略性景观适宜性评价法的代表，他的 11 步方法使用了来自传统规划和生态规划的方法和过程（图 29.10）。斯坦纳将其描述为通过"研究生物物理和社会文化体系来揭示土地利用最好地段的一种组织框架"，该方法包接或间接地将生物物理和社会经济要素结合起来，根据变化的社会、经济、政治及技术环境揭示土地的优化利用；其次，关注到不同尺度景观所具有的不同特征，特别是斯坦纳所提出的战略适宜性评价为景观多尺度研究提供了范例；第三，在基于适宜性评价的土地利用决策中，将公众或使用团体包括在内；第四，一些方法与案例开始尝试将评价结果作为景观利用和管理决策的依据，结合提出管理策略或空间配置资源（资金、人力、时间）来实现方案的适宜性评价。总之，LSA2 在基本概念、程序原则和分析技术等方面对 LSA1 进行改进，并取得了一定的成效。但其仍对几方面的问题关注不够：如人们如何感知、评价、使用及适应变化中的景观？人类及自然生态系统是如何运行的？景观如何变化以响应生物物理及社会文化的互动？怎样理解景观才能最便捷地揭示环境和审美方面的考虑？对上述问题的思考，衍生出其后多元视角的规划方法。

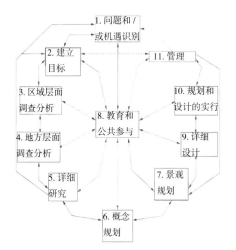

▲图 29.10　斯坦纳的 11 步方法（摘自斯坦纳的《生命的景观》）

表 29.1　第二代景观适宜性四类方法之间的嵌套关系

方法可解决的问题				方法类别
均质区分类				景观单元和景观分类法
均质区分类 ＋ 供需关系				景观资源调查和评价法
均质区分类 ＋ 供需关系 ＋ 多方案选择				空间配置评价法
均质区分类 ＋ 供需关系 ＋ 多方案选择 ＋ 优化，制度化				战略适宜性评价法

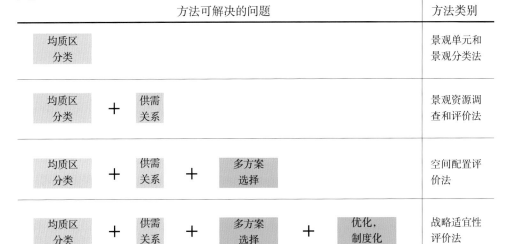

■ 应用人文生态方法

两代景观适宜性评价方法为景观生态规划做出了开辟性的探索，将生态规划聚焦于人与自然的辩证关系的定义、分析和解决问题的独特思路等方面。与此同时，也被批评不够关注人文方面的问题，对人文与自然生态系统相互作用方式与机制没有阐明。在这种背景下，应用人文生态学方法强调生态规划中的文化因素，将文化

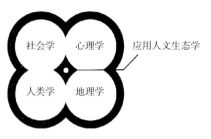

▲图 29.11 应用人文生态学的范畴

看作协调人类与环境关系的媒介。人文生态研究始终聚焦于一条主线：生物物理环境与人文系统相互作用的机制、意义与变迁，它考虑的核心问题是在景观利用中寻求"生态适宜和文化理想选址之间的最佳匹配"。

人文生态学（human ecology）被定义为运用生态学理论研究人类及其活动与环境之间相互关系的科学。应用人文生态学方法旨在使用人类与生物物理环境之间的相互作用信息，来指导建成环境与自然景观的最优利用决策。具体而言，它是重点研究人类如何影响环境并被环境影响，以及与环境相关的决策是如何影响人类的。人文生态学被认为是人文生态规划的概念基础，它产生于众多学科的边缘，包括社会学、地理学、心理学以及人类学（图 29.11）。早在 20 世纪中期，思想家帕特里克·格迪斯、本顿·麦凯、刘易斯·芒福德等就提出并倡导人文生态规划。他们主张理解人与生物环境之间复杂的互动关系。人文生态规划研究在实践中的探索了"文化适应"（culture adaptation）与"场所构建"（place constructs）两个主要方向，前一方向是一个使用文化—生态复合视角的关键主题，后一方向是由自然力量与人类行为相互作用而产生。

文化适应观点具有重要意义。人类文化学家主张文化是人类与（自然）环境相互作用的媒介，认为人类文化的产生是人与自然环境相互关系的产物，人类文化是在人对自然环境的认识及改造的过程中创造和发展的。人类与环境的相互作用中，首要的联系机制是文化适应，即"在实现目标或维持现状的过程中，社会形式及规则的调整、个人或群体行为的改变"（福斯特·恩杜比斯，2013）。人类学家贝内特在其著作《生态的变迁》（1976 年）中简要总结人与环境互动的三种认知方式：决定论（Deterministic）、相互论（Murualistic）和适应论（Adaptive）。决定论认为生物物理环境决定文化或被文化决定，两者是严格的线性因果关系。其缺陷是过分夸大地理环境对人的发展的决定作用，忽视人类对自然环境的能动作用。相互论寻找文化以外的机制来解释社会行为，使用反馈的概念来解释文化与环境间的相互加强，提出在任何文化中，都有一部分文化特征受环境因素的直接影响大于 另外一些特征所受的影响，称为文化核心。约翰·贝内特把复杂的反馈过程与人类的决策能力整合之后形成了适应系统模型（Adaptive systemic model）（图 29.12）。

场所常常与空间相联系但又有本质的差别。空间是一个抽象概念，只有当它对使用者具有意义时才有可能成为场所。有人认为场所是被赋予场所精神（Genius loci）的空间，而场所精神是存在于一个空间中独特的力量或氛围，是使用主体产生意义体验的"精神的地方"。场所构建的目标是让使用者体验场所精神，即认识、理解和营造一个具有意义的日常生活场所，让使用者能够产生认同（Identification，

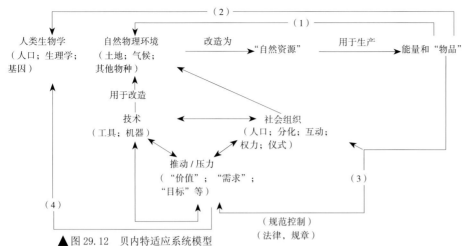

▲ 图 29.12 贝内特适应系统模型

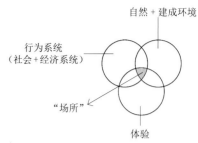

▲ 图 29.13 场所是自然过程、行为系统和体验的交集

即认定自己属于某一地方）与定位（Orientation，即对场所空间的秩序与结构有明确的辨识）。当我们在规划设计中使用场所构建这一途径时，我们的任务就是维持人类体验、自然过程与行为系统三者之间的适宜和匹配（图 29.13），确保场所维持其完整性，保持自然、文化过程和时空联系，给予使用者和居民认同与定位。场所构建被广泛应用于文化敏感性项目实践中，如社区规划设计、乡土景观保护方面，造就了许许多多的成功案例。

人文生态学融入规划过程能更好地引导景观利用，大多数规划研究都围绕人文生态学研究流程（图 29.14）进行组织和实施。第 3 步（图 29.15）、第 6 步和第 11 步都体现人文生态特征。

■ **应用生态系统方法**

应用生态系统方法（The applied-ecosystem approach）要求我们用生态系统的视角来审视规划设计场地，即将人类社会置于生态背景之中，将生态系统的概念作为理解和分析景观的框架，主要研究在生态系统视角下景观的功能、结构以及景观如何响应人类和自然的影响。

生态系统是指由生物群落内部及其与生存环境之间相互作用而形成的动态体系，理解生态系统思想的核心涉及两个要点：要素构成及要素之间的相互作用方式。从要素构成上看，生态系统是由非生物部分和生物部分组成，非生物部分包含非生物环境和物质代谢原料，生物部分包含生产者、消费者和分解者（参见 12 讲图 12.1）。从相互作用方式看，能量流动和物质循环是非生物和生物环境相互作用的关键性过程。生产者（如绿色植物）通过固定太阳能及其他形式的能量将自然界中的无机物转化为有机物，这些有机物又经由食物链被各级消费者吸收（如草食动

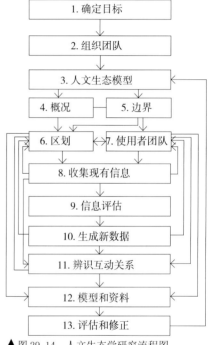

▲ 图 29.14 人文生态学研究流程图

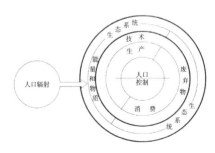

注：人类使用劳动力、技术和资产将环境中的能量和物质转化为食物。人类最终消耗食物，并产生诸如热量和废弃物之类的副产品。

▲ 图 29.15 人文生态学模型

物、肉食动物），最后又由分解者（如各类细菌）将有机物还原为无机态，重新回到大自然。在这个过程中，能量在生产者、分解者、消费者之间单向传递，且逐级递减，水、碳、氮、磷、硫等物质也由此得以不断循环（参见 12 讲图 12.2）。

生态系统的正常运转与循环演替，为人类社会提供了丰富的自然资本。但是人类对这些资本无限制的开发利用和破坏产生了污染，使人为富营养化加剧，破坏了原有的物质循环和环境稳定。如全球碳循环紊乱导致城市温室效应，全球气候变暖等；过量的氮沉积、富集改变了原有的氮循环，导致生物多样性降低，人类健康受到威胁；空气中过量的 SO_2 和含氮的有毒气体（如 NO_2），形成酸雨，NO_2 与碳氢化合物在紫外辐射下发生反应产生光化学烟雾，严重危害人体健康。这些不合理利用土地的行为从根本上改变着许多元素的贮存库和交换库间的流动。上述问题是由于人类对生态系统的无限制破坏而产生的，而应用生态系统方法则是在人类生态背景下，通过描述生态系统的特征和监测其行为，评估生态系统中各要素之间通过营养流、能量流和物种流的相互作用状况，最终达到管理和恢复健康生态系统的目标。

应用生态系统方法一般分为三个步骤：描述、评估与管理。第一步，对现状生态系统进行描述，其关注的重点是生态系统的要素分类及其相互作用方式，分室流模型（the compartment-flow classification model）是应用最普遍的方法。分室流模型是奥德姆将生态转化活动和生物地球化学循环认为是不同土地利用之间的养分循环和能量流动从而进行分类的（图 29.16），这个模型经过建筑师和规划师修改后成为了可应用于景观规划的分室流模型分为自然环境、人造环境和驯养环境三类（图 29.17），每一类又可根据能源驱动的不同将生态系统分为四类（表 29.2）。第二步，对已经被分类的生态系统进行评估。生态系统评估的目的在于监测它们之间的相互作用，评估它们应对压力所产生的变化。模型法（Model-based methods）和指标法（Index-based assessment methods）最受规划师的青睐。模型法是将复杂的生

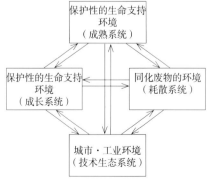

▲图 29.16　根据生态系统理论的分室流模型（E.P. 奥德姆，2009）

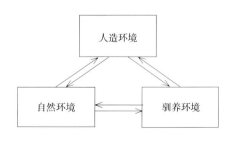

▲图 29.17　经建筑师和规划师修改后的分室流模型（E.P. 奥德姆，2009）

表 29.2 各类生态系统运行机制

以能量为基础的系统分类	内部运行机制（特征）	空间化场景及途径
无补给自然太阳能生态系统	能量流动：太阳能—绿色植物—食草动物—食肉动物1—食肉动物2—微生物 物质循环：大气圈—绿色植物—食草动物—食肉动物1—食肉动物2—微生物	优先划定为不建设区，再通过生态安全格局，对于人为破坏的生态系统构建生物迁徙廊道来恢复生态系统的原有功能，让生态系统继续为生命提供服务
自然有补给自然太阳能生态系统	能量流动：太阳能—自然植物—草食动物—肉食动物1—肉食动物2—流入下一级 物质循环：无机化合物及单质—植物1—动物1—动物2—微生物2—无机化合物及单质	未受人为干扰的区域，通过优先将其划定为不建设区域，减少人为干扰，受人为干扰的区域，通过构建生态廊道，推动生态系统的演替过程，实现抢救性保护
人类补给太阳能生态系统  	能量流动：太阳能，化石—植物/种子/水生生物吸收的能量—植物/动物的初级生产力/次级生产力—高产量（卡路里和马力） 物质循环：农作物/人造林/人造水草——营养库（N、P 等）——害虫、水生生物——循环营养 	通过综合控制化石燃料即生物体与非生物环境之间的营养库，增加该生态系统中物种的多样性，充分发挥食物链的流动作用，利用生态系统自身循环产生的能量来提高农作物、人造林、鱼塘的生产力。如哈尼梯田塘等
燃料功能城市工业系统	能量流动：化石燃料—产品能—人类—微生物 物质循环：化石燃料中的 C、N 等—大气中的 CO_2 等—土壤中的 C、S 等 化石燃料中的 C、N 等—土壤中的 C、S 等	通过生态系统的水循环、大气循环等过程来营造海绵城市，森林城市，增强土壤及大气的自净能力，来缓解城市热岛效应、酸雨等环境问题

态系统先用既有逻辑又有条理的方式简化成模型，当外界环境对模型产生作用时，生态系统就会做出相应的回应，它关注于生态系统因现在和将来的压力而发生的变化，从而对生态系统做出评估，刺激—响应模型就是模型法的代表（图 29.18）。指标法认为生态系统的结构和功能的特征会随着它们在景观中的位置变化而发生相应的改变，同时生态系统的质量和健康水平与指数有关，一个指标侧重于生态系统的一个特征（如土壤生产力、优势种或者水体中聚集的硝态氮），指标综合在一起形成指数，用于说明生态系统的行为和变化，指标法中最常用的就是 ABC 策略（图 29.19）。最后，根据对生态系统的评估结果制定政策导则，即整体生态系统方法更关注的内容。整体生态系统方法是具有综合性、跨学科性的特点。除了能够完成生态系统评估和分类的内容外，其提出的管理意见目标导向性更强，管理和制度方向更加明确，对生态系统良性运行的管理更加有效。

尽管应用生态系统方法在理解生态系统动态变化和行为方面取得了一些成就，但整体来说，这种方法不能有效地揭示生态系统的空间分布影响生态过程的机理，反之亦然。生态系统如何演变成为可识别的视觉和文化实体？如何通过营养流、物质流、能量流在水平和垂直方向互相联系？如何理解大尺度区域的生态过程？这些问题等待我们在应用景观生态学方面去深入探索。

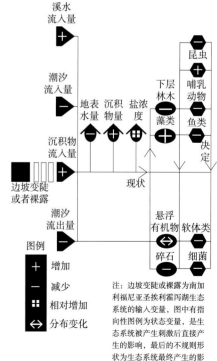

注：边坡变陡或裸露为南加利福尼亚圣埃利霍泻湖生态系统的输入变量，图中有指向性图例为状态变量，是生态系统被产生刺激后直接产生的影响，最后的不规则形状为生态系统最终产生的影响，为结果变量，即生态系统对于刺激的响应。

▲图 29.18 刺激—响应模型

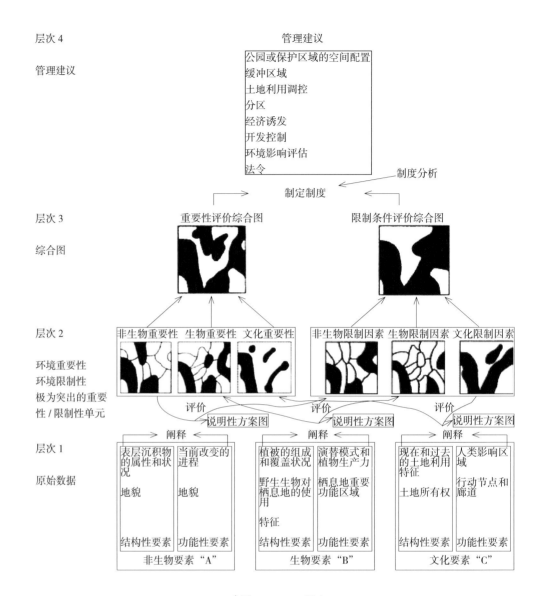

层次 4

管理建议

管理建议

公园或保护区域的空间配置

缓冲区域

土地利用调控

分区

经济诱发

开发控制

环境影响评估

法令

制度分析

制定制度

层次 3

综合图

重要性评价综合图　　　　　　　限制条件评价综合图

层次 2

环境重要性
环境限制性
极为突出的重要
性 / 限制性单元

非生物重要性　生物重要性　文化重要性　　非生物限制因素　生物限制因素　文化限制因素

评价　　　　　　评价　　　　　　评价

说明性方案图　　说明性方案图　　说明性方案图

层次 1

原始数据

阐释　　　　　　　阐释　　　　　　　阐释

表层沉积物的属性和状况	当前改变的进程	植被的组成和覆盖状况	演替模式和植物生产力	现在和过去的土地利用特征	人类影响区域
地貌	地貌	野生生物对栖息地的使用	栖息地重要功能区域	土地所有权	行动节点和廊道
		特征			
结构性要素	功能性要素	结构性要素	功能性要素	结构性要素	功能性要素

非生物要素 "A"　　　　　　生物要素 "B"　　　　　　文化要素 "C"

▲图 29.19 ABC 策略

注：ABC 策略是将生态系统中的非生物、生物和文化要素中的结构和功能要素分别作为指标，根据各指标的重要性和限制性对生态系统做出评价，如将非生物要素中的表层沉积物的属性和性状分别参数化作为指标，生物要素与文化要素中的指标与非生物要素指标生成方式相同，这些指标综合在一起形成指数，最终达到对生态系统的行为和变化进行评估。

■ 应用景观生态学方法

景观生态学是一门交叉学科，它的产生与发展经历了觉醒期、形成期和巩固期三个阶段（表 29.3）。19 世纪初，地理学家洪堡（A.VON Humboldt）将"景观"作为科学的地理学术语 —— 地域综合体，为大尺度生态学的研究提供了思想基础。直到 1930 年代，德国生物地理学家卡尔·特罗尔才首次创造了"景观生态学"一词，

表 29.3 景观生态学学科演进过程

发展阶段	时间		标志事件	学科发展	影响
觉醒期	19世纪初–20世纪50年代	1806年	洪堡把景观作为地理学术语	地理学、生物学和景观学等学科各自独立发展	地理学、生物学和景观学等学科的独立发展为景观生态学的诞生奠定了基础
		1935年	坦斯利提出"生态系统"概念		
形成期	20世纪50年代–80年代	1939年	特罗尔提出"景观生态学"概念	地理学、生物学和景观学等学科开始交叉，产生了景观生态学	景观生态学发展成一门兼具学术性与实用性的独立学科
		1979年	佐内维尔德进一步强调了景观生态学与生态系统生态学的区别		
巩固期	20世纪80年代至今	1981年	福尔曼提出"斑—廊—基"模式	景观生态学学科体系趋于成熟，并不断与哲学、心理学等学科交叉发展	景观生态学的内涵进一步得到拓展，并被引入北美
		1984年	奈维将整体论思想应用到景观生态学中		

将其定义为"研究特定景观中占据优势的生物群落及其环境条件的复杂因果关系网络，这非常清晰地表现在（航拍照片中描绘的）特定的景观格局中，或是由不同大小等级形成的自然空间分类之中"。特罗尔的定义揭示了景观的"异质性"要素构成，他将最小的生态景观要素定义为"生境单元"（Ecotope），景观生态学重点关注这些生境单元之间的关系。他清晰地指出了地理学与生物学两个学科结合的优势：前者给景观生态学带来了空间方法与整体视角，后者则给予景观生态学生态系统结构与功能的见解。德国学者佐内维尔德（Isaak Zonneveld）进一步指出：生态系统生态学主要关注相对同质空间单元的生物物理要素（植物、动物、水、土）内部的拓扑关系（Topological）或垂直（Vertical）关系，而景观生态学还研究了单元之间的分布（Chorological）关系或水平（Horizontal）关系。他还解释到："每个独立的相关学科（如地理学、土壤学等）都选择某一层面的特征属性进行研究，而将其他层面视为这一属性的组成因子，而景观生态学则将所有土地属性形成的水平与垂直分异（Horizontal and vertical heterogeneity）作为整体研究对象"（图 29.20）。20 世纪 90 年代，福尔曼提出"斑—廊—基"模式，奈维将整体论思想应用到景观生态学中，景观生态学的内涵进一步得到拓展。

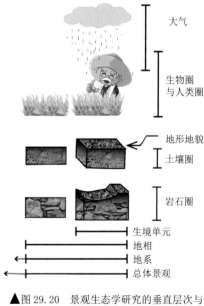

▲图 29.20　景观生态学研究的垂直层次与水平层次

　　景观生态学关注生态系统相互作用导致的空间变化，涉及的主要问题包括：①景观要素与生态对象的空间布局（Spital arrangement）（结构）如何在大范围土地镶嵌体中影响能量、物质与物种的流动（过程）？②景观功能如何影响景观结构？③如何揭示出体现景观功能的空间布局？④在理解景观结构与过程时，适合采用何种空间分辨率（Spatial resolution）与时间尺度？⑤景观结构与过程的改变如何体现在物质、视觉及文化方面？⑥对景观结构、景观过程及景观变化的理解如何用于解决人与自然辨证关系中的空间问题？前 5 个问题是景观生态学的理论重点，强调景

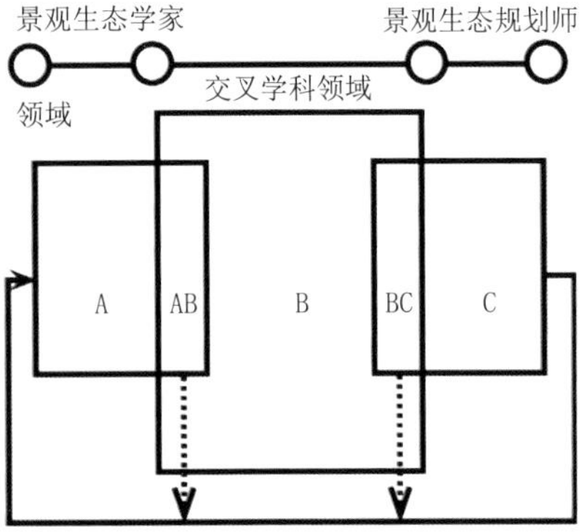

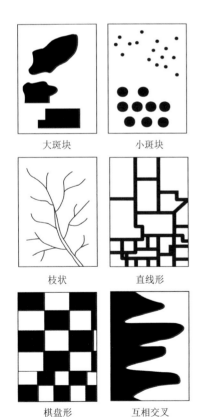

图例
A= 景观生态理论
AB= 应用景观生态学（实地工作，实验等）
B= 过渡概念
BC= 景观生态学规划原则及程序
C= 应用景观规划
　　——>主要反馈（如监视装置）
　　…>次要反馈

▲ 图 29.21　景观生态学与生态规划的联系

大斑块　　　　小斑块

枝状　　　　　直线形

棋盘形　　　　互相交叉

▲ 图 29.22　以"斑—廊—基"理论为基础
　　　　　的特定镶嵌序列类型

观格局与过程的起源、功能运作及变迁。最后一个问题强调应用，即将景观生态学的知识应用在与空间相关的用地及生态问题中。一方面，景观生态学与生态规划的关系紧密，大量文献证明了景观生态学是生态规划设计有效、可靠的科学基础。另一方面，两者还有所差异，需要所谓"过渡概念"将两者联系起来（图 29.21）。过渡概念是说明景观格局与过程的空间概念与框架，用于描述景观中可持续的土地利用空间形态，最大限度地融合了景观生态学家及相关学科关于景观时空变化的思想，因而意义重大。

值得深入探讨的过渡概念（理论）如下：一是生境单元集合体（Habitat units aggregation）。生境单元（Habitat unit）是指具有相同属性的最小空间土地单元，这些属性包括地形、土壤和植被结构等。生境单元也是独特的生物、非生物集合组成的生态系统在空间上的表现。相似的生境单元有规律的重复出现，从而聚集成大的生境单元集合体（即景观类型）。当这些单元集合体对应于景观中的特定位置，则被称为分类单元。在应用景观生态学中，景观被看作多层次的景观（生境）单元集合体，大的景观单元集合体可被细分为更小的单元集合体，直至不需再分的最小单元（生境单元）。生境单元集合体概念可以帮助我们对景观的等级层次进行分类分析，通常会将景观按照各种景观类型进行绘图，每一尺度的集合体都表现出相同特征并承担特定的生态功能。二是斑块—廊道—基质框架（Patch-corridor-matrix framework），该框架在本书第 18 讲已经进行了详细论述（图 29.22）。三是水文景观结构（Hydrological landscape structure），该理论认为地表与地下径流（即水文景观结构）造就了特定景观格局，这些格局或关系决定了各种景观要素与生态对象的联系程度。该理论使人们认识到表面背后的"深层结构"为景观中人类活动研究提供了非常有用的知识。四是栖息地网络（Habitat relations），其作用是在空间上连接物理及结构特征（如物种构成和土壤湿度）相似的生境，以维持景观镶嵌体物种间的相互作用。该理论是以复合种群理论（参见第 6 讲）及连接度（第 19 讲）概念为基础的，用于自然保护区规划以及破碎化景观的土地配置等。

景观生态学基础上的空间导则（Landscape-ecology-based spatial principles）是最为重要的过渡性概念。由于景观格局与过程在不同时空尺度下具有复杂的相互作用关系，生态规划者没有足够长的时间开展实证研究来确证两者的对应关系，因而必须依赖于景观生态学研究和保护生物学（Conservation biology）等学科知识。景观生态学者用清晰的空间原理与导则来表达学科知识，以促进可持续景观空间布局的创造，于是这些导则被大量地记录下来，其中的代表性的工作包括根据岛屿生物地理学推导出的六类空间设计原则，这些原则也被称为"戴蒙德原理"（Diamond principle）（参见 23 讲图 23.3）。而后，福尔曼的集聚间有离析原理以及类似的物种栖息地修复、栖息地网络规划与绿道建设等原理被相继提出。由于其中许多原理还未得到实践证实，生态规划与设计者的挑战在于慎重地将原理应用于实践。

总之，与应用生态系统方法不同，景观生态学强调空间格局与过程之间的关系，它提供了一套理解景观的整体方法，关注由各类土地属性形成的水平及垂直方向的异质性。而其他方法假定通过研究垂直要素可以揭示出水平关系所反映的生态功能（如斑块、廊道与基质或生境单元在景观镶嵌体中承担的特定功能），于是侧重于研究同质单元中生物物理要素与社会文化要素的垂直关系。因此，景观生态学是对生态系统生态学垂直研究的拓展。

■ 景观评价和景观感知

景观评价与景观感知方法着重研究人与景观互动中的审美体验，并将审美体验系统地纳入景观设计、规划和管理之中。感知是通过感官理解对象的行为，景观评价与感知研究将景观视为价值和文化意义的物质体现，主要通过景观的物质要素（地形、植被等）、组合要素（尺度、形状、颜色等）和心理特征（复杂、神秘、易读）展现。人们在与景观的互动中满足自身的栖居需求，同时感受到景观的品质。景观评价与感知主要解决三类问题：人们如何区分各类景观？为什么某些景观的价值高于另外一些景观，景观评价的意义何在？在人与景观的互动过程中，哪些体验是美的；如何找到这些体验，将它们整合到景观设计中，使人们受益？这些问题吸引了规划设计、资源管理、环境学、心理学、地理学等众多学科的学者，将自身的专业方向带入到景观感知的研究中，形成了多个范式、方法与技术手段，总体可归纳为如下三类。

第一类为专家范式。该范式中的专家是指在艺术、设计、生态或资源管理方面受过专业训练的人士。专家作为景观的观察者，常常依据专业性的"概念基础"对景观空间与视觉组织做出评判。这些概念基础包括艺术理论和生态理论，前者重点强调景观形态的艺术特征，如形态、均衡、对比和特征；后者则强调生物资源管理的概念，如自然度（Degree of naturalness）、生物多样性等。在具体评估中，专家采用定性与定量的方式，首先辨识出与视觉品质相关的元素（如地形、植被），然后对其进行编目和评估，最终的评估结果依赖于专家的判断标准。在景观评价与景观感知方法发展的不同时期涌现出诸多著名的专家范式（图 29.23）。其中 1970 年美国林业局开发的视觉资源管理系统（VRMs）的视觉评价部分，提出三步骤：一是分类列出清单，在物质元素的基础上分析景观视觉质量，由专家判断得出 3 级综

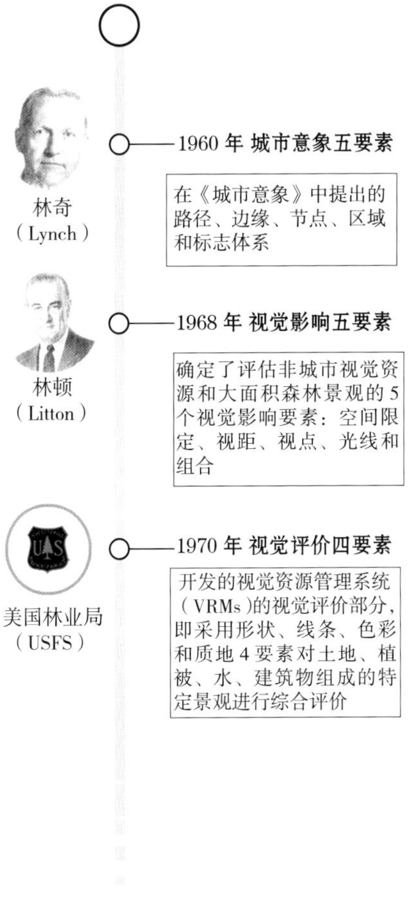

林奇
（Lynch）

1960 年 城市意象五要素

在《城市意象》中提出的路径、边缘、节点、区域和标志体系

林顿
（Litton）

1968 年 视觉影响五要素

确定了评估非城市视觉资源和大面积森林景观的 5 个视觉影响要素：空间限定、视距、视点、光线和组合

美国林业局
（USFS）

1970 年 视觉评价四要素

开发的视觉资源管理系统（VRMs）的视觉评价部分，即采用形状、线条、色彩和质地 4 要素对土地、植被、水、建筑物组成的特定景观进行综合评价

▲ 图 29.23　不同专家范式简介

合评价：独特的、一般的和下限的（表 29.4）；二是根据人们的使用、可见度和对景观的（文化）解读，对景观进行敏感性评价；三是据此进行管理分区，并对相应的景观单元制定相关的管理目标。

表 29.4 美国林业局的风景多样性分级

	等级 A：独特的	等级 B：一般的	等级 C：下限的
地形	坡度超过 60% 拥有不平整的、剧烈起伏的切割地形（Dissected）或类似显著的景观特征	坡度 30% ~ 60% 有一定起伏的切割地形	坡度 0 ~ 30% 单调，无切割地形或类似的显著景观特征
岩石形态	突出地形之上，尺寸、形态与位置特异的雪崩沟槽、岩屑堆或地表岩石	坡度 30% ~ 60% 有一定起伏的切割地形	坡度 0 ~ 30% 单调，无切割地形或类似的显著景观特征
植被	植被覆盖率高，形态非常丰富，有古树名木，种群类型丰富	连续的植被覆盖，植物形态多样，树龄成熟，植被种群具备一定丰度	连续的植被覆盖，植物形态较少，缺少上层、中层或地被植物
湖泊水体形态	面积为 50 英亩或以上，小于 50 英亩的水面需具备以下一个或多个特征：（1）罕见的或者出色的湖岸线轮廓（2）映射出主要的景物特征（3）拥有岛屿（4）岸线植被和岩石形态属等级 A	面积 5 ~ 50 英亩不规则的湖岸线仅仅体现出等级 B 的岸线植被	面积小于 5 英亩，岸线规则，湖面没有反射景物
河流水体形态	急转或直下的流水、跌水、急流、池塘、曲流与水声	普通的婉转与流动	间歇的小型支流，基本无曲折、蜿蜒和急速的水流

第二类为行为学范式。该范式评估的是公众对于景观物质要素和空间组织中美学品质的偏好，以及人们与景观的联系。不同于专家范式已有的规范化基础，行为学范式试图寻找或解释如下问题：哪些景观要素和景观空间的哪些品质，决定了公众的审美偏好，并能用来评定景观的美学品质？该范式发展出两大模型。一是心理物理学模型，又被称为公众偏好模型，是通过系统性的评价来寻找决定公众美学偏好的具体物质特征，如地形、植被、水和建筑等。研究通过统计分析将人们对风景的主观感受与这些因素关联起来，结果通常是一组风景的偏爱度排序，整体美学质量的评估，或者确定美学质量评估中特定因子的权重。实践案例包括祖伯（1974）对康涅狄格河谷的视觉评价，以及卡尔斯坦尼兹的阿卡迪亚国家公园视觉景观研究。二是认知模型，着重研究人们对于景观刺激的心理反应机制，从而将景观空间组织与人类认知过程关联起来，用以解释人们的审美判断及偏好。其与心理物理学 模型的最大差异在于重视景观的组合特质，如一致性、神秘性和复杂性，并发展出两个著名的理论：瞭望—庇护理论和信息处理框架。前者认为"一个能够提供丰富审美体验的景观，应该可以提供看的机会（瞭望），同时又不会被看到（庇护）的可能"，从而将人的行为与生物遗传特征及环境适应性进行关联。后者是由卡普兰夫妇（Kaplan and Kaplan）提出的，他们认为景观偏好与人类认知能力的演进相关，人类长期的生存活动都取决于处理认知信息的技能。该模型提出人们偏爱能够理解其意义（理解性，Understanding），也偏爱能够拓宽视野的、让人们在环境中丰富

自身的景观（探索性，Exploration），进而认为景观应提供 4 个清晰的信息要素：连贯性（Coherence），易读性（Legibility），复杂性（Complexity）和神秘性（Mystery）（表 29.5，表 29.6），该理论模型被大量实证研究所证明有效。

表 29.5 景观应提供的四大信息要素

信息获取	了解	探寻
直接的	一致性	复杂性
推断的，预测的	易读性	神秘性

表 29.6　各景观类型的空间特征

信息元素	空间特征
一致性	空间围合和空间深度，例如凹陷的或者突出的海岸线轮廓；前景和背景的优势，顶面是否有覆盖
易读性	植被或者水所环绕的地形，例如，被大量植被所遮挡的海岸线，能对人们产生视觉影响的动水，比如涟漪；能产生视觉边缘的陡坡
复杂性	多样性的植被，天际线及海岸线，例如，由天际线和周围的植物所创造的边缘对比的程度
神秘性	植被格局或者岸线植物，例如，可以改变光的强度或者能遮挡住视线的格局

第三类为人文主义范式。人文主义研究范式试图理解的是个人、社会团体与景观之间的交流、互动与体验。该范式的体验，"不仅仅是作为刺激响应或者内部心理过程的理性审美概念"，还包含了价值观、意义、偏好和行为，认为体验是一个整体，很难将审美反应与其他体验类型剥离。该范式的出现源于人类学家、地理学家、现象学家想要解释人们如何与景观相互作用、人们如何体验景观以及景观由此产生的变化等问题。由于人文主义范式关注的景观体验取决于其所在背景，因此主要依赖于定性评价，如文学和创意回顾。研究成果包括景观体验的评估、理想的景观品质、美学理论以及个人与团体的发展。在实践中，该范式研究可以有多种出发点，包括历史的、文学的、宗教的等等。不同学者据此进行了诸多实践（图 29.24）。

大量研究证明，无论使用何种范式，人们对最美与最丑景观的判别往往非常一致，而在这两个极端之间的评判则存在多种看法。每一种研究范式，虽然都对如何最好地理解美学体验做出了有益的尝试，但是在合理性、可靠性、易理解性以及研究结果的应有效果方面都存在很大分异（图 29.25）。因此，发展出一个统一的景观价值和感受理论是一项重大挑战。而实践中的景观感知是不存在范式界限的，所以很多研究会将不同范式中的要素综合起来。

杰克逊（Jackson）	1960 年 以清教主义的准则为出发点，对 19 世纪的功利主义（Utilitarianism）进行了批判，认为其过度注重生产效率
祖伯（Zubo）	1968 年 通过分析日记、杂志、旅行日志和通俗文学等历史文献，研究了美国西南部干旱和半干旱景观价值的历史演进
丹·罗斯（Dan Rose）	1970 年 通过艺术和文学材料研究安德鲁·怀斯（Andrew Wyeth）的绘画对宾夕法尼亚州东南部地区景观演化的影响

▲ 图 29.24　人文主义范式实践简介

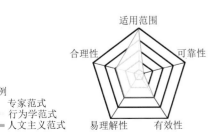

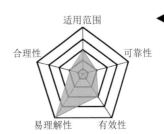

图例
专家范式
行为学范式
人文主义范式

◀图 29.25　三种范式差异比较

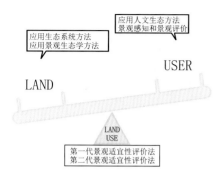

▲ 图 29.26 景观生态规划设计的动态平衡与六大范式之间的对应关系

景观生态规划设计的核心目标是平衡人（使用者）与土地（景观）之间的关系，其本质在于找到最佳的"土地使用（land use）"方式。因此，"土地使用"包含三方面的研究内容：一是关注土地（land）特质的研究，由于土地具有多种复杂的属性，既可以被看作是一个完整的生态系统，也可以被看成是由多个生态系统构成的景观，导致应用生态系统方法和应用景观生态学方法对于土地研究范式的差异；二是关注使用者（user）需求的研究，应用人文生态方法、景观感知和景观评价两种范式对使用者需求的关注点存在差异，前者偏重于人对土地视觉层面的评价与感知，后者关注人类活动与环境之间的相互关系；三是关注两者平衡性的研究，第一代景观适宜性评价方法和第二代景观适宜性评价方法都是在寻求 land 和 user 之间的动态平衡。用上述思想分析恩杜比斯归纳的六大流派，就形成了图 29.26。

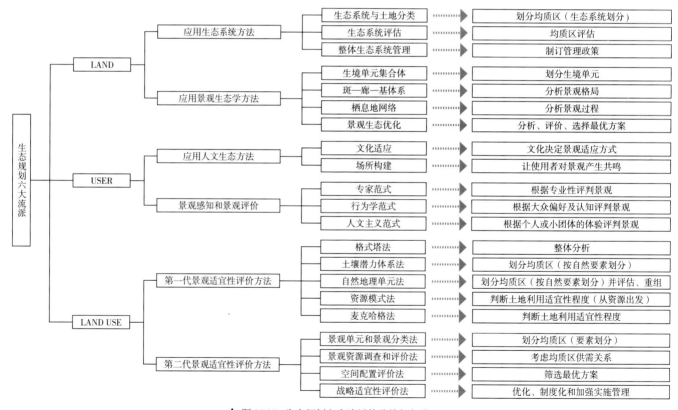

▲ 图 29.27 生态规划六大流派的总结与归纳

虽然六大流派可以按照上述标准进行分类，但是每一类别下的两个流派又有所差异。图 29.27 在归纳六大流派共性的基础上，详细地描述了各流派子方法的差异，从而构成了一个完整的体系。表 29.7 则是通过图式的方法对六大流派的共性和差异做出了进一步的解释。综上，恩杜比斯的六大流派一方面能够进一步被归纳为三个层次的研究，即"土地"、"使用者"及"土地使用"，同时每一流派又可以被进一步被细分为若干子方法，可以在不同的情形中进行选择和应用。

表 29.7　景观生态规划六大流派的归类比较

流派名称	图解示意	同类流派的差异	同类流派的共性
第一代景观适宜性评价方法	均质区划分　适宜性评级　适宜性地图　综合适宜性地图（land use R1 R2 R3 R4，factor type 要素1 X1 2 X2 3 X3 1；要素2 Y1 2 Y2 3 Y3 1 Y4 2；Cn1-n2 = Xn1+Yn2）	强调使用者对土地的被动适应	建立在分析土地内在属性的基础上，对土地用途作出判断，并提供合理化建议
第二代景观适宜性评价方法	均质区分类　供需关系（supply demand）　多方案选择（plan1 plan2 plan3 ?）　优化，制度化	强调使用者对土地的主动适应	
应用生态系统方法	生态系统分类　生态系统评估（M1、M2、M3 为阈值，指标法；非生物 生物 文化，输入变量 生态系统 输出变量 状态变量，模型法）　定性分析 定量分析　生态系统管理（管理策略 或 管理方案）	用生态系统的视角审视规划设计场地	从现代生态学的角度解读景观的结构和功能并从中探索改变景观的途径
应用景观生态学方法	区域调查　景观描述　叠加分析（人类 非生物 生物）　空间单元评估（S: 项目目标；L: 空间单元；1: 优异；2: 尚佳；3: 不良）　形成方案	强调空间格局与过程之间的关系	
应用人文生态方法	文化适应（峡谷 工业区 城郊，不同文化决定不同人群适应景观的方式）　场所构建（before after，场所构建让使用者产生认同）	强调生态规划中的文化要素和景观的协调	研究人与景观相互作用所产生的价值、意义和体验
景观评价和景观感知	专家范式（形状 线条 生物多样性 …）+ 行为学范式（喜好 神秘性 …）+ 人文主义范式（群体体验 历史的 环保的 …）	强调人与景观互动中的审美体验	

■ 参考文献

福斯特·恩杜比斯.2013.生态规划历史比较与分析[M].北京：中国建筑工业出版社.

E.P.奥德姆.2009.生态学基础（第五版）[M].北京：高等教育出版社.

郭文华.2004.城镇化过程中城乡景观格局变化研究[D].北京：中国农业大学博士学位论文.

焦胜.2004.基于复杂性理论的城市生态规划研究的理论与方法[D].长沙：湖南大学硕士学位论文.

尹发能.2008.江汉平原四湖流域景观生态规划与流域生态管理研究[D].上海：华东师范大学博士学位论文.

于冰沁，田舒，车生泉.2013.生态主义思想的理论与实践[M].北京：中国文史出版社.

于冰沁，2012.寻踪——生态主义思想在西方近现代风景园林中的产生、发展与实践[D].北京：北京林业大学博士学位论文.

■ 拓展阅读

费雷德里克·斯坦纳.2004.生命的景观[M].北京：中国建筑工业出版社：3-23.

福斯特·恩杜比斯.2013.生态规划历史比较与分析[M].北京：中国建筑工业出版社：209-210.

卡尔·斯坦尼兹.2008.变化景观的多解规划[M].北京：中国建筑工业出版社：10-13.

伊恩·伦诺克斯·麦克哈格.1992.设计结合自然[M].北京：中国建筑工业出版社：25-38.

于冰沁，田舒，车生泉.2013.生态主义思想的理论与实践[M].北京：中国文史出版社：134-160.

■ 思想碰撞

　　福斯特·恩杜比斯总结的生态规划之六大范式，不仅向我们展现了现代生态科学引导下的生态规划设计途径，也详尽地提供了理解人类与自然过程互动关系的多元视角。而中国传统的城市规划思想及中国传统园林的规划设计手法，如今也越来越重视生态这一因素，力求营造良好的城市发展体系及多样的生境景观，如若将此称之为传统自然观引导下的生态规划设计实践，那么其与六大范式相比，在生态空间化的手法以及最终规划设计的成果上，存在什么差异？两者之间是否存在优劣之分？抑或可以实现互补？请谈谈你的看法。

■ 专题编者

岳邦瑞

张凯悦

许建超

畅茹茜

段婷婷

冯梦姗

王蓓

郭锳洁

王国今

王龙

徐梅

杨菲

张进明

多尺度混合审视

30讲

景观生态规划设计整合途径

人法地、地法天、天法道、道法自然。
——老子
只有顺应自然，才能驾驭自然。
——培根

自然灾害频繁发生，生态环境日益恶化，城市生态安全愈发严峻，传统城市规划途径暴露出越来越多的问题。多尺度混合审视景观规划途径面向人地和谐，既要维护土地和自然的生命过程，也要满足人类自身发展需求，力求在医治各类城市病的基础上，使人与自然的共存与发展生生不息。

多尺度混合审视景观规划途径的提出背景

▲图30.1 自然之树上的城市之果
自然是一棵生命之树，城市、建筑是这个生命之树上的果实，毁灭自然就是毁灭人类

城市是生长在自然这颗生命之树上的果实，如果毁灭了自然这颗生命之树，那么城市这果实也会随之毁灭（图30.1）。但是今天，随着社会经济的不断发展，人口规模的逐年增加，城市不断地野蛮生长，各种生态问题日益凸显，导致城市与自然的关系本末倒置。中国城市化过程中如何维护大地生命系统的完整和健康，在城市可持续发展的同时保障城市和居民获得可持续的生态服务，实现人与自然、发展与环境的和谐，已成为国土生态安全面临的严峻挑战。风景园林作为协调人地关系的学科有责任和义务通过景观生态规划设计的手段处理和解决生态问题。

在中国城镇化进程中，一些城市的开发、规划以牺牲城市生态安全为代价，只考虑满足人的需求，自然得不到尊重，决策者、建设者在得到一块土地时就开始勾画怎样的建设能让土地利益最大化。当自然开始不满束缚时，洪水、地震、雾霾等各种环境问题接踵而至，于是人们开始有所收敛，头痛医头，脚痛医脚，在钢筋水泥、高楼大厦的缝隙里，添加生硬的绿色。人地关系不应该是斗争、占有和求饶的关系，只有在城市规划之初就尊重自然，以土地的安全和健康发展作为发展规划的前提，自然系统的生态服务功能才能自然而然地服务城市发展，这种城市建设的基础便是近年来规划领域、城市景观设计中一再强调的"生态基础设施"（ecological infrastructure，EI），它将引领传统城市走向未来城市（图30.2）。

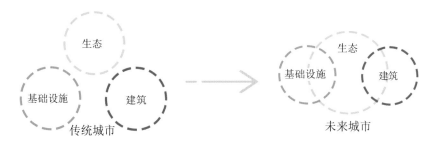

▶图30.2 传统城市向未来城市的转变

笔者自2011年起开始关注景观生态规划设计领域，希望能够找到一种针对当下城市问题、融合各种设计思想的整合性途径。2014年6月本人指导完成的硕士论文《多尺度混合审视基地分析方法构建研究——以沈河郊野公园为例》（单阳华，2014）初步建构了以"多尺度嵌套"、"混合审视"、"千层饼叠加"为要点的方法体系。同年9月赴沈阳参加风景园林年会，在参观沈阳建筑大学的稻田景观后，笔者写下一篇随笔《反规划—逆思考—不出场—莫妄为》（参见博客 http://blog.sina.com.cn/s/blog_4ffcffe10102uzsx.html），奠定了该途径的思想宗旨，内容要点如下。

"反规划"名气很大，原著中提出了4层意思（俞孔坚，2005）。我最看重的是其强调"通过优先进行不建设区域的控制，来进行城市空间规划的方法论"的原创性想法。依据黑格尔提出的事物发展"正反合"三段论，"反规划"恰是"正规划"派生出来的必然结果，是事物辩证发展的更高阶段。但直到由俞孔坚教授大声疾呼，我们才意识到"反"规划的存在意义。但更为有意义的是，《"反规划"途径》并未止步于"反"，而是主动跨进到"合"，提出"反规划"与"正规划"通过空间博弈，进而形成图底关系，形成人地和谐的空间关系。在领悟到反规划的"精髓"后，我提出"生态打底，人文造境"的规划思想，认为任何尺度的生态规划设计都应该回到区域尺度，并将区域EI作为生态之底留给自然，在EI之外再进行人类建设与营造。《圣经》曰：尘归尘、土归土。只有把属于上帝的归还给上帝，上帝才能把该给人类的给予人类。

　　"逆思考"本是我的人生法则之一。规划设计中的逆思考，是指"规划不是保证最好的一定发生，而是首先预防最坏的一定不要发生"。也就是说，我们做规划不应总想着做什么，而是首先不做什么；不应总想着会得到什么，而是首先不要失去什么；不应总想着建设了什么，而是首先不破坏什么；不应总想着得到最好的结果，而是首先要想到最坏的结果是什么等等。具体而言，我们做任何规划都应该首先采用"守"势，而不要急于"攻出去"，就像2014世界杯半决赛巴西进攻德国一样。面对一块土地，首先要问自己应该守住什么，什么是必须守住的不能动的，如果不守住会导致什么可怕的结果等等。这就好像，做生意不能光想着只赚不赔的，首先要想到如何保护好自己的财产，必须想到行动背后的风险。基于上述想法，我们在做项目前要做"事前验尸"：就是假设我们按照某个计划实施后遭到惨败，我们会讨论最坏的结果是什么，为什么会出现最坏的结果，如何预防其不要发生等。当"事前验尸"完成后，就会比较全面的看到规划方案正反两面的效益，特别是对方案所导致的"恶"就会有清醒的认识，从而让方案走向可能的"善"。

　　"出场"（present）与"不出场"(absence)是西方的哲学概念，任何一个当前出场的事物，总有显现在我们面前的方面（正面或阳面），同时还有一个隐蔽在背后的未出场的方面（反面或阴面）。我读景观生态学看到"invisible present"（即"不可见之存在"），意义就等同于"不出场"，而恰恰是这个幕后的"不出场者"成就了"出场者"。此外，这两者还会依据一定的条件互相转化，如同阴阳交替矛盾转化是一个道理。在沈阳建大的稻田景观中，由于通常意义的"视觉"层面的景观要素没有浓墨重彩的出场演出，才令我感受到其他要素的在场（光、色、味、声）；也正是因为人工修饰的不出场，才令我们体验到自然的在场。而在中国古典园林和绘画创作中，虚空与留白此刻就弥足珍贵了——有了粉墙黛瓦和大面积的空与白，才有了树影的摇曳多姿和山水画的灵动飘忽。假如说我们所见的景观形式是"出场者"，那么决定这种形式的生态过程就是"不出场者"。很多时候，是"不出场"决定了"出场"，"底"成就了"图"，我们必须把注意力更多地转移到不出场的自然生态、景观过程以及虚空留白上。

"莫妄为"就是不要轻举妄动，而要道法自然、遵道而行。今天的大部分生态问题，多半是人类妄为的结果。正是传统建筑学与城乡规划学的妄为，成就了今天日趋病态的城市与地球，但是究竟有多少建筑师和规划师能够意识到，并且为之忏悔呢？在老子"道法自然"与"天人合一"的思想面前，我们应该提倡对城市的无为而治、休养生息，提倡拆除水坝、恢复湿地、成就更多"海绵城市"、"自然城市"。老子提倡，不要做太多的事情而是让事物自成其功，我们需要把城市还给自然并让自然做功，让更多的自然为我们人类服务，而我们要做的就是顺势而为，借助自然之力拯救我们的地球、城市和我们自己。

当然，我们不能忘记在反—逆—不—莫的另一面，还有正规划、顺思考、出场者和有所为，任何偏颇的强调一边都是有害的，我们应该在这些成对出现的思想中学会取舍，取得和谐。

多尺度混合审视景观规划途径的六大关键词

多尺度混合审视景观规划途径的建构，首先是认同并吸收了俞孔坚提出的"反规划"思想及方法。俞孔坚在《"反规划"途径》中大力倡导"景观安全格局"和"生态基础设施"概念，他结合斯坦尼兹和麦克哈格的理论，通过建立景观安全格局来构建生态基础设施，为城市和居民获得持续的自然服务（生态服务）提供基本保障，成为城市扩张和土地开发利用"不可触犯的刚性限制"。

在此方法论基础上，我们着重以风景园林学科指向的目的论为宗旨，即认为景观规划设计是以协调人与万物的关系为终极目标，其核心工作是从土地与空间层面协调人与自然、人与人及人与自身的关系。进而结合众多的景观规划理论与方法技术，整合景观规划设计所涉及的全部时空尺度与分析层次，尝试引入城市规划中的混合审视思想，最终重点探寻生态空间与人文空间的协同关系。

多尺度混合审视景观规划途径的定义：在多尺度、多阶段研究的基础上，通过混合审视策略及叠图方法应用，达到要素还原分析与系统叠加综合的有效结合，最终以生态打底，人文造境来实现人地和谐目标的规划设计方法（图30.3）。

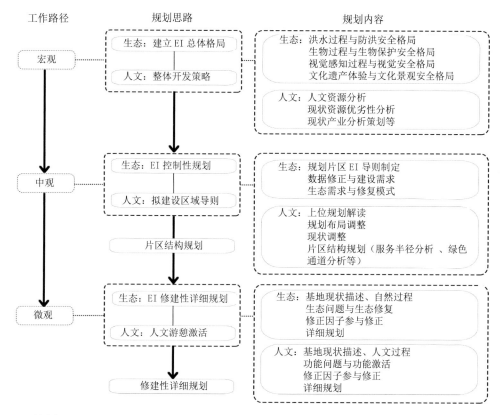

工作路径　　　　　规划思路　　　　　　　　　规划内容

宏观

生态：建立 EI 总体格局

人文：整体开发策略

生态：洪水过程与防洪安全格局
生物过程与生物保护安全格局
视觉感知过程与视觉安全格局
文化遗产体验与文化景观安全格局

人文：人文资源分析
现状资源优劣性分析
现状产业分析策划等

中观

生态：EI 控制性规划

人文：拟建设区域导则

片区结构规划

生态：规划片区 EI 导则制定
数据修正与建设需求
生态需求与修复模式

人文：上位规划解读
规划布局调整
现状调整
片区结构规划（服务半径分析、绿色
通道分析等）

微观

生态：EI 修建性详细规划

人文：人文游憩激活

修建性详细规划

生态：基地现状描述、自然过程
生态问题与生态修复
修正因子参与修正
详细规划

人文：基地现状描述、人文过程
功能问题与功能激活
修正因子参与修正
详细规划

◀图 30.3　多尺度混合审视景观规划途径

■ 关键词 1：多尺度

一个完整的景观生态规划应该经过多个尺度的研究，推移叠加而建立，应包含宏观、中观、微观的所有尺度。阐述宏观尺度、中观尺度、微观尺度三者之间推导关系的时候用到了尺度推绎的方法，尺度推绎是指利用某一尺度上所获得的信息和知识来推测其他尺度上的现象（彭立等，2007）。任何系统都不能孤立地去看待，多尺度揭示了系统间的层次关系，上一层次为下一层次提供目标，下一层次为上一层次提供机制，即低组织层次研究是理解高组织层次研究的基础，机制性原理往往在其以下层次揭示（邬建国，2007）。根据不同的设计需求，尺度类型又可进一步细分。

宏观尺度的研究中，将生态方面作为生态背景来研究，通过对景观安全格局的建立，构建生态基础设施的总体格局。人文方面通过研究现状资源，分析评价得到开发策略。整体的研究结果作为修正因素参与指导下一阶段的尺度研究。中观尺度的研究在上一尺度的基础上进行。在生态方面，明确生态基础设施的具体位置、控制范围和主要功能，在人文方面得到人文的可干预程度及方式，在两方面制定相应

上一尺度
（背景层）

设计尺度
（核心层）

下一尺度
（细节层）

▲图 30.4　规划设计中涵盖的三个尺度

的实施导则以指导微观尺度的景观设计。微观尺度在中观尺度的基础上，在已限定的可建范围中，进行细致的综合景观设计、局部详细设计等，直至实施。

虽然在不同项目当中涉及的尺度数量不同，但基本都应涵盖：设计尺度的上一尺度、设计尺度及下一尺度（图 30.4）。做到这三个部分即可以较为科学的完成景观生态规划设计。当然，在不同项目中，尺度涵盖内容也可以有所删减，但基本的原则是，尺度涵盖越全面，研究结果越科学准确。

■ 关键词 2：多阶段

俞孔坚教授结合卡尔·斯坦尼兹提出的六步骤框架，针对景观安全格局提出了具体的六个操作步骤（图 30.5），以此来建立景观安全格局，构建生态基础设施。操作步骤行之有效，能较为全面和准确地对基地的生态过程进行把握和模拟，从而保持或激励有益的生态过程，阻断有害的生态过程，划定人文建设的限制区域。其六步骤是景观表述、过程分析、景观评价、景观改变、景观影响和景观决策。多阶段的操作步骤应用于每一尺度的研究中，最终得出整体规划。该方法主要考虑生态问题，但是对人文建设的需求考虑较少。景观安全格局建立和人文建设规划应该同时进行，生态问题和人文需求的碰撞叠加，才能得到全面的规划方法。与之相关的，便是下一个关键词：人地和谐。

■ 关键词 3：人地和谐

景观生态规划的最终目的是人地和谐，既要维护土地的自然和生命过程，也要满足人类自身发展需求，以此获得可持续的生态服务（图 30.6）。

规划设计的主体是人，我们的规划设计最终是为人服务的，因此必须考虑人的因素，满足人的需求，以人文造境。同时，由于片面的只考虑人的需求，导致了今天日趋病态的城市与地球，这警告我们不能因为人的需求而牺牲掉生态，应道法自然、遵道而行，否则自然的反抗将带给人类灾害。我们需要把城市还给自然并让自然做功，让更多的自然为我们人类服务，而我们要做的就是顺势而为，借助自然之力拯救我们的地球、城市和我们自己，这就需要在规划设计时保留生态之底。

生态打底要求一切建设以满足自然的生态需求为前提，在景观规划当中，以生态基础设施作为土地规划图底关系中的底，保障居民能够获得持续的自然服务（生态服务）；人文造境是指在生态基础设施的基地之上，用规划设计的手法实现人文意境的塑造，以满足人文需求。一个完整的规划设计，只有充分考虑人和生态两方面因素，以生态打底，用人文造境，才能够能实现人地和谐。

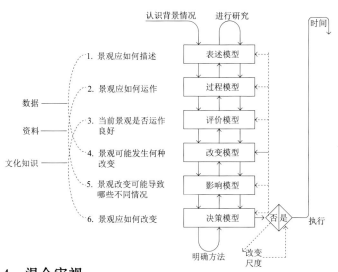

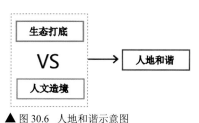

◀ 图 30.5 景观规划的理论框架（Steinitz，1990）

▲ 图 30.6 人地和谐示意图

■ 关键词 4：混合审视

理性主义规划理论是第二次世界大战后西方规划理论中最具影响力的理论。其代表人物是安德鲁斯·法卢迪，其代表作是 1973 年出版的《规划原理》。理性规划理论的提出，相对于过去对规划的理解基于"作为设计的规划"有了很大的转变。

这一理论的核心强调利用"科学的"和"客观的"方法去认识和规划城市。同时，为了保证规划的客观性，法卢迪在规划的机构设置上，提出了规划研究、规划编制和规划决策各自独立的看法（单阳华，2014），这一阶段相继提出了三种城市规划方法（表 30.1）。

表 30.1 三种规划方法的内涵和特点

规划方法	内涵	特点
综合理性	综合理性的规划方法，即自上而下的综合规划，通过对城市系统各个组成要素及其结构的研究，揭示这些要素的性质、功能以及这些要素之间的相互联系，全面分析城市存在的问题和相应对策，从而在整体上对城市问题提出解决方案（柳意云等，2008）	综合性、总体性和长期性，基于逻辑理性的理解，任何环节都重视，而在实际操作中往往存在各种限制，实现难度较大
分离渐进	分离渐进的规划方法，即自下而上的规划，只关注当前面对的问题，简单来说，就是哪里有问题解决哪里，哪口到嘴边吃哪口	局限性较大，不能统管全局，未能彻底解决规划中存在的问题
混合审视	混合审视规划方法，是对综合理性规划方法和分离渐进规划方法的折中，应用了综合理性规划方法完整的规划框架，但并不对领域内所有部分进行全面而详细的检测，在实际操作中有所侧重，从整体去寻找解决当前问题的办法，使不同问题的解决能够相互协同，共同实现整体的目标（图 30.7）	最能结合实际，把控全局

▲ 图 30.7 混合审视发展（单阳华，2014）

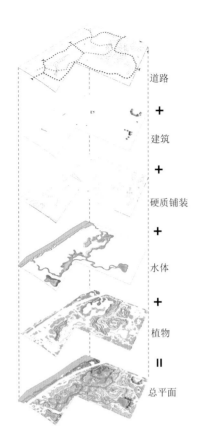

道路

+

建筑

+

硬质铺装

+

水体

+

植物

=

总平面

▲图 30.8　分层叠加原理示意图

在多尺度混合审视景观规划途径中，通过对不同尺度自上而下的研究，对各要素间性质、功能的分析，以及解决办法的提出构成了整体综合的工作框架。在实施过程中，以人地和谐为最终目的进行探究，每个尺度通过多阶段多步骤的循环，可以在过程中发现格局存在的问题，指认并修正。

■关键词 5：分层叠加

早在 20 世纪 70 年代，麦克哈格教授提出了将景观作为一个包括地质、地形、水文、土地利用、植物、野生动物和气候等决定性要素相互联系的整体来看待的观点。强调了景观规划应该遵从自然固有的价值和自然过程，完善了以因子分层分析和地图叠加技术为核心的生态主义规划方法，称之为"千层饼模式"（图 30.8，葛一言，2012）。

作为一种重要的景观分析工具，多尺度混合审视规划方法将麦克哈格的分层叠加应用在每个尺度的多阶段研究中，使得每一尺度间联系紧密。在宏观尺度上，从多学科的角度出发，分别从地质学、水文学、气象学、生物学、生态学、人文地理学、社会经济学等学科对宏观尺度中空间分析单元在区域环境中的角色进行叠加分析，从而得出人文方面的开发策略和生态基础设计的总体格局。在中观尺度上，针对基地与规划地段环境耦合关系的分析研究，分别从地段的交通、设施、视线、景观、功能等对基地的需求与基地现状的对比，得出相应的基地设计要点，再通过叠加得出解决问题的思路和措施。微观层面上，在已限定的可建范围中，对基地中各类要素先罗列再进行叠加分析，从各类要素系统的分析总结得出基地的特点，进而进行细致综合的景观设计。通过不同尺度间自上而下的分层剖析、多层叠加，可以使得每个阶段输出的研究结论更为综合完整，从而得出生态需求和人文需求，进一步将其叠加实现人地和谐的最终目标。

■关键词 6：多解规划

多解规划以各种假设为基础，针对当前的不同政策方案，提供了预测待规划设计地块可能的未来发展的方法。事实上，没人能够肯定未来是什么样，多解规划是对未来发展的各种可能性进行了全面的考虑，以确定待规划设计区域未来发展的几种可能方案（图 30.9）。

在规划设计的基地尺度和节点尺度下，通过具体的规划设计实践，将前期的景观安全格局和生态基础设施落地，是整个景观规划设计的重点。当有了可建区、不可建区、限制建设区的基本范围，在规划框架的约束下，对于一个待规划设计的地块，我们可以得到一个模糊的"大概"目标，未来发展的可选择方案是无限的，多解规划必须从无限的可选方案中选定数量合理的一部分以供研究，这些方案涉及最重要的问题并应囊括合理范围的政策选择。因此，在多解规划中，规划设计中具体的内容、形态、空间结构、社会效益、经济效益、生态效益等都是没有准确答案的，解决问题的途径不是设计一个最优格局的过程，而是一个搜寻、验证、模拟，直至最终求得满意解的过程，是一个未来多情景的模拟和论证过程（俞孔坚等，2003）。在模糊的"目标"下，得到多个相对清晰的、具有可行性的解决方案，决策者可以选择合适的实施方案，既能保障人的正常游憩和建设活动，又能保证生态功能的完整。

透过这六个关键词，基本上可以洞察到多尺度混合审视的规划思想、操作方法和内在含义。通过多尺度、多阶段、分层叠加，进行混合审视，来完成多解方案，从而实现人地和谐，即我们所倡导的景观生态规划设计的整合途径（图30.10）。我们与自然同在穹顶之下，只有通过这样的景观生态规划设计方法，把自然的底线守住，我们才能在自然赐予人类的土地上发展建设，生生不息。

老舍先生曾说"老北京的美在于建筑之间有'空儿'，在这些'空儿'里有树有鸟，每个建筑倒不需要显示自己。"城市化进程并不代表盲目的"占空儿"建设，自然给予人们生存发展的空间，人类更应该尊重自然。我们对景观生态规划方法的不断探索和完善，是希望在合理的、系统的规划设计之下，让城市保有自己的"空儿"，让土地能够自由地呼吸。

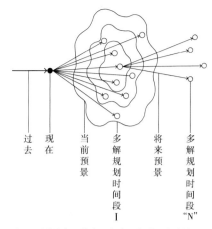

注：上图最内环代表"切实可行的"规划方案的集合，向外依次为"似乎可能的"、"可能的"和"所有的"方案集合

▲图 30.9　多解规划研究策略（Steinitz et al., 2008）

▼图 30.10 多尺度混合审视景观规划设计方法

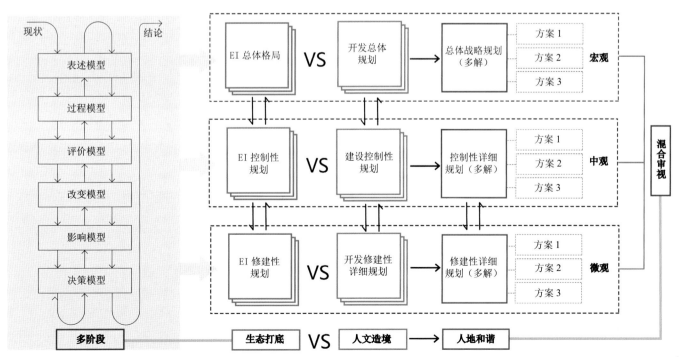

■ 参考文献

葛一言 .2012. 以人为本与自然生态——浅谈西方园林景观的发展 [J]. 文艺生活：旬刊 (3)：67-68.

彭立，苏春江，徐云，等 .2007. 水文尺度问题及尺度转换研究进展 [J]. 西北林学院学报，22(3):179-184.

柳意云，冯满，闫小培 .2008. 转型时期我国城市规划运作过程中的规划理性问题 [J]. 城市规划学刊 ,(5)：85-89.

邬建国 .2007. 景观生态学：格局、过程、尺度与等级 [M]. 2 版 . 北京：高等教育出版社 .

单阳华 .2014. 多尺度混合审视基地分析方法构建研究 [D]. 西安：西安建筑科技大学，15-17.

斯坦尼茨 .2008. 变化景观的多解规划 [M]. 北京：中国建筑工业出版社 .

俞孔坚 .2003. 多解规划 [M]. 北京：中国建筑工业出版社 .

俞孔坚，李迪华，刘海龙 .2009. "反规划"途径 [M]. 北京：中国建筑工业出版社：11-34.

■ 拓展阅读

[美] 威廉·M·马什 .2006. 景观规划的环境学途径 [M]. 北京：中国建筑工业出版社：7-24.

麦克哈格，黄经纬 .2006. 设计结合自然 [M]. 天津：天津大学出版社：5-12.

斯坦纳 .2004. 生命的景观：景观规划的生态学途径 [M]. 2 版 . 北京：中国建筑工业出版社：228-233.

■ 思想碰撞

在景观生态规划设计中，存在把基地做"大"和把基地做"小"这两种规划设计方法，本讲所述的多尺度混合审视规划途径从一开始就要守住自然的底线，基地分析从宏观、中观、微观的各个尺度自上而下进行，囊括了整个规划设计的方方面面，在研究核心尺度时，重点关注了核心尺度的上一尺度，是把基地做"大"的规划设计方法。而在我们身边，也有很多规划设计，基地分析从影响基地现状和影响基地建成目标的各个因素出发，始于细微之处，着重解决影响因素带来的问题，重点研究了核心尺度的下一尺度，是把基地做"小"的规划设计方法。那么，这两种看似截然相反的设计方法有没有对错之分？在规划设计时，何时需要把基地做"大"？何时需要把基地做"小"？对于基地，什么才是恰当的研究范围和研究尺度？

■ 专题编者

杨雨璇

岳邦瑞

生态打底
人文造境

多尺度混合审视景观规划设计途径的研究案例 31讲

尘归尘、土归土
只有把属于上帝的归还给上帝
上帝才能把该给人类的给予人类

　　在拥有丰富资源秦岭中，资源的过度开发导致生态景观遭到破坏，出现大量荒芜的棕地及资源浪费现象，如何恢复秦岭的生态景观，如何使得资源得到有效利用成为我们亟须解决的问题。我们选取具有典型代表的秦岭太平河流域的地块作为研究对象，以"生态打底，人文造境"为研究的指导思想，运用"多尺度混合审视规划设计方法"，从修复和激活两个方面进行研究，以修复手段打好生态之底，以激活策略营造人文胜境，达到一种"人地和谐"的模式。

案例简介

本案例来源于西安建筑科技大学景观学 2015 届本科生《修复·激活 —— 秦岭太平河流域景观生态规划设计》的毕业设计。项目位于西安市户县太平河东岸，基地南侧紧邻 107 省道和葡萄种植田，北侧邻草寺路，通往草堂寺，西侧为太平河，东侧紧邻葡萄种植田，面积 17.46hm²。项目基地所在的太平河流域作为中国南北分界线秦岭北麓的重要部分，动植物资源丰富，在前期调研过程中我们发现由于长期资源开发，基地内遗留下大片矿坑，动物迁徙受阻、生物栖息地遭到严重破坏，景观效果差，农业资源未得到有效利用，居民生活环境较差（图 31.1）。基于以上环境问题，我们该如何恢复基地内的生态？如何使农业资源得到有效利用？又该如何使景观资源效益最大化？然而在一系列问题面前，我们如何使"人地和谐"才是问题的重点，也只有解决好"人地和谐"问题，才能使资源有效并且长期为我们人类所用。

遗留矿坑　遗留矿坑　动物迁徙受阻　动物栖息地遭破坏　农业资源浪费　景观效果差　居住生活环境差　居民生活环境差　居民生活环境差

▶图 31.1　基地 2015 年的状态

本次设计利用"多尺度混合审视景观规划方法"，以"生态打底，人文造境"为指导思想，结合前期调研总结的现状问题，将设计目标定位为"生态修复"和"人为激活"。具体的规划设计从宏观、中观、微观三方面层层递进，以"分层叠加"

为工具，逐步研究了户县、太平河流域、平原片区、重点地段、基地和节点这六个尺度，并对每个尺度进行景观表述、过程分析、景观评价、景观改变（格局与过程）、修正因子、格局优化生成六个阶段的研究。同时，在研究中运用混合审视的规划方法，使得规划设计全面而有效（图31.2）。

　　基地的设计围绕修复、激活两方面进行，以矿坑修复技术、河道修复技术为主修复场地，以户太农业遗产资源、草堂寺佛教文化、关中乡土建筑、乡土植物为依托激活场地。依托户太种源地优势，注重水源保护，形成游憩门户标识。通过对B16地块（详见尺度四）的导则解读，在具体分析了场地的区位、现状后，将场地打造成集葡萄科研、技术培训、接待、参观、休憩、健身等功能于一体，以葡萄技术研究及游憩参观为主要功能的葡萄公园。设计的最大亮点是利用矿坑的现有高差，整理梯田，种植葡萄，矿坑底部的坑塘连接成为层层跌落的水系。以葡萄梯田种植为修复、激活的结合点，从生态角度修复矿坑，净化水体并进行雨洪管理。从人文角度展示和延伸户太葡萄的种植，凸显其种源特色。通过设计营造一种葡园思酒，荷塘映夏，笛荡莺飞，终南映秀的人地和谐之境。

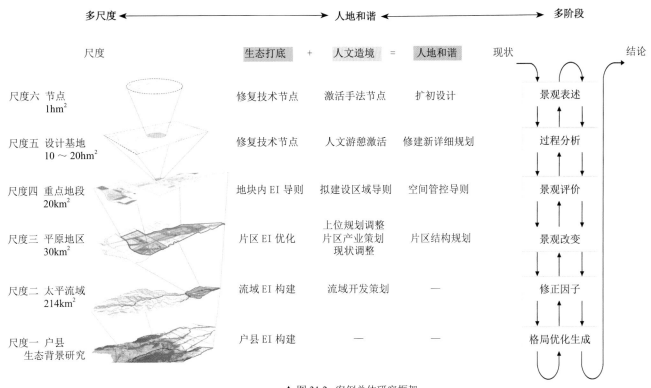

▲ 图31.2 案例总体研究框架

输入
现状数据 → 水安全格局 / 地质灾害安全格局 / 生物安全格局 / 人文安全格局 — 户县综合安全格局 识别构建 户县 EI 输出 → 尺度二（太平河流域尺度）

**尺度一
户县**

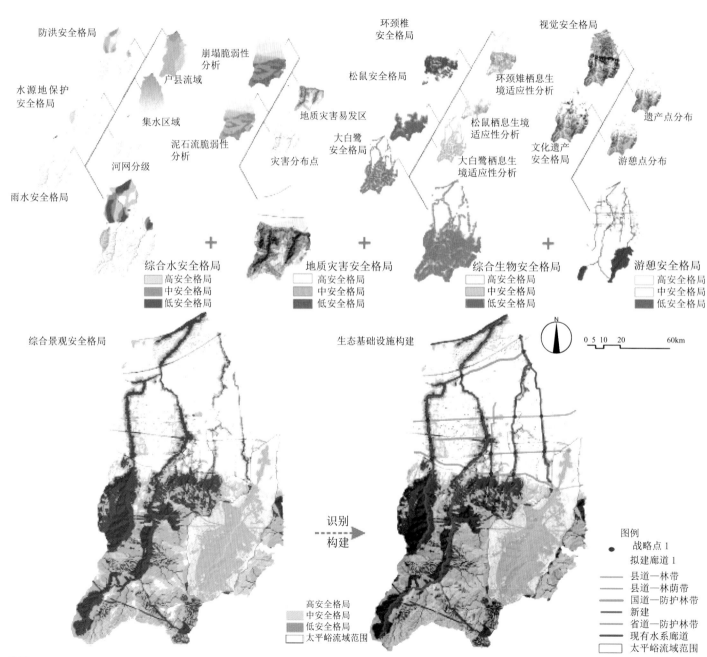

防洪安全格局

崩塌脆弱性分析

环颈雉安全格局

视觉安全格局

水源地保护安全格局

户县流域

松鼠安全格局

环颈雉栖息生境适应性分析

集水区域

地质灾害易发区

松鼠栖息生境适应性分析

遗产点分布

泥石流脆弱性分析

大白鹭安全格局

文化遗产安全格局

河网分级

灾害分布点

大白鹭栖息生境适应性分析

游憩点分布

雨水安全格局

综合水安全格局
　高安全格局
　中安全格局
　低安全格局

地质灾害安全格局
　高安全格局
　中安全格局
　低安全格局

综合生物安全格局
　高安全格局
　中安全格局
　低安全格局

游憩安全格局
　高安全格局
　中安全格局
　低安全格局

综合景观安全格局

生态基础设施构建

N

0 5 10 20 60km

识别
构建

高安全格局
低安全格局
太平峪流域范围

图例
● 战略点 1
拟建廊道 1
县道—林带
县道—林荫带
国道—防护林带
新建
省道—防护林带
现有水系廊道
太平峪流域范围

310

尺度二
太平河流域

输入数据 ─── 生态打底 ─── 自然非生物安全格局
　　　　　　　　　　　　生物安全格局 ─── 综合安全格局 ─ 识别构建 ─ 太平峪EI ─── 输出 ─── 尺度三（平原片区尺度）
　　　　　　　　　　　　人文安全格局

　　　　　　　─ 人文造境 ─── 太平流域资源分析 ─── 太平峪流域开发策划

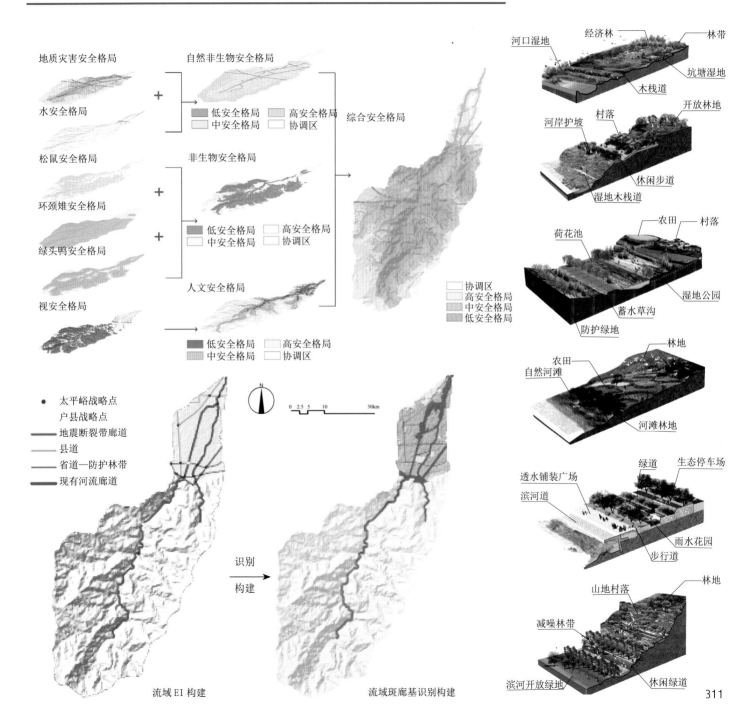

地质灾害安全格局

水安全格局

松鼠安全格局

环颈雉安全格局

绿头鸭安全格局

视安全格局

自然非生物安全格局
低安全格局　高安全格局
中安全格局　协调区

综合安全格局

非生物安全格局
低安全格局　高安全格局
中安全格局　协调区

人文安全格局
低安全格局　高安全格局
中安全格局　协调区

协调区
高安全格局
中安全格局
低安全格局

河口湿地　经济林　林带
　　　　　坑塘湿地
　　木栈道

河岸护坡　村落　开放林地
　　　　休闲步道
湿地木栈道

荷花池　农田　村落
　　　　　湿地公园
防护绿地　蓄水草沟

自然河滩　农田　林地
　　河滩林地

透水铺装广场　绿道　生态停车场
滨河道
　　　　雨水花园
　　步行道

山地村落　林地
减噪林带
滨河开放绿地　休闲绿道

● 太平峪战略点
　户县战略点
── 地震断裂带廊道
── 县道
── 省道—防护林带
── 现有河流廊道

N

0 2.5 5 10　30km

识别
构建

流域 EI 构建

流域斑廊基识别构建

311

太平流域开发策略

太平峪资源分析（一）

太平河流域遗址群

太宋村遗址

图例

- ● 文物保护单位
- ● 非文物保护单位
- ▨ 森林公园

草堂寺鸠摩罗什舍利塔

葡萄研究所

太平宫　大圆寺

三盆庙

敬德塔

太平峪资源分析（二）

太平峪休憩资源

自然休憩资源
- 户太葡萄之乡
- 采砂废弃地
- 秦岭（圭峰）
- 太平河、紫阁河
- 农田、果园
- 乡土植被（紫荆花）
- 太平森林公园
- 圭峰森林公园
- 西接朱雀森林公园

人文休憩资源
- 草堂寺、大圆寺
- 圭峰草堂血脉一气
- 隋唐皇家避暑胜地
- 终南隐逸仕子别业
- 原始人类活动
- 遗留风貌建筑
- 村落景观
- 民俗风情文化

太平峪流域开发策略

森林公园　林海探秘
以太平峪森林公园、壶峰山森林公园为主，以秦岭山水为背景的自然山水景观

峪口门户　串接中转
以综合服务、休闲度假、景观住区为主的门户空间，串接五大片区

高等教育　高新产业
以高校校区、高新草堂基地为主，区域高新产业核心

草堂烟雨　葡园思酒
以户太文化、宗教文化为核心的农业创意产业光区

原生村落　农田野趣
以自然村落、农田景观、湿地景观为主的野趣氛围

太平峪资源分析（三）

优势

太平峪唯一性

弊端

特殊地貌	生态聚集	游线丰富
历史文化多样	生境丰富	可利用资源众多
农业极具特色	依托秦岭	旅游产品多样
根性	**界性**	**多性**
生态脆弱	多管理机构	现状无序建设
满目疮痍	权属交错	基础设施匮乏
开发限制	资源难整合	可达性差

图例
- ▨ 森林公园　林海探秘
- ▨ 峪口门户　串接中转
- ▨ 高等教育　高新产业
- ▨ 草堂烟雨　葡园思酒
- ▨ 原生村落　农田野趣

尺度三
平原片区

输入
数据
├─ 生态打底 ── 流域EI ─ 数据修正 ── 片区EI
│   建设要求   │
│   ├─ 片区结构规划输出
├─ 人文造境 ── 上位规划 ── 上位规划调整 ── 片区EI构建 ── 规划子系统 ──→ 尺度四
│   流域策划 落地调整 EI   （重点地段尺度）
│   现状建设 ── 现状调整
│   产业及上位 EI

生态打底

EI 构建　　　　　　　　　　片区EI　　　　　　　　　　　　　人地和谐
　　　　　　　　　　　　　　　　　　　　　　　　　　　　　片区产业规划

TPY005 片区廊道构建
TPY005：自然村庄河段
TPY004：重点规划地段
TPY003：峪口建设片区段
TPY002：浅山建设段
TPY001：深山林地段
YQ1 基于道路的游憩廊道
YQ2 基于道路的游憩廊道
YQ3 基于道路的游憩廊道
XJ1 新建游憩廊道
XJ2 新建生态廊道

片区斑块构建
N1-N6 农田斑块
Y1 人文遗产斑块　大圆寺
Y2 人文遗产斑块　草堂寺
Y3 人文遗产斑块　原始人遗址

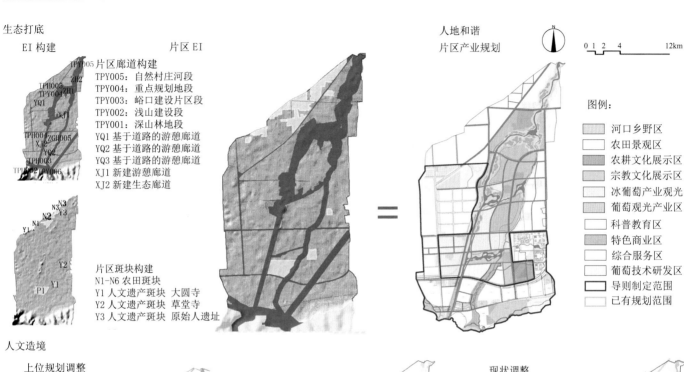

图例：

- 河口乡野区
- 农田景观区
- 农耕文化展示区
- 宗教文化展示区
- 冰葡萄产业观光
- 葡萄观光产业区
- 科普教育区
- 特色商业区
- 综合服务区
- 葡萄技术研发区
- 导则制定范围
- 已有规划范围

人文造境

上位规划调整　　　　　　　　　　　　　　　　　　　　　　　现状调整

高新规划

建大规划

太平片区规划

河口乡野区
农田景观区
农耕文化展示区
葡萄观光体验区
农耕文化展示区
葡萄观光体验区
科普教育区　农田景观区
葡萄观光体验区
葡萄产业观光
宗教文化展示区
葡萄技术研发区
综合服务区
特色商业区

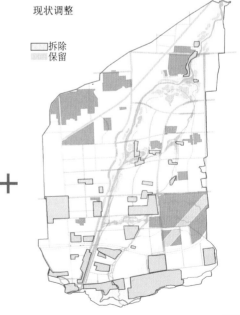

拆除
保留

313

平原片区尺度结构规划分区

图例

A-01-01 地块编号
文化设施用地
商业用地
—— 地块边界
观光车站
道路
教育科研用地
用地边界
服务点

重点地段

拟建设区域

土地使用控制 · 环境容量控制 · 设施配套控制 · 建筑建设控制

用地性质 · 功能内容 · 可建设面积 · 用地性质 · 功能内容 · 旅游 · 商业 · ⋯ · 建筑高度 · 建筑间距 · 建筑后退

EI 控制

廊道控制导则 · 斑块控制导则 · 基质控制导则

廊道控制指标 · 一级廊道控制导则 · 二级廊道控制导则 · 三级廊道控制导则 · 斑块控制指标 · 一级斑块控制导则 · 二级斑块控制导则 · 廊道控制指标 · 廊道控制导则

输入数据 → 生态打底 / 人文造境

生态打底 → 流域 EI 管控（太平河流域尺度成果输入）修复策略（修复专题研究）

人文造境 → 片区结构规划（内容及规模）

植物风貌 / 设施配套 / 标识定位

地块 EI 导则 → 输出 → 尺度五（基地尺度）

地块建设导则

尺度四
重点地段

重点地段 B-16 地块设计导则

编号	分区	编制内容	B-16-01	B-16-02	B-16-03	设计引导
B-16	拟建设区域	用地性质	A3	B1	A1	①B-16-01 地块建设成为葡萄技术研发区，满足科研、培训、实验等功能，形成地域标识；②B-16-02 地块沿紫阁河建设成为紫阁水街，打造特色商业。构建场地内的服务带；③B-16-03 地块建设成为群与综合服务区，满足游客接待、园务管理等功能，形成门户景观区域；④整体建筑风貌要求融入乡土环境，沿河建设应以河流生态修复为前提
		功能内容	技术研发	紫阁水街	综合服务	
		可建设面积 /hm²	33.18	9.32	23.43	
		容积率	0.8	1.2	0.8	
		建筑密度 /%	40	60	45	
		设施配套	科研	服务带	综合服务	
		建筑限高 /(m/座)	12	12	12	
		建筑间距 /(m/座)	15	10	15	
		建筑后退 /(m/座)	20	20	20	
	EI 控制	湿地资源保护	符合 GB/T 50563 标准附录 A 中表 A.0.4 评价要求			①在安全格局的范围内，不开发或进行低影响开发。允许公共设施用地开发，包括公园，文化娱乐设施、体育用地等；②保护乡土植物景观：葡萄园，苗圃，农田；③保护并突出"户太八号"种植资源这一人文遗产；④建立连续的自行车系统、自行车通道同样能为游人提供连续的场所体验，兼做快速干道，满足交通需求；⑤通过对环山路廊道的治理，加强廊道的植被建设
		生物多样性保护	符合 GB/T 50563 标准附录 A 中表 A.0.4 评价要求			
		河道绿化普及率	≥ 85%			
		水体岸线自然化率	≥ 30%			
		本地植物指数	≥ 0.7			
		绿地率最低值	≥ 75%			
		地质安全	场地属于地质灾害协调区，无大的地质灾害，但要对采砂矿坑进行处理，防止坍塌滑坡			
		水文安全	场地南部属于水文安全低安全格局区域，因地块地处洪积扇扇缘位置，对地下水的安全十分重要，因此要十分重视防止地下水的污染，建筑建造采取相应措施，农业生产防止扇缘污染			
		生物安全	场地属于生物安全中安全格局内。因改善植物群落成分结构，关键位置引入乡土植物斑块。在生态廊道内不进行建设或少进行建设。建设避开生态敏感区。农业生产生态化，防止农药对生物毒害			
		人文安全	场地属于人文安全低安全格局，应注重对户太农业遗产的保护利用，同时不应破坏草堂寺风貌			

314

尺度五
设计基地

输入 数据 → 空间管控导则 六步骤分析 多解方案 评价与修正 规划方案 输出 → 项目实施

过程分析

■ 水平过程

水文水平过程连续性差，地表径流量大

坑塘丰水
坑塘枯水

生物沿河流连续性强，河流有成为栖息地的潜力

○ 动物栖息点
▬ 动物活动范围

■ 垂直过程

洼地蓄水

降雨
截留
地表径流
洼地蓄水
渗透

扇缘   扇中   扇顶

场地小气候成因

径流
气流
地下水

场地生物食物链

分解者
三级消费者   一级消费者
二级消费者
土壤底泥   无机营养物   生产者

矿坑储存
林地储存
土壤侵蚀场地
湿地储存
流域
葡萄田
沼泽地储存
河漫滩储存
流出流域系统沉积物

场地雨水流、营养流运输存储过程

景观表述

■ 建筑
建筑

■ 道路
建筑

■ 坑塘
枯水
丰水

■ 植被
农田
葡萄

■ 地形

■ 现状

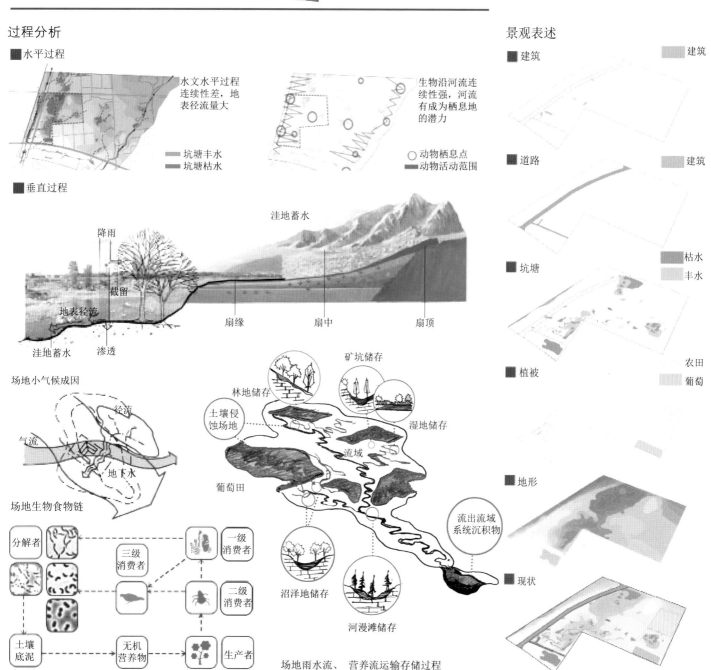

基地分析

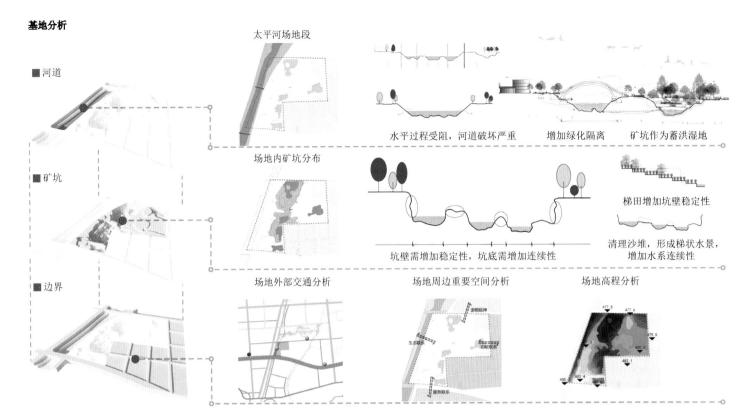

■ 河道

太平河场地段

水平过程受阻，河道破坏严重　　增加绿化隔离　　矿坑作为蓄洪湿地

■ 矿坑

场地内矿坑分布

梯田增加坑壁稳定性

坑壁需增加稳定性，坑底需增加连续性

清理沙堆，形成梯状水景，增加水系连续性

■ 边界

场地外部交通分析　　场地周边重要空间分析　　场地高程分析

格局生成

整体定位：以葡萄技术研究及游憩参观为主要功能的葡萄公园

矿坑修复：
01. 打通河道和坑塘，增加水文连续性，净化水体
02. 空间富余，以梯田增加坑壁稳定性
03. 空间紧凑，以草坡增加坑壁稳定性
04. 空间十分局促，以坑壁种植加固增加稳定性
05. 坑塘边缘恢复为自然湿地，净化水质，增加生物多样性

河道修复：
06. 河道距离道路近，打破单一硬化，以阶梯状花池作为河道防洪措施
07. 河道距离道路较远，打破单一硬化，以台状护岸作为河道防洪措施
08. 河漫滩沿河恢复为自然湿地，净化水质，增加生物多样性

重要功能：
09. 葡萄研究所和实验中心用地，方便管理
10. 利用现有矿坑，结合高差，设置特色培训中心，兼具培训及接待功能
11. 在研究所和培训中心中间设置运动场，方便科研人员健身锻炼
12. 在矿坑梯田内种植葡萄，作为矿坑葡萄试验区
13. 利用遗留建筑，形成户太文化展示场所

空间营造：
14. 南侧设置主入口，形成门户标识，西侧和北侧各设置一个次入口
15. 依照上位，西侧结合此入库设置观光车站，接驳游客
16. 南侧和西侧形成开放边界，与外围对接：东南侧与葡萄田开放，园路对接
17. 沿河一侧设置滨河景观带，形成滨河湿地游憩空间
18. 强化原有地形，通过地形塑造分割东西两侧不同性质的空间
19. 中心节点，关中特色建筑，设置简餐茶室，形成标识
20. 形成场地制高点，眺望圭峰、草堂

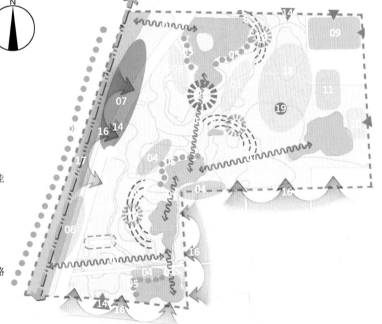

雨水收集泡　　　　　边坡修复

安装炸药炸开石壁
砖砌挡墙

灌木、藤本植物

利用凹槽和挡墙
种植植物

葡萄梯田生态护岸　　　　　观景栈道　　　　　生态驳岸

污水过滤净化

绿化隔离带　　　景观廊道　　　湿地　观景塔

317

■ 思想碰撞

在毕业设计答辩过程中，有老师指出本规划设计的研究范围过大，基地只有 $10hm^2$ 左右，而研究范围大到十几万公顷，各尺度的研究对基地的指导意义到底有多大，并提出每个尺度的研究成果是否真的能很好衔接并且落地等问题。那么，你认为案例中各尺度的落地性如何？如果觉得落地性强，具体反映在哪里？如果认为落地性差，你认为问题出在哪里？

■ 专题编者

杨雨璇

冯晨

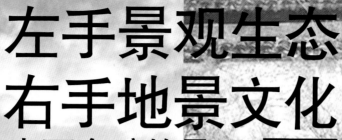

左手景观生态
右手地景文化

中西合璧的景观 32 讲
规 划 设 计 体 系

用东方"天人合一"的思想和行动，济西方"征服自然"之穷，就可以称之为"东西文化互补论"。

——季羡林

　　一个"理想"的景观规划设计体系应该是怎样的呢？这里既涉及如何对待既有规划设计体系的问题，又涉及如何对待中、西景观体系的问题。可行的方法，是对各种体系秉持批判与扬弃的态度，厘清在面对当今和未来中国自己的大问题时，各个体系自身的长处与短处，继而取长补短，综合平衡，中学西学为今所用！

▲图 32.1 西方"科学理性"处理人与自然
　　　　关系的典范 —— 纽约中央公园

纽约中央公园地处城市中心，为人们提供公共活动
空间，满足了城市人对自然的向往

▲图 32.2 中国"天—地—人—神"
　　　　和谐的典范 —— 方塔园

冯纪忠先生将"与古为新"的理念引入园区设计，
体现了中国古典园林对"精神与文化"的追求

　　前述各专题内容，乃"西方式"景观生态体系。其知识基础是以生态学、地理学为代表的当代自然科学，其思维方式是基于逻辑、理性与实证分析的，其方法手段是建立在当代先进的技术工具之上的，其优势在于能够从"科学与理性"方面处理人与自然的关系（图 32.1）。但在前科学时期的漫长中国历史上，诞生了另一种"中国式"的地景文化体系。其知识基础是古代哲学、美学（其中蕴含着丰富而朴素的生态学、地理学思想），其思维方式是基于直观、经验与整体综合性的，其方法手段是建立在对宇宙图式认知与风水堪舆之上的，其优势是从"精神与文化"层面取得"天—地—人—神"的和谐（图 32.2）。

　　理想人居环境是追求人与自然、人与社会、人与人之间的高度和谐，既要达到基本的生态安全、社会和谐，又要追求一种更高的文化认同、人文意境！但是，今天的中国人居建设面临着极大的挑战，无论是我们现行的规划设计体系，还是东方或西方体系都无法单独应对（表 32.1）。因此，我们既需要拥有西方先进的科学技术，又需要借助中国深厚的文化底蕴，最终建立一套"中西合璧、综合平衡"的理想景观规划设计体系。

表 32.1 "西方式"景观生态体系与"中国式"的地景文化体系对比

项目	"西方式"景观生态体系	"中国式"地景文化体系
知识基础	以生态学、地理学为代表的当代自然科学	古代哲学、美学（其中蕴含着丰富而朴素的生态学、地理学思想）
思维方式	基于逻辑、理性与实证分析	基于直观、经验与整体综合性
方法手段	建立在当代先进的技术工具之上	建立在对宇宙图式认知与风水堪舆之上
优势特点	能够从"科学与理性"方面处理人与自然关系	从"精神与文化"层面取得"天—地—人—神"的和谐
建立基础	建立在生态学、地理学、环境科学之上，以生态中心主义为指导，重点关注过程与格局	建立在古代天人合一观的基础上，采用因借、形胜等营造思想，追求"意境"美

中国地景文化的历史演进

"地景（学）"与"地景文化"是吴良镛、佟裕哲先生大力倡导的（图32.3）。吴先生在《北京宪章》中提出"三位一体：走向建筑学 — 地景学 — 城市规划学的融合"（吴良镛，1999），在《人居环境科学导论》中再次重申"建筑、地景、城市规划三位一体"（吴良镛，2001，图32.4），这里的"地景（学）"（landscape architecture）就是指今天的"风景园林学"。佟先生在《中国地景文化史纲图说》中继承并发扬了吴先生的思想，提出"地景文化"（landscape culture）的概念："地景学（文化）主要是研究人工工程建设中（城市、建筑、园林）如何去结合自然，因借自然（山、水、林木草地构成的生态与景观，以及气候因素等）"（佟裕哲等，2013），进而探讨了中国地景文化的研究范围，即类型上包括城邑都城、宫廷、离宫、别业、苑囿、陵墓、寺院、水利等工程，时间上可追溯到距今5000年前夏商周时期，空间上涵盖数平方千米的山水境域到数平方米的庭院（图32.6）。

中国地景文化是对中国传统"三史"研究的整合与总结。在"中国地景文化"被提出之前，我们能够看到的是"中国古典园林史""中国城市建设史"及"中国建筑史"这种"三分天下"的态势。地景文化研究则囊括了古代城市、建筑与园林等各种工程营建活动，关注中国古代在各个时期、各个尺度、各个类型"营建活动"与"自然及土地"的关系，关注这些营建活动如何结合自然与土地的特点。中国地景文化研究能够系统揭示营城史、建筑史、造园史中所蕴含的生态智慧，并系统总结其中的营建思想与营建手段（图32.5）。

中国地景文化是中国古代的景观生态规划设计。中国地景文化蕴含有大量的地理学与生态学思想，是基于古代地理学、古代生态学理论的营建实践，重在研究人工工程建设如何"结合自然"（design with nature），本质上是以"天人合一观"为指导，以追求"景观、生态与人文相和谐"的中国古代景观生态规划设计学。因此，中国地景文化在很多方面是能够同西方的景观生态规划进行类比的。

▲图32.3 《人居环境科学导论》与《中国地景文化史纲图说》

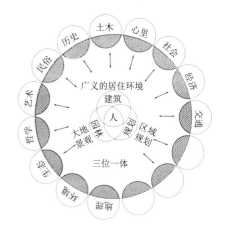

▲图32.4 建筑、园林（地景）、规划三位一体（吴良镛，2001）

▼图32.5 中国地景文化是对"三史"的整合总结

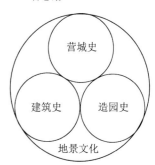

启蒙阶段（夏商周）

公元前 2100 年

主要发展

对地理景象的初步认知

代表性思想及手法

伏羲氏绘八卦，辨识东南西北方位；
提出天、地、水、火、山、泽、风、雷八种物质性质与景象特征

代表性实践

西周灵台、灵沼、灵囿

古人选取高地、空旷的地方修筑灵台

周文王灵台遗址

起源阶段（春秋战国）

公元前 770 年

主要发展

对自然景观资源（形胜）的认知

代表性思想及手法

"在天成象，在地成形"（《易传·系辞上》）；
"其固塞险，形势便，山林川谷美，天才之利多，是形胜也"（《荀子·强国》）

代表性实践

战国长城

长城"因借"地势，蜿蜒在群山上

战国长城遗址实景

形成阶段（秦汉）

公元前 221 年

主要发展

形胜理念赋予人居风水学内涵

代表性思想及手法

"公刘此章，实在相土度地之仪"（《管氏地理指蒙》）；"表南山之巅以为阙，络樊川以为池"（《三辅黄图》）；"因山为陵、凿山为藏（葬）"《汉书·文帝纪》

代表性实践

上林苑

上林苑的规模与范围

都江堰

▲图 32.6 中国地景文化的历史演进

兴盛阶段（隋唐）

公元 581 年

主要发展

大型营造工程因借自然

代表性思想及手法

"笼山为苑"（《答长安崔少府叔封游终南翠微寺太宗皇帝金沙泉见寄》）；
"冠山抗殿"（《九成宫礼泉铭》）、"包山通苑，疏泉抗殿"（《册府元龟》）、"因山借水"（《新唐书·后妃传上·太宗徐惠妃》）；"合形辅势"（《永州韦使君新堂记》）

代表性实践

唐玉华宫

玉华宫正宫、西宫建筑想象图（佟裕哲绘）

唐乾陵

唐乾陵陵园全景图（佟裕哲、秦毓宗绘）

唐乾陵景区

巩固阶段（宋元）

公元 960 年

主要发展

可游可居的自然地景

代表性思想及手法

"谓山水有可行者，有可望者，有可游者，有可居者……而必取可居可游之品"（《林泉高致》）

代表性实践

北宋东京城

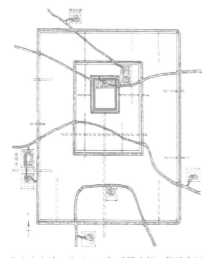

北宋东京城（公元 951 年后周建都）位于大运河中枢，水陆交通便利，商业经济发展，一马平川，无险可守（周维权，1990）

元大都

大成阶段（明清）

公元 1368 年

主要发展

人工工程与自然山水、人居环境与地景文化、风水与美学融为一体

代表性思想及手法

"依山为陵，群墓笼合"；
"冠山抗宫"；
"前城后园"；
"壶中天地"（《永遇乐》）；
"胜概"（《万寿山清漪园记》）

代表性实践

清北京城

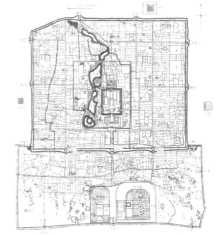

清北京都城格局史宫城居中，南北轴线，左祖右社，九门九关闭（刘敦桢，1984）

西藏布达拉宫

▲图 32.6 中国地景文化的历史演进（续）

中国地景文化的特征

中国地景文化的特征是："天人合一"的世界观；"形胜"、"因借"的方法论；"意境"的最高追求。

■ "天人合一"的世界观

"天人合一"是中国古人看待和处理人与自然关系的根本观点。最早由战国时子思、孟子提出"上下与天地同流"（《孟子·尽心上》），后经过庄子、董仲舒的阐述与命名而逐渐发展为庞大精深的哲学思想体系，《辞海》将其定义为："强调'天道'和'人道'、'自然'和'人为'的相通、相类和统一的观点"（《辞海》，2010）。历史上对"天人合一"的阐述流派众多，但总体聚焦在"如何看待和处理人与自然关系"上，各种观点被归纳为三类：①天对人主宰，即人服从于"天"；②自然界的规律与人具有的规律是统一的；③协调人与自然界关系（张正春等，2003）。

中国地景文化的核心指导思想是"天人合一"，这是中国传统生态观的精髓（图32.7）。"天人合一"要求"人道"（人的生存之道、伦理规范与社会制度）以"天道"（宇宙与自然的变化规律）为原理，"在全面考察大自然的结构与功能（自然之道），在'宇宙'大背景的'天地系统'中研究生命的本质和人生的原理（天道与人道），在地球生态系统的一般性规律中寻找合理的人生法则与社会制度，探讨人类社会的生态学规律……"（张正春等，2003）。基于"天人合一"思想，古人提出了"阴阳"、"刚柔"等古代生态学的基本概念，"五行"（图32.8）、"八政"等古代生态学概念模型和理论规范，以及"八卦"（图32.9）这一全球生态学模型，并产生了"风水学"这一直接指导工程营建的方法体系。可以说，对"天人合一"思想的贯彻三千年而从未中断，并投射到一切中国古代的营建活动中（图32.10）。

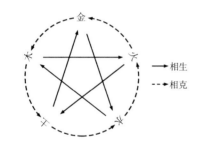

▲图32.7 中国古代"天人合一"典型之武当山（张钦楠等，2008）
武当山建筑与山体完美结合，体现了天人和谐的完美统一

▲图32.8 五行生克关系图（刘平，1991）

▲图32.9 先天八卦——伏羲八卦

平凉崆峒山：传说公元前2690年黄帝向广成子问道至此

天水麦积山：佛教石窟始建于秦（公元150—200年）

镇安塔云山：古建筑建于明正德年间（公元1505—1521年）

▲图32.10 中国古今"天人合一"营建实例

■ "形胜"、"因借"的方法论

"形胜"（topographical advantages）是古人认知自然环境特征并借此进行工程选址的基本方法，"形胜"一词最早见于春秋战国时期的《荀子·强国》，起初是指地理位置优越、地势险要、资源丰富等自然环境特征（图 32.11）。经过《管氏地理指蒙》等著作的大力倡导，自秦汉以来的重要工程选址都将"形胜"作为基本条件。

"因借"（borrowing）则是利用自然资源进行工程布局与建设的基本方法。兴盛于隋唐的"因借自然"思想，将工程的选址、布局与建设紧密结合宏观的山川形势，从而将最初的"自然形胜"、"地理形胜"演化为"人文形胜"、"城市形胜"，"因借"思想也演变为"笼山为苑"、"包山通苑"、"因山借水"、"因山为陵"、"冠山抗殿"、"疏泉抗殿"、"合形辅势"等具体营建手法与策略（图 32.12）。

▲图 32.11 地势险要为"形胜"的要点——
华山西峰

◀图 32.12 "因借"典型实例之紫柏山麓与二水环境的张良庙选址（佟裕哲等，2013）

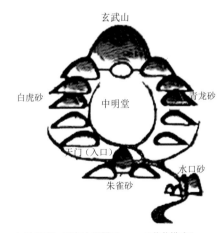

▲图 32.13 理想人居图示——"葫芦模式"

"形胜"、"因借"思想是"天人合一"投射到工程营建的具体表现。古人认为，"人道"应顺应"天道"，具体为人工建设应符合宇宙秩序，认为理想的人居环境应符合特定的"宇宙图式"，宇宙图式是对"天人合一"的宇宙秩序的一种领悟和再现。"风水学"发展出一套整合了地理山川与人工工程的理想图式——"葫芦模式"（图32.13）："四壁围合，一个豁口，……大到国家、州府、郡县，小到村落、家宅、寺庙都由这一模式来解释和分类"（俞孔坚，2000）。这种理想模式，能够把有限的基地与外部广阔的山水乃至浩瀚无垠的宇宙整合为一，把"可建设"的基地内部与"可观察"的外部环境以及"可感知"的宇宙整合为一（图 32.14）。由此可见，"形胜"、"因借"是古人基于"天人合一"的认识自然与改造自然的基本方法，也是选择人居地址与营建人居环境的基本方法（图 32.15）。

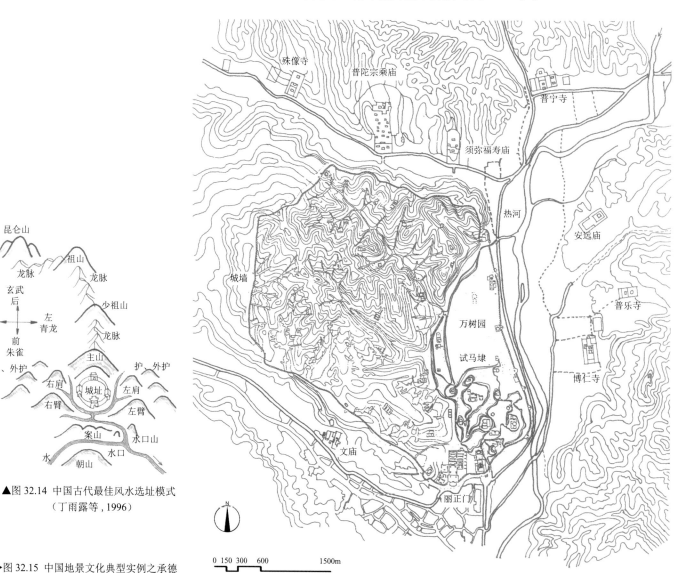

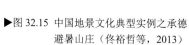

▲图 32.14 中国古代最佳风水选址模式
（丁雨露等，1996）

▶图 32.15 中国地景文化典型实例之承德
避暑山庄（佟裕哲等，2013）

避暑山庄（热河十景、行宫及外八庙于公元 1703—1792 年建成）。行宫及外八庙均属因借自然、背山面湖，巧夺天工而成，是帝王工程设计因借自然，地景布局成功之典型实例。

■ "意境"的最高追求

意境（imagery）是中国传统美学与文学研究的核心范畴。"意"是指一种主观的美学理想，即诗意；"境"则是指客观景象，即画境；意境是将"属于主观范畴的'意'与属于客观范畴的'境'二者结合的一种艺术境界"，是"一种能令人感受领悟、意味无穷却又难以用言语阐明的意蕴和境界"（图 32.16）。"意境"理论在我国的发展经历了三个阶段：①先秦时期"意象"理念的肇始，《周易》《庄子》提出了言与意、意与象的关系问题，形成"物我一体"、"天人感应"、"天人合一"等观点；②魏晋至唐，"意境"理论的基本内容和结构框架的确立，形成了"三境"（物境—情境—意境）、"境生于象外"、"取境"、"象外之象、景外之景"、"韵外之致"、"味外之旨"等学说；③自宋至清到当代，意境逐渐变成了诗学、画论、书论的核心范畴，提出了"见于言外"、"境与意会"、"境界"、"写境"、"造境"等理论（陈超，2010）。

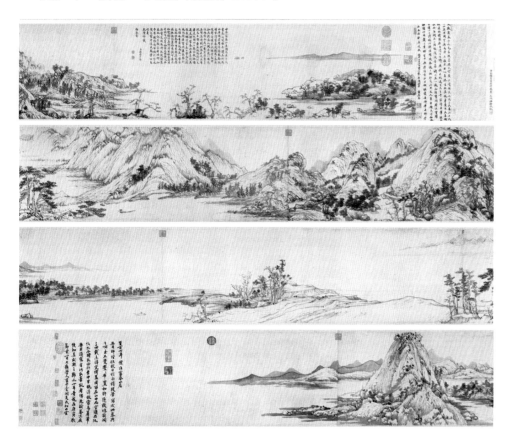

◀图 32.16 "意境"典范之《富春山居图》（黄公望，1347）

《富春山居图》以长卷的形式，描绘了富春江两岸初秋的秀丽景色，峰峦叠翠，松石挺秀，云山烟树，沙汀村舍，布局疏密有致，变幻无穷，以清润的笔墨、简远的意境，把浩渺连绵的江南山水表现得淋漓尽致，达到了"山川浑厚，草木华滋"的境界。画面空灵，表现了作者洒脱、自由的士人精神和隐遁的心境。

意境也是中国独特的营建美学标杆，反映在中国造园艺术、营城艺术、建筑艺术当中。中国拥有上千年的山水艺术与审美文化传统，沉淀出古代城市环境建设的"山水意境"，其乃城市之"境"与城市之"意"的结合，即优美的自然山水环境与独特的地域山水文化的有机结合，形成了"以山水为体，以文化为魂"（雷礼锡，2010）中国特有的城市美学。在中国山水文化土壤上孕育出来的园林与建筑艺术，达到了自然美、建筑美、绘画美和文学艺术的高度统一，体现出"虽由人作，宛自天开"特有的山水园林与建筑意境（图32.17）。纵观5000年地景文化史，意境是中国人独有的和宇宙相通的审美情趣，是建立在"天人合一"价值观之上，是将中国人特有的"山水文化"、"理想图式"投射到城市、建筑和园林营造中，所形成的主与客、情与景、形与神、意与境融合为一的最高营建美学境界。

▶图 32.17 "意境"典型实例

拙政园 —— 与谁同坐轩
轩名取意苏轼的《点绛唇·闲依胡床》词："闲倚胡床，庾公楼外峰千朵，与谁同坐？明月清风我。"题额者把想表达的心境藏匿于诗，情景交融，非常耐人寻味。

网师园 —— 月到风来亭
亭名取意宋人邵雍诗句"月到天心处，风来水面时"。描绘了明月当空，清风徐徐，水畔赏月的情景，从视觉、听觉、触觉上传达了一种悠然的"意境"。

中国地景文化中的经验性方法

中国地景文化存在尺度上的分野，并导致了营建方法的区别。地景文化在空间上涵盖数平方公里的山水境域到数平方米的庭院，在实践中主要是应用于营城、建筑与造园方面，其中营城属于大尺度营建，建筑与造园属于小尺度营建，两者的方法步骤既有区别又有联系之处。

李小龙在关中传统县域空间的研究中，总结了关中地区自然形胜营城的三步骤（图32.18）。第一步，由内而外的形胜寻察与择要。基于营城者长期实践积累的经验，依托地区自然高地由内向外地进行城市环境的"四向测望"，以人的"游"、"观"、

"览"、"望"、"朝"等传统行为尺度为标尺，寻察城市积极的自然环境形胜及其要素资源，并基于古人的文化观及审美观对其进行评价和"择要"，锁定若干"稀缺"景观区段，进而借此城市选址及建立由内而外的景观格局秩序；第二步，内外一体的格局建构与标识。通过对物质空间的人工置陈布势，如城市轴线及形态经营上将外围景观资源引入城内，并通过对城市关键建筑的经营，采用"朝对"、"收揽"、"吐纳"等手法，巧妙建立城市对景关系从而实现"内外一体"的整体格局建构；第三步，承前启后的脉络传承与探新。人们在每轮城市格局建成之后，便自觉开始新一轮的自然形胜寻察与择要，追求在传承既有城市山水脉络的基础上探索新的格局填补或创造。以上三个方面的前两步侧重于空间层面的经验，而第三步则侧重于时间层面的经验。

曾洪立在《风景园林规划设计的精髓——景以境出，因借体宜》，阐述了孟兆祯院士所总结概括的风景园林创作"七步曲"：立意—相地—布局—问名—因借—理微—余韵（图32.19）（曾洪立，2009）。"明旨立意"就是要明确创作的核心目标和中心思想，包括主观之旨（即建设者之主观目的和需要表达的意境氛围）和客观之旨（可理解为大自然、上天对基地之需求）；"相地合宜"（adaptation to local condition）即对用地进行观察分析，寻找用地与建设主旨之间的差距，分析是否可以通过删减或修改达到建设要求，确定具体的方式和任务量；"布局得体"是通过应用"起承转合"、"旷奥结合"等手法，对各种设计要素进行有章法的空间组织，达到对于主旨的功能与艺术方面的满足；"问名"就是思度揣摩风景的名称，其实质是将物质、人文景观进行文学艺术化，达到使人由物境进入到画境，进而升华到意境之美的目的；"巧于因借，精在体宜"即善于凭借基地内部的条件加以适宜利用，基地外部的风景加以借用，总之是利用基地内外的各种自然与人文条件，来创造得体适用、情景交融的景观；"理微察毫"是在风景园林规划设计大局已定，主旨已出，性质确立的情况下，利用微观环境丰富和充实作品的细节内容，提示人们在生活的任何细微角落都可以发现优美的景致；"余韵适可"，余韵即为意境的感染力，能够体现精神志趣的传承，即使在增加和改建时也会自然地向它靠近，保持它的风格一致，不可随意改动、添加和减少。

比较两者的内容，其共同出发点都在于全面平衡自然与人工之间的关系，即追求"天人合一"的理想；其方法途径皆是倡导"形胜"、"因借"，其终极价值皆追求"意境"之美。其差异在于：在大尺度的营城方法中，强调"由外而内"、"由大到小"的特征，是将外部区域的自然"形胜"经过通过寻察与择要，再以"因借"

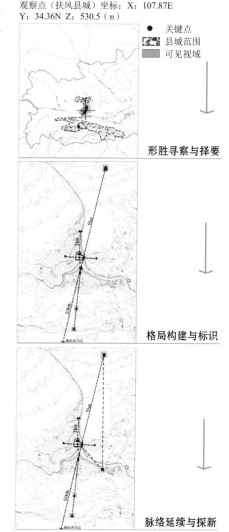

观察点（扶风县城）坐标：X：107.87E
Y：34.36N Z：530.5（m）

● 关键点
县城范围
可见视域

形胜寻察与择要

格局构建与标识

脉络延续与探新

▲图32.18 "营城"三步走典型实例之扶风县县城构建

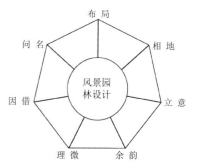

▲图32.19 风景园林创作"七步曲"（孟兆祯，2005）

329

之法投射到城市格局与重点标识上，最终通过世代的脉络传承与探新达到对于"意境"的沉淀。在风景园林创作"七步曲"中，则是强调"由内而外"、"由小到大"，通过这种方法将境与情、情与景、景与境之间的关系沟通顺畅，将无形无势的情感意境转化为有形有势的物质环境，同时又将看似自生自灭的自然物质环境升华为物我交融的园林景观。

中西合璧、综合平衡的景观规划

一个"理想"的景观规划设计体系应该是怎样的呢？这里既涉及如何对待既有规划设计体系的问题，又涉及如何对待中、西景观体系的问题。可行的方法，是对各种体系秉持批判与扬弃的态度，厘清在面对当今和未来中国自己的大问题时，各个体系自身的长处与短处，继而取长补短，综合平衡，中学西学为今所用！因此，要回答3个问题：中国人居建设的突出问题是什么？中、西体系在面对这些问题时各自的长短是什么？如何取长补短建构更好的体系？

中国当前人居建设领域的问题，表现为各种"城市病"、"乡村病"及"景区病"，体现为社会、环境、资源等一系列问题交织的复杂局面。近年来"雾霾"、"垃圾围城"、"城市内涝"等现象时有发生，反映出中国当前人居建设领域面临的各种问题。这些问题错综复杂，涉及社会、环境、资源、卫生、安全等各个层次，集中表现为各种"城市病"、"乡村病"及"景区病"。深入分析上述问题，其根源可归纳为：快速的城镇化带来的"人与自然"的深刻矛盾，表现为环境污染、生态破坏和资源浪费等方面；以及"人与社会、人与自身"之间的深刻矛盾，表现为城市特色丧失、历史资源破坏、城市发展不协调等等方面。

大量人居问题的出现，恰恰暴露出建立在当代城乡规划理论上的既有体系的不足之处。针对这些问题，我们认为西方景观生态体系在处理人与自然的深刻矛盾方面具备优势，而中国地景文化体系在处理人与人的关系上具备优势。一方面，快速城镇化带来的环境生态问题，反映出既有的体系对于区域层面、城市层面非建设用地（生态空间）的忽略、无力与失控，必须依托当代的生态科学、环境科学等自然科学知识，从更大尺度、更高层面、更多方面来协调人与自然之间的矛盾；另一方面，城市特色缺失、居民精神卫生等问题，主要源自城市魂魄的缺失，反映出建立在理性主义、功能主义之上的当代城市规划体系，无力解决"中华民族身份和文化认同的危机"、"精神家园的丧失"（俞孔坚等，2004）。传统地景文化体系能够提供大量有价值的资源，协同好人与社会之间、人与自身之间的关系（表32.2）。

表32.2　中西合璧、综合平衡的景观规划设计体系简表

体系名	既有规划设计体系	西方景观生态体系	中国地景文化体系
主要作用	偏重社会价值，重点处理人与社会之间的关系，主要解决当代城市中的各种功能性、经济性、社会性问题	偏重生态价值，重点处理人与自然之间的关系，主要解决环境污染、生态破坏、资源浪费等问题	偏重文化与艺术价值，处理人与自身的关系，主要解决民族身份与文化认同危机、精神家园丧失等问题
体系特征	建立在现代城市规划理论基础上，是对城市的合理布局和综合安排城市各项工程建设的综合部署，通常由总体规划、分区规划及详细规划构成	建立在生态学、地理学、环境科学之上，以生态中心主义为指导，重在基于生态过程的分析建构生态格局并提供生态技术	建立在古代天人合一观的基础上，采用因借、形胜等营造思想，将自然山水与城市、建筑、园林营造融为一体，追求山水文化和"意境"之美
宏观尺度工作内容	城镇体系规划和城市总体规划（回答：在什么地方建设什么）	区域生态基础设施（EI）总体规划（回答：哪些地方要留给自然）	因借区域形胜的城市人文格局建构（回答：在什么地方与哪些自然资源形成文化空间联系）
中观尺度工作内容	城市分区规划和控制性详细规划（回答：如何进行建设）	城市分区EI或主要EI元素的空间管控（回答：如何管控自然生态空间）	城市轴线与文脉地段的建构与标识（回答：如何管控人文空间）
微观尺度工作内容	城市地段修建性详细规划（回答：建成什么样子）	地段EI或场地的修建性详规（回答：保护或恢复成什么样子）	城市关键文化建筑、园林等开放空间的修建性详细规划（回答：保护或建成什么样子）

　　基于上述分析，"理想"体系必须能够完整解决中国人居建设的所有基本矛盾，要全面回答如下三个问题：我们如何面对上帝？我们如何面对人类？我们如何面对自己？因此，理想体系表现为"三大维度"的"综合平衡"——环境价值维度（追求人与自然的平衡，景观生态规划体系予以重点解决）、社会价值维度（追求人与社会的平衡，既有规划设计体系予以重点解决）和文化价值维度（追求人与自身身心的平衡，地景文化体系予以重点解决），理想的人居建设既要达到基本的生态安全、社会和谐，又要追求一种更高的文化认同、人文意境。因而，理想的景观体系应该是立足于既有规划设计体系，补充和融入西方景观生态系统和中国地景文化体系，即"中西合璧"的规划设计体系（图32.20）。

　　"中西合璧"、"综合平衡"的要义是既强调三个体系融合后的"平衡性"，又强调其"层次性"。"平衡性"是把三个体系理解为水平的左、中、右关系，可形象地描述为"左手景观生态，右手地景文化，中间规划设计"（图32.21）；"层次性"则是把三个体系理解为垂直的上、中、下关系，表现为：首先依靠生态学、地理学等科学原理来完成对于自然生态空间的"底层保护"（生态打底），继而立足既有规划设计体系完成社会功能空间的"中层完善"（社会协同），最终以天人合一、山水文化等传统地景文化来完成对于人文意境空间的"顶层出彩"（人文造境），最终达到人与自然、人与人之间全面的、高度的和谐（图32.22）！如果说

景观生态用以"立地"，那么地景文化则用来"顶天"，好的体系就是要能够"顶天立地"，好的规划要始于西方科技而回归中国问题，好的体系要始于自然而终于人文，好的体系要始于当代科学而终于传统美学，好的规划要始于生态打底而终于人文造境，好的规划要始于生态空间保护而终于人文空间塑造。

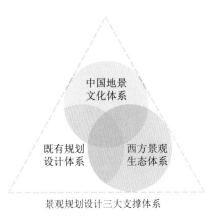

景观规划设计三大支撑体系

景观评价的三大价值维度

景观终级追求四位一体之三大关系

▲图 32.20　理想的景观规划设计体系

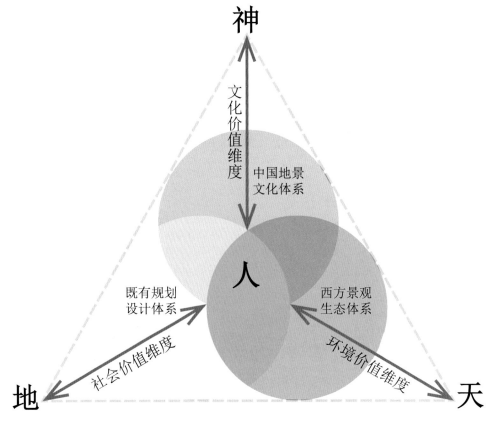

或许，还会有这么一天，我们可以将最具中国特色的地景文化推广给世界，为理性的景观生态规划注入中国式的诗性，对世界性的课题给出中国特色的解答。换言之，用东方的语言讲世界大同的故事，用中国的语言讲全球文明的故事，将中国五千年的文明做出现代式的呈现。更具体地说，我们要建立一套的"汉语景观体系"、"盛世中国景观体系"、"中国特色的景观话语体系"。这套体系可以在世界历史面前，在中华文明的进程中，扮演其历史赋予的角色，从容定位和引导当下的世界与中国的景观事业发展。

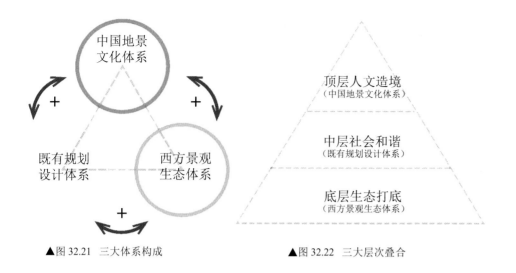

▲图 32.21 三大体系构成　　　　　▲图 32.22 三大层次叠合

■ 参考文献

陈超 .2010. "意境" 理论的流变及其特征 [J]. 名作欣赏 : 文学研究旬刊，(2)：130-131.

丁雨露，洪涌 .1996. 中国古代风水与建筑选址 [M]. 石家庄 : 河北科学技术出版社 .

刘敦桢 .1984. 中国古代建筑史 [M]. 北京 : 中国建筑工业出版社 .

刘平 .1991. 易经图解 [M]. 北京 : 文化艺术出版社 .

孟兆祯 .2005. 从来多古意 可以赋新诗 —— 中国风景园林设计理法 [J]. 风景园林 , (2):14-25.

佟裕哲，刘晖 .2013. 中国地景文化史纲图说 [M]. 北京 : 中国建筑工业出版社 : 186.

雷礼锡 .2010. 城市意境与城市环境建设 [J]. 郑州大学学报 (哲学社会科学版),(2)：93-97.

吴良镛 .2001. 人居环境科学导论 [M]. 北京 : 中国建筑工业出版社 : 70.

夏征农，陈至立 .2010. 辞海 : 缩印本 [M]. 6 版 . 上海 : 上海辞书出版社 .

俞孔坚 .2000. 追求场所性 : 景观设计的几个途径及比较研究 [J]. 建筑学报 ,(2):45-48,67.

俞孔坚，李伟 .2004. 以新文化运动的名义 : 呼唤白话的城市与白话的景观 [J]. 技术与市场 : 园林工程 ,(7)：10-15.

周维权 .1999. 中国古典园林史 [M]. 北京 : 清华大学出版社 .

张正春，王勋陵，安黎 .2003. 中国生态学 [M]. 兰州 : 兰州大学出版社 : 185.

张钦楠，张祖刚 .2008. 现代中国文脉下的建筑理论 [M]. 北京 : 中国建筑工业出版社 .

曾洪立 .2009. "景以境出 , 因借体宜" —— 风景园林规划设计的精髓 [D]. 北京 : 北京林业大学博士学位论文 .

■ 拓展阅读

唐军 .2004. 追问百年 : 西方景观建筑学的价值批判 [M] . 南京 : 东南大学出版社 .

■ 思想碰撞

中国古典园林有 "世界园林之母" 的之称，其文化价值更是享誉海内外，但是用本书所建立的理想景观体系 "三大维度" 去衡量，则其 "生态价值" 与 "社会价值" 较低，换言之中国古典园林是 "跛脚" 的景观作品，那么我们是否有必要将其继承并发扬光大？中国古典园林又能否作为当代景观的典范？

■ 专题编者

岳邦瑞

冯晨

杨雨璇

索　引

术 语 解 释

D

地表径流（surface runoff）：没有下渗的地表水汇聚流动的过程称地表径流。地表径流一般流入江河，流进大海，而湖泊和大面积的沼泽地、大洼地则起着储存径流的作用。地表径流和降水类型、地形及岩石透水性有关。（《地震学辞典》）

地圈（geosphere）：由地球的岩石圈、水圈和大气圈联合在一起的圈层。或指地球的任何一个分圈或分层。（《地震学辞典》）

F

风景（scene）：供观赏的自然风光、景物，包括自然景观和人文景观。（http://baike.baidu.com/subview/401302/5037663.htm）

H

核心区（core area）：核心区是保存完好的天然状态的生态系统，以及珍稀、濒危动植物的集中分布地，它是完全没有人为因素影响下，呈现出来的自然生长状态。此种状态物种丰度最大。（《中华人民共和国自然保护区条例》）

环境梯度（environmental gradient）：环境梯度定量描述各种生态因子在自然地理单元差异量级的变量，描述单个因子变化的量级叫作单因子梯度，描述相互影响的多个因子通过空间一起发生变化的综合因素的量级称为复合梯度。（《地理学名词》）

缓冲区（buffer area）：缓冲区是由是自然保护区的组成部分之一，距离自然保护区中心位的一定距离的缓冲保护区，在该区域里保护各种生物生长和生存。即核心区外围的一定区域。该区域只准进入从事科学研究观测活动，禁止开展旅游和生产经营活动。（《资源环境法词典》）

J

技术圈（technosphere）：人类在改造自然环境过程中所形成的同地球圈层分化相对应的技术系统圈层。表征人工环境与自然环境相互关系的一个概念。由原苏联科学家弗尔斯曼提出，后被原苏联和其他一些国家学术界广泛接受。技术圈理论强调人在改造生态环境过程中必须遵循技术圈同生物圈与人类生活圈和谐协同发展。用人工生态工程促使自然系统与人工系统的良性循环，即按照生态学规律去重建、新建"社会—自然"环境。（《新世纪企业百科全书，（第六卷）》）

景观安全格局（landscapesecurity patterns）：是判别和建立生态基础设施的一种途径，该途径以景观生态学理论和方法为基础，基于景观过程和格局的关系，通过景观过程的分析和模拟，来判别对这些过程的健康与安全具有关键意义的景观格局。（《反规划途径》）

景观多样性（landscape diversity）：是指不同类型的景观在空间结构、功能机制和时间动态方面的多样化和变异性。（《资源环境法词典》）

景观稳定性（landscape stability）：在一定时空尺度下，景观系统保持其总体或要素的生态学属性不发生质变的特性。（笔者定义）

景观格局（landscape pattern）：指景观的空间格局，是景观要素在景观空间内的配置和组合形式，是景观结构和景观生态过程相互作用的结构。（《景观生态学》，郭晋平）

景观镶嵌体（landscape mosaic）：斑块、廊道和基质等景观要素在景观中不是独立存在的，而是呈镶嵌式分布在景观中，不同类型的斑块相互镶嵌、不同类型的廊道相互镶嵌，以及斑块、廊道和基质构成的异质性景观即为景观镶嵌体。（《景观生态学》，罗伯特等）

景观组分（landscape component）：构成景观类型的气候、土壤、植被等特征组分。（《生态学名词》第一版）

K

抗性（resistance）：亦称抗逆性。植物对严寒、干旱、高温、水涝、盐渍、大风、环境污染、病虫害等不良环境因素的抵抗能力。抗性是生物的基本属性。（《简明林业辞典》）

L

冷岛（cold island）：城市地区的气温低于其周围地区，甚至出现大气逆温的现象。（《现代汉语新词语词典》）

冷岛效应（cold island effect）：城市地区的气温低于其周围地区，甚至出现大气逆温的现象。（《新词语大词典》）

S

社会过程（social Process）：社会行为过程。社会关系的动态表现。一指社会变迁，一指社会互动。现代西方社会学者偏重后者。一般分为自我内在的、个人之间、个人与群体之间、群体之间、结构功能等5种互动方式。（《中国百科大辞典》）

生态过程（ecological process）：是景观中生态系统内部和不同生态系统之间物质、能量、信息的流动和迁移转化过程的总称。

生态基础设施（ecological infrastructure）：是维护生命土地的安全和健康的关键性空间格局，是城市和居民获得持续自然服务（生态服务）的基本保障，是城市扩张和土地开发利用不可触犯的刚性限制。（《反规划途径》，俞孔坚）

生态经济学（ecological Economics）：一门研究和解决生态经济问题、探究生态经济系统运行规律的经济科学，旨在实现经济生态化、生态经济化和生态系统与经济系统之间的协调发展并使生态经济效益最大化。（《生态经济学》，沈满洪）

生态系统服务功能（ecosystem service function）：指人类从生态系统中获得的效益。生态系统给人类提供各种效益，包括供给功能、调节功能、文化功能以及支持功能。（《自然资源学原理》，蔡运龙）

生态因子（ecological factor）：生态因子是指环境要素中对生物起作用的因子，如物理环境的光照、温度、水分、氧气、二氧化碳、生物环境的食物数量和其他生物的数量等。按有无生命特征可以将生态因子分为生物因子和非生物因子。（《生态学名词》，科学出版社）

生物圈（biosphere）：是地球上的一切生物都是生活在地球的表层，生物及其生存的该地球表层总称生物圈。它的范围大致包括11km深的地壳和海洋以及15km以内的地表大气层，即包括了大气圈、水圈和岩石圈的一部分。生物圈中的空气、水、日光、土壤和岩石为生命活动提供了一切必要的条件。（《卫生学大辞典》）

生物地球化学循环（biogeochemical cycle）：生物圈中的物质循环。包括各生态系统之间的矿物元素的输入、输出以及元素在大气圈、水圈、土壤圈、风化壳之间的流转。它由两大途径——生物循环和地球化学循环互相渗透、联系而成。（《中国百科大辞典》）

W

文化过程（cultural process）：文化的内容或其形式的连续变化。这一连续变化的典型情况是涵化和发明。通过对外来文化的内容以及形式的吸取、消化或者由于新内容、新形式的发明引起原来文化的内容或其形式的变化。（《中国百科大辞典》）

X

线性组合法（linear combination）：线性组合法考虑到自然和文化要素的相对重要性，将要素置于同一尺度，通过倍数来反映要素的相对重要性。这样就可以根据每种要素确定徒弟利用的适宜性。（《生态规划历史比较与分析》，恩杜比斯）

Y

营养级（trophic level）：生物在生态系统食物链中所处的层次。（《生态学名词》第一版）

源（source）：生态交错带在景观生态系统生态流中，与相邻生态系统提供能量、物质和生物有机体来源，在各种驱动力作用下，导致生态流各自交错带向相邻生态系统的净流动，起到源的作用，如林缘积雪流向邻近生态系统。（《景观生态学原理及应用》）

Z

整体人类生态系统（total human ecosystem）：在全球尺度上实现人与自然和谐共生的生态系统。（自定义）

自然生态系统（natural ecosystem）：自然界中除人类生态系统外的其他生态系统。生态系统的一个分支。自然生态系统包括的范围有大有小，一般而言，其边界是比较模糊的，难以明确划界，往往在两个系统中间有过渡地带，而人类生态系统则具有明确的界限。所有自然生态系统，从空间关系上讲，都分成上面的自养层和下面的异养层。自养层也叫光合层，在此层中以制造复杂有机物质占优势，也叫绿色层。异养层也叫分解层，在此层中以把复杂有机物质分解为简单物的分解过程占优势，也叫褐色层。自然生态系统的功能分层现象，是在生态系统的外部环境条件影响下造成的。自然生态系统具有物种多样性的特征。这是为了适应不同的自然环境而经过长期的生态演替才形成的，它为人类的生存和发展提供了必需的、丰富的物质基础。（《人口科学辞典》）

图 片 来 源

01 讲

封面：http://image.baidu.com/search/detailidlsimipic?tn
=detailidlsimipic&dututype=similar&word=&pn=15&q
ueryurl=http%3A%2F%2Fc.hiphotos.baidu.com%2Fag
e%2Fpic%2Fitem%2Ff703738da9773912c9cb3402f21
98618377ae2e0.jpg&querysign=1244208862%2C196
997162&objwidth=690&objheight=460&objurl=http
%3A%2F%2Fs14.sinaimg.cn%2Fmw690%2F001RjZ
8dgy6MlmaRfNHbd%26690&fromurl=http%3A%2F%
2Fblog.sina.com.cn%2Fs%2Fblog_65919d890102v2kb.
html&querytype=0

图 1.1：自绘
图 1.2：自绘
图 1.3：自绘
图 1.4：自绘
图 1.5：自绘
图 1.6：自绘
图 1.7：自绘
图 1.8：自绘

02 讲

封面：改绘自 http://image.baidu.com/search/detailidlsim
ipic?tn=detailidlsimipic&dututype=similar&word=&p
n=10&queryurl=http%3A%2F%2Fc.hiphotos.baidu.co
m%2Fimage%2Fpic%2Fitem%2F9d82d158ccbf6c819
a129f8bb63eb13533fa40af.jpg&querysign=327957444
4%2C2286883676&objwidth=509&objheight=478&obj
url=http%3A%2F%2Fpic.58pic.com%2F58pic%2F16%
2F55%2F18%284w58PICqBm_1024.jp
g&fromurl=http%3A%2F%2Fwww.58pic.
com%2Fshiliangtu%2F16551884.html&querytype=0

图 2.1：自绘
图 2.2.1：http://www.3dmgame.com/news/201301/65081.
html
图 2.2.2：http://product.dangdang.com/1202862726.html
图 2.2.3：http://image.baidu.com/search/detailidlsimipic
?tn=detailidlsimipic&dututype=similar&word=&pn=16&
queryurl=http%3A%2F%2Fd.hiphotos.baidu.com%2Fi
mage%2Fpic%2Fitem%2Fa71ea8d3fd1f4134b4d9b71d
2f1f95cad0c85ee2.jpg&querysign=1581058532%2C
4197105389&objwidth=198&objheight=131&objurl=
http%3A%2F%2Fs10.sinaimg.cn%2Fmiddle%2F4df
0356etbdb2d1370cef%26690&fromurl=http%3A%2F
%2Fblog.sina.com.
cn%2Fs%2Fblog_4df0356e01014w89.
html&querytype=0
图 2.2.4：http://i.mtime.com/wzcjojo/blog/7955984/
图 2.2.5：http://www.cqla.cn/chinese/news/news_view.
图 2.2.6：http://image.baidu.com/search/detailidlsimipic?
tn=detailidlsimipic&dututype=similar&word=&pn=10&
queryurl=http%3A%2F%2Ff.hiphotos.baidu.com%2Fim
age%2Fpic%2Fitem%2F6609c93d70cf3bc7b23c718fdb
00baa1cd112a90.jpg&querysign=2995461993%2C1247

06&objwidth=543&objheight=308&objurl=http%3A
%2F%2Fpic.58pic.com%2F58pic%2F15%2F00%2
F47%2F71458PICEA8_1024.jpg&fromurl=http%3A
%2F%2Fwww.58pic.com%2Fshiliangtu%2F15004771.
html&querytype=0
图 2.2.7：http://www.myday.cn/ebaylistkey-[1MbEz7n2tq
+1xs/ebay-361325594075.html
图 2.2.8：http://image.baidu.com/search/detailidlsimipic?
tn=detailidlsimipic&dututype=similar&word=&pn=6&q
ueryurl=http%3A%2F%2Fd.hiphotos.baidu.com%2Fim
age%2Fpic%2Fitem%2F3801213fb80e7becbfe2bc8225
2eb9389b506b9d.j
图 2.2.9：http://m.culture.caixin.com/m/2011-05-02/100
254622.html
图 2.2.10：http://image.baidu.com/search/detailidlsimipic?
tn=detailidlsimipic&dututype=similar&word=&pn=4&q
ueeight=150jurl=http%3A%2F%2Fmap.ps123.net%2Fc
hina%2FUploadFile%2F201312%2F20131210073117
49_S.jpg&fromurl=http%3A%2F%2Fmap.ps123.
图 2.2.11：http://image.baidu.com/search/detailidlsimip
ic?tn47372%2C849614059&objwidth=352&objheight=
210&objurl=http%3A%0e7bec54e736d1599ab20a9b
504fc2d5626922.jpg&fromurl=http%3A%2F%2Fbbzd.
baidu.com%2Fquestion%2F134204281.html%3Fqbl%3
Fqbl%3Drelate_question_1&querytype=0
图 2.2.12：根据麦克哈格千层饼图改绘
图 2.2.13：https://image.baidu.com/search/detailidls
imipic?tn=detailidlsimipic&dututype=similar&word=
&pn=0&queryurl=http%3A%2F%2Fh.hiphotos.baidu.
com%2Fimage%2Fpic、c%3Dhttp%3A%2F%2Fimg01.
tooopen.com%2Fimages%2F2009%2F11%
2F20091104150727732023.jpg&fromurl=http%3
A%2F%2Fwww.tooopen.com
图 2.2.14：https://image.baidu.com/search/detailidlsimip
ic?tn=detailidlsimipic&dututype=similar&word=&pn=0
&queryurl=http%3A%2F%2Fa.hiphotos.baidu.com%2F
image%2Fpic%2Fitem%2F77c6a7efce1b9d1605f72302
eight=309&le%2F2013%2F0604%2F20130604074906
629.jpg&fromurl=http%3A%2F%2Fwww.16sucai.com%
2F2013%2F06%2F21985_2.html&querytype=0

03 讲

封面：自绘
图 3.1：自绘
图 3.2：改绘自 http://www.nipic.com/show/1/7/5015562k
c65dc865.html
图 3.3：自绘
图 3.4：改绘自 http://zh.wikipedia.org/zhtw/%E7%A2%
B3%E5%BE%AA%E7%8E%AF
图 3.5：自绘
图 3.6：自绘
图 3.7：自绘

图 3.8：自绘

04 讲

封面：自绘
图 4.1：自绘
图 4.2：自绘
图 4.3：自绘
图 4.4：自绘
图 4.5：自绘
图 4.6：自绘

05 讲

封面：自绘
图 5.1：自绘
图 5.2：自绘
图 5.3：自绘
图 5.4：自绘
图 5.5：自绘
图 5.6：自绘
图 5.7：自绘
图 5.8：自绘
图 5.9：自绘
图 5.10：自绘
图 5.11：改绘自 http://www.turenscape.com/en/projedet
　　ail/443.html
图 5.12：自绘
图 5.13：改绘自 http://www.turenscape.com/en/ projedet
　　ail/443.html

06 讲

封面：自绘
图 6.1：自绘
图 6.2：自绘
图 6.3：自绘
图 6.4：自绘
图 6.5：自绘
图 6.6：自绘
图 6.7：自绘
图 6.8：根据（Lefkovitch et al.,1985）改绘
　　2007. 景观生态学——格局、过程、尺度与等级 [M].
　　2 版 . 北京：高等教育出版社：49–53.
图 6.9：根据哥伦比亚大学公开课：科学前沿 – 生物多
　　样性 _ 复合种群 _ 网易公开课改绘 http://open.163.com/
　　movie/2006/8/P/1/ M85KC2J32_M85M8HCP1.html
图 6.10：根据哥伦比亚大学公开课：科学前沿 – 生物多
　　样性 _ 复合种群 _ 网易公开课改绘 http://open.163.
　　com/movie/2006/8/P/1/M85KC2J32_M85M8HCP1.html
图 6.11：根据哥伦比亚大学公开课：科学前沿 – 生物
　　多样性 _ 复合种群 _ 网易公开课 http://open.163.com/
　　movie/2006/8/P/1/M85KC2J32_M85M8HCP1.html
图 6.12：自绘
图 6.13：自绘
图 6.14：根据（Harrison et al., 1997）改绘
　　2007. 景观生态学——格局、过程、尺度与等级 [M].
　　2 版 . 北京：高等教育出版社：49–53.
图 6.15：《景观网络的构建与组织 —— 石花洞风景名

胜区景观生态规划探讨》俞孔坚

07 讲

封面：自绘
图 7.1: 周京，2012
表 7.1——自绘
表 7.2——自绘
表 7.3——自绘（内部插图自绘）
表 7.4——自绘（内部插图自绘）
表 7.5——自绘（内部插图自绘）
图 7.2——自绘
图 7.3——自绘
表 7.6——自绘
图 7.4——自绘

08 讲

封面：根据 http://news.cecb2b.cominfo/20131104/14507
72.shtml 与 https://zhidao.baidu.comquestion/1885844160
727727668.html 两张图片改绘
图 8.1：自绘
图 8.2：自绘
图 8.3：自绘
图 8.4：自绘
图 8.5：自绘
图 8.6：桑德斯 , 俞孔坚 . 设计生态学 : 俞孔坚的景观
　　[M]. 北京 : 中国建筑工业出版社 ,2013.2：54–57
图 8.7：桑德斯 , 俞孔坚 . 设计生态学 : 俞孔坚的景观
　　[M]. 北京 : 中国建筑工业出版社 ,2013.2：54–57
图 8.8：自绘
图 8.9：http://www.archreport.com.cn/show–6–3384–1.ht
　　ml
图 8.10:http://www.archreport.com.cn/show–6–3384–1.ht
　　ml
图 8.11：自绘

09 讲

封面：自绘
图 9.1：自绘
图 9.2：自绘
图 9.3：自绘
图 9.4：自绘
图 9.5：自绘
图 9.6：中国国家地理 http://www.dili360.com/cng/articl
　　e/p5350c3d822eaa50.htm
图 9.7：改绘自：角媛梅 , 杨有洁 , 胡文英 , 速少华 .
　　哈尼梯田景观空间格局与美学特征分析 [J]. 地理研
　　究 ,2006,(04):624–632+756.
　　荒草地：http://www.nipic.com/show/11407241.html
　　水梯田：m.poco.cn
　　灌木林：jingyan.baidu.com
　　旱地：www.nipic.com
　　有林地：http://hn.gqt.org.cn/fx/ftrq/200902/
　　t20090225_152794.htm
图 9.8：自绘
图 9.9：改绘自：角媛梅 , 杨有洁 , 胡文英 , 速少华 .
　　哈尼梯田景观空间格局与美学特征分析 [J]. 地理研

究 ,2006,(04):624-632+756.

图 9.10：改绘自：http://mt.sohu.com/cul/d20170311/12 8551819_642574.shtml

表 9.1：自绘

表 9.2：自绘

表 9.3：自绘

10 讲

封面：http://mt.sohu.com/20160804/n462633129.shtml

图 10.1：自绘

图 10.2：自绘

图 10.3：自绘

图 10.4：自绘

图 10.5：自绘

图 10.6：自绘

11 讲

封面：https://image.baidu.com/search/detail?ct=50331 6480&z=0&ipn=d&word=%E5%B0%8F%E4%BA%B A%E5%8C%BB%E8%8D%AF%E7%AE%B1&step_ word=&hs=0&pn=0&spn=0&di=206532611560&pi=0 &rn=1&tn=baiduimagedetail&is=0%2C0&istype=2&ie =utf-8&oe=utf-8&in=&cl=2&lm=-1&s 1&cs=410574 1162%2C2761466416&os=1929300211%2C3504977 424&simid=3408058126%2C461828331&adpicid=0& lpn=0&ln=224&fr=&fmq=1495032223667_ R&fm=result&ic=0&s=undefined&se=&sme=&tab= 0&width=&height=&face=undefined&ist=&jit=&cg=& bdtype=0&oriquery=&objurl=http%3A%2F%2Fimg01. taopic.com%2F140922%2F240461-1409220JI724. jpg&fromurl=ippr_z2C%24qAzdH3FAzdH3Fooo_89al z%26e3Bpw5rtv_z%26e3Bv54AzdH3Fp7h7AzdH3Fda AzdH3Fclbll0_z%26e3Bip4s&gsm=0&rpstart=0&r pnum=0

图 11.1：自绘

图 11.2：自绘

图 11.3：自绘

图 11.4：自绘

图 11.5：自绘

图 11.6：自绘

图 11.7：自绘

图 11.8：自绘

图 11.9：自绘

图 11.10：自绘

图 11.11：自绘

图 11.12：自绘

图 11.13：自绘

图 11.14：自绘

图 11.15：根据殷柏慧 , 张洪刚 , 端木山 . 从工业废弃 地到城市游憩空间的转化与更新——以安徽省淮南 大通矿生态区改造为案例 [J]. 中国园林 ,2008,(07):43 -49. 改绘

图 11.16：根据殷柏慧 , 张洪刚 , 端木山 . 从工业废弃 地到城市游憩空间的转化与更新——以安徽省淮 南大通矿生态区改造为案例 [J]. 中国园林，2008， (07):43-49. 改绘

12 讲

封面：自绘

图 12.1：http://tupian.baike.com/a2_48_92_0130054251 7448139927926733842_jpg.html?prd=so_tupian

图 12.2：自绘

图 12.3：自绘

图 12.4：自绘

图 12.5：自绘

图 12.6：自绘

图 12.7：自绘

图 12.8：基塘物质循环利用图：http://theory.southcn.com/ rwln/zhuanti/content/2012-11/20/content_58517068.htm

沼气纽带的废弃物利用系统：http://www.diyitui.com/ content-1442457429.34899835.html

作物秸秆多级利用：http://www.nipic.com

污水多级循环利用：http://www.sxdaily.com.cn/ n/2013/0824/ c266-5210662.html

图 12.9：自绘

图 12.10：自绘

图 12.11：自绘

表 12.1：法则 2 中图片来源：

大棚蔬菜 :http://b2b.hc360.com/viewPics/supplyself_ pics/2367 86114.html

猪、沼气池 :http://www.ooopic.com

五口之家 : http://www.58pic.com/shiliangtu/15628903.html

燃气 :http://sucai.redocn.com/shiliangtu/2326736.html

13 讲

封面：自绘

图 13.1.1：http://www.kaixian.tv/gd/2015/0919/1013851.html

图 13.1.2：http://www.nipic.com/show/3/9/7376783k1de57968. html

图 13.1.3：http://gongyi.qq.com/a/20100811/000018.htm

图 13.1.4：http://www.cenews.com.cn/sylm/hjyw/201604/ t20160419_804388.htm

图 13.1.5：http://2010.biodiv.gov.cn

图 13.2：https://tieba.baidu.com/p/2029574335

14 讲

封面：自绘

图 14.1：自绘

图 14.2：自绘

图 14.3：自绘

图 14.4：自绘

图 14.5：自绘

图 14.6：自绘

图 14.7：自绘

图 14.8：自绘

图 14.9：自绘

图 14.10：自绘

图 14.11：自绘

图 14.12：自绘

图 14.13：自绘

图 14.14：自绘

图 14.15：自绘

图 14.16：自绘

15 讲

封面：自绘
图 15.1：自绘
图 15.2：自绘
图 15.3：自绘
图 15.4：自绘
图 15.5：自绘
图 15.6：卜岩枫，2006.浙江省观光农业基于循环经济的景观异质性分析与景观格局优化 [D].杭州：浙江大学博士学位论文：34–50.
图 15.7：卜岩枫，2006.浙江省观光农业基于循环经济的景观异质性分析与景观格局优化 [D].杭州：浙江大学博士学位论文：34–50.

16 讲

封面：自绘
图 16.1：自绘
图 16.2：自绘
图 16.3：自绘
图 16.4：自绘
图 16.5：曹烯博，2011.广州南沙岛景观破碎和规划干预研究［D］.广州：华南理工大学博士学位论文.
图 16.6：曹烯博，2011.广州南沙岛景观破碎和规划干预研究［D］.广州：华南理工大学博士学位论文.
图 16.7：根据曹烯博，2011.广州南沙岛景观破碎和规划干预研究［D］.广州：华南理工大学博士学位论文.改绘

17 讲

封面：自绘
图 17.1：自绘
图 17.2：自绘
图 17.3：Vannote R L, et al . The River Continuum Concept [J] . Can. J.Fish. A qua. Sci ., 37: 130– 137, 1980
图 17.4：自绘
图 17.5：自绘
图 17.6：自绘
图 17.7：自绘
图 17.8：自绘
图 17.9：自绘
图 17.10：土人景观 http://www.turenscape.com/project/detail/454.html

18 讲

封面：https://www.duitang.com/blog/?id=644731832
图 18.1：http://bbs.zhulong.com/102020_group_727/detail30192765/
图 18.2：http://tieba.baidu.com/p/2036711134
图 18.3：http://www.86ps.com/PSSC/msgj/2004.html
图 18.4：http://blog.sina.com.cn/s/blog_4ecd35f70100uagi.html
图 18.5：http://tieba.baidu.com/p/2036711134
图 18.6：http://www.360doc.com/conte

nt/16/0822/16/32123998_585125724.shtml
表 18.1 斑块基本原理分析
图 a.b.c.d：改绘自《景观设计学和土地利用规划中的景观生态原理》
表 18.2 廊道基本原理分析
图 a.b.c.d 改绘自《景观设计学和土地利用规划中的景观生态原理》
表 18.3 镶嵌体基本原理分析
图 a.b.c.d：改绘自《景观设计学和土地利用规划中的景观生态原理》
表 18.4 景观生态规划的四种优化格局模式
图 a 不可替代格局：《景观生态学原理及应用》傅伯杰
图 b 集聚间有离析：《景观生态学原理及应用》傅伯杰
图 c 绿色基础设施模式：《绿色基础设施——连接景观与设施》傅伯杰
表 18.5 三种典型优化格局
图 a：金鸡湖平面 http://image.baidu.com/search/detail?ct=503316480&z=&tn=baiduimagedetail&ipn=d&word= 金鸡湖平面 &step_word=&ie=utf-8&in=&cl=2&lm=−1&st=−1&cs=2762993577,567551531&os=2119589974,56469545 2&simid=3395816791,268513573&pn=1&rn=1&di=181 762238240&ln=1870&fr=&fmq=1492092997322_R&fm =result&ic=0&s=undefined&se=&sme=&tab=0&width= &height=&face=undefined&is=0,0&istype=2&ist=&jit=& bdtype=0&spn=0&pi=0&gsm=0&objurl=http%3A%2F%2F www.xmsafety.com%2FUploadFiles%2Fylgc%2F2012%2F2 %2F201202092007116443.jpg&rpstart=0&rpnum=0&adpic id=0&ctd=1492093022975^3_1263X646%1
图 b：伦敦东部绿网平面：国外绿色基础设施理论及其应用案例 -- 吴晓敏
图 c：香格里拉平面：《基于景观安全格局的香格里拉县生态用地规划》李晖

19 讲

封面：http://mt.sohu.com/20170126/n479619968.shtml
图 19.1：自绘
图 19.2：自绘
图 19.3：自绘
图 19.4：自绘
图 19.5：自绘
图 19.6：王云才，韩向颖.城市景观生态网络连接的典型范式 [J].系统仿真技术,2007,(04):238–241+237.
图 19.7：王云才，韩向颖.城市景观生态网络连接的典型范式 [J].系统仿真技术,2007,(04):238–241+237.
图 19.8：王云才，韩向颖.城市景观生态网络连接的典型范式 [J].系统仿真技术,2007,(04):238–241+237.
图 19.9：根据肖禾.不同尺度乡村生态景观评价与规划方法研究 [D].中国农业大学,2014.改绘
图 19.10：根据肖禾.不同尺度乡村生态景观评价与规划方法研究 [D].中国农业大学,2014.改绘
图 19.11：根据肖禾.不同尺度乡村生态景观评价与规划方法研究 [D].中国农业大学,2014.改绘

20 讲

封面：自绘
图 20.1：自绘

图 20.2：自绘
图 20.3：自绘
图 20.4：自绘
图 20.5：自绘
图 20.6：自绘
图 20.7：自绘
图 20.8：基于"源 – 汇"景观调控理论的水源地面源污
　　染控制途径——以天津市蓟县于桥水库水源区保护规
　　划为例 [J]. 中国园林，27（2）:74.

21 讲

封面 :www.quyeba.com
图 21.1：自绘
图 21.2：天平 http://www.jianbihua.cc/caise/72695.html
　　跷跷板 http://www.58pic.com/shiliangtu/671937.html
图 21.3：《景观生态学》（第二版）肖笃宁，2010，科
　　学出版社
图 21.4：总结自《景观生态学原理及应用》
图 21.5：自绘——根据"张玉进 . 干旱区土地利用与
　　土地覆盖变化对绿洲稳定性的影响研究 [D]. 新疆大
　　学 ,2004." 文中数据绘制。
图 21.6：自绘

22 讲

封面：自绘
图 22.1：邬建国 . 景观生态学——格局、过程、尺度与
　　等级 [M]. 第 2 版 . 北京：高等教育出版社，2007
图 22.2：自绘
图 22.3：自绘
图 22.4：改绘自 Blöschl G, Sivapalan M. Scale issues in
　　hydrological modeling: A review[J]. Hydrological
　　Processes, 1995, 9(3–4): 251‒290.
图 22.5：改绘自 Blöschl G, Sivapalan M. Scale issues in
　　hydrological modeling: A review[J]. Hydrological
　　Processes, 1995, 9(3–4): 251‒290.
图 22.6：自绘
图 22.7：改绘自邬建国 . 景观生态学——格局、过程、
　　尺度与等级 [M]. 第 2 版 . 北京：高等教育出版社 , 2007
图 22.8：改绘自 FISRWG. Stream Corridor Restoration:
　　Principles, Processes, and Practices[J]. American Society of
　　Civil Engineers, 2014, 14(3–4): 151–16
图 22.9：自绘
图 22.10：自绘

23 讲

封面：自绘
图 23.1：自绘
图 23.2：动态均衡理论的图示模型（Brown J H.,1983）
图 23.3：自然保护区的设计法则（Diamond,1975)
图 23.4：自绘
图 23.5：自绘
图 23.6：根据哈尔滨群力湿地公园设计资料改绘
图 23.7：根据《景观网络的构建与组织 —— 石花洞风景名胜
　　区景观生态规划探讨》改绘

24 讲

封面：自绘
图 24.1：① http://bj.people.com.cn/n2/2016/0202/c233087-
　　27676812-2.html
　　② http://www.mafengwo.cn/photo/10927/scenery_3171141/27237268.
　　html
　　③ http://www.5442.com/showpic.html?http://pic2016.ytqmx.com:82/2
　　017/0117/17/1.jpg）
图 24.2：① http://www.tuniu.com/guide/v-tadelaerteakakusishiku-
　　787733/tupian/
　　② http://i3.qhimg.com/t01cfc653fdf821e438.jpg
图 24.3：① http://blog.sina.cn/dpool/blog/s/blog_c2f93d8c0101s7uo0.
　　html?md=gd
　　② http://blog.sina.com.cn/s/blog_8be83a9301018zqt.html
　　③ http://tupian.baike.com/a0_68_54_013000003290921242 9
　　6548303902_jpg.html
　　④ http://baike.so.com/doc/5932795-6145725.html
　　⑤ http://www.cas.cn/ky/kyjz/201009/t20100923_2973053.
　　shtml）
图 24.4：自绘
图 24.5：自绘
图 24.6：根据《新疆水资源可持续利用》中 "干旱区内
　　陆河流域水循环系统示意图"改绘
图 24.7：http://tupian.baike.com/87726/10.html?prd=zutu_
　　before
图 24.8：http://baike.sogou.com/v77601.htm
图 24.9：自绘
图 24.10：自绘
图 24.11：根据《我国天山北坡地区景观生态格局变迁及
　　生态建设与保护规划对策研究——以昌吉市为例》中
　　"昌吉市域地貌景观类型空间分布图"改绘
图 24.12：自绘

25 讲

封面：自绘
图 25.1：自绘
图 25.2：自绘
图 25.3：自绘
图 25.4：自绘
图 25.5：自绘
图 25.6：自绘
图 25.7：http://www.nmgkp.cn/kpzyk/kptp/17752.shtml
图 25.8：自绘
图 25.9：根据《反规划途径》改绘

26 讲

封面：改绘自 https://www.nasa.gov/content/keplcr-
　　multimedia
图 26.1：自绘
图 26.2：https://en.wikipedia.org/wiki/Biome#/media/
　　File:Vegetation.png
图 26.3：自绘
图 26.4：自绘
图 26.5：自绘
图 26.6：自绘
图 26.7：宋永昌 . 植被生态学 [M]. 华东师范大学出版社，
　　2001. 第六章，植物群落与环境，第二节，植物群落与

气候，页 146–156
图 26.8：自绘
图 26.9：自绘
图 26.10：自绘
图 26.11：自绘
图 26.12：自绘
图 26.13：自绘
图 26.14：自绘
图 26.15：（左）http://finance.chinanews.com/gn/2014/01–
　　27/5788013.shtml
（右）http://www.yellowriver.gov.cn/special/stzk/201701/ t20
　　170107_171824.html
图 26.16：自绘

27 讲

封面：自绘
图 27.1：http://www.mofangge.com/html/qDetail/09/
　　c2/201208/2o4gc20958107.html
图 27.2：自绘
图 27.3：自绘
图 27.4：自绘
图 27.5：自绘
图 27.6：自绘
图 27.7：张辉、孙国春、白亮，2014. 基于碳循环视角
　　的空间结构构建 [J]. 新建筑，（2）：130–134.
图 27.8：张辉、孙国春、白亮，2014. 基于碳循环视角
　　的空间结构构建 [J]. 新建筑，（2）：130–134.
图 27.9：自绘
图 27.10：改绘自张辉、孙国春、白亮，2014. 基于碳循
　　环视角的空间结构构建 [J]. 新建筑，（2）：130–134.
图 27.11：改绘自张辉、孙国春、白亮，2014. 基于碳循
　　环视角的空间结构构建 [J]. 新建筑，（2）：130–134.
图 27.12：自绘

28 讲

封面：自绘
图 28.1：自绘
图 28.2：自绘
图 28.3：自绘
图 28.4：自绘
图 28.5：自绘
图 28.6：自绘
图 28.7：自绘
图 28.8：自绘
图 28.9：自绘
图 29.10：自绘

29 讲

封面：根据 http://sc.jb51.net/Picture/Scenery/fengjing/9802
　　7.htm 及恩杜比斯《生态规划历史比较与分析》P210
　　改绘
图 29.1：自绘
图 29.2：改绘自《寻踪——生态主义思想在西方近现代风
　　景园林中的产生、发展与实践》于冰沁
图 29.3：自绘
图 29.4：改绘自《从麦克哈格到斯坦尼兹——基于景观

生态学的风景园林规划理论与方法的嬗变》于冰沁
图 29.5：《设计结合自然》麦克哈格
图 29.6：《设计结合自然》麦克哈格
图 29.7：《生态规划历史比较与分析》福斯特、恩杜比
　　斯
图 29.8：改绘自《Methods for Generating Land Suitability Maps :A
Comparative Evaluation》Lewis.D.Hopkins
图 29.9：《生态规划历史比较与分析》福斯特、恩杜比斯
图 29.10：自绘
图 29.11：《生命的景观》斯坦纳
图 29.12：自绘
图 29.13：《生态规划历史比较与分析》福斯特、恩杜比
　　斯
图 29.14：改绘自《生态规划历史比较与分析》福斯特、
　　恩杜比斯
图 29.15：《生态规划历史比较与分析》福斯特、恩杜比
　　斯
图 29.16：《生态规划历史比较与分析》福斯特、恩杜比
　　斯
图 29.17：E.P. 奥德姆，2009
图 29.18：E.P. 奥德姆，2009
图 29.19：《生态规划历史比较与分析》福斯特、恩杜比
　　斯
图 29.20：《生态规划历史比较与分析》福斯特、恩杜比
　　斯
图 29.21：改绘自《生态规划历史比较与分析》福斯特、
　　恩杜比斯
图 29.22：自绘
图 29.23：改绘自《生态规划历史比较与分析》福斯特、
　　恩杜比斯
图 29.24：改绘自《生态规划历史比较与分析》福斯特、
　　恩杜比斯
图 29.25：自绘
图 29.26：自绘
图 29.27：自绘

30 讲

封面：www.pinterest.com
图 30.1：自绘
图 30.2：自绘
图 30.3：自绘
图 30.4：自绘
图 30.5：Steinitz,1990
图 30.6：自绘
图 30.7：自绘
图 30.8：自绘
图 30.9：自绘
图 30.10：自绘

31 讲

全讲图片自绘及自摄

32 讲

封面：www.pinterest.com
图 32.1：http://st.so.com/stu?a=siftview&imgkey=t0127e77

23dd12b3560.jpg&fromurl=http%3A%2F%2Fclub.pchome.
net%2Fthread_9_15_7695802_1__TRUE.html#i=0&pn=30
&sn=0&id=6a0e5e8f77e33612af7afcd2a4b9865e

图 32.2：http://st.so.com/stu?a=siftview&imgkey=t0153135cb
078bd791d.jpg&fromurl=http%3A%2F%2Ftushuguan.tuxi.
com.cn%2F17-0307-13-27405633fqz634691019.html#i=0
&pn=30&sn=0&id=799361aec3ed871d44eed942cc391533

图 32.3：自摄

图 32.4：吴良镛，2001

图 32.5：自绘

图 32.6：http://image.so.com/v?ie=utf-8&src=hao_360so&q=
%E6%88%98%E5%9B%BD%E9%95%BF%E5%9F%8E&
correct=%E6%88%98%E5%9B%BD%E9%95%BF%E5%9
F%8E&fromurl=http%3A%2F%2Fwww.anhuiqq.cn%2Fima
ge%2F5658474027.html&gsrc=1#ie=utf-8&src=hao_360so
&q=%E6%88%98%E5%9B%BD%E9%95%BF%E5%9F%
8E&correct=%E6%88%98%E5%9B%BD%E9%95%BF%E
5%9F%8E&fromurl=http%3A%2F%2Fwww.anhuiqq.cn%2
Fimage%2F5658474027.html&gsrc=1&lightboxindex=5&id
=a25bc6eab961e1dd575a2ae7ccf73068&multiple=0&itemin
dex=0&dataindex=27

上林苑：《中国地景文化史说图纲》佟裕哲 刘晖 2013
都江堰：http://st.so.com/stu?a=siftview&imgkey=t01cafa3360
3609b8c0.jpg&fromurl=http%3A%2F%2Fwww.myzaker.co
m%2Farticle%2F589d9d787f780b880a000006%2F#i=0&p
n=30&sn=0&id=323e16fae6d9e98fe70d418bed9e0e7d 玉华
正宫西宫建筑想象图：佟裕哲
唐乾陵景区：http://image.so.com/i?q=%E5%94%90%E4%B
9%BE%E9%99%B5%E6%99%AF%E5%8C%BA&src=srp
北宋东京城：周维权,1990
元大都：《中国地景文化史说图纲》佟裕哲 刘晖 2013
清北京城： 刘敦桢 1984
西藏布达拉宫：http://image.so.com/i?ie=utf-8&src=hao_360
so&q= 布达拉宫

图 32.7：张钦楠等，2008

图 32.8：刘平，1992

图 32.9：自绘

图 32.10：平凉崆峒山：http://image.so.com/v?q=%E5%B4%86
%E5%B3%92%E5%B1%B1&src=srp&correct=%E5%B4%8
6%E5%B3%92%E5%B1%B1&fromurl=http%3A%2F%2Fph
otobbs.it168.com%2Fthread-33207-1-1.html&gsrc=1#q=%E5
%B4%86%E5%B3%92%E5%B1%B1&src=srp&correct=%E5
%B4%86%E5%B3%92%E5%B1%B1&fromurl=http%3A%2F
%2Fphotobbs.it168.com%2Fthread-33207-1-1.html&gsrc=1&
lightboxindex=5&id=9761b0c18c63d82b2a2b5aac8888d281&
multiple=0&itemindex=0&dataindex=118

天水麦积山： http://image.so.com/i?q- 麦积山 &src=srp
镇安塔云山：http://image.so.com/v?q=%E5%A1%94%E4%BA
%91%E5%B1%B1&src=srp&correct=%E5%A1%94%E4%BA
%91%E5%B1%B1&fromurl=http%3A%2F%2Fwww.nipic.com
%2Fshow%2F1%2F27%2F4883745k3165f97e.html&gsrc=3#q
=%E5%A1%94%E4%BA%91%E5%B1%B1&src=srp&correc
t=%E5%A1%94%E4%BA%91%E5%B1%B1&fromurl=http%
3A%2F%2Fwww.nipic.com%2Fshow%2F1%2F27%2F488374
5k3165f97e.html&gsrc=3&lightboxindex=5&id=a651631c07
db246a34a1b722dd0f7e4a&multiple=0&itemindex=0&dataind

ex=16

图 32.11：自摄

图 32.12：《中国地景文化史说图纲》佟裕哲 刘晖 2013

图 32.13：自绘

图 32.14：丁雨露等，1996

图 32.15：《中国地景文化史说图纲》佟裕哲 刘晖 2013

图 32.16：黄公望，1347

图 32.17：自摄

图 32.18：李小龙，2016

图 32.19：孟兆祯，2005

图 32.20：自绘

图 32.21：自绘

图 32.22：自绘

全书各专题主要贡献人员列表

序号	专题名称	专题初撰	挑错修正	图解深化	提升定稿
01 讲	生态学原理：景观生态规划设计的基础	岳邦瑞	费凡、张遥	王璨晨、李欣冉	冯梦珊等
02 讲	生态介入空间：景观生态规划设计的发展历程	冯若文	张聪、郭翔宇	吕晓康、刘阳	张聪等
03 讲	景观：景观生态规划设计的研究对象	岳邦瑞	刘硕、李响、兰馨	李怡萱、刘冲霄	刘硕等
04 讲	空间格局：生态学语言转化为规划设计语言的关键途径	岳邦瑞	石素贤、曹艺砾	刘敏娜、郑晨	王菁等
05 讲	耐受性定律：决定物种生理状态的"上帝之手"	许建超	冯晨	王艺臻、杨澜	许建超
06 讲	复合种群理论：保护区网模式的建立	张凯悦	王菁、张智博	刘李阳、田科	郭翔宇
07 讲	生态位：植物群落设计不再难	张智博	费凡、张聪、郭翔宇、张遥	杨宁、岳江雨	向欣、张智博
08 讲	边缘效应：湿地泡的秘密	崔胜菊	费凡、李响	孙夕茜、钟华	崔胜菊、刘硕
09 讲	干扰：生态健康那些事儿	李响	费凡、向欣、赵梦钰、王菁	曹文静、刘婉滢	费凡、李响
10 讲	竞争与互惠：种间关系空间化	曹艺砾	许建超、杨雨璇、冯晨、杜凌霄、崔胜菊、钱芝弘	孙希、王瑞馨	杜凌霄
11 讲	群落演替：让生态修复事半功倍	桂露	崔胜菊、刘臻阳	唐恬、骆青雯	赵梦钰、桂露
12 讲	物质循环再生：庭院深深的农业格局	李响	费凡、向欣、赵梦钰	费凡	费凡
13 讲	生物多样性：万物之灵的亲密伙伴	杨茜	向欣、王菁	刘泽、范淳	张聪、杨茜
14 讲	景观格局与生态过程的耦合：空间规划的"指月之指"	康世磊	杨雨璇、冯晨	康世磊	康世磊
15 讲	景观异质性：俯视大地之美	石素贤	向欣、王菁、刘硕、赵梦钰	郭佳敏、张丽媛	杜凌霄、石素贤
16 讲	渗透理论与景观连通性：生境破碎化的救兵	崔胜菊	许建超、杨雨璇、冯晨、杜凌霄、钱芝弘、曹艺砾	程思诺、董莉晶	郭翔宇、崔胜菊
17 讲	自然过程连续性：生命孕育者的重生	杨茜	许建超、钱芝弘	高杨可馨、任一鸣	张聪
18 讲	斑块—廊道—基质：揭开最优景观格局的面纱	兰馨	刘阳、郭翔宇、向欣、许建超、赵梦钰、王菁、杜凌霄	段菁、任可	刘阳、兰馨
19 讲	生态网络：自然界沟通的桥梁	曹艺砾	杜凌霄、石素贤	牛兆文、文杰	杨雨璇、曹艺砾
20 讲	源—汇模型：找出蓝藻水华背后的元凶	钱芝弘	许建超、杨雨璇	王超、张泽玮	赵梦钰
21 讲	景观稳定性：绿洲空间格局的评判法则	钱芝弘	杜凌霄、许建超、冯晨、杨雨璇、曹艺砾、崔胜菊	李云昀、李艳平	刘硕、钱芝弘
22 讲	尺度效应：拥有变焦镜头	刘臻阳	费凡、张聪、郭翔宇、张遥	王培清、王竞伊	王菁、刘臻阳
23 讲	岛屿生物地理学：达尔文不知道的秘密	岳邦瑞	费凡、张聪、郭翔宇、许建超、张遥、冯晨、刘硕	费凡	费凡
24 讲	地域分异：让天山高人流连忘返的雪山与绿洲	张智博	费凡、张聪、郭翔宇	白鑫真、王建宏	曹艺砾、张遥
25 讲	区位论和生态区位论：空间使用的指明灯	桂露	赵梦钰、杜凌霄	周迪、惠子煜	张遥
26 讲	生物群区与生命带：植物的宜居带	刘臻阳	张聪、郭翔宇、张遥	赵茜婷、郭锋	王菁、刘臻阳
27 讲	生物地球化学：碳源碳汇知多少	石素贤	王菁、杜凌霄	田亮、赵赫	向欣
28 讲	人类生态系统：地球人生存与发展的基础	岳邦瑞、兰馨、刘阳	刘阳、张遥	许可、董旭涛	兰馨、刘阳
29 讲	多元方法论：当代景观生态规划设计的流派	张凯悦	郭翔宇、许建超	黄浩然、高小嶽	许建超、张凯悦
30 讲	多尺度混合审视：景观生态规划设计整合途径	杨雨璇	向欣、赵梦钰	曹昂东、范戈	杨雨璇
31 讲	生态打底，人文造境：多尺度混合审视景观规划设计途径的研究案例	杨雨璇	张智博、张凯悦	田甜、马英晨	冯晨
32 讲	左手景观生态，右手地景文化：中西合璧的景观规划设计体系	岳邦瑞	杨雨璇、冯晨	杨雨璇、冯晨	杨雨璇、冯晨

后 记

停笔之际，让我再次回到曾经的我，让我回到思想的起点。

曾经的我，在1991—1995年读本科的时候，就严肃地提出这样的"岳氏问题"："什么是'好'建筑？"这个问题，前后思考了大约15年，在2011年促成我的第一本专著的出版。之所以用这么久寻找答案，是确信于尼采的话："人被最严肃、最困难的问题包围着。因此，如果他通过适当的方式被引向这些问题，就会及早接触到那种持久的哲学性的惊异，唯有基于这种惊异，就像植根于一片肥沃的土壤，一种深刻而高贵的教育才能生长出来……"。

如今的我，期望像当年一样解答"什么是'好的'景观规划设计？"。在本书完成之际，对于这个终极问题给出答案。这个答案，不仅是对景观"生态"规划设计，还是面向更广阔的"风景园林"、"景观"规划设计，乃至"人居环境"规划设计的本质探讨。

一、景观规划设计的"本体"

林毅夫提出："经济学理论以'决策者是理性的'为其理论体系的基础及考察一切现象的出发点，用中国的哲学概念来说就是本体。"（林毅夫，2005）由此引出我的问题：景观规划设计的"本体"是什么？即景观规划设计的"出发点"是什么？我们为什么要做规划设计？

所谓"本体"（或称"本质"、"本原"），对应于"现象"（或称表象、外表），是一事物所固有的，能够决定事物的性质、面貌和发展的根本属性。因而"本体"乃是事物最核心、最基本的属性特征。这种"本体属性"较之其他属性，具有第一位的特点，其他属性都是依附于本体属性而存在，甚至可以从本体属性推导出来。"本体"常常被事物的最初根源（即"本原"）所揭示，所谓"一月映万江"，"月"即本原（本体）所在。因此在方法论上，研究一个对象必须"回到原点思考"，必须追溯到它产生的那一刻。

从历史溯源看，各种人居营造活动的前提在于"选址"，而选址的前提则是"相地"。俞孔坚曾说景观设计的本体是"土地"（land & ground），基本上是成立的。但另一方面，"土地"一词过于多义，经济学、地理学、农学对"土地"具有不同的理解。而我希望找到一个专属于风景园林学科的"本体性"词汇，如同经济学的"资源配置"，地理学的"区域差异"等核心概念一样，既能够揭示出学科本体属性，还不会引起歧义，意义明确唯一。据此，有人认为"基地"（site）似乎要优于"土地"。因为，"基地"一词几乎专属于土建类学科，指"用于建设的一块土地"（an area of ground where something being built or will be built），具有"基础"和"起点"的涵义。从具体规划设计实践角度看，设计师也通常会把"基地分析"作为设计的原点。

然而，若将"基地"作为景观规划设计本体也是片面的。首先因为基地指向着"建设"，但很多土地并非一定要用于建设，如作为动物栖息地的保护区。而更大的问题在于，它忽略了景观规划设计的另一个关键性要素——以人为主体的生物！人（或者其他生物）的需求，毋庸置疑是设计的更根本的起点。在"相地"之前，"人"已经有了对基地的某种需求。难以想象，没有使用者的基地有何意义？没有使用者的规划设计有何意义？因此，"基地"和"人"成为两大本源性设计要素，因此有人提出将"人地关系"（man-land relationship）作为设计本体，但可惜该词更多时候乃人文地理学的专利，故而也不宜作为景观规划设计的专用术语。

凯文·林奇在《Site Planning》提到核心词是"landuse"，可译为"土地利用"、"土地使用"。我认为，"landuse"一词要优于"land"、"site"等词汇，因为其明确揭示出景观设计必然涉及的两大主体：土地（Land）和使用者（User），它意味着景观规划设计是一道桥梁，一端连着以人为主体的各类使用者，另一端则连着作为人类和其他生物栖息地的土地。从而，landuse明确指向景观规划设计的终极问题："人类应如何在其所居住的大地上正确地安置自己？"。而这一问题，既是景观规划设计的出发点，也是最终归宿！

二、景观规划设计的体系

当"土地利用"成为景观规划设计的本体，其知识体系、目标体系、方法体系乃至教育体系等，也随之即刻澄明清晰起来。景观规划设计的"知识体系"随之确立——"景观知识三分体系"：即关于"土地"的知识+关于"使用者"的知识+关于协调两者关系的知识。对于"土地"的认识，建立以生态学、地理学和资源学为核心的多学科视角，融入其他自然科学及人文科学的知识。对于"使用者"，其最核心问题是"人类或其他生物如何使用他们的环境"，其中人是主导者，要从人与环境的关系出发，以游憩学、行为学和经济学等知识为主导。在两者的基础上，还要从空间上协调两者关系，则应以设计学、规划学、管理学的知识为主导建立。

景观规划设计的"目标体系"随之确立——"寻找如何协调土地和使用者关系的最优方法"。通常有两个具体方向：一是在基地自然承载的限度内如何最大化地满足人类（生物）的需求，二是在满足人类（生物）需求的情况下如何最大化地保护基地的自然秩序。如果进一步上升到生态学的观点，景观规划设计是在探讨"以人为核心的生物（User）与土地为载体的环境（Land）之间的最合理关系"，即在不同尺度上协调人（生物）与自然之间的关系，营造一个理想的整体人文生态系统。人与自然和谐、诗意的栖居是我们应该追求的终极目标。

景观设计的方法体系随之确立——"基地特征分析"与"使用者需求分析"成为设计的起点。针对某一个具体的项目规划设计，我会对"基地"询问三个问题："基地，你是谁？"、"基地，你想成为什么？"、"基地，你能成为什么？"；对于使用者，我会问："使用者，你是谁？"、"使用者，你想要什么？"、"使用者，你能要什么？"。当我们对两者进行透彻的分析后，会从经济学角度寻找"资源"（来自基地特色分析）与"市场"（来自使用者需求分析）的最优匹配，会从生态学角度寻找"生物"（使用者）与"环境"（基地的自然属性）的最佳关系，会从美学角度寻找"观者"（使用者）与"景色"（地表覆被）之间的最佳感受。总之，会从多学科的角度构建使用者——基地之间的最合理状态。

最终，风景园林教育体系也随之确立——抓住"本体"、"主线"和"三基"。"本体"即"土地使用"。"主线"是围绕本体的一系列课程和训练安排，体现在从不同尺度（从数百平方米的花园到数百平方公里的流域）、不同类型的项目情境中（从庭院设计到公园设计，从住区规划到流域规划），反复探索如何协调"土地"与"使用者"之间的关系，如何得到满意的"土地使用"结果，达到"帮助人类……同生命的地球和谐相处"（Simonds，1997）。"三基"是建立在规划设计体系之上的风景园林人才知识及技能结构：即基础知识+基本技能+基本原理。必须强调的是，风景园林教育的真正核心是：抓住"土地使用"这个本体，将其播种到同学的心田中、雕刻到同学的骨子里！因为，只有围绕这个"本体"，我们才能够建构体系与方法，完成对于泥沙俱下、鱼龙混杂的各种知识、理论与技能的取舍。

三、致谢与声明

本书是作者自2011年以来教学与科研成果的结晶，并历时三年多的集中工作与反复修改而成。成稿大致经历了专题初撰、挑错修正、图解深化及排版定稿四大阶段，各阶段的主要贡献人参见附表。在每个专题的结尾标明了对其有实质贡献的人员。

本书得以完成，首先要感谢"月饼宝盒"（我的研究生自称为"月饼"，工作室被称为"月饼宝盒"）2014级、15级、16级、17级硕士研究生，以及15级、16级、17级博士研究生所付出的辛勤劳动。感谢我校风景园林专业2012级本科生，你们参与其中的图解讨论与插图绘制工作非常有价值。感谢所有聆听"景观生态学基础"、"景观生态学原理及规划应用"两门课程的同学，你们的课程讨论和专题研究工作，对本书观点有很大启发。非常感谢费凡同学作为本次工作的组长所付出的所有劳动，非常感谢王蓓同学亲手绘制大量素描人物头像。在本书付梓之际，还要特别感谢中国建筑工业出版社张建及张明两位编辑。

本书借鉴了大量的国内外研究成果、案例和学生作业，虽然在注释和参考文献中尽可能予以标注，但难免挂一漏万。若涉及版权问题请与笔者本人联系，我们会及时修正，在此一并致谢！

岳邦瑞

西安建筑科技大学风景园林系

"月饼宝盒"工作室

2017 年 8 月 18 日